国家电网公司 2015年版

生产技能人员职业能力培训专用教材

电测仪表

国家电网公司人力资源部　组编

汪建　主编

中国电力出版社
CHINA ELECTRIC POWER PRESS

内容提要

《国家电网公司生产技能人员职业能力培训教材》是按照国家电网公司生产技能人员模块化培训课程体系的要求，依据《国家电网公司生产技能人员职业能力培训规范》（简称《培训规范》），结合生产实际编写而成。

本套教材作为《培训规范》的配套教材，共72册。本册为专用教材部分的《电测仪表》，全书共12个部分38章104个模块，主要内容包括电气识、绘图，电测仪表与测量，计量基础知识，常用电测仪表、工器具的使用、维护，电测仪器仪表的检定、校准、检测，电测仪器仪表的调修，仪表的现场安装、测试、更换与故障处理，电测计量标准装置的检测与建标，计量标准考核，质量管理，新知识、新工艺、新技术的推广应用，电测仪表规程、规范。

本书可作为供电企业电测仪表工作人员的培训教学用书，也可作为电力职业院校教学参考书。

图书在版编目（CIP）数据

电测仪表/国家电网公司人力资源部组编. —北京：中国电力出版社，2010.9（2019.8重印）

国家电网公司生产技能人员职业能力培训专用教材

ISBN 978-7-5123-0749-0

Ⅰ. ①电…　Ⅱ. ①国…　Ⅲ. ①电工仪表–技术培训–教材　Ⅳ. ①TM93

中国版本图书馆CIP数据核字（2010）第158370号

中国电力出版社出版、发行

（北京市东城区北京站西街19号　100005　http://www.cepp.sgcc.com.cn）

三河市航远印刷有限公司印刷

各地新华书店经售

*

2010年9月第一版　　2019年8月北京第五次印刷

880毫米×1230毫米　16开本　25.25印张　781千字

印数14501—15500册　　定价**70.00**元

#《国家电网公司生产技能人员职业能力培训专用教材》

编　委　会

前　言

为大力实施“人才强企”战略，加快培养高素质技能人才队伍，国家电网公司按照“集团化运作、集约化发展、精益化管理、标准化建设”的工作要求，充分发挥集团化优势，组织公司系统一大批优秀管理、技术、技能和培训教学专家，历时两年多，按照统一标准，开发了覆盖电网企业输电、变电、配电、营销、调度等 34 个职业种类的生产技能人员系列培训教材，形成了国内首套面向供电企业一线生产人员的模块化培训教材体系。

本套培训教材以《国家电网公司生产技能人员职业能力培训规范》（Q/GDW 232—2008）为依据，在编写原则上，突出以岗位能力为核心；在内容定位上，遵循“知识够用、为技能服务”的原则，突出针对性和实用性，并涵盖了电力行业最新的政策、标准、规程、规定及新设备、新技术、新知识、新工艺；在写作方式上，做到深入浅出，避免烦琐的理论推导和验证；在编写模式上，采用模块化结构，便于灵活施教。

本套培训教材涵盖 34 个职业的通用教材和专用教材，共 72 个分册、5018 个模块，每个培训模块均配有详细的模块描述，对该模块的培训目标、内容、方式及考核要求进行了说明。其中：通用教材涵盖了供电企业多个职业种类共同使用的基础、专业基础、基本技能及职业素养等知识，包括《电工基础》、《电力安全生产及防护》等 38 个分册、1705 个模块，主要作为供电企业员工全面系统学习基础理论和基本技能的自学教材；专用教材涵盖了单一职业种类专用的所有专业知识和专业技能，按照供电企业生产模式分职业单独成册，每个职业分为Ⅰ、Ⅱ、Ⅲ等 3 个级别，包括《变电检修》、《继电保护》等 34 个分册、3313 个模块，可以分别作为供电企业生产一线辅助作业人员、熟练作业人员和高级作业人员的岗位技能培训教材，也可作为电力职业院校的教学参考书。

本套培训教材的出版是贯彻落实国家人才队伍建设总体战略，充分发挥企业培养高技能人才主体作用的重要举措，是加快推进国家电网公司发展方式和电网发展方式转变的迫切要求，也是有效开展电网企业教育培训和人才培养工作的重要基础，必将对改进生产技能人员培训模式，推进培训工作由理论灌输向能力培养转型，提高培训的针对性和有效性，全面提升员工队伍素质，保证电网安全稳定运行、支撑和促进国家电网公司可持续发展起到积极的推动作用。

本套教材共 72 个分册，本册为专用教材部分的《电测仪表》。

本书中第一部分电气识、绘图，由重庆市电力公司侯兴哲、刘丹和安徽省电力公司汪建、徐敏编写；第二部分电测仪表与测量，由江苏省电力公司宋桂华编写；第三部分计量基础知识，由山东电力集团公司鹿凯华编写；第四部分常用电测仪表、工器具的使用、维护，由重庆市电力公司侯兴哲、刘丹编写；第五部分电测仪器仪表的检定、校准、检测，由青海省电力公司何凌编写；第六部分电测仪器仪表的调修，由安徽省电力公司徐敏、汪建编写；第七部分仪表的现场安装、测试、更换与故障处理，由山东电力集团公司鹿凯华编写；第八部分电测计量标准装置的检测与建标，由安徽省电力公司徐敏、汪建编写；第九部分计量标准考核，由青海省电力公司何凌编写；第十部分质量管理，由安徽省电力公司汪建、徐敏编写；第十一部分新知识、新工艺、新技术的推广应用，由安徽省电力公司汪建、徐敏编写；第十二部分电测仪表规程、规范，由安徽省电力公司汪建、徐敏编写。全书由安徽省电力公司汪建担任主编。河北省电力公司魏学英担任主审，中国电力科学研究院宗建华，河北省电力公司申秀香、沈雅珍参审。

由于编写时间仓促，本套教材难免存在疏漏之处，恳请各位专家和读者提出宝贵意见，使之不断完善。

国家电网公司
STATE GRID
CORPORATION OF CHINA

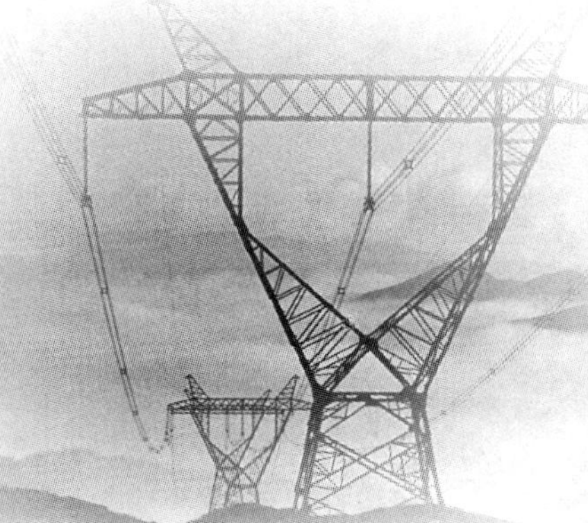

目　录

第四部分　常用电测仪表、工器具的使用、维护

第五部分　电测仪器仪表的检定、校准、检测

第六部分　电测仪器仪表的调修

第七部分　仪表的现场安装、测试、更换与故障处理

第八部分　电测计量标准装置的检测与建标

第九部分　计量标准考核

第十部分　质　量　管　理

第十一部分　新知识、新工艺、新技术的推广应用

第十二部分　电测仪表规程、规范

第一部分

电气识、绘图

第一章　电测仪表专业图读识

模块 1　电气一次、二次图读识（TYBZ00508001）

【模块描述】本模块包含电气图的基本知识。通过对电气图的基本知识、特点、类型及实例介绍，能看懂电气一次、二次图。

【正文】

电力的生产、输送、分配和使用，需要大量的各种类型的电气设备来构成电力发、输、配、用的主系统。为了使电力主系统安全、稳定、可靠、经济地向用户提供充足、合格的电能，系统的运行方式需经常进行改变，并随时监控其工况，以保证电气设备和电力系统的安全运行。因此，电气设备可根据它们在电力生产中的部位和作用分成一次设备和二次设备。

一次设备是指直接参加发、输、配电能的系统中使用的电气设备，如发电机、变压器、母线电力电缆、输电线路、断路器、隔离开关、互感器、避雷器等。由这些设备连接在一起构成的电路，称为一次接线或主接线。

二次设备是指对一次设备的运行工况进行监视、控制、调节、保护，为运行人员提供运行工况所需要的电气设备，如测量仪表、继电器、控制器、自动装置等。这些设备，通常由互感器的二次绕组以及直流回路，按着一定的要求连接在一起构成电路，称为二次接线或二次回路。

一、电气主接线（一次接线）

在发电厂和变电站中，发电机、变压器、断路器、隔离开关、电抗器、电容器、互感器、避雷器等高压电气设备，以及将它们连接在一起的高压电力电缆和母线，构成电能生产、输变的电气主回路。这个电气主回路被称为电气一次系统，又叫电气主接线。

用规定的设备图形和文字符号，按照各电气设备实际的连接顺序而绘制成能够全面表示电气主线的电路图，称为电气主接线图。电气主接线图中还标注出各主要设备的型号、规格和数量。由于三相系统是对称的，所以电气主接线图常用单线来代表三相，也称为单线图。

电气主接线分为有/无汇流母线两大类，具体又有多种形式，如图 TYBZ00508001-1 所示。

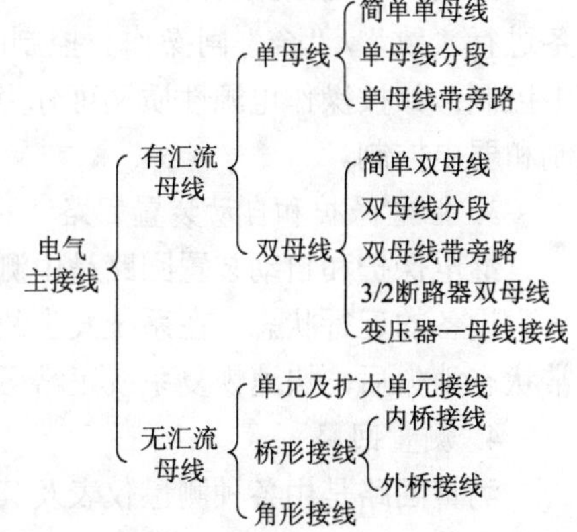

图 TYBZ00508001-1　电气主接线分类

电气主接线的主体是进线回路和出线回路。当进线和出线数超过 4 回时，为便于连接，常需设置汇流母线来汇集和输配电能。设置母线后使运行方便灵活，也有利于安装、检修和扩建。但另一方面，断路器、隔离开关等设备增多，占地扩大，投资增加，因此有时采用无汇流母线的形式。

在发电厂，电气主接线总是从发电机开始，通过升压变压器将电能送入中、高压侧，再送入电网。而在变电站，电源是从电网输入母线，通过降压变压器将电能输入中、低压侧，再送入中、低压电网，最后输送给用户或配电网。也有一部分电能经联络线送往其他变电站。所有的电气设备都是为电能的输、变运行服务的。如图 TYBZ00508001-2 所示为某 220kV 变电站的主接线图。

图中，4 条出线与电网相连接，通过主变压器将电能分别送往 110kV、35kV 电网和与之连接的用户；双母线加旁路母线可以确保任何断路器、隔离开关故障或检修时都不影响 4 条联络线的正常运行。

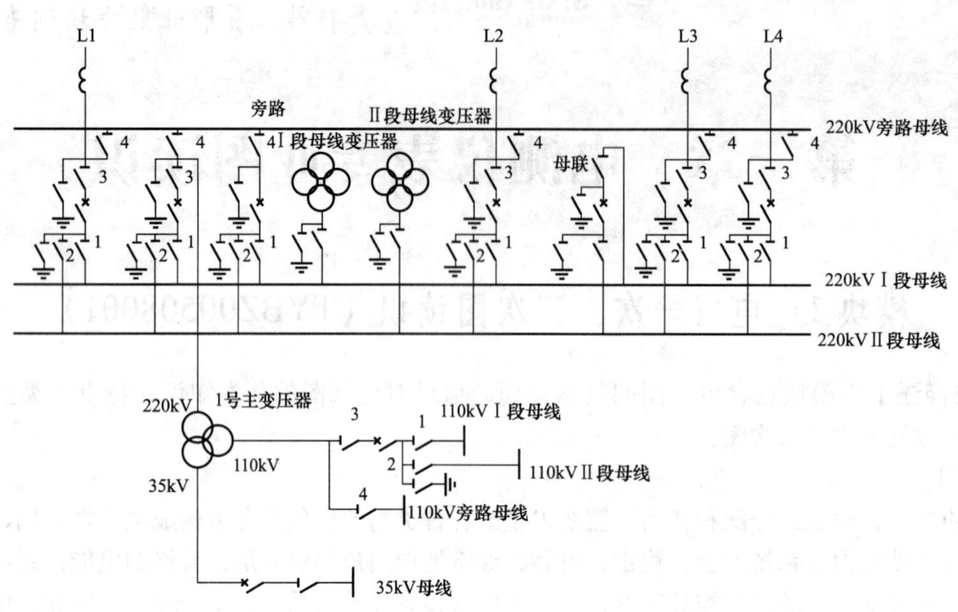

图 TYBZ00508001-2 某 220kV 变电站的主接线图

二、电气二次回路

（一）二次回路的重要性

在发电厂或变电站中，一次设备很重要，二次设备同样也很重要。因为一次设备和二次设备构成一个整体，只有二者都处于良好的状态，才能保证电力生产的安全和正常运行。尤其是在大型的、现代化的电网中，二次设备的重要性显得更为突出。

（二）二次回路包含的内容

二次回路包括发电厂和变电站对一次设备的调节、控制、继电保护和自动装置、测量、信号回路以及操作电源系统等。

1. 调节回路

调节回路是指由调节自动装置构成的回路，由测量机构、传送机构、调节器和执行机构等组成。其作用是根据一次设备运行参数的变化，调节一次设备的工作状态，以满足运行的要求。

2. 控制回路及其分类

控制回路是由控制开关和控制对象的传递机构及执行机构组成的。其作用是对一次侧断路器等设备进行“跳”/“合”闸操作。控制回路可分为手动控制和自动控制；控制方式可分为分散控制和集中控制；如按操作电源性质又可分为直流控制和交流控制；按操作电压和电流大小，则可分为强电控制和弱电控制。

3. 继电保护和自动装置回路

继电保护和自动装置回路是由测量、比较、逻辑判断和执行机构等部分组成，其作用是自动判断一次设备的运行状态，在系统发生故障或异常时，自动跳开断路器，切除故障或发出信号，故障或异常状态消失后，快速恢复系统正常运行。

4. 测量回路

测量回路是由各种测量仪表及其相关回路组成，其作用是指示或记录一次设备的运行参数，以便运行人员掌握运行情况，是分析电能质量、计算经济指标、了解系统潮流和主设备运行工况的主要依据。

5. 信号回路及信号的分类

信号回路是由信号发送机构、信号传送机构和信号器具等组成的，其作用是反映一、二次设备的工作状态。信号回路按信号性质可分为事故信号、预告信号、指挥信号和位置信号等；按信号显示方式可分为灯光信号和音响信号；按信号复归方式可分为手动复归信号和自动复归信号。

6. 操作电源系统

操作电源系统是由电源设备和供电网络组成的，它包括直流和交流电源系统，其作用是供给上述各回路工作电源。发电厂和变电站的操作电源多采用直流电源系统，对小型变电站也可采用交流电源或整流电源。

（三）阅读二次回路图的基本方法

二次接线的最大特点是其设备、元件的动作严格按照设计的先后顺序进行，逻辑性很强，读图时应抓住其规律。读图前应弄懂该张图纸绘制电器的工作原理、功能以及图纸上所标符号代表的设备名称，其基本方法如下：

（1）先交流，后直流。交流回路比较简单，容易看懂，因此可先阅读二次接线图中的交流回路，把交流回路弄懂后，再根据交流回路的电气量以及系统运行中发生变化的情况，推断直流回路的逻辑关系，分析直流回路。

（2）交流看电源，直流找线圈。读交流回路要从电源入手。交流回路由电流回路和电压回路两部分组成，先找出它们和哪些互感器连接，这些互感器转换的电流或电压量起什么作用，与直流回路有什么关系，这些电气量是由哪些电器反映出来的，它们的符号是什么，再找出与其相关的回路。

（3）读直流回路要抓住触点不放松，逐个查清，先找电器的端点，再找出与之相关的回路，根据运行变化情况进行分析，直至查清整个回路动作过程的逻辑关系。

（4）读展开图要先上后下，从左向右，屏外设备不要漏，通常一次接线的母线在上，负荷在下；二次接线图中，交流回路的互感器二次侧绕组在上，负荷绕组在下；直流回路正电源在上，负电源在下，驱动触点在上，被启动的绕组在下；端子排图、屏背面接线图一般也是由上而下；单元设备编号通常是按由左至右的顺序。如图 TYBZ00508001-3 所示为电压测量的接线图。

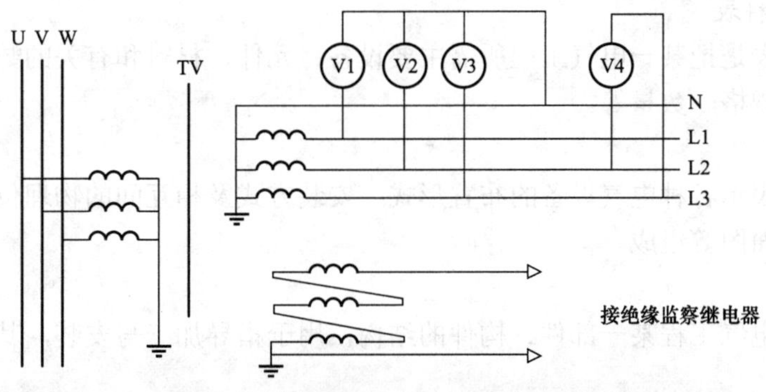

图 TYBZ00508001-3　电压测量的接线图

图中，V1、V2、V3 分别接 L1、L2、L3 与 N 之间，即测量 U、V、W 三相电压；V4 接 L2 与 L3 之间，测量线电压。在中性点不接地系统中，如高压一相接地，接地相电压为零，其余两相电压升高为线电压；同时，电压互感器开口三角绕组两端出现不平衡电压驱动绝缘监察继电器动作报警。

【思考与练习】

1. 电气主接线有哪些基本形式？

2. 二次接线图包含哪些回路和内容？

模块 2　电气一次、二次图绘制（TYBZ00508002）

【模块描述】本模块包含电气图绘制步骤、说明及注意事项等基础知识。通过绘制步骤介绍和图形举例，了解绘制一般电气一次、二次图的基本步骤。

【正文】

一、电气工程制图的基本知识

电气工程图是一类比较特殊的图纸，除必须遵守《机械制图》等方面的有关规定外，还有其本身的许多特殊规定。实际工程的电气接线是由电气图纸来表征的，它对电气工程的设计、安装、制造、试验、运行维护和生产管理都是不可缺少的。为了表达、传递和沟通信息，电气工程图纸必须按照统一的标准和规定绘制。

电气工程图是一类应用十分广泛的电气图，用它来阐述电气工程的构成和功能，描述电气装置的工作原理，提供安装接线和维护使用的信息。通常一项工程的电气图由以下几部分组成：

1. 图纸目录和前言

目录包括序号、名称、编号、张数等；前言包括设计说明、图例、设备材料明细表、工程经费概算等。

2. 电气系统图和框图

电气系统图和框图主要表示整个工程或其中某一项目的供电方式和电能输送的关系，也可表示某一装置各主要组成部分的关系，如电气一次主接线图等。

3. 电路图

电路图主要表示某一系统或装置的工作原理，如二次原理接线图等。

4. 安装接线图

安装接线图主要表示电气装置内部各元件之间及与其他装置之间的连接关系，便于安装接线和维护。

5. 电气平面图

电气平面图主要表示某一电气工程中电气设备、装置和线路的平面布置，它一般是在建筑平面的基础上绘制出来的。常见的电气工程平面图有线路平面图、变电站平面图、照明平面图、弱电系统平面图、防雷与接地平面图等。

6. 设备元件和材料表

设备元件和材料表是把某一电气工程所需主要设备、元件、材料和有关的数据列成表格，表示其名称、符号、型号、规格、数量等。

7. 设备布置图

设备布置图主要表示各种电气设备的布置形式、安装方式及相互间的物理位置，通常由平面图、立面图、断面图、剖面图等组成。

8. 大样图

大样图主要表示电气工程某一部件、构件的结构，用于指导加工与安装，其中一部分大样图为国家标准图。

9. 产品使用说明书用电气图

电气工程中选用的设备和装置，其生产厂家随产品使用说明书附上电气图，作为电气工程图的组成部分。

10. 其他电气图

在电气工程图中，电气系统图、电路图、接线图是最主要的图。在某些较复杂的电气工程中，为了补充和详细说明某一方面，还需要有一些特殊的电气图，如功能图、逻辑图、曲线图、表格、印刷电路图等。

二、变电站电气主接线设计绘制示例

（一）设计任务及要求

由于用电的需要，在某地新建一座 2×50MVA，（110/10）kV 的降压变电站。为了提高运行可靠性、劳动生产率和整体管理水平，要求本站按照无人值班变电站的要求设计。

（二）设计原始资料

1. 本变电站的建设规模

（1）变电站类型为 110kV 降压变电站。

（2）变电站的容量为 2×50MVA；年最大利用小时数为 4200h/年。

2. 电力系统部分

（1）本变电站在电力系统中的地位和作用是：为终端变电站，满足周围地区的负荷增长要求。

（2）接入系统的电压等级为 110kV，为两回进线，分别连接两个附近的变电站，输电线长度分别为 8km 和 12km，如图 TYBZ00508002-1 所示。

（3）有关变电站的电气参数如下：

220kV 变电站 1：三绕组变压器容量为 S=180MVA，变比 220/110/10。

220kV 变电站 2：三绕组变压器容量为 S=90MVA，变比 220/110/35。

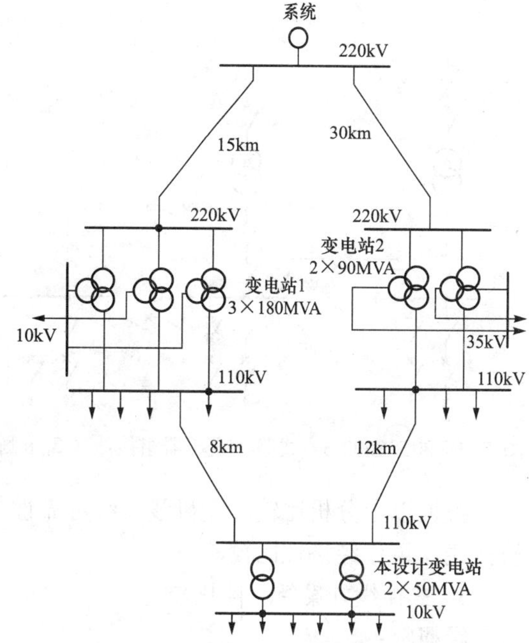

图 TYBZ00508002-1　本变电站与电力系统连接的接线图

3. 负荷情况

（1）10kV 侧共有 26 回线路，每回出线最大负荷均设定为 3000kW，最小负荷按最大负荷的 70%计算。

（2）负荷同时率取 0.85，$\cos\varphi$=08，T_{max}=4200h/年。

（3）所用电率为 1%。

（三）主接线设计

1. 主接线的设计步骤

主接线的设计步骤如下：

（1）对设计依据和原始资料进行综合分析。

（2）拟订可能采用的主接线形式。

（3）确定主变压器的容量和台数。

（4）对拟订的方案进行技术、经济比较，确定最佳方案。

（5）选择断路器、隔离开关等电气设备。

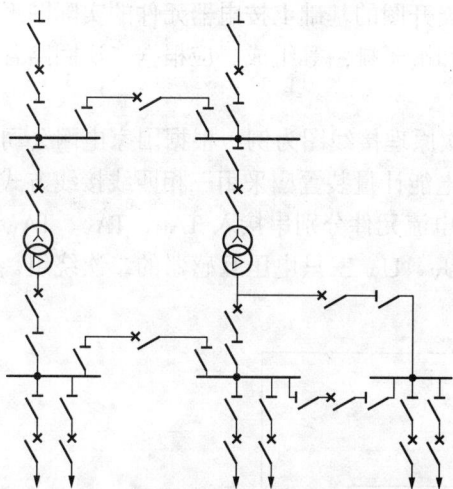

2. 主接线方案的拟订

在对原始资料分析的基础上，结合对电气主接线的可靠性、灵活性等基本要求的综合考虑，初步拟订以下 3 种主接线形式。

（1）单母线分段接线。

单母线分段接线如图 TYBZ00508002-2 所示。

优点：简单清晰，设备少，运行操作方便，当某一进线断路器故障或检修时，仍可为两台变压器同时运行供电。

缺点：可靠性和灵活性较差。

（2）无母线接线。

线路—变压器组接线是无母线接线的一种方式，如图 TYBZ00508002-3 所示。

优点：接线简单，设备少，操作简便。

图 TYBZ00508002-2　单母线分段接线（高压侧）

缺点：由于无汇流母线，不利于功率的汇集和平衡分配，且当某一进线断路器故障或检修时，该回路必须暂时停运，导致其他线路过负荷运行。

（3）内桥形接线。

内桥形接线如图 TYBZ00508002-4 所示。

优点：高压断路器数量少，2 条回路只需 3 台断路器。

缺点：变压器的切除和投入较复杂，需动作 2 台断路器，影响 1 条回线路暂时停运；桥形断路器检修时，2 条回路需解列运行。当进线断路器检修时，线路需较长时间停运。

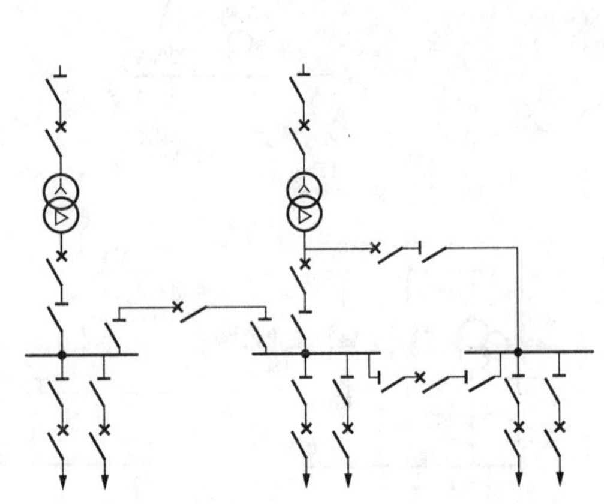
图 TYBZ00508002-3 线路—变压器组接线（高压侧）

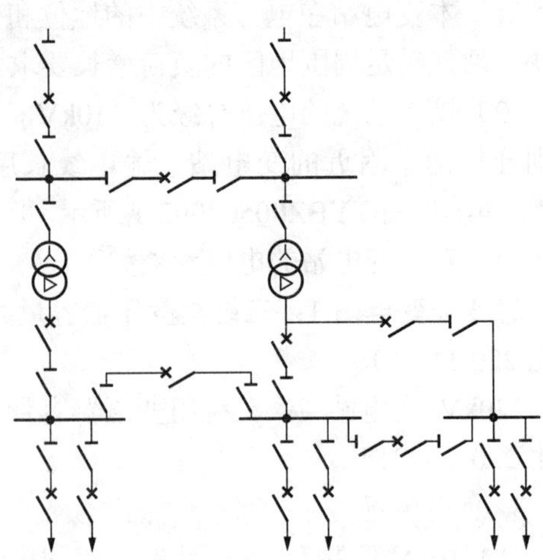
图 TYBZ00508002-4 内桥形接线（高压侧）

根据以上分析比较，无母线接线可靠性差，放弃无母线接线方式。从技术上选择单母线分段和内桥接线，再作经济性比较。

3. 主接线方案经济性比较

经概算：

（1）综合总投资：单母线分段接线 Z=1648（万元），内桥形接线 Z=1283（万元）。

（2）年运行费用：单母线分段接线 U=217（万元），内桥形接线 U=180（万元）。

从以上概算可看出内桥形接线总投资少，年运行费用也较少，所以确定内桥形接线为最佳方案。

三、二次回路图的绘制

二次回路图按其不同的绘制方法主要分为原理图、展开图、安装接线图三大类。原理接线图是表示二次回路构成原理的最基本图纸，它将所有的二次设备（仪表、继电器和其他电器）都以整体的图形表示，并和与其连接的电流回路、电压回路、直流回路以及一次设备都综合画在一起。展开图是在原理图的基础上按回路和绕组来绘制的。安装接线图则是在展开图的基础上按电器元件的实际图形、位置和连接关系绘制的，一般由屏面布置图、屏背面接线图和端子排图等组成。应根据二次回路各部分不同的特点和作用，绘制不同的图。

以 110kV 以上中性点直接接地系统的电能计量装置二次原理接线图为例：根据国家电网公司电能计量装置通用设计规范规定，对接入非中性点绝缘系统的电能计量装置应采用三相四线接线方式，原理接线图绘制如图 TYBZ00508002-5 所示，其中电能表的电流元件分别串接入 TA_U、TA_V、TA_W 三只电流互感器的二次绕组回路；电压元件分别并接于 U_U、U_V、U_W 三只电压互感器的二次绕组。电能表计量的电能量乘以互感器的变比，即

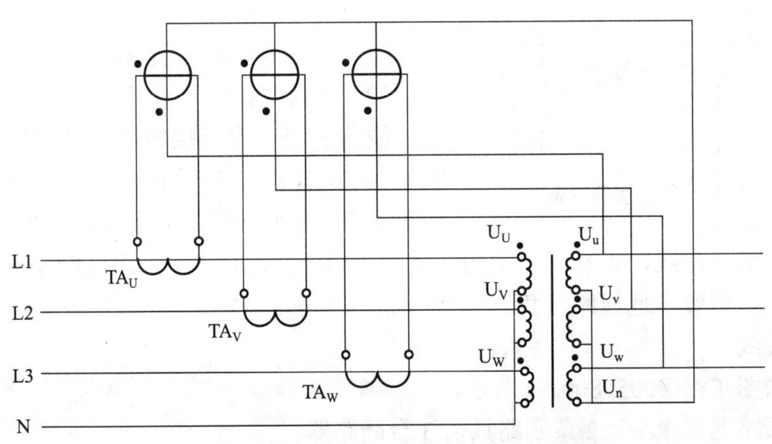

图 TYBZ00508002-5 电能计量装置安装接线图

为一次系统运行的实际电能量。

四、电力工程 CAD 简介

（一）CAD 技术

CAD（Computer Aided Design）是指利用计算机软硬件系统辅助工程技术人员对产品或工程进行设计、分析、修改以及交互式显示输出的一种方法和手段，是一门多学科的综合性应用技术，已广泛应用于机械、纺织、建筑、电力、电子、汽车、航空航天、船舶、化工、冶金、气象等众多部门。CAD 技术的基础是计算机图形处理技术，发展至今已有 50 多年的历史。20 世纪 50 年代，美国第一台图形显示器的问世，预示着 CAD 技术雏形的出现。20 世纪 70 年代，随着计算机图形学技术的日趋成熟，CAD 技术有了很大发展，已能解决产品设计的二维绘图、三维线框造型等。20 世纪 80 年代，随着微机技术的不断发展，计算机图形学进入了一个新的发展阶段，CAD 技术发展到三维造型、自由曲面设计、有限元分析、CAD 机构分析与仿真等工程应用中，并出现了许多成熟的 CAD 软件，其中应用于工程设计领域的 CAD 软件有 AutoCAD、Protel、MATLAB 等。目前，CAD 技术正经历着由传统向现代 CAD 技术的转变。

（二）AutoCAD 绘图软件包

AutoCAD 是由美国 Autodesk 公司开发的通用计算机辅助绘图与设计软件包，是一个交互式绘图软件，是用二维及三维设计、绘图的系统工具，用户可以使用它来创建、浏览、管理、打印、输出、共享及准确复用富含信息的设计图形，是目前世界上应用最广的 CAD 软件。

AutoCAD 软件具有如下特点：

（1）具有完善的图形绘制和编辑功能。

（2）可以采用多种方式进行二次开发或用户定制。

（3）可以进行多种图形格式的转换，具有较强的数据交换能力。

（4）支持多种硬件设备、多种操作平台。

（5）具有通用性、易用性，适用于各类用户。

AutoCAD 软件主要具有以下功能：

（1）二维绘图与编辑。创建二维图形对象，标注文字、尺寸，创建图块。

（2）三维绘图与编辑。创建曲面模型和实体模型。

（3）视图显示方式设置。

（4）绘图实用工具，图形输入输出。

（5）数据库管理功能，可将图形对象与外部数据库的数据关联。

（6）允许用户进行二次开发。用户可以通过 Autodesk 以及数千家软件开发商开发的 5000 多种应用软件，把 AutoCAD 改造成为满足各专业领域的专用设计工具。这些领域中包括电力、电子、建筑、机械、测绘以及航空航天等。

（三）电力工程设计中 CAD 技术的应用

在电力工程设计中应用 CAD 技术，主要体现在以下几个方面：

（1）在电力设计过程中，可以非常方便地获取以多种形式存储于计算机中的各类数据、图表资料。

（2）利用高级语言编程，进行各种机械计算和强度计算、电力系统潮流计算、绘制各种导线和曲线等。

（3）采用 AutoCAD 软件包，绘制电力设计中各种二维、三维工程图纸，如电力系统主接线图、平面布置图、配电装置断面图等。

【思考与练习】

1. 绘制一次主接线要做哪些工作？
2. 二次接线图有哪些不同种类？

模块 3 磁电系仪表电路图读识（TYBZ00508003）

【模块描述】本模块包含磁电系仪表电路原理及线路图。通过文字介绍和图形举例，掌握磁电系仪表的原理和线路结构。

【正文】

一、磁电系电流表的原理图

1. 单量程原理图

在磁电系测量机构中，由于测量机构允许通过的电流很小（约几十微安到几十毫安）。因此，为了测量较大电流，必须采用分流器，所以磁电系电流表通常由测量机构和分流器并联构成。如图 TYBZ00508003-1 所示，当图中分流器电阻 R_{fL} 比测量机构的内阻 r_c 小得多时，则被测电流 I 的大部分将从分流器支路中通过，只有很少一部分电流 I_c 通过测量机构。同时，当测量机构内阻和分流电阻的数值一定时，电流的分配比例是一定的，即通过测量机构的电流 I_c 占被测电流 I 的比例数是一定的。所以，仪表的偏转角可以直接反应被测电流的大小，只要标尺刻度放大 I/I_c 倍即可。

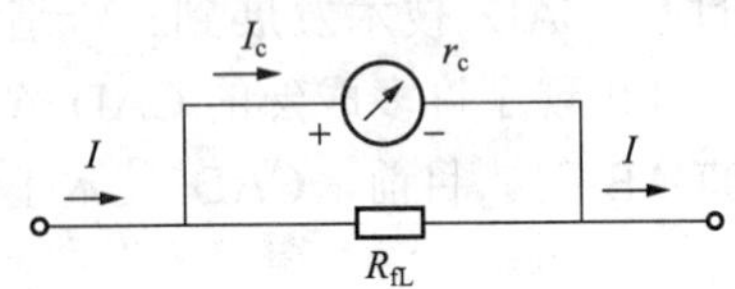

图 TYBZ00508003-1 磁电系单量程电流表的原理电路图

2. 多量程原理图

磁电系电流表并联阻值不同的分流器时，便可得到不同的电流量程，因此，可制成多量程的直流电流表。在多量程的电流表中，分流器的接线有开路连接和闭路连接两种方式，如图 TYBZ00508003-2 所示。

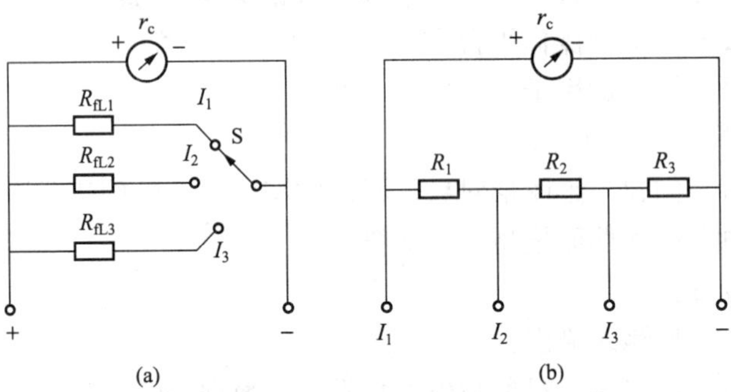

图 TYBZ00508003-2 磁电系多量程电流表的原理电路图

（a）开路连接时；（b）闭路连接时

图 TYBZ00508003-2（a）是分流器开路连接时的原理接线图。它的特点是分流器在未接入使用时，和测量机构是断开的。当转换开关 S 接通不同的分流电阻时，就可得到不同的电流量程。3 个不同的电流量程由开关 S 分别接至对应的分流器，形成 3 个不同的回路。但由于这种开路式接线把开关触头的接触电阻包括在分流电路中，因此可能引起很大的误差。另外，当触头因接触不良使分流电路断开时，被测电流全部从测量机构中通过而使它烧毁，所以，这种连接方式很少采用。

图 TYBZ00508003-2（b）是分流器闭路连接时的原理接线图。它不存在开路连接时的问题，所以得到广泛应用。这种分流器由不同的电阻 R_1、R_2、R_3 与测量机构接成闭合回路。当被测电路从“I_1”流入、从“−”流出时，相当于测量机构 r_c 和分流电阻 R_{fL}=（$R_1+R_2+R_3$）相并联，对应的电流量程为 I_1；当被测电路从“I_2”流入，从“−”流出时，则为（r_c+R_1）和分流电阻 R_{fL}=（R_2+R_3）相并联，对应的电流量程为 I_2；当被测电路从“I_3”流入，从“−”流出时，则为（$r_c+R_1+R_2$）和分流电阻 $R_{fL}=R_3$ 相并联，对应的电流量程为 I_3。量程 $I_3>I_2>I_1$。

二、磁电系电压表的原理图

磁电系电压表采用附加电阻和测量机构串联的方法，可以解决较高电压的测量。所以，磁电系电压表是由磁电系测量机构和高值附加电阻串联构成的。

1. 单量程磁电系电压表原理图

被测电压 U 的大部分加在附加电阻 R_{fj} 上，分配到测量机构的电压 U_c 只是和 U 成比例的很小的部分，如图 TYBZ00508003-3 所示。

2. 多量程磁电系电压表原理图

多量程的电压表是由测量机构和不同的附加电阻构成，如图 TYBZ00508003-4 所示。其中 R_1、R_2、R_3 为附加电阻，测量 U_1 时，被测电路从“U_1”流入，流经从 R_1 和测量机构，再从“−”流出；测量 U_2 时，被测电路从“U_2”流入，流经从（R_2+R_1）和测量机构，再从“−”流出；测量 U_3 时，被测电路从“U_3”流入，流经从（R_3+R_2+R_1）和测量机构，再从“−”流出。量程 $U_3>U_2>U_1$。

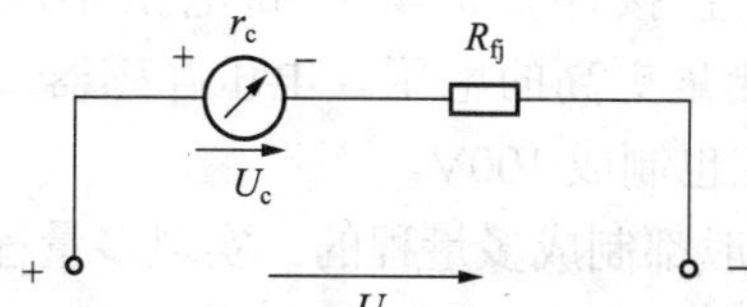

图 TYBZ00508003-3　磁电系单量程电压表的原理电路图

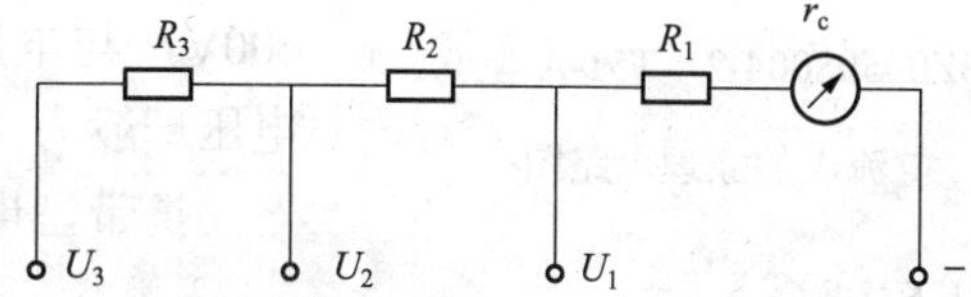

图 TYBZ00508003-4　磁电系多量程电压表的原理电路图

【思考与练习】

1. 磁电系仪表测量机构如何实现较大电流和较大电压的测量？
2. 在多量程的电流表线路中，分流器的接线有哪两种方式？各有什么特点？

模块 4　电磁系仪表电路图读识（TYBZ00508004）

【模块描述】本模块包含电磁系仪表电路原理及线路图。通过文字介绍和图形举例，掌握电磁系仪表的原理和线路结构。

【正文】

一、电磁系电流表的原理图

安装式电流表一般都制成单量程的，测量小电流时仪表直接串联接入测量电路，测量大电流时与电流互感器配合使用。由于电流互感器二次电流一般为 5A，所以单量限电流表只要制成 5A 的就可以了。

可携式仪表则常制成双量程或三量程的。电磁系电流表不能采用并联分流器的方法扩大量程，这是因为电磁系电流表的内阻很大，要求分流器的电阻也很大，这就使得分流器的尺寸和功率消耗都很大。所以，在可携式仪表中，采取将固定线圈分段，然后用连接片、转换开关或插塞来改变分段线圈的串、并联方式，以获得不同的量程。

如图 TYBZ00508004-1 所示为双量程电流表的原理图。这种电流表的固定线圈分为匝数、电阻和电抗完全相同的两段，端钮之间可以用连接片连接成线圈串联和线圈并联两种方式，测量机构的总安匝数都是 $2NI$（N 是每个分段线圈的匝数）。但是，图 TYBZ00508004-1（a）对应的被测电流为 I，而图 TYBZ00508004-1（b）对应的被测电流却是 $2I$，所以，当采用图 TYBZ00508004-1（b）的连接方式时，电流量程可扩大一倍。

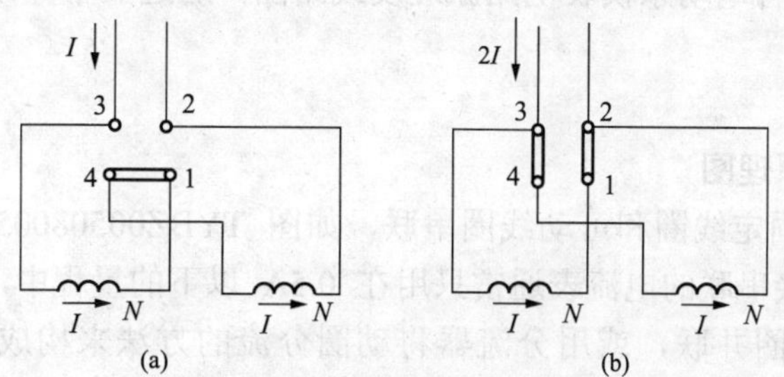

图 TYBZ00508004-1　电磁系双量程电流表的原理电路图

（a）线圈串联；（b）线圈并联

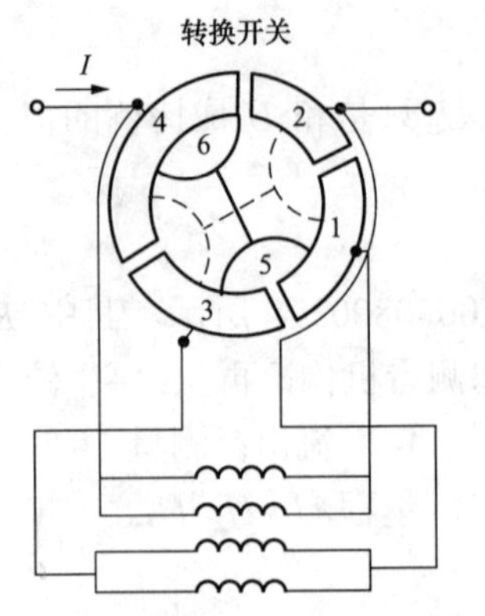

图 TYBZ00508004-2　T51-A 型 0.5 级电流表的原理电路图

如图 TYBZ00508004-2 所示是 T51-A 型 0.5 级电流表的原理电路图，这种电流表是通过转换开关的换接来实现量程转换的。当可动触头 5、6 拨在实线位置时，固定触头 1、3 接通，2、4 接通，两组线圈串联，量程为 I；当可动触头 5、6 拨在虚线位置时，固定触头 1、2 接通，固定触头 3、4 接通，两组线圈并联，量程为 $2I$。

二、电磁系电压表的原理图

电磁系测量机构串联电阻后，即可构成电磁系电压表。安装式电压表通常只有一个量限，直接测量时其最高电压不应超过 600V，与电压互感器配合可测量更高的电压。电压互感器二次侧电压一般为 100V，电压表量程也制成 100V。

携带型电磁系电压表，一般都制成多量程的。实现多量程的变换有以下方法：

1. 采用附加电阻的分段法

此种方法如图 TYBZ00508004-3 所示，其中带“*”号的为公共端，量程 $U_2>U_1$。

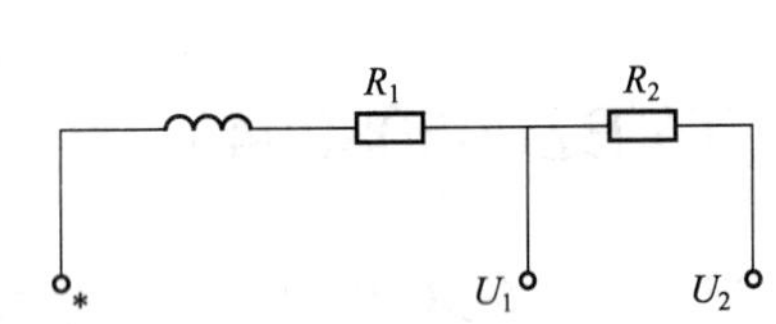

图 TYBZ00508004-3　双量程电磁系电压表原理电路图

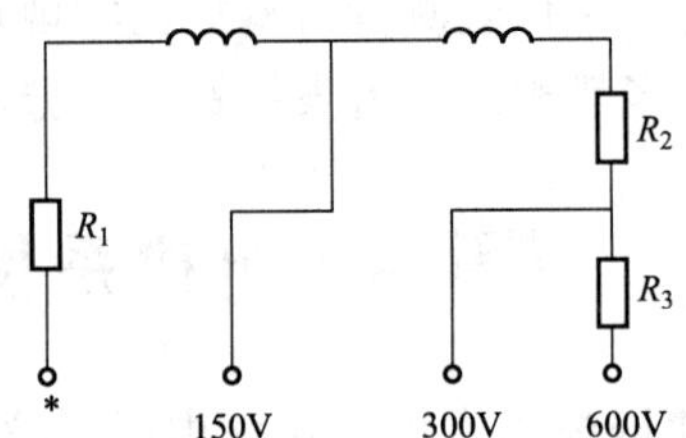

图 TYBZ00508004-4　T15-V 型三量程电磁系电压表原理电路图

2. 采用线圈分段及串、并联换接法

如图 TYBZ00508004-4 所示为 T15-V 型三量程电磁系电压表的原理电路图。其特点是固定线圈分为两段，在较小量程（150V）时只用一段，较大量程（150V 或 600V）时，则将两段线圈串联。同时，采用了附加电阻分段法，获得了 3 种不同的量程。

此外，有些电压表还通过用转换开关或插塞来改变分段线圈和附加电阻的联接方式，以获得不同的量程。

【思考与练习】

1. 多量程电磁系电流表是采用什么原理实现的？
2. 多量程电磁系电压表实现量程变换有哪些方法？

模块 5　电动系仪表电路图读识（TYBZ00508005）

【模块描述】本模块包含电动系仪表电路原理及线路图。通过文字介绍和图形举例，掌握电动系仪表的原理和线路结构。

【正文】

一、电动系电流表的原理图

将电动系测量机构的固定线圈和可动线圈串联，如图 TYBZ00508005-1（a）所示，即可构成电动系电流表。这种线圈直接串联的电流表通常只用在 0.5A 以下的量程中，对于量程较大的电动系电流表，应采取将动圈和定圈并联，或用分流器将动圈分流的方法来构成。并联线圈的电流表如图 TYBZ00508005-1（b）所示。

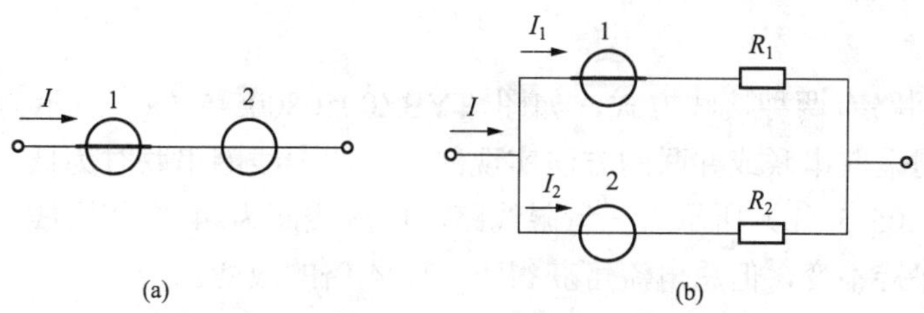

图 TYBZ00508005-1　电动系电流表的原理图

（a）线圈串联的电路；（b）线圈并联的电路

1—固定线圈；2—可动线圈

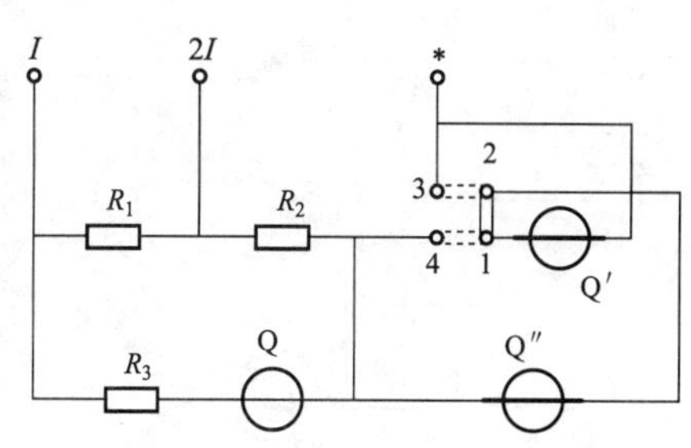

图 TYBZ00508005-2　D26-A 型双量程电流表原理电路图

电动系电流表通常制成双量程的可携式仪表，量程的变换可以通过改变线圈的联接方式和动圈的分流电阻来达到。如图 TYBZ00508005-2 所示为 D26-A 型双量程电流表原理电路图。当量程为 I 时，用连接片将端钮 1 和 2 短接，此时动圈 Q 和电阻 R_3 串联，并被电阻（R_1+R_2）所分流，定圈的两个分段 Q'和 Q″ 互相串联后再和动圈电路串联。当量程为 $2I$ 时，用连接片短路端钮 2 和 3 及 1 和 4（如图中虚线所示），此时动圈 Q 和电阻（R_1+R_3）串联后被电阻 R_2 所分流，再与定圈 Q'和 Q″ 的并联电路相串联。

二、电动系电压表的原理图

将电动系测量机构的定圈和动圈串联后，再和附加电阻串联起来，就构成了电动系电压表，如图 TYBZ00508005-3（a）所示。

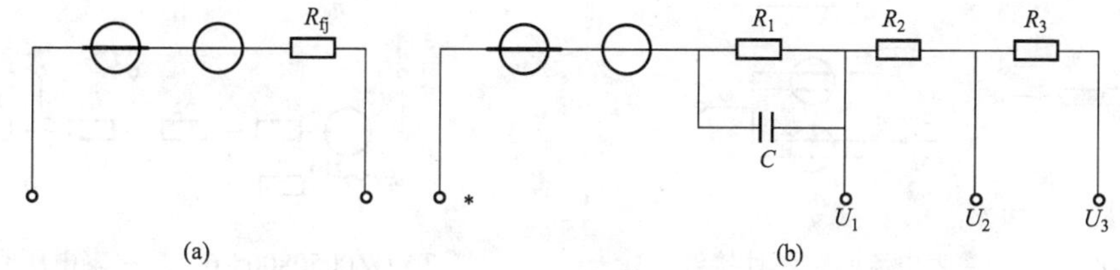

图 TYBZ00508005-3　电动系电压表的原理图

（a）电动系电压表；（b）多量程电压表

电动系电压表一般制成多量程的可携式仪表，量程的改变是通过改变附加电阻来达到的。如图 TYBZ00508005-3（b）所示为三量程电压表的电路。被测电路均是从“*”端流入，先经过定圈，再经过动圈，再流过每档电压所对应的附加电阻。为了使电动系电压表能适应较宽频率范围的测量，一般在一部分附加电阻（见图 TYBZ00508005-3 中附加电阻 R_1）上并联一个电容 C，以补偿由于频率变化所造成的误差。

三、电动系功率表的原理图

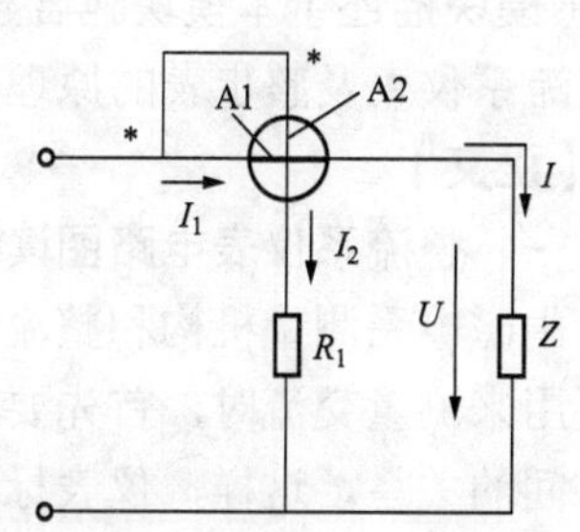

图 TYBZ00508005-4　电动系功率表的原理线路图

A1—固定线圈；A2—可动线圈；R_1—附加电阻

当电动系测量机构作为功率表应用时，其接线方式与电动系电流表和电压表有所不同。如图 TYBZ00508005-4 所示为电动系功率表的原理线路图。测量机构的固定线圈 A1 和负荷串联，测量时通过负荷电流，常把功率表的固定线圈叫做电流线圈；测量机构的可动线圈 A2 和附加电阻 R_1 串联后与负荷并联，这时接到可动线圈回路两端的电压就是负荷电压，因此，常把功率表的可动线圈叫电压线圈。

单相功率表一般制成多量限便携式仪表，常碰到的是具有两个电流量限、两个或 3 个电压量限，改变其中任一个量的量限，都可以改变功率的测量量限。下面分述功率表的电流、电压回路。

功率表常见电流回路有两种接线方式，如图 TYBZ00508005-5（a）所示为双量限线路，电流线圈是由两个相同的线圈采取串联或并联的方法实现的，当两个线圈串联时为低量限，而并联时为高量限。如图 TYBZ00508005-5（b）所示为三量限线路，电流线圈为 4 个相同线圈组成，每个线圈通过的电流在量限转换时保持不变，但总电流可获得 1、2、4 倍的改变。

功率表的电压回路包括电压线圈与附加电阻两部分。电压量限的改变是依靠附加电阻的改变来实现的。一般电动系功率表都有几个电压量限，由于考虑到温度和频率误差的补偿不同，电压回路有各种不同的接线方式，如图 TYBZ00508005-6 所示。

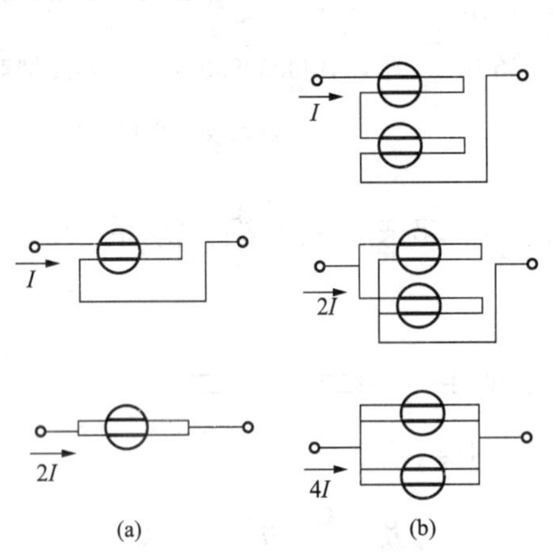

图 TYBZ00508005-5 功率表电流回路两种接线方式

（a）双量限线路；（b）三量限线路

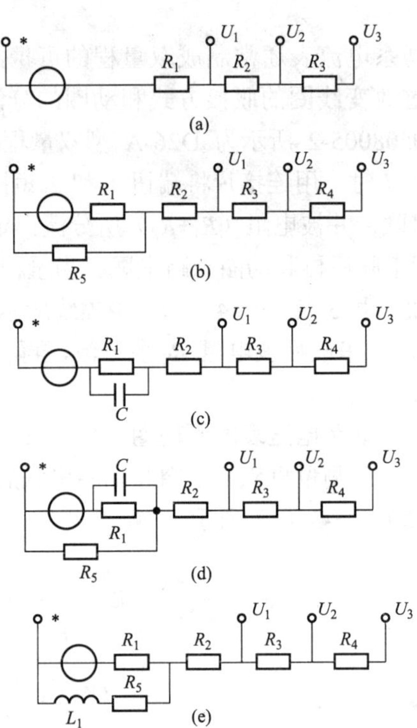

图 TYBZ00508005-6 功率表电压回路接线方式

（a）简单线路；（b）具有温度补偿线路；（c）具有电容频率；（d）具有温度和频率补偿线路；（e）具有电感频率补偿线路

【思考与练习】

1. 电动系电流表 0.5A 以下的量程和 0.5A 以上的量程接线有何不同？
2. 电动系功率表的接线方式是怎样的？

模块 6 整流系仪表及整步表电路图读识（TYBZ00508006）

【模块描述】本模块包含整流系仪表及整步表电路原理及线路图。通过文字介绍和图形举例，掌握整流系仪表及整步表的原理和线路结构。

【正文】

一、整流系仪表电路图读识

由磁电系测量机构和整流装置组成的仪表称为整流系仪表。由于磁电系测量机构只能反映直流，当要用来测量交流时，首先要将交流变为直流，称为整流。然后还要找出整流后的电流和原来交流电流之间的关系，这样，仪表标尺才能直接按照交流来刻度。

整流系仪表的整流电路由整流元件组成。整流元件具有单向导电性，即电流只能从一个方向通过，这个方向称为整流元件的正方向。常用的整流电路有半波整流电路和全波整流电路两种。半波整流电路如图 TYBZ00508006-1（a）所示，由于表头和整流元件 V1 串联的结果，当外加电压为交流电时，表头中只通过半波整流，即当两端加上交流电压时，电流的途径为顺着 i 的方向先到 V1，再到表头，波形如图 TYBZ00508006-1（b）所示，故称半波整流。和表头支路并联的整流元件 V2 起反向保护作用，如果没有 V2，则在外加电压负半波时，由于整流元件 V1 反向截止而承受很大的反向电压，可能造成元件击穿。接入 V2 后，在外加电压负半周时 V2 导通，使 V1 两端的反向电压大大降低。

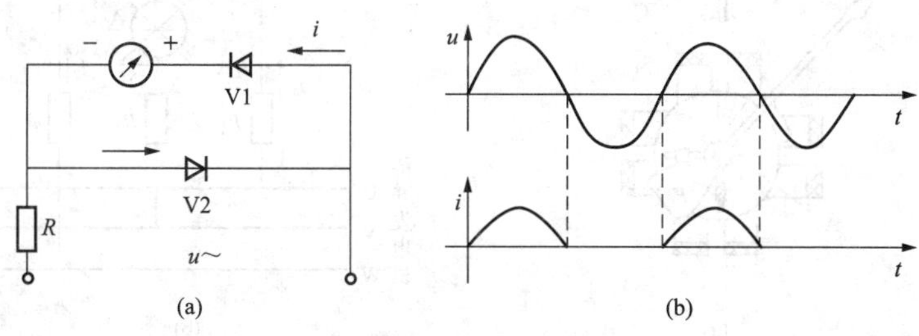

图 TYBZ00508006-1　半波整流
（a）半波整流电路；（b）波形图

仪表中的全波整流电路，通常采用由 4 个整流元件构成的桥式整流电路，如图 TYBZ00508006-2（a）所示。当 A、B 两端加上交流电压时，如在电压正半波时 A 端极性为正、B 端为负，则电流的途径为 A→V1→表头→V3→B，如图中实线箭头所示；而在电压负半波时，则 B 端极性为正、A 端为负，电流的途径变为 B→V2→表头→V4→A，如图中虚线箭头所示。可见，不管在外加电压的正半波还是负半波，表头中都只有同一方向的电流通过。由于电路完全对称，所以，两个半波电流的波形完全相同，如图 TYBZ00508006-2（b）所示。可见，在外加电压相同的情况下，全波整流时表头电流要比半波整流时大一倍。

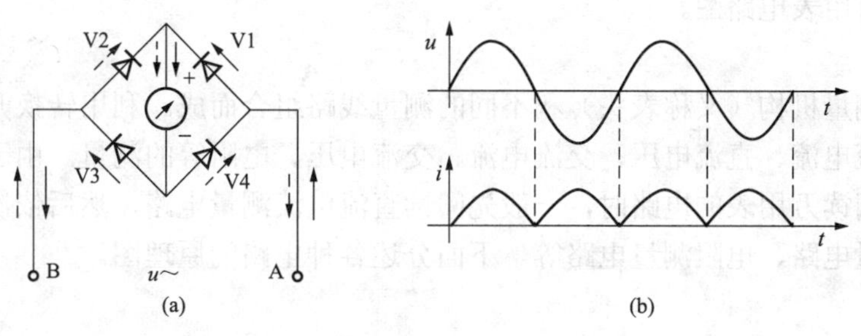

图 TYBZ00508006-2　全波整流
（a）全波整流电路；（b）波形图

有些仪表采用由两个整流元件和两个电阻接成的桥式全波整流电路，如图 TYBZ00508006-3 所示。这种电路节省了整流元件。但是，整流后的电流并不是全部流过表头，而是有一部分被电阻分流。因此，仪表的灵敏度较低。

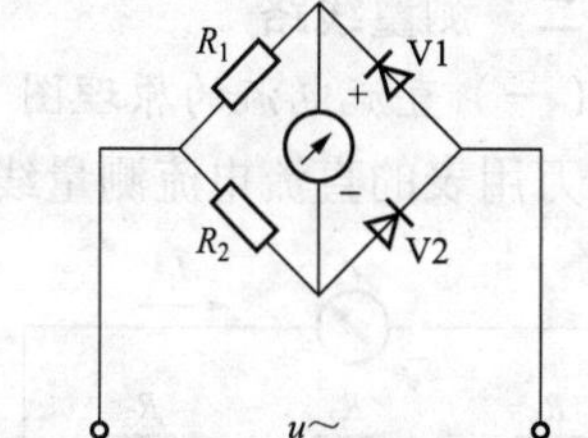

图 TYBZ00508006-3　两个整流元件的全波整流电路

二、整步表电路图读识

整步表是用于同步发电机和电网并列时，检查两侧电压的相位和频率，以使同步发电机在符合同期的条件下并入电网。如图 TYBZ00508006-4（a）、（b）所示分别为整步表的内部结构图和原理接线图，以 1T1-S 型整步表为例，可以看出，整步表共设 3 个固定线圈，圆柱形线圈 A 套在轴承 C 上，它的外面则装设两个互相垂直的扁线圈 A1 和 A3。轴套 C 紧固在转轴上，其上、下两端固定着扇形铁片 F，两个铁片装在相反的两侧，和轴套组成"Z"字形，故又称为 Z 型铁片。Z 型铁片可在线圈内自由转动，从而带动转轴和指针转动。

固定线圈 A 和电阻 R 串联后，接至电网的 U′ 和 V′ 相上，由于电阻 R 很大，所以线圈 A 中的电流向量 $I_{U'V'}$ 和电压向量 $U_{U'V'}$ 同相，线圈 A1 和 A3 分别和电阻 R_1 及 R_3 串联，然后与 R_2 结成一个电阻不对称的星形，接在待并发电机的 U、V、W 三相上。

模块 6 TYBZ00508006

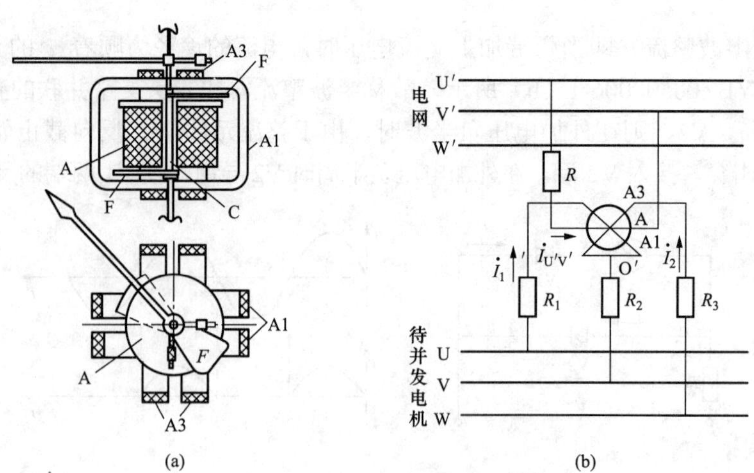

图 TYBZ00508006-4 1T1-S 型整步表

(a) 结构；(b) 接线图

【思考与练习】

1. 半波整流和全波整流的区别是什么？

2. 采用由两个整流元件和两个电阻接成的桥式全波整流电路的缺点是什么，为什么？

模块 7 万用表电路图读识（TYBZ00508007）

【模块描述】本模块包含万用表表头、测量线路、转换开关的相关知识。通过对不同测量线路图举例，能准确读识万用表电路图。

【正文】

万用表由一个测量机构（又称表头）和不同的测量线路组合而成。利用转换开关对测量线路的切换，可以实现对直流电流、直流电压、交流电流、交流电压、电阻等的测量。由于直流电流档是万用表的基础档，所以阅读万用表的电路时，一般先阅读直流电流测量电路，然后依次阅读直流电压测量电路、交流电压测量电路、电阻测量电路等。下面分述各种电路的原理图。

一、表头

万用表的表头，通常采样高灵敏度的磁电系测量机构，其满刻度偏转电流约为几微安到几百微安。满偏电流越小，表头的灵敏度就越高，测量电压时的内阻也就越大，其原理图如图 TYBZ00508007-1 所示。

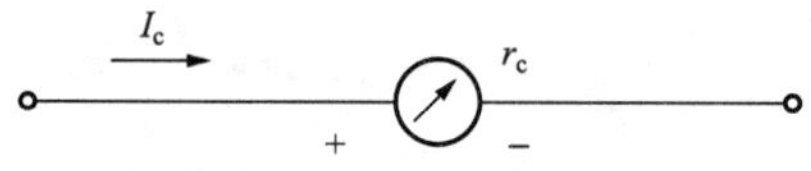

图 TYBZ00508007-1 万用表表头原理图

二、测量线路

（一）直流电流的原理图

万用表的直流电流测量线路是由电阻和表头并联构成的。实质上就是一个闭路式多量程分流器，利用转换开关来实现分流电阻和量程的切换。如图 TYBZ00508007-2 所示，其中 R_1、R_2、R_3 构成了闭路式分流器，转换开关 S 的 3 个档位对应于 3 个电流量程 I_{L1}、I_{L2}、I_{L3}。其被测电流的途径是：当开关 S 置于“I_{L1}”时，电流的主回路由“+”→开关→R_2→R_3→表头→“−”，分流回路由“+”→开关→R_1→“−”。

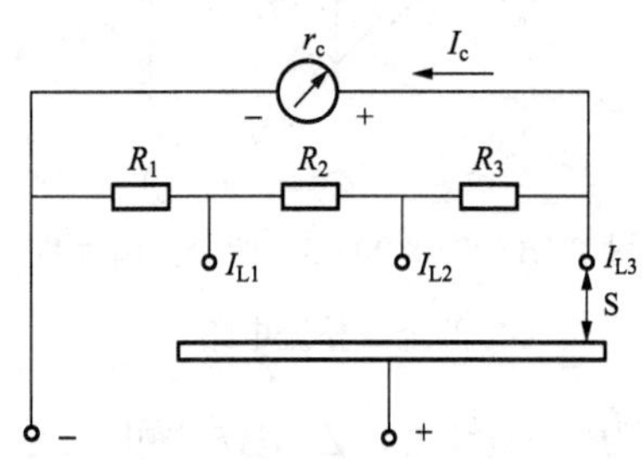

图 TYBZ00508007-2 直流电流测量电路原理图

（二）直流电压的原理图

万用表的直流电压测量线路是由电阻和表头串联构成的，并在不同的量程下接入数值不同的附加电阻，按其接入方法的不同分为单用式和共用式两种。单用式附加电阻的电路如图 TYBZ00508007-3 所示，其特点是每个电压量程都有单独配用的附加电阻。对应于 3 个电压量程 U_{L1}、U_{L2}、U_{L3}。其被测电流的途径是：当开关 S 置于“U_{L1}”时，回路由“+”流经 R_1，再到表头后回到“−”；当开关

S 置于“U_{L2}”时，回路由“+”流经 R_2，再到表头后回到“−”；当开关 S 置于“U_{L3}”时，回路由“+”流经 R_1，再到表头后回到“−”。由此可见，各档之间相互不影响。

共用式附加电阻的特点是：较高量程的附加电阻共用了较低量程的附加电阻，节省了材料，但一旦较低量程的附加电阻损坏，则连较高量程也不能用了。其电路如图 TYBZ00508007-4 所示，当开关置于“U_{L1}”时回路途径是：“+”→开关→R_1→表头→“−”；当开关置于“U_{L2}”时回路途径是：“+”→开关→R_2→R_1→表头→“−”；当开关置于“U_{L3}”时回路途径是：“+”→开关→R_3→R_2→R_1→表头→“−”。

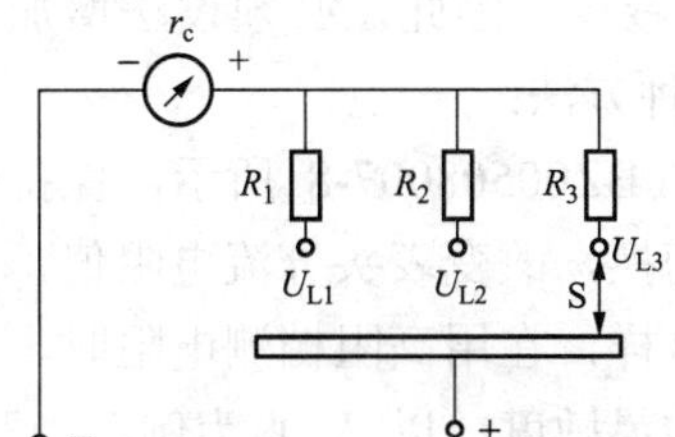

图 TYBZ00508007-3　单用式附加电阻电路

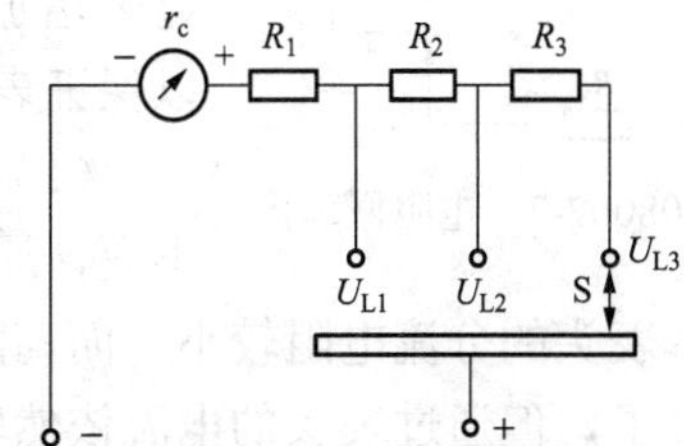

图 TYBZ00508007-4　共用式附加电阻电路

（三）交流电压原理电路图

万用表的交流电压测量线路，实际上就是一个多量程的整流系交流电压表的线路，不同的量程靠接入不同的附加电阻来实现，并由转换开关加以切换。附加电阻的接法也有单用式和共用式两种，和两种整流电路配合可得到 4 种基本的交流电压测量电路。如图 TYBZ00508007-5（a）所示以“U_{L3}”为例，当开关置于“U_{L3}”时，回路途径是：A→开关→R_3→R_2→R_1→V1→表头→B。如图 TYBZ00508007-5（b）所示以“U_{L3}”为例，当开关置于“U_{L3}”时，回路途径是：A→开关→R_3→V1→表头→V3→B。

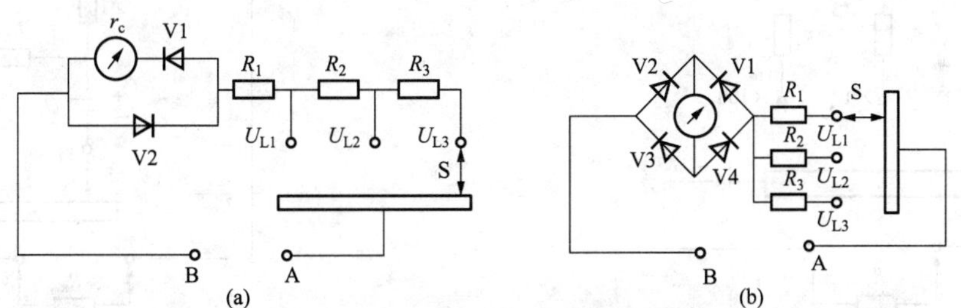

图 TYBZ00508007-5　交流电压原理图

（a）半波整流，共用式附加电阻电路；（b）全波整流，单用式附加电阻电路

（四）交流电流原理电路图

多量程的交流电流的测量，和直流电流一样，必须对被测电流进行分流。交流电流的分流方式一般有两种，一种是先分流后整流，用这种方式分流时，流过整流元件的电流较小。另一种是先整流后分流，这样被测电流则全部通过整流元件。这种方式使电流表的量程受到元件容许电流的限制，因而较少使用。如图 TYBZ00508007-6 所示为常用的分流电路。

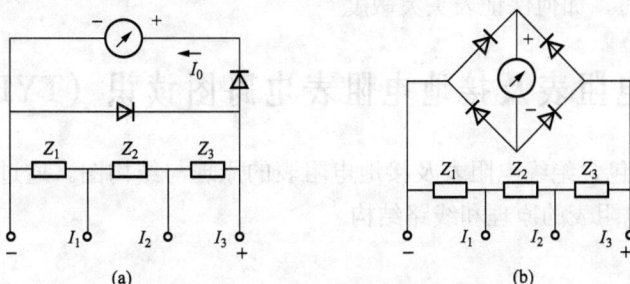

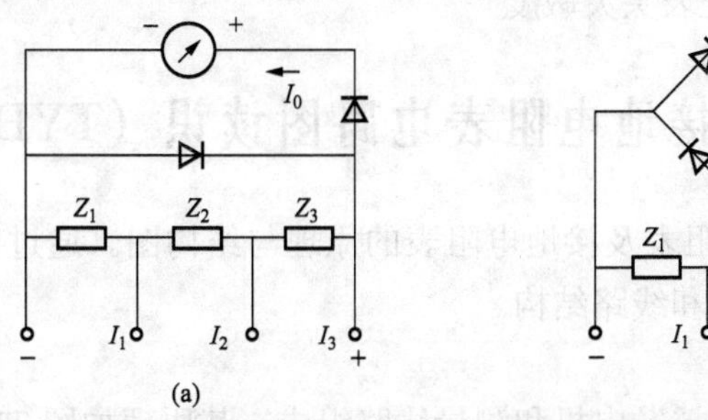

图 TYBZ00508007-6　交流电流原理图

（五）电阻原理电路图

万用表的电阻测量线路就是一个多量程的欧姆表电路。最简单的欧姆表电路，如图 TYBZ00508007-7 所示。被测电阻 R_x 接于 A、B 两端之间，和电压为 U 的干电池、固定电阻 R 以及表头内阻 r_c 构成了一个简单的串联电路。

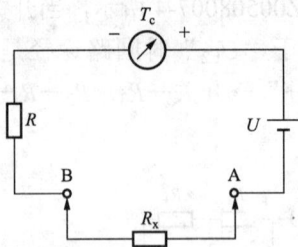

图 TYBZ00508007-7 电阻原理图

万用表的测量线路都制成多量程的，并且为了共用一条标尺，便于读数，一般都以标准档 $R\times1$ 为基础，按 10 的倍数来扩大量程，如 $R\times10$、$R\times100$、$R\times1k$ 等。但扩大量程后，仪表的内阻和被测电阻都要显著增加，势必引起表头电流的减少。因此，必须设法增加表头电流以保证表头灵敏度。通常采用两种方法：

（1）改变分流电阻。如图 TYBZ00508007-8 所示，保持电池电压不变，通过量程转换开关 S 的切换，改变表头分流电阻值，使对应于低阻档时，表头的分流电阻较小，而高阻档的分流电阻较大。这样，在用高阻档测电阻时，虽然电路的总电流小了，但通过表头的电流依然较大，从而保证了仪表的灵敏度。以 $R\times1$ 为例，当开关 S 接于 $R\times1$ 档，被测回路的途径是：电池电压的正极“+”→开关 S→R_1→R_5→R_6→R_0→表头→R_x→电池电压的正极“−”，R_4 为分流电阻。

（2）提高电池电压。如图 TYBZ00508007-9 所示，采用提高电池电压的方法，也可以提高表头电流，从而使电阻量程得到扩大。当开关置于“2”时，被测回路的途径是：U_2 的正极“+”→R_2→R_0→表头→R_x→开关 S→U_2 的负极“−”。

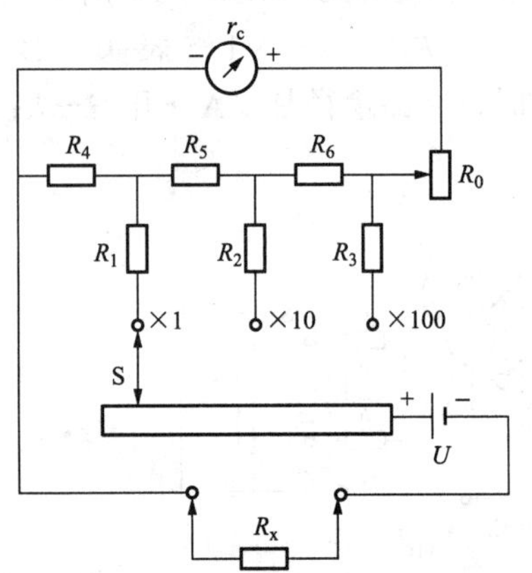

图 TYBZ00508007-8 改变分流电阻扩大量程的电阻电路图

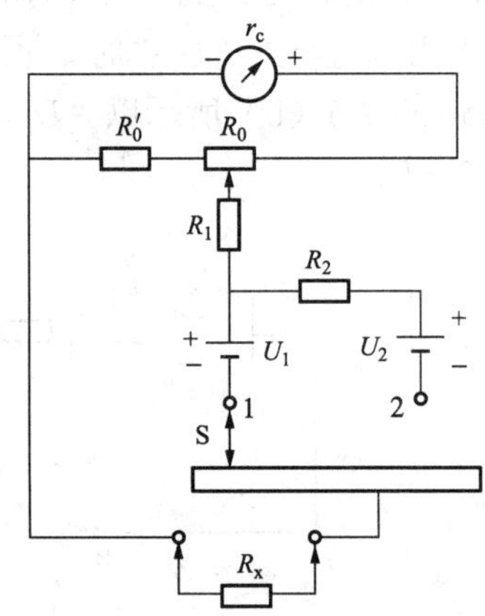

图 TYBZ00508007-9 提高电池电压扩大量程的电阻电路图

三、转换开关

转换开关由许多固定触头和可动触头组成。转换开关时，可动触头跟着转动，在不同的档位上和相应的固定触头相接触，从而使对应的测量线路接通。

【思考与练习】

1. 当万用表表头灵敏度降低时，各测量回路误差会如何变化？
2. 用高阻档测电阻时，如何保证表头灵敏度？

模块 8 绝缘电阻表及接地电阻表电路图读识（TYBZ00508008）

【模块描述】本模块包含绝缘电阻表及接地电阻表的原理与结构图。通过文字介绍和图形举例，掌握绝缘电阻表及接地电阻表的原理和线路结构。

【正文】

绝缘电阻表由磁电系比率表、手摇发电机和测量线路组成，其原理如图 TYBZ00508008-1 所示。被测电阻用 R_x 表示，接于表上线路端钮和地线端钮之间。动圈 1（电流线圈）和电阻 R_1、被测电阻

R_x 串联组成一回路，动圈 2（电压线圈）和电阻 R_2 串联组成另一回路，然后互相并联起来接到手摇发电机 F 的电压 U 上。动圈 1 与动圈 2 相交成一角度，固定在同一转轴上，可以自由偏转。当发电机转动后，就有电压作用在两个线圈上，若两个线圈有电流通过时，就产生相反方向的两个转矩。动圈 1 产生按顺时针方向转动的力矩，动圈 2 产生按逆时针方向转动的力矩。

动圈 1 回路的电流 I_1 与被测电阻 R_x 的大小有关，R_x 越小，I_1 就越大，磁场与 I_1 相互作用产生的转矩就越强，指针向“0”刻度方向的偏转也就越大。

动圈 2 回路的电流 I_2 与被测电阻 R_x 的大小无关，只与发电机电压 U 及附加电阻 R_2 有关。当 $R_x=0$ 时，$I_1=0$，只有 I_2 通过动圈 1，指针指在“∞”刻度点上。

接地电阻表是按补偿法的原理制成的，内附手摇交流发电机作为电源，“P_2”、“C_2”短接后接至被测的接地体。端钮“P_1”、“C_1”分别接上电位辅助探针和电流辅助探针。原理电路图如图 TYBZ00508008-2 所示，电流 I_1 从发电机流经电流互感器的一次绕组、接地体、大地和电流极而回到发电机。由电流互感器的二次绕组产生的 I_2 接于电位器 R_s。当检流计指针偏转时，调节电位器使其达到平衡。电路中接有 3 组不同的分流电阻 R_1～R_3 以及 R_5～R_7，用以实现对电流互感器的副边电流以及检流计支路的分流。分流电阻的切换利用联动的转换开关 S 同时进行，量程是按 1/10 的比率递减的。对应于转换开关的 3 个档位，可以得到 0～1Ω、0～10Ω、0～100Ω 或 0～10Ω、0～100Ω、0～1000Ω 3 个量程。由于采用磁电系检流计做指零仪，仪表备有机械整流器或相敏整流器，以便将交流发电机的交流转换为检流计所需的直流电流。此外，为了防止地中直流杂散电流的影响，在电位探针 P_1 的回路中还串联了一个电容 C，以隔断直流。

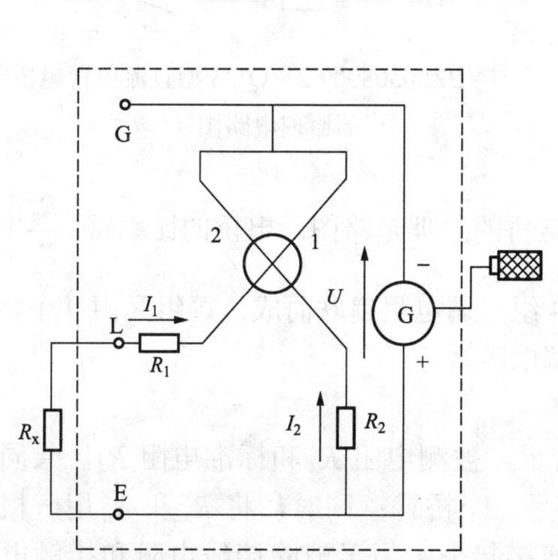

图 TYBZ00508008-1　绝缘电阻表原理电路图

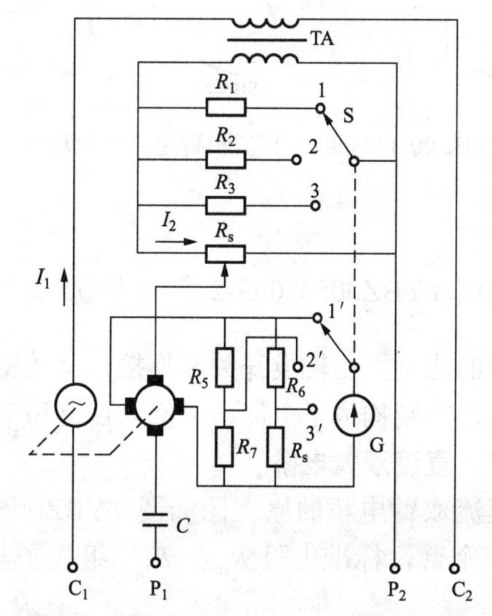

图 TYBZ00508008-2　接地电阻表原理电路图

【思考与练习】

1. 绝缘电阻表空摇时指针指不到“∞”，若是电压回路串联电阻变化，请问阻值是变大还是变小了？

2. 接地电阻表是按什么原理制成的？

模块 9　直流仪器电路图读识（TYBZ00508009）

【模块描述】本模块包含单电桥及双电桥的原理与结构图。通过文字介绍和图形举例，掌握单电桥及双电桥的原理和线路结构。

【正文】

一、直流单臂电桥

直流单臂电桥的原理图如图 TYBZ00508009-1 所示，其中 a、b、c、d 为电桥的顶点，ac、cb、

bd、da 4 条支路便是电桥的 4 条单臂。电阻 R_x、R_2、R_3、R_4 接成四边形，在四边形的一个对角线 ab 上经按钮开关 SB 接入直流电源 E，在另一个对角线 cd 上接入检流计 G 作为指零仪。按通按钮开关 B 后，调节标准电阻 R_2、R_3 和 R_4，使检流计的指示为零，即电桥平衡。此时，检流计两端 c 和 d 点的电位相等，因此有

$$U_{ac}=U_{ad}，即\ I_1R_x=I_4R_4$$

$$U_{cb}=U_{ab}，即\ I_2R_2=I_3R_3$$

两式相比，因为 $I_1=I_2$、$I_3=I_4$，故被测电阻 R_x 的数值即可按下式算出

$$R_x=\frac{R_2}{R_3}\times R_4$$

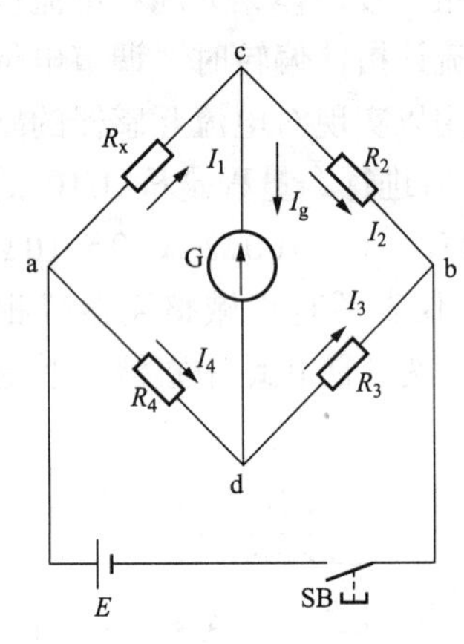

图 TYBZ00508009-1 直流单臂电桥的原理图

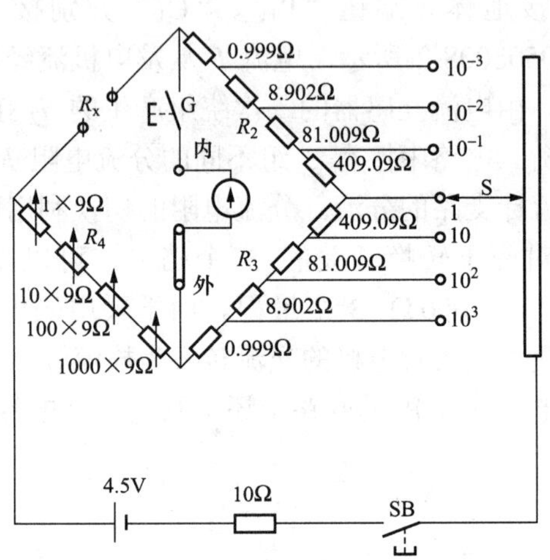

图 TYBZ00508009-2 QJ23 型直流单臂电桥的原理电路图

如图 TYBZ00508009-2 所示为 QJ23 型直流单臂电桥的原理电路图。电桥的比率臂$\left(\frac{R_2}{R_3}\right)$共有 7 个固定的比例，由转换开关 S 换接。比较臂（R_4）由 4 组可调电阻串联而成，每组又由 9 个相同的电阻组成，分别构成了个位、十位、百位和千位欧姆可调电阻。

二、直流双臂电桥

直流双臂电桥的原理图如图 TYBZ00508009-3 所示，被测电阻 R_x 和标准电阻 R_2' 共同组成电桥的一个臂，标准电阻 R_n 和 R_1' 组成了与其对应的另一个桥臂；同时，将 R_x 和 R_n 用一根电阻为 R 的粗导线连接起来。为了消除接线电阻和接触电阻的影响，R_x 和 R_n 都有两对端钮，即电流端钮 C_1、C_2 和 C_{n1}、C_{n2}，以及电位端钮 P_1、P_2 和 P_{n1}、P_{n2}，并且均用端钮接入桥臂。桥臂电阻 R_1、R_1'、R_2、R_2' 都是大于 10Ω 的标准电阻，而且采用机械联动的调节装置，以使桥臂电阻在调节过程中，永远保持比值$\frac{R_1'}{R_1}$和$\frac{R_2'}{R_2}$相等。双臂电桥被测电阻的公式为

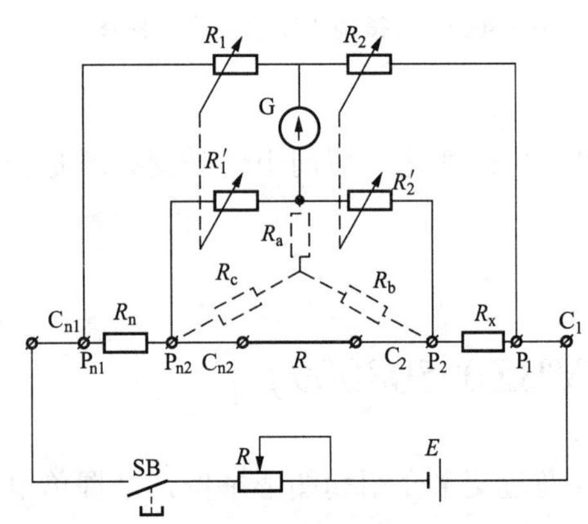

图 TYBZ00508009-3 直流双臂电桥原理图

$$R_x=\frac{R_2}{R_1}\times R_n$$

如图 TYBZ00508009-4 所示为 QJ103 型直流双臂电桥的原理电路图，电桥共设 100、10、1、0.1、0.01 等 5 个固定的倍率，倍率的改变靠机械联动转换开关 S 进行。标准电阻 R_n 的数值，可在 0.01～0.11Ω 的范围内连续调节。

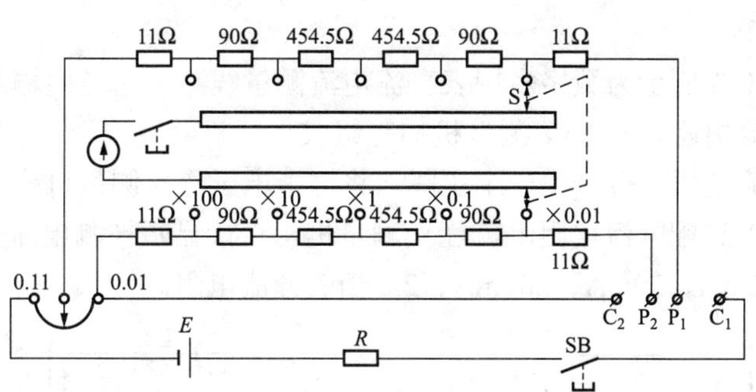

图 TYBZ00508009-4　QJ103 型直流双臂电桥的原理电路图

【思考与练习】

1. 根据原理图叙述直流单臂电桥的工作原理（参见图 TYBZ00508009-1）。
2. 根据原理图叙述直流双臂电桥的工作原理（参见图 TYBZ00508009-3）。

模块 10　数字多用表电路图读识（TYBZ00508010）

【模块描述】本模块包含数字式电路的相关基础知识。通过图形举例，了解数字多用表的原理和线路图。

【正文】

数字多用表是数字测量仪器的一个重要组成部分，它由数字电压表配上各种变换器构成，因而具有如交直流电压、交直流电流、电阻等多种测量功能。

数字多用表的主要由两大部分组成，一是输入与变换部分，主要作用是把各种测量转换成电压量，通过开关选择，经放大或衰减电路送入 A/D 转换电路后进行测量；二是 A/D 转换电路与显示部分。数字多用表的基本组成框图如图 TYBZ00508010-1 所示。

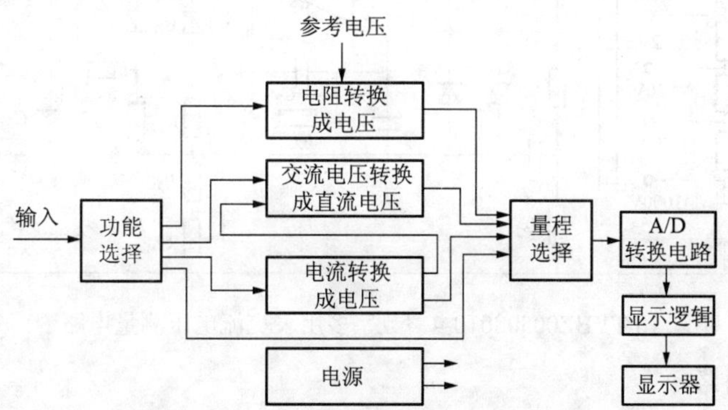

图 TYBZ00508010-1　数字多用表的基本组成框图

数字多用表构成的关键部件是 A/D 转换电路，由专用集成电路组成。数字多用表的 A/D 转换电路一般都采用双积分式原理，并且把 A/D 转换器与能够直接驱动液晶显示器的显示逻辑集成在一只集成电路芯片上，这样，只要在这只集成电路芯片的周围加几只电阻、电容器件和液晶显示器一起，便组成了数字多用表表头。数字多用表的整体性能主要由这一数字表头的性能决定。目前，应用于普通数字多用表中的 A/D 转换器以 ICL7016 居多，在转换器为核心的基础上，增设一些辅助电路，即扩展成了数字多用表。下面分述数字多用表各测量线路。

1. 直流电压测量线路

如图 TYBZ00508010-2 所示为数字多用表直流电压测量线路，它是由输入通道、电阻分压器、限流保护电阻、量程转换开关、200mV 测量机构、小数点电路等组成。

当量程开关置于 200mV 档时，量程范围等于测量机构的满度值。在 200mV 档设立了限流保护电阻 R_6，是为了防止过负荷损坏仪表。R_1、R_2、R_3、R_4、R_5 为各档的降压电阻。

2. 直流电流测量电路

如图 TYBZ00508010-3 所示为数字多用表直流电流测量线路，它是由输入通道、过负荷保护二极管、量程转换开关、分流电阻、200mV 测量机构等组成。

当被测电流流过分流电阻，会产生一个压降，将这个电压作为测量机构的输入电压，就实现了电流—电压变换，通过合理选配分流电阻，就能使测量机构直接显示被测电流量的大小。R_1、R_2、R_3、R_4、R_5 分别为 200μA、2mA、20mA、200mA、2A 档的分流电阻。

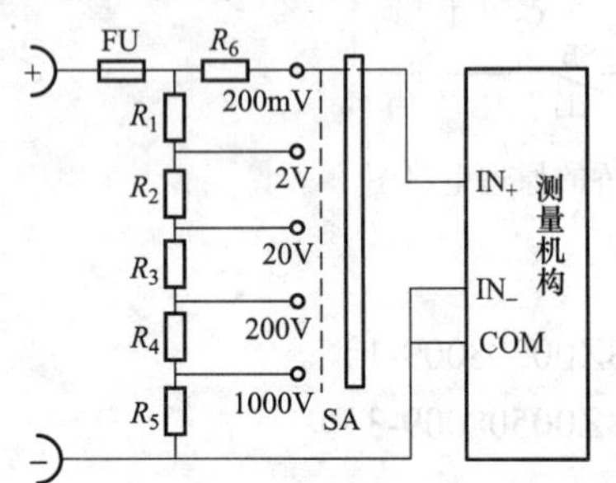

图 TYBZ00508010-2 数字多用表直流电压测量电路

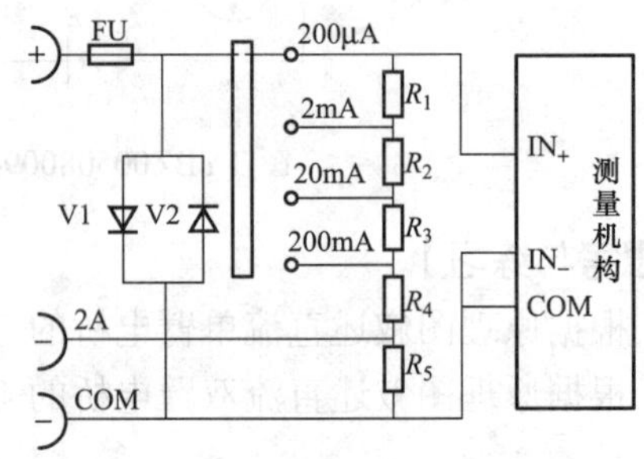

图 TYBZ00508010-3 数字多用表直流电流测量电路

3. 交流电压测量线路

如图 TYBZ00508010-4 所示为数字多用表交流电压测量线路，它是由输入通道、200mV 测量机构、限流保护电阻、降压电阻、量程转换开关、耦合电路、放大器输入保护、运算放大器、交—直流变换电路、π 滤波电路、小数点电路等组成。R_6 为限流保护电阻，R_7、R_8、R_9、R_{10}、R_{11} 为各档的降压电阻。V1、V2、V5、V6 起过电压保护作用，运算放大器 A 和二极管 V7、V8 为主构成了交—直流转换器，采用线性整流以消除二极管在小信号状态时的非线性失真。R_{26} 和 C_6 组成平滑滤波器，R_{31} 和 C_{10} 可滤掉高频干扰。

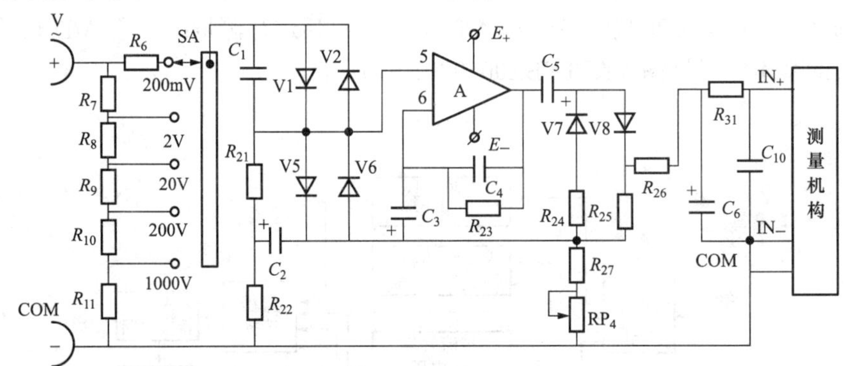

图 TYBZ00508010-4 数字多用表交流电压测量电路

4. 交流电流测量电路

交流电流测量电路由输入通道、200mV 测量机构、限流保护电阻、分流电阻、量程转换开关、耦合电路、放大器输入保护、运算放大器、交—直流变换电路、π 滤波电路、小数点电路等组成。其中分流电阻与直流档共用，耦合电路及其之后的电路与交流电压测量电路的同一部分共用。将图 TYBZ00508010-4 中的降压电阻改成图 TYBZ00508010-2 中的分流电阻，就可构成交流电流测量电路。

5. 电阻测量电路

电阻测量电路由精密稳压源、可变基准电阻、被测电阻、测量机构所组成，其简化电路如图 TYBZ00508010-5（a）所示，基准电阻 R_{0-2} 与被测电阻 R_x 串联后接在 7106A/D 的 U_+ 和 COM 之间，U_+ 和 U_{REF+}、U_{REF-} 和 IN_+、IN_- 和 COM 两两接通，用 7106A/D 芯片里的 2.8V 基准电压向积分电路供电，当 $R_x=0$ 时，LCD 显示为 0000；当 $R_x=R_0$ 时，LCD 显示 1000，小数点由所选量程确定；当 $R_x=2R_0$ 时，LCD 溢出显示，因为 2000>LCD 显示数 1999，LCD 显示值由下式决定

$$R_0=\frac{R_x}{R_0}\times 1000$$

因此，只要固定若干个基准电阻，就可实现多量限电阻测量线路。如图 TYBZ00508010-5（b）所示

为应用电路，其中 R_2～R_7 均为标准电阻。

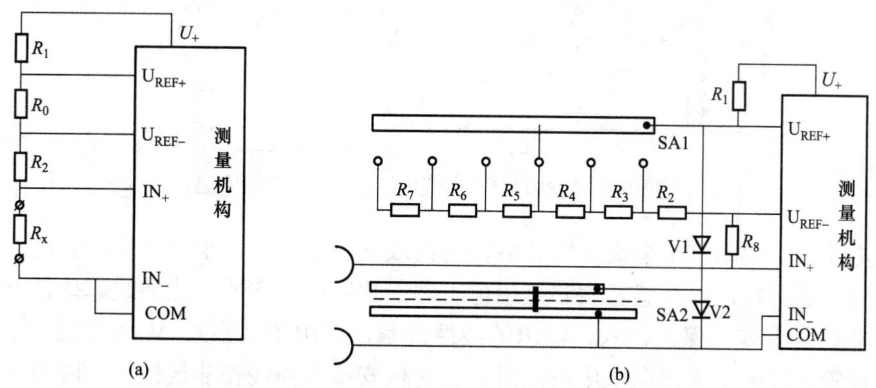

图 TYBZ00508010-5　数字多用表交流电压测量电路

（a）简化电路；（b）应用电路

【思考与练习】

1. 数字多用表的核心是什么？
2. 构成数字多用表的最关键部件是什么？

模块 11　电测量变送器、交流采样测量装置电路图读识（TYBZ00508011）

【模块描述】本模块包含电测量变送器、交流采样测量装置的原理与结构图。通过图形举例，熟悉电测量变送器、交流采样测量装置的原理和电路图。

【正文】

一、电测量变送器

电测量变送器是将被测电量变换成与之成比例的直流输出信号测量装置。根据被测电量的不同，常用的电测量变送器有交流电压变送器、交流电流变送器、频率变送器、有功功率变送器、无功功率变送器、功率总加器及电能变送器等。

1. 交流电压变送器

交流电压变送器的作用是将被测量的交流电压变换成与之成线性比例的直流电流或直流电压。如图 TYBZ00508011-1 所示为交流电压变送器原理电路图。输入交流电压经电压互感器 TV 隔离及降压后，由桥式电路进行全波整流，再经 *RC* 电路滤波后，输出一随输入电压线性变换的直流电压。在实际应用中，被测交流电压的变换范围总是在额定值的 20%左右，不会超出电压互感器磁化曲线的直线部分。所以，电压变送器一般不需要补偿措施，结构简单而且可靠。

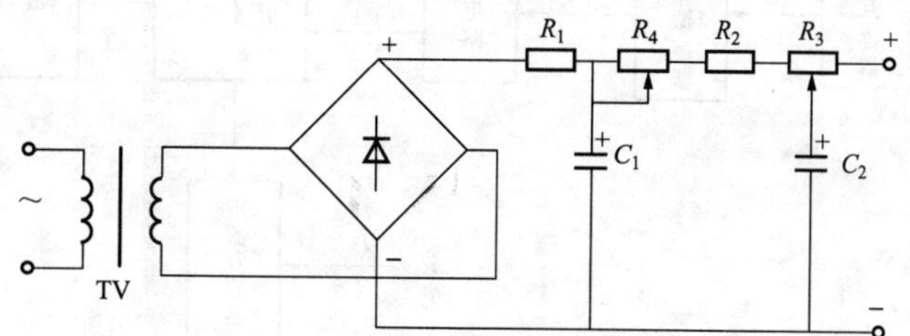

图 TYBZ00508011-1　交流电压变送器原理电路图

2. 交流电流变送器

交流电流变送器是将被测量交流电流变换成与之成线性比例的直流电流或直流电压，其原理电路图如图 TYBZ00508011-2 所示。

模块 11　TYBZ00508011

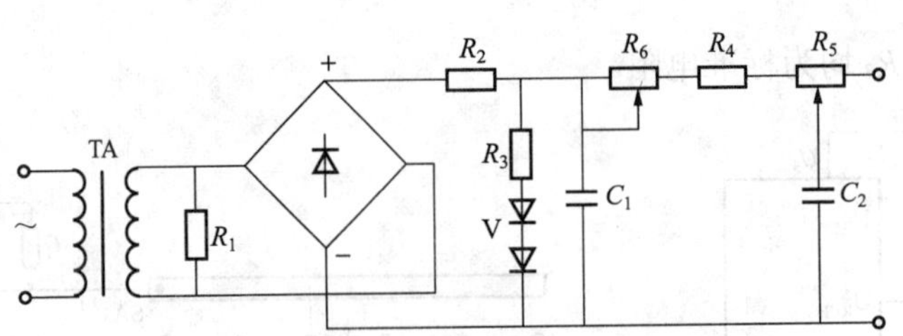

图 TYBZ00508011-2 交流电流变送器原理电路图

输入交流电流经互感器 TA 隔离及降流后，变换成交流电压。由于电流变送器的工作范围很宽，要求从零到额定电流运行，而互感器铁芯是用电工硅钢片制成，它的磁化曲线起始部分有非线性区。为了减小这种非线性误差，保证输入、输出的线性关系，采用了二极管 V 和电阻 R_3 组成的补偿电路。因为当二极管两端所加的正向电压较低时，它的伏安特性曲线在非线性区，随着其两端正向电压的变化，二极管的内阻将按非线性变化。这时，二极管的内阻可以看成是随其两端正向电压变化而变化的可变电阻。电压较低时，内阻较大，对整流后的输出直流电流的分流作用较小，使输出直流电流增大；电压较高时，内阻较小，分流作用增强，使输出的直流电流有所减小。所以，利用二极管的这种特点就可以补偿磁化曲线起始非线性部分引起的误差。电阻 R_3 决定二极管 V 的工作点，改变 R_3 的阻值可改变二极管的非线性补偿工作区，从而调节输入与输出的线性关系。

3. 功率变送器

功率变送器是将被测电路中的有功功率或无功功率变换成与之成线性关系的直流电压或电流。常见的功率变送器是利用乘法器原理构成的。乘法器主要由磁饱和振荡器、恒流电路、桥式开关电路、电压互感器和电流互感器等组成。单相功率测量原理，如图 TYBZ00508011-3 所示。由电工原理可知，功率的瞬时值等于电压瞬时值和电流瞬时值的乘积。在图 TYBZ00508011-3（a）中，桥式开关 K1、K1′、K2、K2′ 以一定的顺序轮流接通和断开，使电流 I 流经电阻 R_0。K1、K1′、K2、K2′ 的接通和断开时间是受电压 U 控制的。在 T_1 时间里，K1、K1′ 接通，K2、K2′ 断开，I 由 A 向 B 流过电阻 R_0；在 T_2 时间里，K1、K1′ 断开，K2、K2′ 接通，I 由 B 向 A 流过电阻 R_0。如此往返循环，在周期 $T=T_1+T_2$ 中，流经电阻 R_0 的电流 I 如图 TYBZ00508011-3（a）中的波形图所示，其平均电流与功率成正比。

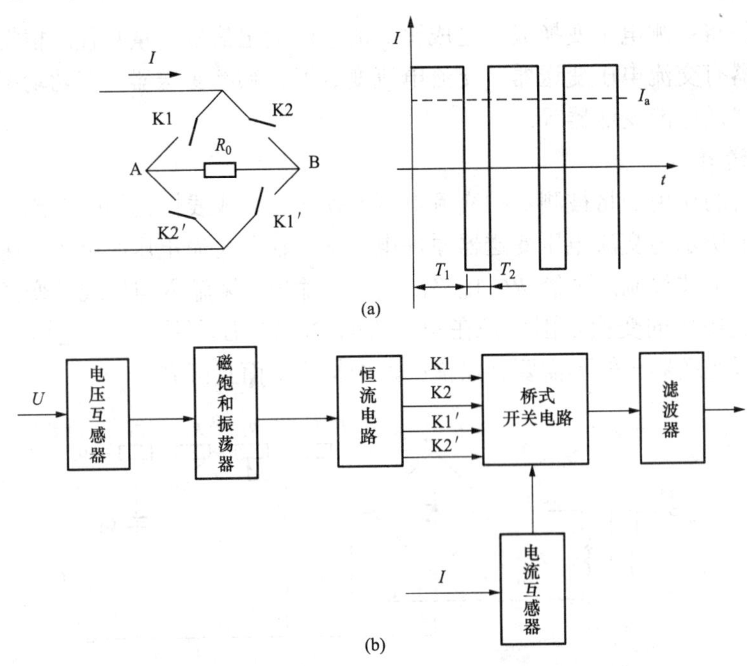

图 TYBZ00508011-3 单相功率测量原理图

（a）单相功率测量示意图；（b）单相功率变送器原理方框图

在图 TYBZ00508011-3（b）的方框图中，输入电压 U 经过电压互感器降压后，加在磁饱和振荡器上，产生一振荡周期由其瞬时值控制的方波。经恒流电路稳定幅值后，来控制开关 K1、K1′、K2、

K2′ 的轮流通断，从而经滤波后的平均电流输出便与输入功率成正比了。

将上述两个完全相同的单相功率变送单元，按两元件法连接起来，便可以实现三相有功功率或无功功率的变送。

二、交流采样电路图

交流采样是将二次测得的电压、电流经高精度的 TV、TA 隔离变成计算机可测量的交流小信号，然后再送入计算机进行处理，直接计算 U、I，然后计算 P、Q、$\cos\varphi$、有功电量和无功电量，由于这种方法能够对被测量的瞬时值进行采样，因而实时性好，效率高，相位失真小，适用于多参数测量。

一般交流采样测量装置由若干个交流采样测量装置和一个通信转发模块组成一个屏，一个交流采样测量装置完成一组三相电量采集、计算和发送，其中 A/D 一般选用 12 位高速成 AD 转换器，CPU 一般选用 16 位单片机或 DSP 数字信号处理器。典型硬件实现框图如图 TYBZ00508011-4 所示。

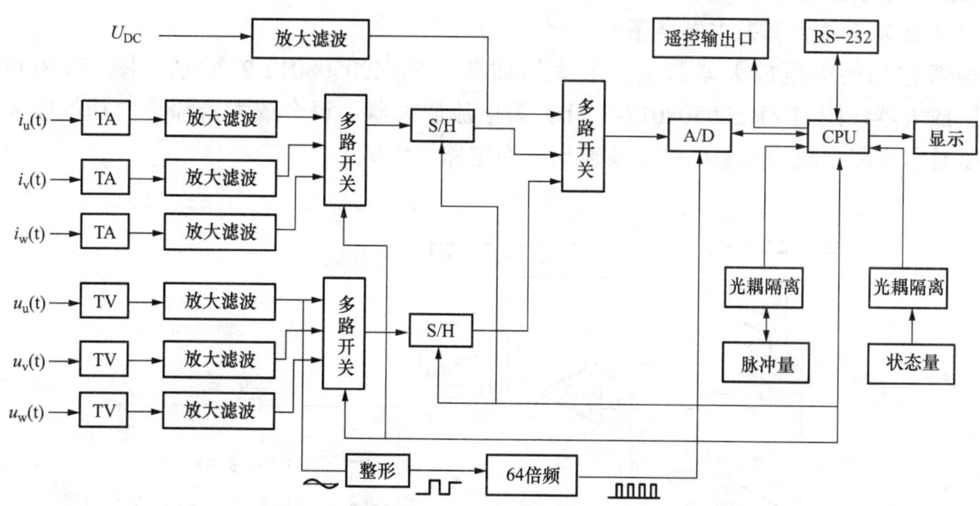

图 TYBZ00508011-4　交流采样硬件实现框图

【思考与练习】

1. 交流电压变送器为什么不需要补偿措施？
2. 功率变送器是由什么原理构成？

模块 12　电测标准装置电路图读识（TYBZ00508012）

【模块描述】本模块包含电测标准装置的原理结构图、整流电路、采样电路、功率放大电路的相关知识。通过文字介绍和图形举例，了解电测标准装置的工作原理和电路图。

【正文】

一、电测标准装置结构与工作原理

1. 电测标准装置的分类

（1）根据标准装置输出电源的性质，可把电测标准装置分为直流和交流两类标准装置：

1）直流标准装置，指能够输出直流电压、电流并可检测/校准直流电压、电流、功率、电阻等仪器、仪表的标准装置。

2）交流标准装置，指能够输出交流电压、电流并可检测/校准交流电压、电流、功率、频率、相位、电容、电抗等仪器、仪表的标准装置。

（2）根据标准装置检测方法，可把电测标准装置分为直接比较法和间接比较法两类标准装置：

1）直接比较法标准装置，指能够输出标准电压、电流等信号对同种仪器/仪表进行直接比较测量的标准装置。其结构型式分为表（标准表）源（信号源）分离式和表源一体式两种。表源分离式标准装置由标准表、信号源、量限扩展装置和其他辅助设备组成；表源一体式标准装置将标准表、信号源集成在一起，表源不能分离，具有标准源的性质。

2）间接比较法标准装置，指当被测量与几个中间量存在一定的关系，能够通过对几个中间量的

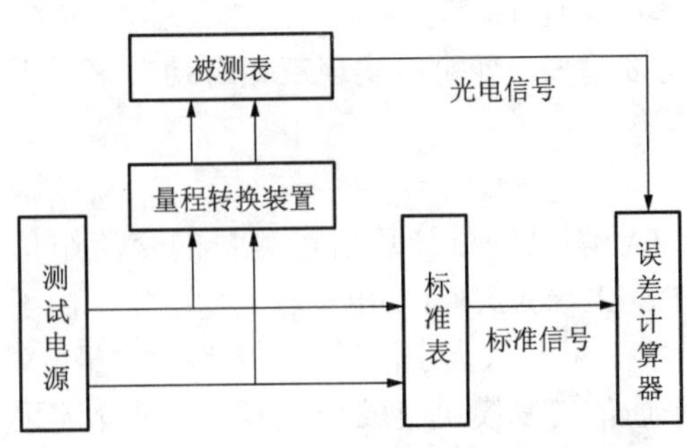

图 TYBZ00508012-1 电测标准装置原理结构图

直接测量，再按函数关系计算出被测量的标准装置。

2. 电测标准装置原理结构图

电测标准装置主要由测试电源、标准表、量程转换装置几部分组成。测试电源调制出测量用的稳定电量（在表源一体式装置中也可以是标准量）供给被测表和标准表。量程转换装置一般由互感器（或分压器/分流器）和多路量程开关组成。误差计算器接收被测表和标准表的输出信号进行比较，计算得到测量结果。电测标准装置原理结构如图 TYBZ00508012-1 所示。

二、电测标准装置基本单元电路图/原理框图

1. 测试电源功率放大器基本电路图

测试电源常用的电压放大器和电流放大器如图 TYBZ00508012-2 所示。图 TYBZ00508012-2（a）为电压放大器，图 TYBZ00508012-2（b）为电流放大器，每个放大器都是由基本放大器、稳幅电路、幅度显示电路、故障报警电路以及输出变换电路等组成。

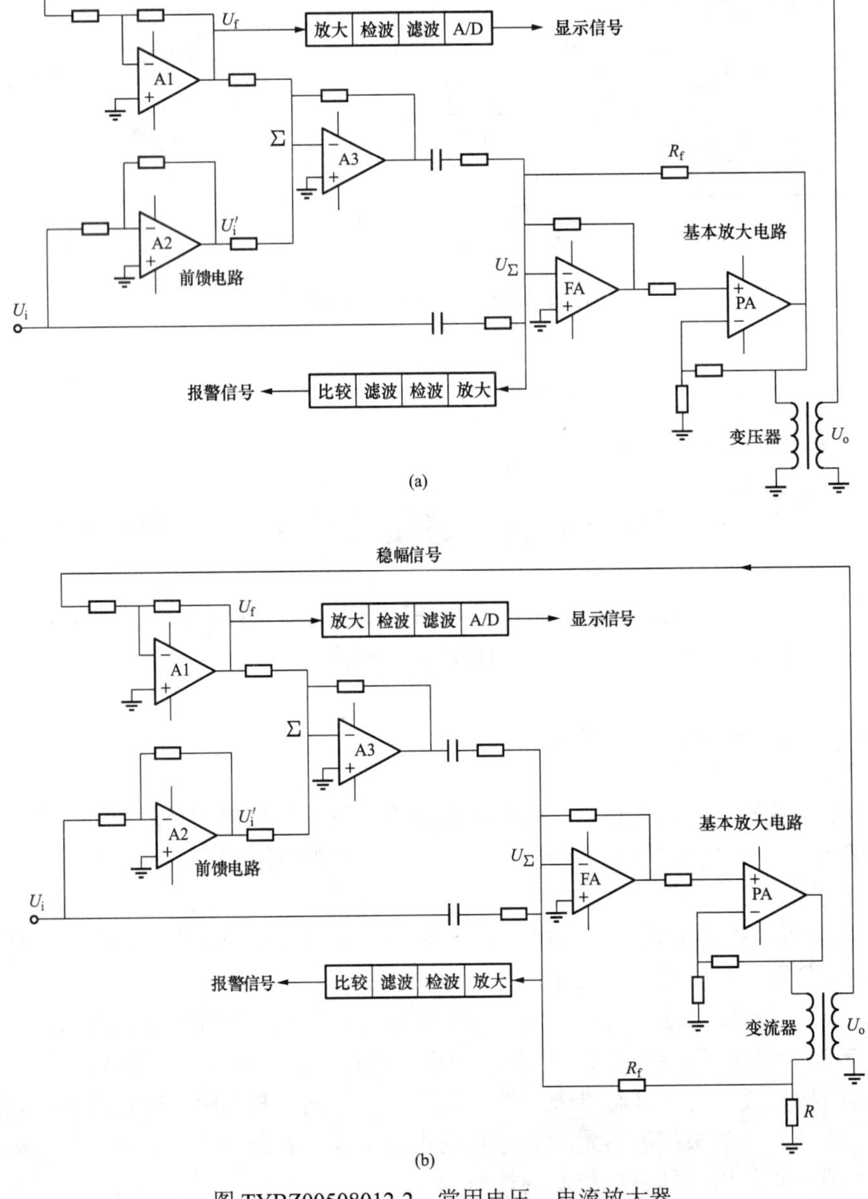

图 TYBZ00508012-2 常用电压、电流放大器

（a）电压放大器；（b）电流放大器

功率放大电路的作用是把信号产生电路所产生的正弦波加以放大，以输出一定功率容量的电压和电流。模拟功率放大器放大连续的正弦信号，常用的放大原理电路如图 TYBZ00508012-3 所示。它由 3 级电路组成，输入级由 V1、V2 组成，它是带恒流源的单端输入差分电路，单端输入，双端输出；中间级由 NPN 管 V3、V4 组成，是共射差分放大电路，双入单出，主要起电压放大作用，兼有电平移动作用；输出级由 V5、V6 组成，它是甲乙类互补功率放大（OCL）电路，射极输出。输出管一般由复合管和并联管组成，以保证输出一定的功率，为使功率放大器能稳定工作，电路里加有较深的负反馈。负反馈是由末级 R_f 电阻引入到输入级的。加负反馈后，整个电路的放大倍数为

$$A_{vf}=\frac{U_0}{U_i}=1+\frac{R_f}{R}$$

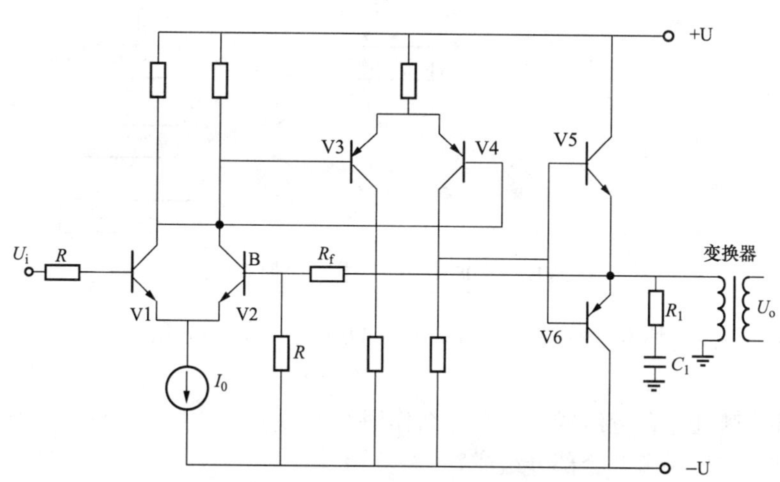

图 TYBZ00508012-3　模拟功率放大器

整流电路原理线路图如图 TYBZ00508012-4 所示。输入的交流电能经变压器 TA 隔离及降压，再经桥式全波整变换为直流电能。通过由 C_1、C_2、R_4、R_5 等组成的滤波电路输出。

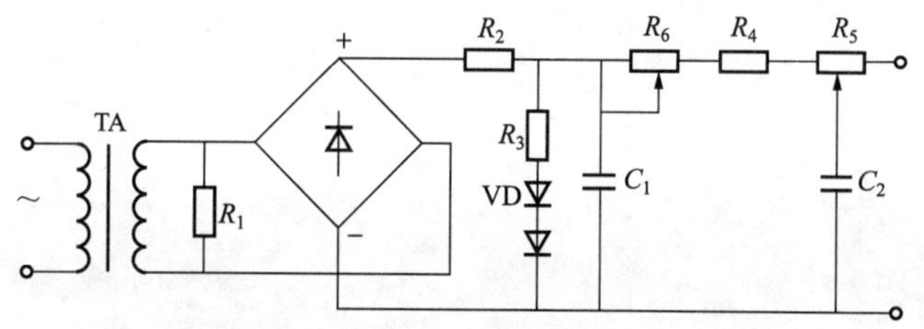

图 TYBZ00508012-4　整流电路原理线路图

2. 标准表基本原理框图

标准表基本电路如图 TYBZ00508012-5 所示，输入的信号经互感器/分流/分压器按比例变换为小信号量，送入乘法器进行积分，通过 A/D 变换再由数字信号处理器（DSP）进行数字运算，得到各种需要的测量数据输出。

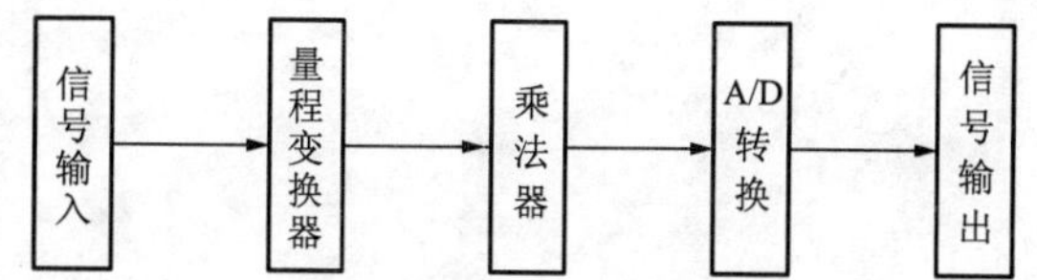

图 TYBZ00508012-5　标准表基本电路

3. 采样部分原理框图

采样部分原理框图如图 TYBZ00508012-6 所示。整个模块完成的功能为对多路信号进行交流采样，计算出每路信号的有效值，并分析谐波含量。通过 RS-232 接口或 PC104 接口跟上位控制机连接，把测量值传送出去。在进行电参量测量时，被测信号可配置成多路电压信号、电流信号，这样就可通过软件实现各种电参量的测量功能。

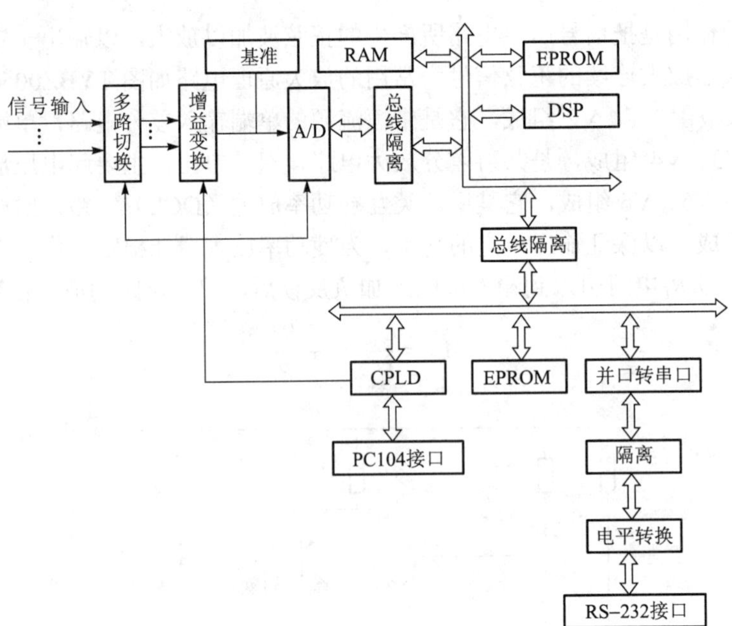

图 TYBZ00508012-6 采样部分原理框图

整个模块由多路切换、增益变换器、A/D 转换、DSP 系统等部分组成。

【思考与练习】

1. 标准表主要由哪几个部分组成？各有什么作用？
2. 电测标准装置主要由哪几个部分组成？

第二部分

电测仪表与测量

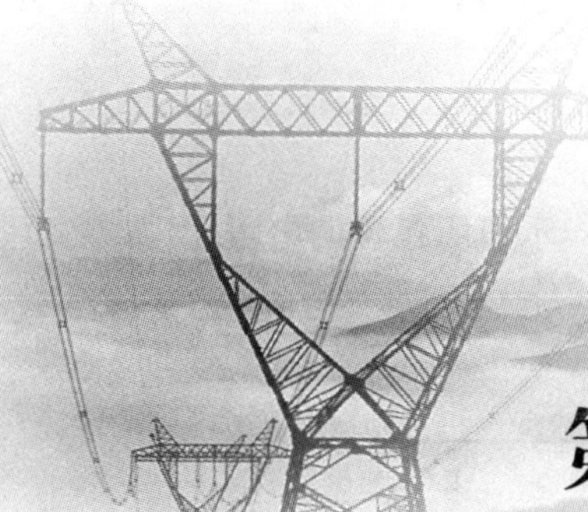

第二章　直　流　仪　器

模块1　直流电阻箱的结构与原理（ZY2100101001）

【模块描述】本模块介绍直流电阻箱。通过结构介绍、原理讲解和要点归纳，掌握十进盘式电阻箱、插头式电阻箱和端钮式电阻箱的结构和原理，熟悉电阻箱的主要技术要求及使用注意事项。

【正文】

直流电阻箱是一种利用变换装置来改变电阻值的可变电阻量具，它是由若干个不同阻值的定值电阻，按一定的方式连接而成。电阻箱中的定值电阻一般用锰铜材料绕制，其准确度高、稳定性好、可靠性高。直流电阻箱广泛应用于直流电路中，作为调节电路参数的工具，也可作为可变的电阻标准量具，还可作为检定直流电桥等一般的测量仪器。

一、直流电阻箱的分类

直流电阻箱是利用变换装置来改变电阻值的，按其变换装置结构的不同可分为以下3类：

（1）十进盘式（开关式）：通过改变开关旋钮位置而使阻值发生变化的电阻箱。

（2）插销式：以插销插入不同位置的插孔从而改变阻值的电阻箱。

（3）端钮式：以改变端钮位置而使阻值发生变化的电阻箱。

二、直流电阻箱的结构及原理

（一）十进盘式电阻箱

十进盘式电阻箱线路结构如图 ZY2100101001-1 所示，在专业标准中称为十进电阻器。如图 ZY2100101001-1（a）所示为单盘十进电阻器，图 ZY2100101001-1（b）为多盘十进电阻器。十进盘式电阻箱是用十进开关器件的相等步进来选择电阻值的，若干个单盘十进电阻器串联连接，组成多盘十进电阻器。

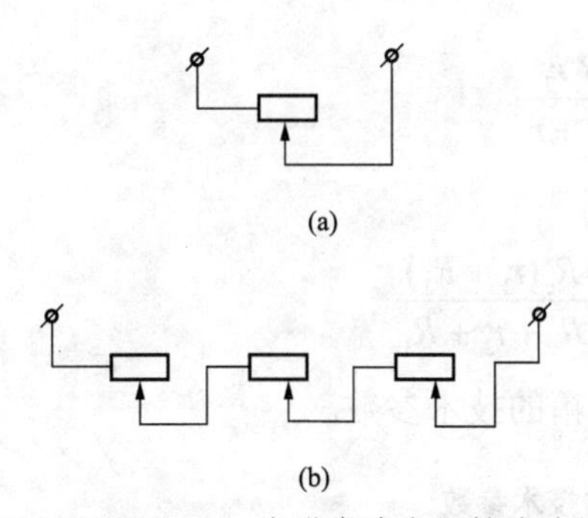

图 ZY2100101001-1　十进盘式电阻箱线路结构

（a）单盘十进电阻器；（b）多盘十进电阻器

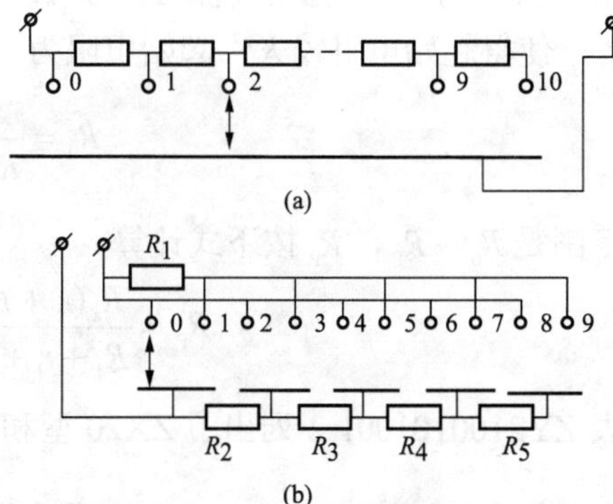

图 ZY2100101001-2　十进盘式电阻器举例

（a）ZX25a 型 0.02 级电阻箱；（b）ZX21 型 0.1 级电组箱

在十进盘式电阻箱中，准确度等级较高的电阻箱，每一个十进盘由 10 个电阻元件组成，如 ZX25a 型 0.02 级电阻箱，如图 ZY2100101001-2（a）所示。这种十进盘示值从 0 到 10，由 10 个标称值相同的电阻元件串联组成，各示值为相应电阻元件的累加电阻值，示值为“1”时，电阻值为 R_1,示值为“2”时，电阻值为 R_1+R_2，依此类推，这种电阻箱由于每个电阻元件具有相同的标称值，便于按元件进行检定。

准确度等级较低的电阻箱，有时为了节省电阻元件，只用 5～6 个电阻组成一个十进盘。如 ZX21 型 0.1 级电阻箱，如图 ZY2100101001-2（b）所示，这是一种十进变换式线路，它是用 1、2、

2、2、2 的 5 个电阻元件组合成步进值相等的十进盘，它的示值为 0～9，每一示值所包含的电阻元件见表 ZY2100101001-1。

表 ZY2100101001-1　　ZX21 型 0.1 级电阻箱示值表

示　值	接入的电阻元件	示　值	接入的电阻元件
0	0	5	$R_1+R_2+R_3$
1	R_1	6	$R_2+R_3+R_4$
2	R_2	7	$R_1+R_2+R_3+R_4$
3	R_1+R_2	8	$R_2+R_3+R_4+R_5$
4	R_2+R_3	9	$R_1+R_2+R_3+R_4+R_5$

从表 ZY2100101001-1 中可知，示值为奇数时，R_1 接入电路，示值为偶数时，R_1 被切出电路。$R_2=R_3=R_4=R_5=2R_1$，当 $R_1=1000\Omega$时，$R_2=R_3=R_4=R_5=2000\Omega$，每一步进等于 1000Ω。这种电阻箱由于各电阻元件标称值不相等，是非十进电阻，制造时不容易测准，也不便于按元件检定，因此该电阻箱的等级一般较低。

前面所讲的电阻箱有一个共同特点：它们的电阻元件都是串联连接的，其优点是使用方便，电阻值连续可调，但最大缺点是残余电阻和变差大。

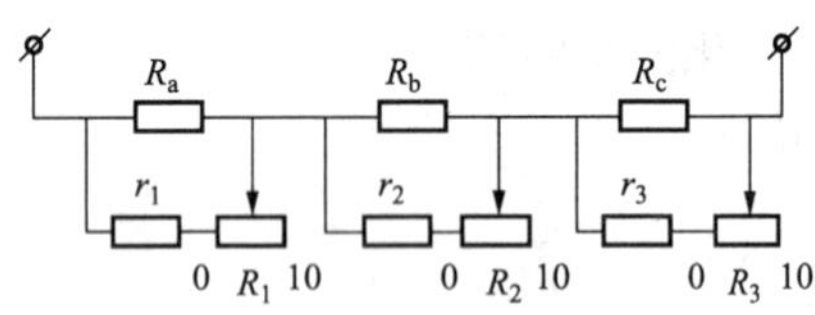

图 ZY2100101001-3　ZX20 型和 ZX35 型微调电阻箱

另外一种以并联分路方式改变步进电阻值的电阻箱，如 ZX20 型和 ZX35 型微调电阻箱，如图 ZY2100101001-3 所示。这种电阻箱由 3 个十进盘串联组成，每一个十进盘是以并联分路方式进行连接的，在 10 个阻值较小的固定电阻 R_a、R_b、R_c 两端各并联一个十进电阻器 R_1、R_2、R_3，每一个十进电阻器又分别与阻值较大的固定电阻 r_1、r_2、r_3 相串联，每一十进盘的电阻值由 R_a、R_b、R_c 两端引出，步进值相等。

这种电阻箱的最大优点是变差小、热电势影响小，步进电阻值可以做得很小。如微调电阻箱就具有并联线路，其开关的接触电阻与并联电阻串接，当并联电阻较大时，开关接触电阻可忽略不计。由于采用并联结构，可使步进值做到 $10^{-4}\Omega$，这是串联电阻无法做到的。缺点是由于存在固定电阻 R_a、R_b、R_c，使得起始电阻较大，起始电阻为

$$R_0=\frac{R_a r_1}{R_a+r_1}+\frac{R_b r_2}{R_b+r_2}+\frac{R_c r_3}{R_b+r_3}$$

调节范围是 $R_0 \sim R_P$，R_P 按下式计算

$$R_P=\frac{R_a(r_1+R_1)}{R_a+r_1+R_1}+\frac{R_b(r_2+R_2)}{R_b+r_2+R_2}+\frac{R_c(r_3+R_3)}{R_c+r_3+R_3}$$

表 ZY2100101001-2 列出了 ZX20 型和 ZX35 型微调电阻箱的技术参数。

表 ZY2100101001-2　　ZX20 型和 ZX35 型微调电阻箱的技术参数

项　目 \ 型　号	ZX20	ZX35
等级指数	0.2	0.2
起始电阻	1Ω	10Ω
调节范围	1～1.111 0Ω	10～11.110Ω
最小步进	0.000 1Ω	0.001Ω
最大电流或功率	1A	0.5W

（二）插头式电阻箱

插头式电阻箱是依靠插头插入不同插孔来改变电阻值的，这种电阻箱可分为配数式、串联式、变换式 3 种结构，如图 ZY2100101001-4 所示。图 ZY2100101001-4（a）所示为配数式，将插头全部插入插孔为残余电阻，除去一个插头可接入一个电阻，5 个电阻按 1、2、2、2、2 组成步进为“1”的 0～9 指示值，相同的示值可选用不同的电阻进行组合，若干个插头插入插孔，得到 0～9 之间任意示值。其缺点是残余电阻大，每一个示值的误差都不是一个确定的值。

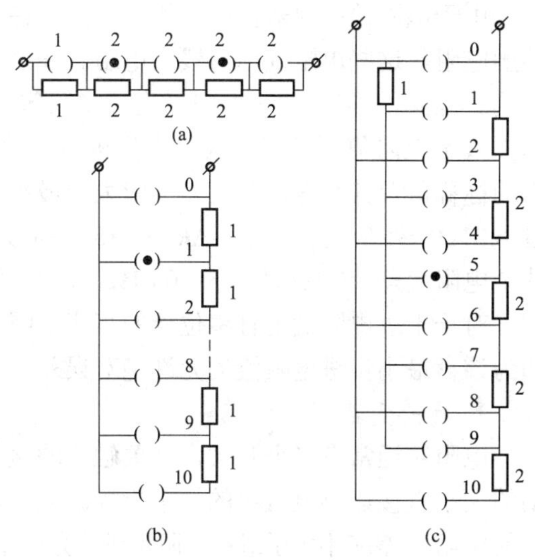

图 ZY2100101001-4　插头式电阻箱线路结构

（a）配数式；（b）串联式；（c）变换式

图 ZY2100101001-4（b）所示为串联式，由 10 个同标称值电阻组成步进值相同的 0～10 示值。使用时，只用一个插头就可以得到 0～10 之间的任何一个示值。其优点是残余电阻及变差小。

图 ZY2100101001-4（c）所示为变换式，由 6 个电阻以 1、2、2、2、2、2 组成 0～10 示值。使用时也只用一个插头就可得到 0～10 之间的任意一个示值。其优点是所用电阻元件少，残余电阻及变差小。

插头式电阻箱的最大优点是：接触电阻小，变差小。缺点是：使用不方便，但在要求电阻稳定、可靠的场合中仍有一定的应用。由于它使用不便，目前已不生产这种插头式电阻箱。

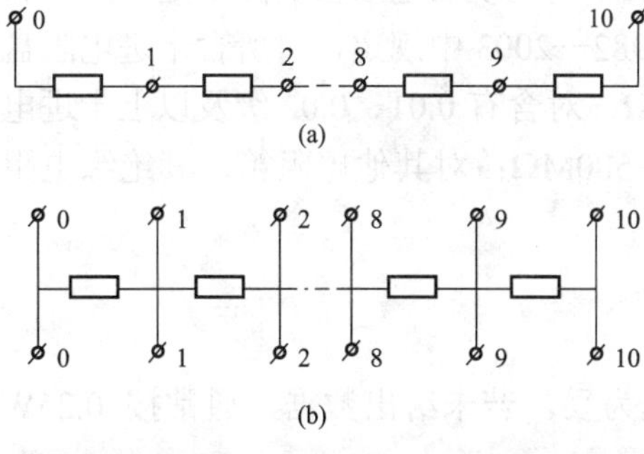

图 ZY2100101001-5　端钮式电阻粗线路结构

（a）两端钮式；（b）四端钮式

（三）端钮式电阻箱

端钮式电阻箱线路结构如图 ZY2100101001-5 所示。这种电阻箱是一种串联式线路，电阻值的变换是依靠改变端钮接线而得到的，具有接触电阻小、变差小的优点。图 ZY2100101001-5（a）所示为两端钮式电阻箱，每个电阻元件跨接于两个端钮之间，每个电阻可以有不同的标称值，一般用于阻值较高的电阻箱。图 ZY2100101001-5（b）所示为四端钮式电阻箱，每个电阻元件具有一对电流端钮和一对电位端钮，通常用于准确度等级较高、（0.02 级以上）阻值较低的电阻箱，每个电阻的标称值是相等的，使用时应按四端钮电阻接线。

三、电阻箱的主要技术要求

1. 准确度等级

直流电阻箱的主要技术指标是它的准确度等级，电阻箱中各十进电阻盘的准确度等级从 0.002 级～10 级，共分为 12 等级。对于 0.01 级以下十进电阻盘，其准确度等级大小等于其示值最大允许误差；对于 0.01 级及以上十进电阻盘，其准确度等级大小等于其示值年稳定性。

电阻箱示值误差定义为（相对误差表示）

$$\delta = \frac{R_n - R_x}{R_x} \times 100\%$$

式中　R_n ——电阻箱被检点示值的标称值，Ω；

R_x ——电阻箱被检点示值的实际值，Ω；

δ ——电阻箱示值相对误差。

电阻箱示值年稳定性定义为

$$\delta' = \frac{R_x - R'_x}{R'_x} \times 100\%$$

式中 R'_x——电阻箱被检点示值的上年检定值，Ω；

δ'——电阻箱示值年稳定性。

2. 残余电阻

由于电阻箱的内部存在接线，必然存在引线电阻；又因为电阻箱有接线端钮和开关，又必然存在接触电阻，这些电阻统称为残余电阻。残余电阻包含在电阻箱的电阻值中，对电阻箱的技术指标产生影响。因此，JJG 982—2003《直流电阻箱检定规程》中规定，对十进电阻盘均有零位档的直流电阻箱，残余电阻值不应超过其最小步进电阻值最大允许绝对误差的 50%，否则制造厂必须标明残余电阻的标称值及其允差，此允差不应大于最小步进电阻值最大允许绝对误差的 5 倍，且允差最大不得超过 0.01Ω。残余电阻允差≤$\Delta R \times c\% \times 5$（$\Delta R$ 为最小步进值，$c\%$为等级指数）。例如，ZX21 型电阻箱的残余电阻允差＝0.1Ω×2%×5＝0.01Ω，没有超过 0.01Ω的规定值。

对于十进电阻盘没有零位档的直流电阻箱，残余电阻值为无零位档十进盘的最小步进值，其允差即为该盘最小步进电阻值的允许绝对误差。

3. 开关变差

电阻箱通常有多个开关，开关触头的接触电阻随着开关的变动而变化，不会完全重复一致，其变动的大小直接影响电阻箱的技术指标。因此，JJG 982—2003 中规定，电阻箱由每个开关触头接触引起的电阻变差应不大于最小电阻步进值允许绝对误差值的 50%，当最小步进电阻值小于或等于 0.01 Ω，且电阻箱最高准确度等级低于或等于 0.1 级时，开关触头接触电阻的变差不应大于最小步进电阻值的允许绝对误差值。

4. 绝缘电阻

电阻箱绝缘电阻的大小对电阻箱的电阻值是有影响的，尤其是高阻值的电阻箱。绝缘电阻太低，必然导致电阻箱的各盘以及端钮之间的泄漏电流增大，这时电阻箱所呈现的电阻值实际上是电阻箱和绝缘电阻的一个并联值，此值比电阻箱的示值要小。因此 JJG 982—2003 中规定，对所含十进电阻盘等级均为 0.05 级～10 级的电阻箱，其绝缘电阻不应小于 100MΩ；对含有 0.01、0.02 级及以上十进电阻盘且电阻值小于等于 10^5 Ω的电阻箱，其绝缘电阻不应小于 500MΩ；对其他电阻箱，其绝缘电阻为电阻箱最大电阻标称值的 10^6 倍，但不得小于 500MΩ。

四、电阻箱使用的注意事项

电阻箱使用时有如下注意事项：

（1）直流电阻箱的最大电流要严格遵守出厂规定，以偏低为妥，若未给出数据，通常按 0.25W 算出电流值。

（2）直流电阻箱的端钮接线柱、插销与插孔、电刷与电刷座等接触部分应保持清洁、干净，无氧化、污垢。电刷与电刷座应涂上一层薄的中性凡士林。

（3）一般情况下，电阻箱不宜作为调节元件使用。

【思考与练习】

1. 常见的直流电阻箱有哪几种结构类型？其结构特点和工作原理是什么？
2. 直流电阻箱的主要技术要求有哪些？
3. 直流电阻箱使用的注意事项有哪些？

国家电网公司
生产技能人员职业能力培训专用教材

第三章 交流采样测量装置

模块1 交流采样测量装置的结构与原理（ZY2100102001）

【模块描述】本模块介绍交流采样测量装置。通过结构介绍、原理讲解和要点归纳，掌握交流采样测量装置的结构和原理，熟悉交流采样测量装置的技术特性及应用。

【正文】

随着综合自动化的发展，交流采样装置的使用已越来越普及，已代替电测量变送器作为电网电测量参数（有功功率、无功功率、电压、电流、相位、频率、功率因数）测量的在线测量仪器。

传统的用于电网参数监测的电测量变送器是把交流电压、电流信号经过各种变送器转化为0～5V的直流电压或4～20mA的直流电流，再由测量直流信号的RTU及各种测量仪表进行采样或显示。这种采集方式中，变送器的精度和稳定性对测量精度有很大影响，存在设备复杂、维护困难等问题。交流采样测量装置是将二次测得的电压、电流经高精度的TV、TA隔离变换成计算机可测量的交流小信号，然后送入计算机进行处理，直接计算U、I，最后计算P、Q、$\cos\varphi$、有功电量和无功电量等。由于这种方法能够对被测量的瞬时值进行采样，因而实时性好，效率高，相位失真小，适用于多参数测量。通过在电力系统中应用的实践证明，采用交流采样方法进行数据采集，通过运算后获得的电压、电流、有功功率、功率因数等电力参数有着较好的准确度和稳定性。

一、交流采样测量装置的结构与原理

（一）主要构成

在变电站综合自动化系统中，交流采样测量装置一般由中间电压互感器、中间电流互感器、多路模拟开关、采样/保持器、A/D转换器、计算机以及频率跟踪等电路组成。与交流采样相关的软件主要包括两个部分：一是交流信号的采样控制软件；二是交流采样数据的处理软件。交流采样测量装置的结构框图如图ZY2100102001-1所示。

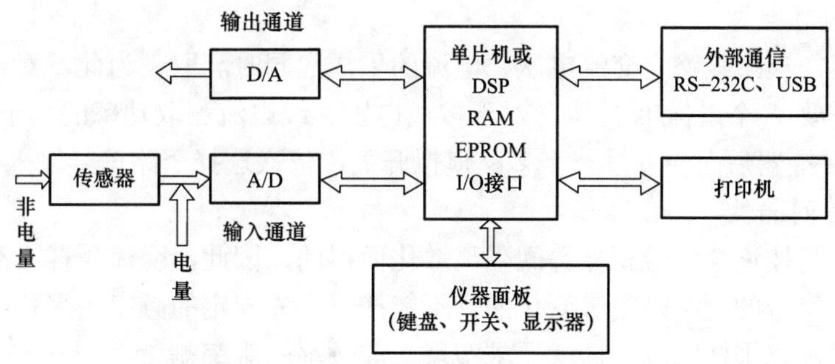

图ZY2100102001-1 交流采样测量装置的结构框图

（二）基本原理

1. 采样原理

交流采样测量装置首先需对输入信号进行采样和模数转换，将其变成一串离散信号。交流采样法是按一定规律对被测交流信号的瞬时值进行采样，再用一定的数学算法求得被测量，用软件功能代替硬件的计算功能。它是用一条阶梯曲线代替一条光滑被测正弦信号，其原理误差主要有两项：一是用时间上离散的数据近似代替时间上连续的数据所产生的误差，这主要是由每个正弦信号周期中的采样点数决定的，实际上取决于A/D转换器的转换速度和CPU的处理时间；二是将连续的电压和电流进

行量化而产生的量化误差，这主要取决于 A/D 转换器的位数。

2. 交流采样法

交流采样法包括同步采样法、准同步采样法、非同步采样法等几种。这 3 种采样原理也各有缺点，同步采样法需要保证采样的时间区间正好等于被测信号周期的整数倍。同步采样法的实现方法有 2 种：一是硬件同步采样法；二是软件同步采样法。但在实际采样测量中，采样周期不能与被测信号周期实现严格同步，此时测量结果就将产生同步误差。这时，可通过适当增加采样数据量和增加迭代次数来提高测量准确度，这就是准同步采样法。也可以使用固定的采样间隔，通过软件判断处理调整采样值，使采样周期与信号周期（或信号周期的整数倍）的差值小于一个采样间隔的测量方法，这就是非同步采样法。

3. 采样频率对测量误差的影响

在交流采样的计算中，只要采样点足够多，就可以用离散的数字量来代替模拟量。根据采样定理可知，采样频率 f_s 与信号的最高频率 f_m 之间必须满足下式

$$f_s \geqslant 2f_m$$

这是一个临界条件，实际上采样频率必须大于 $2f_m$。

从理论上分析，采样频率越高，测量的准确度越高。但实际应用中，采样频率的提高是受到诸多因素限制的。采样点数越多，将会增加软件成本，降低运算速度。

二、交流采样测量装置的技术特性

1. 基本功能

采集状态量并向远方发送，遥信变位优先发送；采集数字量并向远方发送；直接采集交流工频电量，实现对电压、电流、有功功率、无功功率、频率、功率因数的测量并向远方发送；采集脉冲量并向远方发送；采集直流输入模拟量并向远方发送等。

2. 多条线路轮流采样

一个变电站可能有两条以上的输入线路、十几条或几十条输出线路，有一台或数台变压器，要测取如此之多线路上的电压、电流信号，计算电压、电流、有功功率、无功功率和电能量等，交流采样的任务是十分繁重的。考虑到交流电气量作为一个模拟量不可能发生突变，故可采用轮流的方式对每条线路采样。设需对 N 条线路进行采样，在某一周期内，只对某一条线路进行采样，通过 N 个周期对 N 条线路各采样一次，用所采样的信号计算电压、电流、有功功率、无功功率和电能量，并将其作为 N 个周期的平均值输出或保存。

3. 交流采样的同时性

按照功率的定义，一条线路上交流电压、电流的采样应同时测取，为此，对于按相电压、相电流测取功率的，至少需要 6 个采样/保持器；对于按线电压、线电流测取功率的，至少需要 4 个采样/保持器，所以在采样/保持器后面应安排一个多路模拟开关，依次选择一路信号输入 A/D 转换器。

4. 交流采样的等间隔性

交流采样的算法是按连续信号积分等间隔离散化而得的，因此，交流采样必须在一个周期内等间隔完成。然而，交流信号的频率是随时变化的，不能按照事先固定的频率去采样电压、电流信号，而应根据当前信号频率确定采样间隔，这就要求实现当前频率的跟踪测量。

三、交流采样测量装置的应用

目前，交流采样测量装置在电力系统中的应用已越来越广泛。在电力系统中使用交流采样测量装置，相当于以数字方式建立了多种虚拟仪表。与直流采样相比，采用交流采样技术的优越性是十分明显的。交流采样测量装置以其性能稳定、可靠，在各等级的变电站、发电厂等测量及监控或其他工业领域的实时监控系统都有使用。其电压等级已从 500kV 的大型变电站发展到 35kV 的无人值守变电站。其准确度等级可分为 0.2 级、0.5 级、1.0 级。在近几年新建和改造的变电站中，已有 90%以上使用了交流采样测量装置。

在电力系统中，选用交流采样测量装置还应考虑以下几个方面的问题：

（1）硬件的可靠性、可维护性、可扩充性。

（2）软件的功能标准化、模块化，提供的基本功能和选配功能是否满足应用要求。

（3）环境条件、电源条件及基本性能等是否满足《交流采样远动终端技术条件》，如线性范围、数据响应速度、扫描周期、数据准确度、数据稳定度及运行的可靠性、过负荷能力、抗扰性能、故障自恢复能力等。

【思考与练习】

1. 交流采样测量装置的作用是什么？其主要原理是什么？
2. 交流采样技术和电测量变送器相比有哪些特点？
3. 选用交流采样测量装置时应主要考虑哪几个方面的问题？

第四章　电压监测仪

模块 1　电压监测仪的结构与原理（ZY2100103001）

【模块描述】本模块介绍电压监测仪。通过结构介绍、原理讲解和概念解释，掌握电压监测仪的结构和原理，熟悉电压监测仪的功能及其相关术语。

【正文】

电压监测仪是电力系统常用的一种检测装置，是对电力系统正常运行状态缓慢变化所引起的电压偏差连续监测且具有数据统计功能的仪表。它主要用于监测电力网的电压合格运行时间、超上限时间、超下限时间、停电时间、停电次数、最高电压及出现时间、最低电压及出现时间、整点电压等，且将这些检测数据保存在存储器内，并能定时将监测的参数自动打印。

一、电压监测仪的结构及原理

1. 基本组成

电压监测仪实际上就是一只数字式交流电压表，并配置有微处理器及相关管理软件，一般由电源部分、测量部分、输入部分和输出部分 4 个单元部分组成。可在中央通信机对其进行远程通信，实现数据的远传。

2. 原理方框图

电压监测仪的原理方框图如图 ZY2100103001-1 所示。交流电压经过电压输入端进入，监测仪内的高速微处理器将采样来的电压数据，进行计算、分析、统计、显示、通信。电压监测仪采用全中文液晶显示器，直观显示被监测电压的实时电压有效值、监测总时间内电压合格率、实时电压总畸变率及监测电压的实时时间（月、日）；通过功能键操作，直观查询（以月为统计单位及用电时段内峰、谷、平）电压合格率，电压超上限、超下限不合格率及不合格时间，最高电压、最低电压及相应出现时间，监测电压总计时间；通过功能键操作，直观查询（以月为统计单位）电压总谐波畸变率、超上限率、超限累计时间电压畸变率最大值及相应出现的时间，最高谐波次数及含有率。

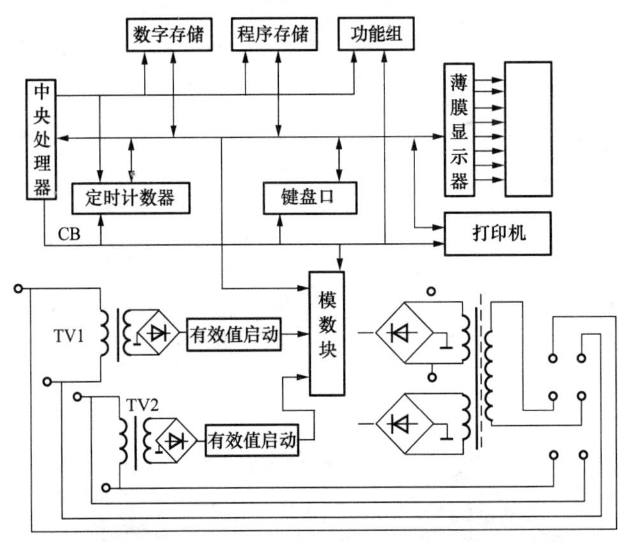

图 ZY2100103001-1　电压监测仪的原理方框图

电压监测仪的主要特点有：可靠（包括运行可靠和通信可靠）、监测数据精度高、走时准确、具有断电保护及抗干扰等。

二、主要功能及相关术语

1. 主要功能

（1）电压监测仪应具有监测电压偏差及直接或间接地统计电压合格率或电压超限率的功能。

（2）记录式监测仪应能存储与显示电压超上限累计时间、电压超下限累计时间以及电压监测总计时间。

（3）对统计式监测仪要求如下：

1）统计式监测仪应具有按月和按日统计的功能，能显示或打印电压合格率及合格累计时间、电压超上限率及相应累计时间、电压超下限率及相应累计时间，至少能存储前一月和当月、前一日和当日的记录数据。

2）具有打印功能的监测仪还应具有日整点打印、平均值打印、最大值与最小值及其相应出现时间打印、即时打印等功能。

3）对具有典型日监测数据显示打印功能的监测仪，其典型日可任意设定，一般不少于 3 日。

4）可按规定调显或打印存储的各项记录与统计值。

5）备有打印机的监测仪，在打印时不得对其他功能产生影响。

6）可显示年、月、日、时、分、秒，并能自动转换。

（4）对可实时显示被监测电压的监测仪，其刷新周期为 2s，显示位为 4 位，显示值相对误差不大于±0.5%、±5 个字。

2. 相关术语

（1）电压偏差。由于电力系统正常运行状态的缓慢变化，使电压发生偏移，其电压偏差为实际运行电压值与系统额定电压值之差。

（2）整定电压（标准）值（U_b）。在电力系统的电压监测点或各电压等级的用户受电端的电压监测点装设的电压监测仪，其整定电压值即为按 GB 12325 和 SD 325 规定的电压允许偏差的上限电压标准值与下限电压标准值。

（3）启动电压（U_q）。刚好驱动监测仪超限计时，并使相应的超限指示器稳定显示时的被监测电压值。

（4）整定电压值基本误差（r_z）。在正常使用条件下，监测仪上、下限整定电压的启动电压 U_q 和相应的整定电压（标准）值 U_b 之差与整定电压（标准）值 U_b 的比值（以百分数表示），即

$$r_z=\frac{U_q-U_b}{U_b}\times 100\%$$

（5）返回电压（U_f）。刚好使监测仪从超限状态进入合格状态时的被监测电压值。

（6）灵敏度（K）。上、下限启动电压与相应返回电压之差的绝对值与启动电压的比值（以百分数表示），即

$$K=\frac{|U_q-U_f|}{U_q}\times 100\%$$

（7）被监测的额定电压（U_n）。被监测的额定电压即被监测系统的额定电压。其值为 220V、380V，3kV、6kV、10kV、35kV、63kV、110kV、220kV、330kV、550kV 等。

（8）工作电源额定电压（U_g）。工作电源额定电压是指监测仪工作电源的额定电压值，其值为 100V、220V、380V 等。

（9）综合测量误差（r_c）。在正常使用条件下，被测量的综合测量值 c_x（如电压合格率，电压超上限率，电压超下限率，或电压超上限、超下限供电时间等），对应于被测量的预置值 c_y 的相对误差（以百分数表示），即

$$r_c=\frac{c_x-c_y}{c_y}\times 100\%$$

（10）时钟误差。在规定的时间间隔内，以时间指示偏差表示的增量或减量。

（11）失电保护时间。当监测仪失去工作电源后，其备用电源能保证监测仪保留所记忆的数据，且能继续走时的规定时间。

（12）电压合格率。电压质量监测统计的时间单位为“min”，电压监测总时间为实际总供电时间。电压合格率的计算公式为

$$电压合格度(\%)=\left(1-\frac{电压超限时间}{电压监测总时间}\right)\times100\%$$

电压监测仪原则 2 年为一个检验周期（周期检验按后续检验执行），并留存相关检验报告。

【思考与练习】

1. 电压监测仪主要有哪几种类型？
2. 电压监测仪的主要功能有哪些？

第五章 交直流仪表检定装置

模块 1 直流仪表检定装置的结构与原理（ZY2100104001）

【模块描述】本模块介绍直流仪表检定装置。通过结构介绍、原理讲解和要点归纳，掌握补偿法检定装置和比较法检定装置的结构和原理，熟悉直流仪表检定装置的主要技术要求。

【正文】

根据设计原理和使用要求的不同，仪表检定装置主要分为表源一体式和表源组合式两种。随着电力技术的发展，装置的智能化水平越来越高，功能也逐步增多，性能日趋稳定、优越。

一、直流仪表检定装置的结构及工作原理

直流仪表检定装置根据其测量原理可分为补偿法检定装置和比较法检定装置两大类。对于低精度的仪表多采用比较法进行检定；对于 0.2 级及以上的高精度的直流仪表多采用直流补偿法进行检定。直流补偿法是将被检定仪表的指示值与标准电位差计的示值进行比较，来确定将被检仪表指示值的基本误差。当检定 0.2 级及以上等级的仪表的上量限时，电位差计的读数应不少于 5 位；当检定 0.5 级仪表的上量限时，电位差计的读数应不少于 4 位。

1. 补偿法检定装置

补偿法检定装置主要由精密直流电位差计、标准电阻（或分压箱）、标准电池、检流计和稳压电源等组成，其检定接线如图 ZY2100104001-1 所示。

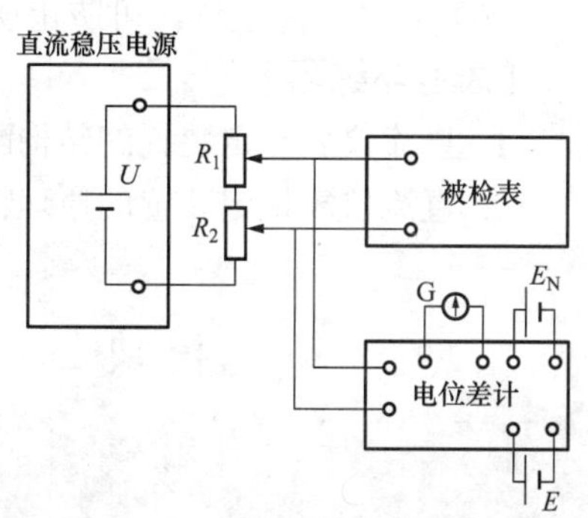

图 ZY2100104001-1 补偿法检定装置检定接线

直流电位差计是用补偿法测量电压的一种比较仪器，由工作电流回路、标准回路、测量回路 3 个部分组成。检定时，以电位差计的读数为实际值，求出被检表的示值误差。

2. 比较法检定装置

直流稳流源、稳压源或标准源是组成直接比较法直流仪表检定装置的主要部件，其检定装置原理框图如图 ZY2100104001-2 所示，其中 PV、PA 为监视电压表和电流表，PVN、PAN 为标准电压表和标准电流表。

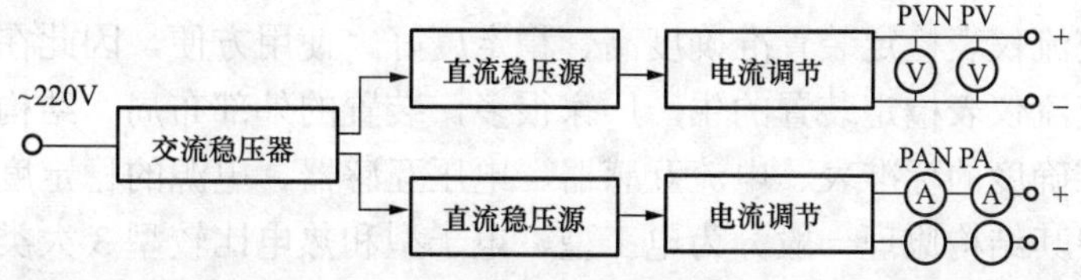

图 ZY2100104001-2 直接比较法直流仪表检定装置原理框图

通常，比较法直流仪表检定装置可运用直接比较法很方便地对直流电压表、电流表及功率表的基本误差进行检定。在对直流仪表进行检定时，由装置输出直流信号给被检表，被检表对检定装置输入的电参量进行测量并指示结果，操作人员需要记录指示仪表的测量结果，并与检定装置输出的标准信号进行比较，通过两个值的比较确定直流仪表的测量误差。在检定过程中，可按规程要求选取不同的测试点进行检定，通过对不同测试点进行检定得出的误差，可对被检表的误差有一个比较全面的判断。

二、主要技术要求

1. 一般规定

（1）装置应工作在周围空气温度为（20±5）℃、相对湿度低于 80%、空气中不含有任何腐蚀性气体的环境中。附近（1.5m 以内）不应有任何加热设备、强磁场和强电场，太阳光不应直接照射在装置上。保证装置准确度的温度应在（20±2）℃，每小时温度变化不应超过 0.5℃。

（2）装置中的标准仪表、标准量具和仪器等设备均应有检定证书（或试验报告），并应妥善保存。

（3）装置应有原理线路图、完整的安装线路图以及相关的技术资料。

（4）装置的检定周期为 3 年，使用单位至少每年维护一次。标准量具、仪表和仪器等设备的检定周期，应按有关规程的规定进行。

2. 主要要求

（1）检定装置上各种用途的转换开关和接线端钮应有标志。

（2）检定装置所用的成套检定装置、标准量具的准确度等级应满足有关技术规定和要求。

（3）检定装置各线路之间及线路与屏蔽之间的绝缘电阻以及有关辅助设备应满足有关技术要求。

3. 功能特点

（1）测量范围宽，可以涵盖常用各类仪表。

（2）检定过程自动化程度高，操作界面直观形象，操作简捷方便。

（3）标准表保持独立形态，便于送检。

（4）检定仪表时，可根据需要或被检表的实际，使得检定结论更加合理、科学。

（5）装置内建立有各种参数库，最大限度地减少了操作人员的工作量。

（6）自动故障检测，可防止误操作对功率源的损害。

【思考与练习】

1. 直流仪表检定装置的结构配置是怎样的？其主要技术指标有哪些？
2. 直流仪表检定装置的原理特性是什么？

模块 2 交流仪表检定装置的结构与原理 (ZY2100104002)

【模块描述】本模块介绍交流仪表检定装置。通过结构介绍、原理讲解和要点归纳，掌握电子型交流仪表检定装置的结构和原理，熟悉交流仪表检定装置的主要技术要求。

【正文】

近几年来，由于交流仪表检定装置准确度高、稳定度好、使用方便，因此在电力生产中得到了广泛应用。目前，虽然交流仪表检定装置的生产厂家很多，装置的外部布局、结构型式各有不同，但其基本线路，影响装置准确度的标准表、电流互感器、电压互感器、电源的稳定度却基本上是一致的。交流仪表检定装置按照其结构原理一般分为电工型、电子型和热电比较型 3 大类，本模块主要对电力企业常用的电子型交流仪表检定装置进行介绍。

一、交流仪表检定装置的结构及工作原理

1. 结构组成

交流仪表检定装置一般由程控信号源、功率放大器、电流电压互感器、量程转换开关、数字式电流、电压、功率标准表以及计算机操作系统（包括仪表校验软件）等组成。电流、电压的调节及频率、相位的调整均由程控信号源通过键盘控制器控制。交流仪表检定装置的基本结构如图 ZY2100104002-1 所示。

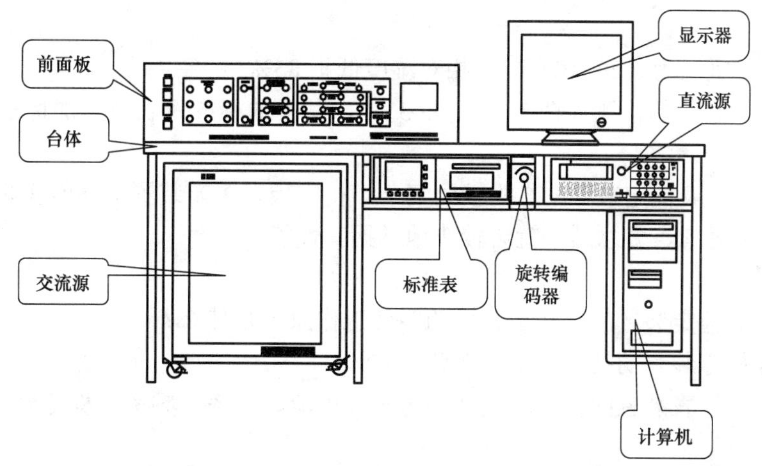

图 ZY2100104002-1　交流仪表检定装置基本结构图

2. 工作原理

交流仪表检定装置的工作原理框图如图 ZY2100104002-2 所示。

三相交流电经变压器变换后，整流、稳压供给三相信号源电路、电压功放电路和电流功放电路。三相程控信号源电路直接作用于输出电压、输出电流的升降和频率、相位的调整。

低频正弦信号的产生，采用数字合成技术把一个周期内的正弦波信号，以 n 为间隔分为 360°/n 点，逐点将正弦值量化成二进制数。n 的选择与相位的调节细度有关，调节细度越细，产生一个周期正弦波所需的点数就越多。

在变压器和变流器的输出端通过采样电路取得输出电压、电流幅值和相角的信号，反馈至微机控制器，由微机控制器将反馈信号值与键盘设定量进行比较，并将误差修正量信号送入 D/A 转换器，获得稳定、准确的输出量。

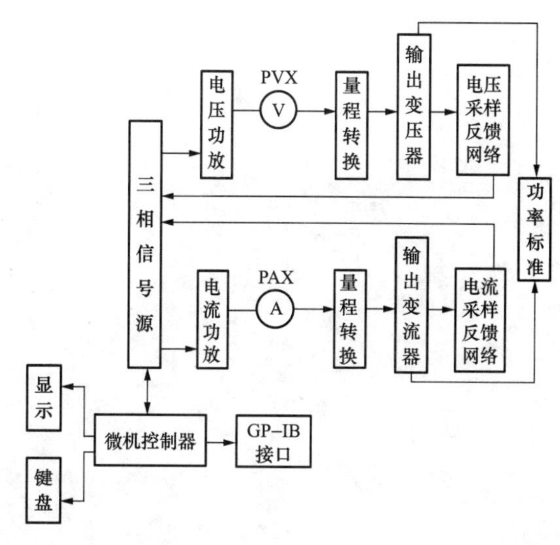

图 ZY2100104002-2　交流仪表检定装置工作原理框图

二、交流仪表检定装置的技术要求

1. 标志

（1）装置应有铭牌。铭牌上应标有装置名称、型号、准确度等级、输出电压、电流范围、制造厂名、出厂编号和制造日期。

（2）装置上的监视仪表、按钮、按键、开关、指示器、调节器、端钮等，均应有与其功能作用相关的符号。

2. 结构

（1）装置的输出电压回路和电流回路应分开，供电频率应相同，三相电源应按正相序连接，且有相序监视器。

（2）电子型装置应有防止电压回路输出端短路、电流回路输出端开路以及相应的保护。

（3）比较型装置的电源与各部件的连接，均应用屏蔽隔开。

（4）被检表和标准表安放位置应固定，所用的连接线应专用，并有色标。

3. 装置的允许误差

（1）装置的误差是在额定工作条件下由试验确定的所有部件的合成误差。该误差的极限值应小于被检表准确度等级的 1/5~1/3。

（2）具有多种功能和多个量限的装置，可以按不同功能和不同量限分别确定其准确度等级。装置的准确度等级按多个量限中最高的准确度等级表示。

4. 其他

（1）工作环境：室温为（20±10）℃、相对湿度低于 85%。

（2）检测周期：装置的检测周期一般为 2~3 年，其中的标准仪表及附加标准设备的检定周期应符合有关规程的规定。

相对而言，交流仪表检定装置的结构较为复杂，检定项目多。装置的功能实际上也并不难掌握，只要平时多训练、多思考、多总结，就会较快地掌握其性能。

【思考与练习】

1. 常见交流仪表检定装置的结构是怎样的？其工作原理是什么？
2. 对交流仪表检定装置的技术要求有哪些？
3. 如何测定交流仪表装置的输出电量（如电压、电流、功率、频率）稳定度？

第三部分

计量基础知识

第六章 误 差 理 论

模块1 相关的专用术语（ZY2100301001）

【模块描述】本模块包含计量基础知识中常用的专业术语。通过概念解释，掌握计量常用的专业术语。

【正文】

一、测量类术语

（1）量：现象、物体或物质可定性区别和定量确定的属性。

可定性区别是指量在性质上的异同是可以识别的，如同一物体的质量和体积是性质不同的两个量，而两个物体的温度高低不同却是性质相同的一个量。可定量确定则是指量的可比较性，如不同物体的体积（或质量、或温度）是可以相互比较和按大小排序的。

（2）基本量：在给定量制中约定地认为在函数关系上彼此独立的量。

例如：在国际单位制所考虑的量制中，长度、时间、热力学温度、电流、物质的量和发光强度为基本量。

（3）国际单位制（SI）：由国际计量大会（CGPM）采纳和推荐的一种单位制。

目前，国际单位制基于7个基本单位，具体见表ZY2100301001-1。

表ZY2100301001-1　　7个基本单位

量的名称	单位名称	单位符号
长度	米	m
质量	千克（公斤）	kg
时间	秒	s
电流	安[培]	A
热力学温度	开[尔文]	K
物质的量	摩[尔]	mol
发光强度	坎[德拉]	cd

（4）[量的]真值：与给定的特定量的定义一致的值。

量的真值只有通过完善的测量才有可能足够地逼近真值。

（5）[量的]约定真值：对于给定目的具有适当不确定度的、赋予特定量的值，有时该值是约定采用的。

二、测量与计量的区别

（1）测量：以确定量值为目的的一组操作。这个定义包括以下3层内涵：

1）测量是操作。

2）强调的是一组操作或一套操作，意指操作的全过程，直到给出测量结果的物理实验。

3）该操作的“目的”在于确定量值，这里没有限定测量范围和测量不确定度。

（2）计量：实现单位统一、量值准确可靠的活动。

计量的特点取决于计量所从事的工作，即为实现单位统一、量值准确可靠而进行的科技、法制和管理活动，概括地说，可归纳为准确性、一致性、溯源性及法制性4个方面。

三、测量原理与测量程序

（1）测量原理：测量的科学基础。

例如：

1）应用于温度测量的热电效应。

2）应用于电位测量的约瑟夫效应。

3）应用于速度测量的多普勒效应。

4）应用于分子振动波数测量的喇曼效应。

（2）测量程序：进行特定测量时所用的，根据给定测量方法具体叙述的一组操作。测量程序（有时被称为测量方法）通常记录在文件中并且足够详细，以使操作者在进行测量时不再需要补充资料。

四、测量结果

（1）测量结果：由测量所得到的赋予被测量的值。

确切地说，测量结果是由测量所得到的属于被测量或认作被测量的值。

（2）测量结果的准确度：测量结果与被测量真值的一致程度。

（3）误差与修正值。误差是测量结果减去被测量真值。由于真值不能确定，实际上用的是约定真值，即：误差=测量结果–约定真值。修正值是用代数方法与未修正测量结果相加，以补偿其系统误差的值。修正值与误差大小相等，符号相反，即修正值=（–误差），或修正值=约定真值–测量结果。

（4）测量结果的重复性：在相同条件下，对同一被测量进行连续多次测量所得结果之间的一致性。

（5）测量结果的复现性：在改变了测量条件下，同一被测量的测量结果之间的一致性。

（6）测量不确定度：表征合理地赋予被测量之值的分散性，与测量结果相联系的参数。从词义上理解，意味着对测量结果可信性、有效性的怀疑程度或不肯定程度，是定量说明测量结果质量的一个参数。

（7）测量结果的不确定度一般分为 A 类不确定度和 B 类不确定度。A 类不确定度是用对观测列进行统计分析的方法评定出的不确定度，B 类不确定度是用非统计分析的方法评定出的不确定度。

（8）随机误差、系统误差。

随机误差：测量结果与在重复性条件下，对同一被测量进行无限多次测量所得结果的平均值之差。

系统误差：在重复性条件下，对同一被测量进行无限多次测量所得结果的平均值与被测量真值之差。

五、测量仪器类

（1）测量仪器与计量器具。测量仪器在我国有关计量法律、法规中或人们习惯上通常称为计量器具，是测量仪器的同义语，实际上一般统称为测量仪器。测量仪器是单独地或连同辅助设备一起用以进行测量的器具。

（2）测量设备：测量仪器、测量标准、参考物质、辅助设备以及测量所必需的资料的总称。

（3）测量仪器的准确度等级：符合一定的计量要求，使误差保持在规定极限以内的测量仪器的等别、级别。

测量仪器的准确度是指测量仪器给出接近于真值的响应能力，测量仪器的准确度通常可用准确度等级来具体表述。

（4）测量仪器的示值误差：测量仪器示值与对应输入量的真值之差。

测量仪器的示值误差是测量仪器的最主要计量特性之一，其实质就是反映了测量仪器的准确度的大小。示值误差大则准确度低，示值误差小则准确度高。

（5）额定操作条件：测量仪器的规定计量特性处于给定极限内的使用条件。

额定操作条件就是指测量仪器的正常工作条件。额定操作条件一般要规定被测量和影响量的范围或额定值，只有在规定的范围和额定值下使用，测量仪器才能满足规定的计量特性或规定的示值允许值。

（6）极限条件：测量仪器的规定计量特性不受损也不降低，其后仍可在额定操作条件下工作而能承受的极端条件。

（7）参考条件：为测量仪器的性能试验或为测量结果的相互比较而规定的使用条件。

参考条件就是标准工作条件，是指测量仪器在性能试验或进行检定、校准、比对时的工作条件。

六、测量标准

在我国，测量标准基本分为计量基准和计量标准两大类。基准分为主基准、副基准，标准分为参考标准、工作标准、传递标准等。建立的计量基准和计量标准必须遵照有关法律程序并通过计量技术考核。

（1）计量基准：经国家决定承认的测量标准，在一个国家内作为对有关量的其他测量标准定值的依据。

（2）计量标准：泛指计量工作标准，用于日常校准或核查实物量具、测量仪器或参考物质的测量标准。

（3）溯源性：通过一条具有规定不确定度的不间断的比较链，使测量结果或测量标准的量值能够与规定的参考标准，通常是与国家测量标准或国际测量标准联系起来的特性。

（4）计量检定：查明和确认计量器具是否符合法定要求的程序，它包括检查、加标记和（或）出具检定证书。

（5）校准：在规定条件下，为确定测量仪器或测量系统所指示的量值，或实物量具或参考物质所代表的量值，与对应的由标准所复现的量值之间关系的一组操作。

（6）计量检定与校准的区别：

1）校准不具有法制性，是企业自愿溯源的行为；计量检定具有法制性，是属法制计量管理范筹的执法行为。

2）校准主要用以确定测量仪器的示值误差；计量检定是对测量器具的计量特性和技术要求的全面评定。

3）校准的依据是校准规范、校准方法，可作统一规定，也可自行制定；计量检定的依据必须是检定规程。

4）校准不判断测量仪器合格与否，但需要时，可确定测量仪器的某一性能是否符合预期要求；计量检定要对所检的测量仪器作出是否合格的结论。

5）校准结果通常是出具校准证书或校准报告的；计量检定结果合格的出具检定证书，不合格的出具不合格通知书。

6）检测：根据双方约定的技术依据，使用双方认可的检测设备，对某一或全部参数进行测试的行为，该测试结果不保证量值可溯源至国家基（标）准，测试结果不具备法律效率。

例如：通常有关电能表的证书一般都出具检定证书。因为检定电能表的行为已具备了法制性：检定所用的标准通过了计量标准的考核取得了《计量标准考核证书》，计量标准量值可溯源至国家基（标）准；检定人员取得了相应的计量检定员资质；检定依据是国家计量检定规程。

【思考与练习】

1. 试叙述检定、校准、检测的区别。

2. 是否购置一台等级高的仪器并经上级机构检定合格即可出具检定证书？若否，还需什么条件？

模块2 误差的合成与分解（ZY2100301002）

【模块描述】本模块包含误差的表示、误差的合成与分解。通过概念讲解、举例说明和方法介绍，掌握误差的表示、运算及其消除方法。

【正文】

一、误差的表示方法

误差是指测量结果减去被测量真值所得之差，即

测量误差=测量结果–（约定）真值

对于测量仪器

示值误差=仪器示值–标准示值

（1）绝对误差的表示方法如下

绝对误差=测量结果–（约定）真值

（2）相对误差的表示方法如下

相对误差=绝对误差/（约定）真值

相对误差通常以百分数（%）表示，即

相对误差=[绝对误差/（约定）真值] ×100%

（3）引用误差的表示方法：引用误差也属于相对误差，但因其有特点而有相应的适用范围，引用误差常用于仪表，特别是多量程仪表的准确度评价之中，即

引用误差=（示值误差/基准值）×100%

基准值可分为上量限、量程和刻度盘弧长等，采用哪一种形式由制造商根据国家标准选定。

二、误差运算

1. 有效数字

一个数据从左边第一个非零数字起至右边近似数字最末一位止，其间的所有数码均为有效数字。有效数字的最末一位是近似数，它可以是测量中估计读出的，也可以是按规定修约后的近似数字，而有效数字的其他数字都是准确数字。

所有的测量数据都必须用有效数字表示。此时应注意：

（1）读数记录时，每一个数据只能有一位数字（最末一位）是估计数，而其他数字都必须是准确读出的。

（2）有效数字的位数与小数无关，“0”在数字之间或末尾时均为有效数字。例如：0.025、0.25均为两位有效数字，又如203、110均为三位有效数字。

（3）遇到大数值或小数值时，数据通常用数字乘以10的幂的形式表示，10的幂前面的数字为有效数字。例如3.20×10^4、6.3×10^{-3}等，前一个数据有3位有效数字，后一个数据有2位有效数字。

2. 修约间隔

修约间隔是约定修约保留位数的一种方式。修约间隔的数值一经确定，修约值即为该数值的整数倍。

例如，指定修约间隔为0.1，修约值即应在0.1的整数倍中选取，相当于修约到1位小数。

又如，指定修约间隔为100，修约值即应在100的整数倍中选取，相当于将数值修约到“百”数位。

（1）指定位数。

指定修约间隔为10^{-n}（n为正整数），或指明将数值修约到n为小数。

指定修约间隔为1，或指明将修约数值修约到个位。

指定将数值修约成n位有效数字。

0.5单位修约：指定修约间隔为指定位数的0.5单位，即修约到指定位数的0.5单位。

0.2单位修约：指定修约间隔为指定位数的0.2单位，即修约到指定位数的0.2单位。

（2）进舍规则。

四舍五入法则：拟舍弃数字的最左边一位数小于5时，则舍去；大于5时则进位，其他数字保持不变。

四舍五入偶数法则：拟舍弃数字的最左边一位数小于5时，则舍去，大于5时则进位，其他数字保持不变；当拟舍弃数字的最左边一位数为5，而右边无数字或皆为0时，若保留的末位数为奇数（1、3、5、7、9）则进一，为偶数（0、2、4、6、8）则舍弃。

（3）不许连续修约。

拟修约数字应在确定修约位数后一次修约获得结果，不得多次按进舍规则连续修约。

例如，修约间隔为 1，则

正确的做法：15.454 6→15

不正确的做法：15.454 6→15.455→15.46→15.5→16

3. 最大误差估算

几种常见函数综合误差的求解方法如下：

（1）被测量 y 为 n 个量的和，设

$$y = x_1 + x_2 + x_3$$

式中，x_1、x_2、x_3 为与被测量有关的几个已知量。

如果用 Δ_y 表示被测量的绝对误差，Δ_{x_1}、Δ_{x_2}、Δ_{x_3} 表示 x_1、x_2、x_3 时的绝对误差，则有

$$y = x_1 + x_2 + x_3$$

$$y + \Delta_y = (x_1 + \Delta_{x_1}) + (x_2 + \Delta_{x_2}) + (x_3 + \Delta_{x_3})$$

即

$$\Delta_y = \Delta_{x_1} + \Delta_{x_2} + \Delta_{x_3}$$

根据相对误差定义

$$\gamma = \frac{\Delta_y}{y} = \frac{\Delta_{x_1}}{y} + \frac{\Delta_{x_2}}{y} + \frac{\Delta_{x_3}}{y}$$

$$= \frac{x_1}{y}\gamma_{x_1} + \frac{x_2}{y}\gamma_{x_2} + \frac{x_3}{y}\gamma_{x_3}$$

式中，γ_{x_1}、γ_{x_2}、γ_{x_3} 为 x_1、x_2、x_3 各量的相对误差。

γ_{x_1}、γ_{x_2}、γ_{x_3} 本身均有正负，显然被测量的最大相对误差 γ_m 出现在各个量的相对误差为同一符号的情况，即

$$\gamma_m = \left|\frac{x_1}{y}\gamma_{x_1}\right| + \left|\frac{x_2}{y}\gamma_{x_2}\right| + \left|\frac{x_3}{y}\gamma_{x_3}\right|$$

（2）被测量 y 为两个量之差，即

$$y = x_1 - x_2$$

用上述同样的方法，可以导出被测量绝对误差为

$$\Delta_y = \Delta_{x_1} + \Delta_{x_2}$$

相对误差为

$$\gamma = \frac{x_1}{y}\gamma_{x_1} - \frac{x_2}{y}\gamma_{x_2}$$

γ_{x_1}、γ_{x_2} 本身有正负，显然被测量的最大相对误差 γ_m 出现在各个量的相对误差符号相反的情况，即

$$\gamma_m = \left|\frac{x_1}{y}\gamma_{x_1}\right| + \left|\frac{x_2}{y}\gamma_{x_2}\right| = \left|\frac{x_1}{x_1 - x_2}\gamma_{x_1}\right| + \left|\frac{x_2}{x_1 - x_2}\gamma_{x_2}\right|$$

可见，被测量为两量之差时，可能的最大相对误差不仅与各个测量值的相对误差有关，而且与两个已知量之差有关。若两量之差越大，则被测量可能的最大相关误差越小；反之，两量之差越小，则相对误差就越大。

（3）被测量 y 为 n 个量的积或商，设

$$y = x_1^n x_2^m x_3^p$$

式中 x_1、x_2、x_3——直接测得的已知量；

n、m、p——x_1、x_2、x_3 的指数，可能为整数、分数、正数或负数（若为正数则求积，负数则求商）。

对上式两边取自然对数并两边微分，可得

模块 2 ZY2100301002

$$\frac{dy}{y}=n\frac{dx_1}{x_1}+m\frac{dx_2}{x_2}+p\frac{dx_3}{x_3}$$

$$\gamma=n\gamma_{x_1}+m\gamma_{x_2}+p\gamma_{x_3} \qquad \text{(ZY2100301002-1)}$$

式中　$\frac{dy}{y}$、$\frac{dx_1}{x_1}$、$\frac{dx_2}{x_2}$、$\frac{dx_3}{x_3}$——被测量 y 与 x_1、x_2、x_3 的相对误差。

在最不利的情况下，将式（ZY2100301002-1）右边各项均取正数，因而最大相对误差为

$$\gamma=|n\gamma_{x_1}|+|m\gamma_{x_2}|+|p\gamma_{x_3}|$$

综上所述，综合误差与各分项误差的大小和符号都有关，若分项误差的大小和符号已知时，则可按相应公式求出综合误差；若只知道分项误差的范围而不知它们确切的大小和符号时，则按最大可能误差来考虑。

（4）举例，已知单臂电桥各臂电阻的误差分别为：γ_{R_2}=0.04%，γ_{R_3}=0.05%，γ_{R_4}=－0.03%，未知电阻计算公式为 $R_x=\frac{R_2}{R_3}R_4$，试计算 R_x 的相对误差。

解：由式（ZY2100301002-1），可知 R_x 的相对误差为

$$\begin{aligned}\gamma_{R_x}&=\gamma_{R_2}-\gamma_{R_3}+\gamma_{R_4}\\&=0.04\%-0.05\%+(-0.03\%)\\&=-0.04\%\end{aligned}$$

三、误差的消除方法

1. 系统误差的消除方法

在相同的条件下，多次测量同一量时，误差的大小及符号均保持不变或按一定规律变化，这种误差称为系统误差。系统误差主要是由于测量设备不准确或有缺陷、测量方法不完善、周围环境条件不稳定或实验人员个人习惯等因素造成。

消除系统误差的常用方法有如下几种：

（1）消除误差根源。如选用适当、精良的仪器仪表；选择合适的测量方法；改善测量环境；提高实验人员的技术水平等。

（2）利用修正值得到被测量的实际值。

（3）采取特殊测量方法。

1）替代法：用替代法测量时，测量结果与仪器本身的准确度无关，即消除了仪器所产生的系统误差。

2）正负误差补偿法：适当安排实验，使某项系统误差在测量结果中一次为正，一次为负，取其平均值，便可消除系统误差。

2. 随机误差的消除方法

在相同的条件下，多次测量同一值时，误差的大小和符号均发生变化，没有什么规律可循，这种误差称为随机误差，也叫偶然误差。在工程上，常常对被测量进行多次重复测量，求出其算术平均值，并将它作为被测量的结果，从而减小随机误差对测量结果的影响。

【思考与练习】

1. 试列出几种常见的误差表示形式。

2. 数据在修约时有哪几种方式？

3. 测量误差分哪几种？各有什么特点？如何消除这些误差？

第七章 测量不确定度

模块 1 测量不确定度的评定与表示（ZY2100302001）

【模块描述】本模块包含测量不确定度的评定与表示。通过概念介绍、要点归纳和案例分析，掌握测量不确定度的基本概念、分类及来源，熟悉测量不确定度的评定步骤。

【正文】

一、概述

国际计量委员会（CIPM）在 INC-1（1980）、CI-1981 和 CI-1986 建议书的基础上，1993 年以 ISO（国际标准化组织）、IEC（国际电工委员会）、BIPM（国际计量局）、OIML（国际法制计量组织）、IUPAC（国际理论与应用化学联合会）、IUPAP（国际理论与应用物理联合会）和 IFCC（国际临床化学联合会）7 个国际组织的名义正式由 ISO 出版发行了《测量不确定度表示指南》(GUM)，1995 年又作了修订和重印（Guide to Expression of Uncertainty in Measurement Corrected and Reprinted，1955，ISO)。我国计量技术规范 JJF 1059—1999《测量不确定度评定与表示》等同采用 GUM。

测量不确定度分量分为两大类：用统计方法评定的不确定度称为 A 类评定不确定度；用非统计方法评定的不确定度称为 B 类评定不确定度。A 类和 B 类不确定度评定只是表示两种不同的评定方法，不存在本质上的区别，它们都是基于概率分布，并都用方差或标准差表征。B 类评定不确定度既可能来源于系统误差亦可能来源于随机误差。通常 A 类评定比 B 类评定更为客观，并具有统计学的严密性。原则上，所有不确定度分量都可用 A 类评定，但是，这有时会增加很大的工作量。确定了各个标准不确定度分量之后，可采用方和根法进行合成，给出合成标准不确定度 u_C。合成标准不确定度通常只用于置信概率（置信水准）$p\approx68\%$。为使其更可靠，应加大置信概率，亦即用置信因子（包含因子）k 乘以合成标准不确定度 u_C 给出扩展不确定度 $U=ku_C$。通常取 $k=2$（置信水准 $p\approx95\%$）。

电力计量中常用的概率分布有正态分布（高斯分布），其分布系数为 $k=3$；均匀分布（矩形分布），其分布系数为 $k=\sqrt{3}$；在不能确定概率分布或缺乏其他信息的情况下，通常假设服从均匀分布。

我国国家计量技术规范 JJF 1059—1999《测量不确定度评定与表示》(代替 JJF 1027—1991《测量误差及数据处理》中的测量误差部分）规定了测量不确定度评定的通用规则，原则上等同采用 GUM 的基本内容，在基本概念、术语定义、评定方法和测量报告的表达方式上作了明确的统一规定。它不仅适用于计量领域的检定、校准和检测，而且适用于各种测量。

二、名词术语和基本概念

1. 实验标准［偏］差

对同一被测量作 n 次测量，表征测量结果分散性的量 $s(x_i)$ 可按下式算出

$$s(x_i)=\sqrt{\frac{\sum_{i=1}^{n}(x_i-\overline{x})^2}{n-1}} \qquad \text{(ZY2100302001-1)}$$

式中，x_i 为第 i 次测量的结果；$\overline{x}$ 为所考虑的 n 次测量结果的算术平均值；$v_i=x_i-\overline{x}$ 称为残差。$s(x_i)$ 称为单次测量结果的实验标准差；$s(\overline{x})$ 称为平均值 $\overline{x}$ 的实验标准差。

$$s(\overline{x})=\frac{s}{\sqrt{n}} \qquad \text{(ZY2100302001-2)}$$

2. 测量不确定度

测量不确定度是指表征合理地赋予被测量之值的分散性，与测量结果相联系的参数。

3. 标准不确定度

标准不确定度是指以一倍标准偏差表示的测量不确定度。

4. 测量误差

测量误差是指测量结果减去被测量的真值（约定真值）。由于真值不能确定，实际上用的是约定真值。

5. 测量准确度

测量准确度是指测量结果与被测量的真值之间的一致程度。

不要用“精密度”代替“准确度”。准确度是一个定性概念。例如，可以说准确度高低、准确度为 0.25 级、准确度为 3 等或准确度符合××标准，但不使用如下表示：准确度为 0.25%、16mg、≤16mg 及±16mg。

此处所谓“一致程度”并非指误差大小、准确度大小等，而是一个定性概念。所谓定性，只指“符合某个级别或某个等别的要求”，准确度高或低等，有时用于泛指测量结果是否可靠。

6. 测量不确定度的 A 类评定

测量不确定度的 A 类评定是指用对观测列进行统计分析的方法，来评定标准不确定度。

7. 测量不确定度的 B 类评定

测量不确定度的 B 类评定是指用不同于对观测列进行统计分析的方法，来评定标准不确定度。

8. 合成标准不确定度

合成标准不确定度是指当测量结果是由若干个其他量的值求得时，按其他量的方差或（和）协方差算得的标准不确定度。它是测量结果标准差的估计值。

9. 扩展不确定度

扩展不确定度是指确定测量结果区间的量，合理赋予被测量之值的大部分可望含于此区间。

10. 包含因子

包含因子是指为求得扩展不确定度，对合成标准不确定度所乘的数字因子。包含因子等于扩展不确定度与标准不确定度之比。根据其含义可分为两种：$k=U/u_C$，$k_p=U_p/u_C$，一般在 2～3 之间。下角标 p 为置信概率，即置信区间所需要的概率。

11. 影响量

影响量是指不是被测量但对测量结果有影响的量。影响量来源于环境条件、人员误差和测量器具本身，诸如环境温度、气压、湿度、磁场、重力场、振动、热源、电源及测量器具安装位置和本身结构变化等。因此，测量时必须考虑这些因素的影响。

三、测量不确定度分类

被测量 Y 的估值 y 的不确定度取决于 x_i 的不确定度，为此，首先应当逐项评定 x_i 的标准不确定度 $u（x_i）$。测量不确定度评定方法的分类可简示如图 ZY2100302001-1 所示。A 和 B 分类旨在指出评定方法的不同，只是为了便于理解和讨论，并不意味着两类评定分量之间存在本质上的区别。

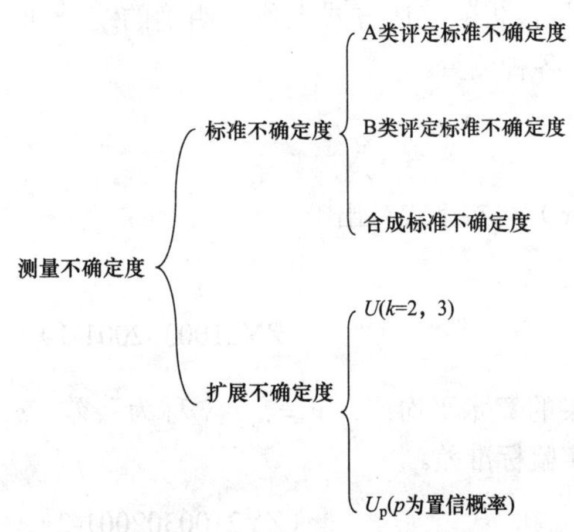

图 ZY2100302001-1 测量不确定度评定方法

四、测量不确定度来源

测量过程中有许多引起不确定度的来源，归纳如下：

（1）对被测量的定义不完整或不完善。

（2）实现被测量定义的方法不理想。

（3）取样的代表性不够，即被测量的样本不能完全代表所定义的被测量。

（4）对测量过程受环境影响的认识不周全，或对环境条件的测量与控制不完善。

（5）对模拟式仪器的读数存在人为偏差（偏移）。

（6）测量仪器计量性能（如灵敏度、鉴别力阈、分辨力、稳定性及死区等）的局限性。

（7）赋予计量标准的值或标准物质的值不准确。

（8）引用的数据或其他参数的不确定度。

（9）与测量方法和测量程序有关的近似性和假定性。

（10）被测量重复观测值的变化等。

五、测量不确定度评定评定步骤

通常采用如下步骤评定测量结果的不确定度。

（1）建立测量数学模型。首先根据测量方法和测量原理，给出被测量定义的数学表示式。

在多数情况下，被测量 Y（输出量）不能直接测得，而是由 N 个其他量 X_1，X_2，…，X_N 通过函数关系 f 来确定

$$Y = f(X_1, X_2 \cdots, X_N)$$

数学模型不是唯一的，如果采用不同的测量方法和不同的测量程序，就可能有不同数学模型。如果采用如图 ZY2100302001-2 所示测量，已知标准电阻 R_s 的值，并可通过测量标准电阻 R_s 两端的电压 U_s 来确定流经电阻器 R 的电流 I_s。则电阻器 R 的损耗功率 P 的数学模型为

$$P = f(V, R_s, U_s, I_s) = UI_s = \frac{UU_s}{R_s}$$

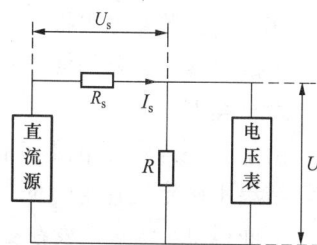

图 ZY2100302001-2　测量方法举例

（2）A 类不确定度分量评定（基本方法）。

在重复性条件下，对一个或一组相同的样品在相同条件下作若干次重复测量，其测得结果按式（ZY2100302001-1）得出 A 类不确定度分量，如以独立观测列的平均值作为测得结果，A 类不确定度为 $s(\bar{x}) = \dfrac{s}{\sqrt{n}}$。

（3）B 类不确定度分量评定。目的是获得 B 类分量的标准不确定度，B 类不确定度评定的信息来源通常有：

1）以前的观测数据；

2）对有关技术资料和测量仪器特性的了解和经验；

3）生产部门提供的技术说明文件；

4）校准证书、检定证书或其他文件提供的数据、准确度的等别或级别，包括暂在使用的误差极限；

5）手册或某些资料给出的参考数据及其不确定度；

6）规定实验方法的国家标准或类似技术文件中给出的重复性限 r 或复现性限 R。

如：仪器制造厂的说明书定性给出仪器的准确度（或误差）为±1%。我们就可以假定这是对仪器误差限值的说明，而且所有测量值的误差值是等概率地（矩形分布）处于该限值范围[−0.01，+0.01]内（因为大于±1%误差限的仪器，属于不合格品，制造厂不准出厂）。矩形分布的包含因子 $k = \sqrt{3}$，仪器误差的区间半宽度 a=0.01（1%）。因此，相对标准不确定度为

$$u(x) = \frac{a}{k} = \frac{0.01}{\sqrt{3}} \times 100\% = 0.58\%$$

除非另有说明，一般按正态分布考虑来评定其标准不确定度 $u(x_i)$

$$u(x_i) = U_P / k_P \qquad \text{(ZY2100302001-3)}$$

表 ZY2100302001-1　　正态分布情况下的置信概率 p 与包含因子 k 的关系

p（%）	50	68.27	90	95	95.45	99	99.73
k_p	0.67	1	1.645	1.96	2	2.576	3

表 ZY2100302001-2　　常用分布与 k 、u（x_i）的关系

分布类别	p（%）	k	u（x_i）
正态	99.73	3	$a/3$
矩形（均匀）	100	$\sqrt{3}$	$a/\sqrt{3}$

（4）计算合成标准不确定度 u_C。可采用方和根方法进行合成，根据数学模型各分量应考虑灵敏系数 C_i，若各分量互不相关时，可不考虑相关系数，此时给出合成标准不确定度。

$$u_C(y)=\sqrt{s(x_i)^2+\sum_{i=1}^{N}u_i^2}$$

（5）确定扩展不确定度。合成标准不确定度通常只用于置信概率（置信水准）$p\approx68\%$。为使其更加可靠，应加大置信概率，亦即用包含因子 k 乘以合成标准不确定度 u_C 给出扩展不确定度 $U=ku_C$。在工业测量和电子计量测试领域，通常取 $k=2$（置信水准 $p\approx95\%$），且

$$U=ku_C$$

（6）给出测量结果报告。

不确定度报告常用如下形式给出：U=不确定度数值，k=2。

六、案例

由于在不同负荷电流和不同功率因数下功率表标准装置基本误差限不同，因此在进行各输入量的测量结果不确定度评定时应针对不同的负荷电流和功率因数作具体评定。

下面以 0.5 级被检表在三相三线有功功率表 3×100V、3×5A、功率因数为 $\cos\varphi$=1.0 时为例进行三相功率表示值误差检定测量不确定度的简化评定。在测量过程中，装置的随机效应会产生不确定度，用 A 类不确定度分量 s_i 评定。

（1）数学模型。

按照目前常用的功率表检定装置和检定规程规定的检定方法，其数学模型为

$$\gamma=X-Y$$

式中　Y——检定装置示值；

X——被检功率表示值；

γ——被检功率表误差。

（2）A 类不确定度 s。

主要有以下因素带来的不确定度：

1）外界电磁场影响引入的测量误差；

2）工作电磁场影响引入的测量误差；

3）电源的电压波动、频率、波形的变化引入的测量误差等。

对 0.5 级被检表，在三相三线有功 3×100V、3×5A、功率因数为 1.0 时，重复测量 6 次，得到测量数据见表 ZY2100302001-3。

表 ZY2100302001-3　　0.5 级被检功率表测得的相对误差

次数	1	2	3	4	5	6	s_i
γ(%)	−0.123	−0.133	−0.100	−0.156	−0.141	−0.111	0.020 4

$$s(x_i)=\sqrt{\frac{\sum_{i=1}^{n}(x_i-\bar{x})^2}{n-1}}=0.020\ 4\%$$

（3）B 类不确定度分量 u 评定。

该不确定度分量来源于检定装置的最大允许误差。该装置经过上级检定合格，其误差通常不会超

过装置的等级指数。我们完全有理由认为，在装置使用过程中其实际误差一般也不会超出该允许值，可以将检定装置看作一个整体，其最大允许误差即可作为分布区间半宽的信息来源。

用 0.1 级功率表检定装置检定 0.5 级功率，在 100V、3×5A、功率因数为 1.0 时，检定装置相对误差的绝对值认为不会超过 0.10%，即分散区间的半宽值为 0.10%，在此区间可认为服从正态分布（k=3），则标准不确定度 u（$\Delta\gamma$）=0.10%/3=0.033 3%。

（4）修约导致的不确定度分量 u 的评定。

由于证书中给出的测量结果是化整后的测量结果，数据修约将产生不确定度，0.5 级功率表化整间距为 0.05%，即分散区间的半宽值为 0.025%，在此区间服从均匀分布（$k=\sqrt{3}$），则标准不确定度 u=$0.025\%/\sqrt{3}=0.014\ 4\%$。

（5）合成标准不确定度的评定。

各不确定度汇总及计算表，在三相三线有功功率 3×100V、3×5A、功率因数为 1.0 时，各分量不确定度见表 ZY2100302001-4。

表 ZY2100302001-4　　各分量不确定度

序号	不确定度来源	误差限（%，半宽值）	分布系数 k_i	传播系数 c_i	A 类分量 $s(x_i)$	B 类分量 $c_iu(x_i)$
1	三相功率表检定装置的误差（%）	0.10	3	1		0.033 3
2	被检表误差化整产生的不确定度（%）	0.025	$\sqrt{3}$	1		0.014 4
3	被检表和标准装置的示值不重复（%）	—	—	1	0.020 4	

各不确定度分量不相关，合成标准不确定度按 $u_c=\sqrt{\sum c_i^2u^2(x_i)}$ 计算。

计算得到的合成标准不确定度 u_C=0.041 6%。

（6）扩展不确定度的评定。

取包含因子 k=2，扩展不确定度 $U=ku_C$=2×0.041 6%=0.083%。

【思考与练习】

1. 标准不确定度的两类评定有哪些区别？
2. 为什么说测量定义不完整时会产生不确定度？
3. 扩展不确定度分成几种？
4. 给出扩展不确定度 U 时，应注意什么问题？
5. 按校准证书已知某测量仪器的级别时，如何评定其标准不确定度？

第四部分

常用电测仪表、工器具的使用、维护

第八章 常用电测仪表

模块 1 常用电测仪表的使用（ZY2100401001）

【模块描述】本模块介绍有关电测仪表使用的基本知识。通过要点归纳、结构介绍、原理讲解和举例说明，熟悉各类电测仪表的性能，掌握各类电测仪表的用途、基本结构、工作原理、使用方法及其使用注意事项。

【正文】

电测仪表在使用前的选用十分重要，如选用不当，不是满足不了生产和试验要求，达不到测量目的，就是不能充分利用仪表的性能，造成不必要的浪费。因此，在选用时，首先必须明确测量或试验的要求，然后根据这些要求合理地选取测量方法、测量线路和测量仪表。而测量仪表的选择主要应考虑仪表的类型、准确度、量程、内阻、使用场所和绝缘强度等。总之，在选择时，既要全面考虑，又要有所侧重。例如，对于精密测量，准确度和量限是选择仪表考虑的主要因素；而测量高电阻电路的电压时，则应主要考虑仪表的内阻。为了便于了解常用各类仪表的性能，在工作中正确选用仪表，现将电测仪表的性能比较列于表 ZY2100401001-1 中，供选择时参考。

表 ZY2100401001-1　　各类电工指示仪表的性能比较

性能＼形式	磁电系	整流系	电磁系	电动系	铁磁电动系	静电系	感应系
测量基本量（电流、电压）	直流或交流的恒定分量	交流平均值（在正弦交流下刻度按有效值刻度）	交流有效值或直流	交流有效值或直流（交直流功率及相位、频率）	交流有效值或直流（交直流功率及相位、频率）	直流或交流电压	交流电能及功率
使用频率范围	一般用于直流	45~1000Hz	一般用于 50Hz	一般用于 50Hz	一般用于 50Hz	可用于高频	一般用于 50Hz
准确度（等级）	一般为 0.5～2.5 级	0.5～2.5 级	0.2～2.5 级	一般为 0.5～1.0 级，高可达 0.05~0.1 级	1.5～2.5 级	1.0～2.5 级	1.0～3.0 级，高可达 0.5 级
电流量限	几微安到几十安	几十微安到几十安	几微安到 100A	几十毫安到几十安	几十毫安到几十安	—	几十毫安到几十安
电压量限	几毫伏到 1kV	1V 到数千伏	10V 到 1kV	10V 到几百伏	10V 到几百伏	几十伏到 500kV	几十伏到几百伏
功率损耗	小	小	大	大	大	极小	大
波形影响	—	测量交流非正弦有效值误差很大	可测非正弦交流有效值	可测非正弦交流有效值	可测非正弦交流有效值	可测非正弦交流有效值	可测非正弦交流有效值
防御外磁场能力	强	强	弱	弱	强	—	强
标尺分度特性	均匀	接近均匀	不均匀	不均匀（但功率刻度均匀）	不均匀	不均匀	计数器指示
过负荷能力	小	小	大	小	小	大	大
转矩（指通过表头电流相同时）	大	大	小	小	较大	小	最大
主要应用范围	作直流电表	作万用电表	作安装式及一般实验室电表	作板式交直流标准表及一般实验室电表	安装式电表	作高压电压表	作电能表
价格（对同一规格）	贵	贵	便宜	贵	较便宜	贵	便宜

一、电流表、电压表、功率表的使用

（一）电流表、电压表、功率表的用途

电流表、电压表、功率表一般用于检修、试验时测量显示电流、电压、功率，或安装在变电站控制屏上监视电流、电压、功率负荷。

（二）电流表、电压表、功率表的基本结构和工作原理

电流表、电压表、功率表按结构分可以分为磁电系、电磁系、电动系、铁磁电动系等。

（1）磁电系测量机构是由固定的磁路系统和可动部分组成。如图 ZY2100401001-1 所示，磁路系统包括永久磁铁、固定在磁铁两极的极掌以及铁芯；可动部分包括可动线圈、游丝和指针。位于磁场中的可动线圈通电后，产生转动力矩带动可动部分偏转，指针指示被测量大小。由于永久磁铁产生的磁场方向不能改变，只有通入直流电流才能产生稳定的偏转，所以磁电系测量机构不能直接测量交流量，而主要用于直流电路中测量电流和电压。且其刻度是均匀的，在直流标准仪表和安装式仪表中都得到广泛应用。

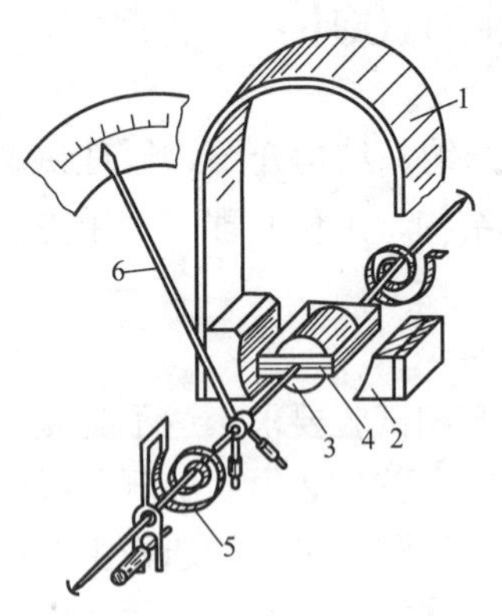

图 ZY2100401001-1 磁电系测量机构

1—永久磁铁；2—极掌；3—圆柱形铁芯；4—可动线圈；5—游丝；6—指针

（2）电磁系测量机构是由固定线圈和可动软磁铁片及指针等可动部分构成。根据结构不同，可以分为扁线圈吸引型和圆线圈排斥型两种，如图 ZY2100401001-2 所示。扁线圈吸引型是当扁线圈通电以后，产生磁场，将偏心铁片吸入，使可动部分转动，因而指针发生偏转指示被测量的大小。圆线圈排斥型是圆线圈通电以后，两个铁片同时被线圈磁场磁化，互相排斥而使可动铁片转动。电磁系测量机构不管线圈电流是什么方向，铁片的转动方向不会改变，因此电磁系测量机构不仅可以用来测量直流，也可以用来测量交流。可制成交直流两用的仪表。主要用于交流。由于测量机构中的电流不通过可动部分和游丝，而是通过固定线圈，绕制固定线圈的导线又可以粗些，因此，这种测量机构的交流电流表可测量较大电流。电磁系测量机构制成的电流表、电压表由于测量的是电流有效值，因此刻度是不均匀的。

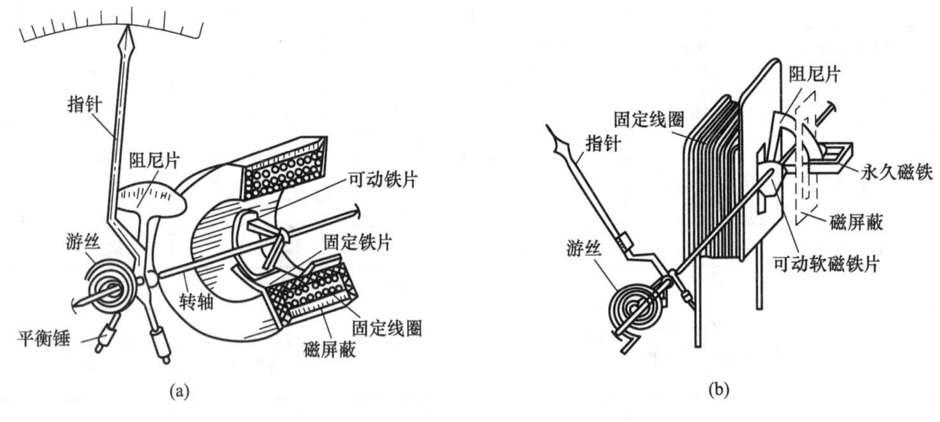

图 ZY2100401001-2 电磁系测量机构

（a）扁线圈吸引型结构；（b）圆线圈排斥型结构

（3）电动系测量机构是由固定线圈、可动线圈以及可动部分构成，如图 ZY2100401001-3 所示。它的工作原理和磁电系以及电磁系测量机构不同，它不是利用通电线圈和磁铁（或铁片）之间的电磁力，而是利用两个通电线圈之间的电动力来产生转动力矩。由于电动系测量机构内没有铁磁性物质，所以没有磁滞误差，可制成准确度高的仪表。电动系测量机构多用于交流精密测量中，并可制成可携式交直流两用的电流表和电压表，还广泛地用来制成各种功率表。由于制成功率表时是测量的功率平均值，因此刻度是均匀的。但制成电流表和电压表时，其测量的是有效值，因此刻度是不均匀的。

（4）铁磁电动系测量机构是由固定线圈和铁芯、可动线圈以及可动部分构成。它的工作原理和电

动系测量机构完全相同。但由于铁磁材料的磁滞和涡流损失造成的误差较大，所以这种测量机构的准确性较低。因此，主要用来制造安装式功率表。可用来制成交直流两用仪表。但主要用于交流。用于制成交流电流表、电压表时，测量的是有效值，因此刻度不均匀。用于制成功率表时，测量的是功率平均值，因此刻度是均匀的。

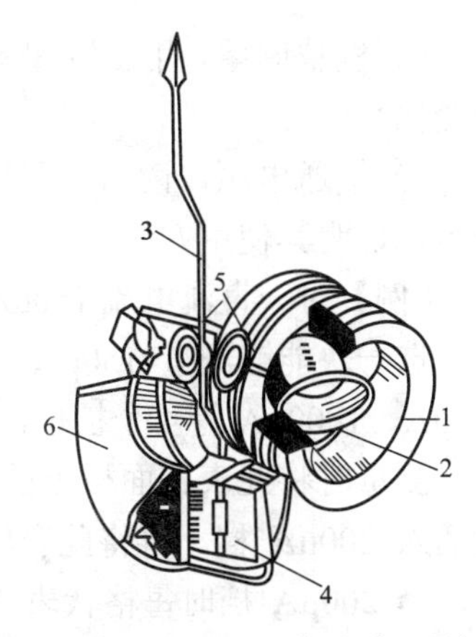

图 ZY2100401001-3　电动系测量机构
1—固定线圈；2—可动线圈；3—指针；4—阻尼片；5—游丝；6—阻尼盒

（三）电流表、电压表、功率表的使用方法

1. 电流表、电压表、功率表的选取原则

电流表、电压表、功率表的种类有很多。要正确使用电流表、电压表、功率表，得到合理的测量结果，要能根据被测量的特点和电流表、电压表、功率表性能正确选择。选取原则如下：

（1）按工作条件选择。

凡是实验室使用的仪表一般选择便携式仪表，开关板或电气设备面板上的仪表应选择安装式仪表。对于环境温度、湿度、外界电磁场等条件有特定要求时，应按其要求进行选择，以尽量减小仪表的附加误差。

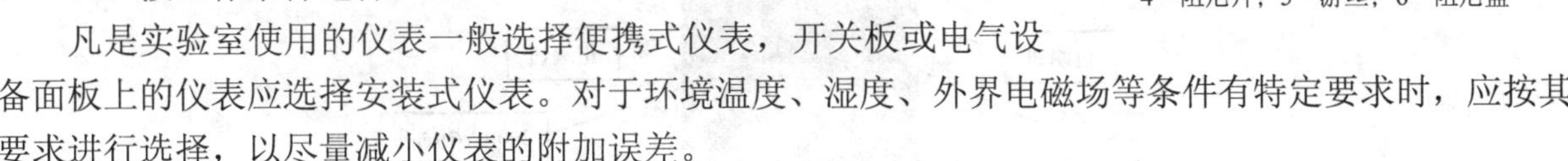

（2）按仪表量程选择。

在实际测量中，为使测量误差尽量减小，且保证仪表的安全，应根据以下原则选择电流表和电压表的量程：所选量程要大于被测量，应使被测量之值在仪表上量限的 1/2～2/3 以上，在无法估计被测量值大小时，应先选用仪表最大量程测量后，再逐步换成合适的量程。

（3）按仪表的类型选择。

若要测量直流电流时，应选择磁电系仪表；测量交流电流时，应选择电磁系或整流系仪表，当要求准确度较高时，可选择电动系仪表；如要求交、直流两用时，可选择交、直流两用的电磁系仪表，在要求准确度较高的场合，可选择电动系仪表。

（4）按仪表准确度选择。

作为标准表或精密测量时，可选用 0.1 级或 0.2 级的仪表；试验用，可选用 0.5 级或 1.0 级的仪表；一般的工程测量，可选用 1.5 级以下的仪表。

与仪表配合的附加装置，如分流电阻、分压电阻、仪用互感器等，其准确度等级应比仪表本身的准确度等级高 2～3 档，这样才能保证测量结果的准确度。

（5）按仪表内阻选择。

仪表接入被测电路后，应尽量减小仪表本身的功率损耗，以免影响电路原有的工作状态。因此，选择仪表内阻时，电流表内阻应尽量小，一般要求电流表的内阻应小于被测对象的 100 倍。

（6）按绝缘强度选择。

选择仪表时，还要根据被测电路的高低，来确定仪表的绝缘强度，以免发生危害人身安全及损坏仪表的事故。

2. 电流表、电压表、功率表的使用方法

（1）电流表的使用方法：

1）将仪表按面板要求的位置放置。安装式电流表需将仪表固定在配电柜上，便携式电流表一般为水平放置。

2）正确接线。测量电路的电流时，要将电流表串联接入被测电路。用于测量直流电流的仪表，要注意电流表的极性，使被测电流从仪表的“+”端流入、“−”端流出，以避免指针反转而损坏仪表。

3）选择量程。在使用电流表前，要根据被测量的大小选择好合适的量程。配电柜上的安装式仪表只有一个量程；对便携式电流表，由于一般是多量程仪表，应选用合适的量程。通常选择能使指针处在满刻度 2/3 段的量程。多量程的电流表档位切换有插销式的，也有转换开关式的。

4）机械调零。用旋钉螺具对仪表的机械调零器进行调零，并轻敲仪表，看指针在“0”的位置是否变化。

5）接通电源，读出被测量的值。下面以 C31–μA 型便携式电流表为例，如图 ZY2100401001-4 所示，说明其使用方法。

【例】对一直流电流 150μA 进行测量。

选一块能够测量 150μA 的直流电流表，等级为 0.5 级、型号为 C31–μA，有 100μA、200μA、500μA、1000μA 等 4 个档位，携带型直流电流表。

测量时将此表按面板上的位置要求水平放置，先调节机械零位，使指针指在“0”位置上，将插销插入 200μA 档，再将此表串联接入被测回路中。此时可接通电路，因为电流表满刻度为 100 格，当选择 200μA 档时每格代表 2μA，因此测量 150μA 的电流，指针应指在 75 分格处，且误差不超过 ±1μA。

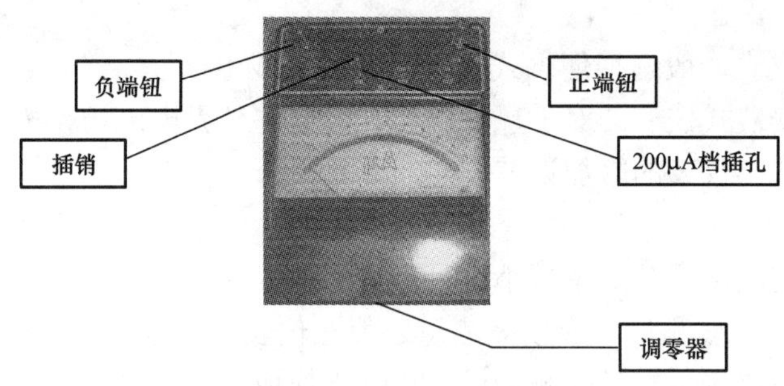

图 ZY2100401001-4 直流电流表外形图

（2）电压表的使用方法。

1）将仪表按面板要求的位置放置。安装式电压表需将仪表固定在配电柜上，便携式电压表一般为水平放置。

2）正确接线。测量电路的电压时，要将电压表并联接入被测电路。用于测量直流电压的电压表，要注意表的极性，使被测电流从仪表的“+”端流入，“−”端流出，以避免指针反转而损坏仪表。

3）选择量程。在使用电压表前，要根据被测量的大小选择好合适的量程，配电柜上的安装式电压表只有一个量程。对便携式电压表，由于一般是多量程仪表，应选用合适的量程，通常选择能使指针处在满刻度的后1/3 段量程。

4）机械调零。用旋钉螺具对仪表的机械调零器进行调零，并轻敲仪表，看指针在“0”的位置是否变化。

5）接通电源，读出被测量的值。下面以 T15-V 型便携式电压表为例，如图 ZY2100401001-5 所示，说明其使用方法。

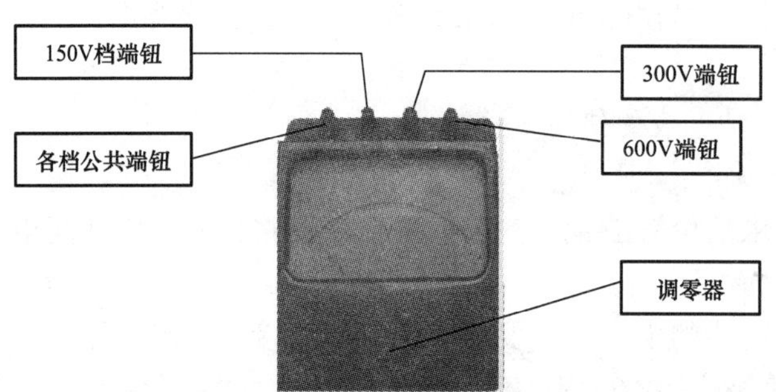

图 ZY2100401001-5 交流电压表外形图

【例】对一交流电压 220V 进行测量。

选一块能够测量 220V 的交流电压表，等级为 0.5 级、型号为 T15-V，有 150V、300V、600V 等

3 个档位，携带型交流电压表。

测量时将此表按面板上的位置要求水平放置，先调节机械零位，使指针指在“0”位置上，再将此表的“*”和“300V”接线柱并联接入被测回路中。此时可接通电路，因为电流表满刻度为 150 格，当选择 300V 档时每格代表 2V，因此测量 220V 的电压，指针应指在 110 分格处，且误差不超过 ±1.5V。

（3）功率表的使用方法。

1）将仪表按面板要求的位置放置。安装式功率表需将仪表固定在配电柜上，便携式功率表一般为水平放置。

2）正确接线。测量电路的功率时，应将功率表的电压端并联在被测电路的两端，将功率表的电流端串联在被测电路中，且注意极性，以避免指针反转而损坏仪表。安装式功率表需将仪表固定在配电柜上，在表的背面有 7 个接线柱供接线使用。3 个电压端钮分别接“U”、“V”、“W”三相电压，另外 4 个端钮为电流端。一组为 U 相电流，一组为 W 相电流。接入电流线时，要注意极性，应从“*”端进，从非“*”端出。将右下角的极性端钮扳至“+”。

3）选择量程。在使用功率表前，要根据被测量的大小选择好合适的量程，配电柜上的安装式功率表只有一个量程。对便携式功率表，由于一般是多量程仪表，应选用合适的量程，通常选择能使指针处在满刻度的后1/3 段量程。

4）机械调零。用旋钉螺具对仪表的机械调零器进行调零，并轻敲仪表，看指针在“0”的位置是否变化。

5）接通电源，读出被测量的值。功率表可以对功率因数在 $\cos\varphi=1$ 或 $\cos\varphi=0.5$、$\cos\varphi=0.2$、$\cos\varphi=0.1$ 下的负荷功率进行测量，仪表读出的值要乘以功率因数才是实际被测量的值。

下面以 D26-W 型便携式单相功率表（$\cos\varphi=1$）为例，如图 ZY2100401001-6（a）所示，说明其使用方法。

【例】测量 $\cos\varphi=1$、100V、5A 时的功率。

用一块电压量程为“150V、300V、600V”、电流量程为“2.5A、5A”、$\cos\varphi=1$ 的刻度为 150 格的 D26-W 型功率表。

测量时将仪表按面板上的位置要求水平放置，将两根连接电压的导线分别接入功率表的“*”和“150V”电压端钮，注意两根导线的极性。电流的量程是通过电流连接片的不同方式连接来实现的，当连接片按图 ZY2100401001-6（b）连接时，两段线圈串联，此时为 2.5A 量程，电流的进线接于“3”端钮，出线接于“2”端钮；当连接片按图 ZY2100401001-6（c）连接时，两段线圈并联，此时为 5A 量程，电流的进线接于“3”或“4”任一端钮，出线接于“2”或“1”任一端钮。

检查好接线后，将仪表右下角的极性旋钮旋至“+”，接通 100V 电压和 5A 电流，由于满刻度 150 分格时为 750W，每分格 5W，因此 100V、5A 时，功率为 500W，指针指在刻度盘上 100 分格处。如果指针反指，说明极性接反了，可转动仪表右下角的极性旋钮使指针指向正方向。

（四）电流表、电压表、功率表的使用注意事项

（1）对于电流表、电压表、功率表应保护好面板，使用前应进行调零，以免测量读数不准确。

（2）测量前，应注意根据面板上的放置标志放置仪表。

（3）接线注意“+”、“−”极性或进出极性。

（4）接线后旋钮应旋紧，以免接触不良或发热。

（5）根据被测量的大小选择合适档位，以免过负荷而损坏指针，或电流过小不在有效刻度内而使测量结果不准确。

（6）读数时，应双眼自上而下垂直对正指针读数，避免由于视角偏斜引起的读数误差。

二、钳形电流表的使用

1. 钳形电流表的用途

通常在测量电流时，需将被测电路断开，才能将电流表串联到电路中去。为了在不断开电路的情况下测量电流，可选用钳形电流表。

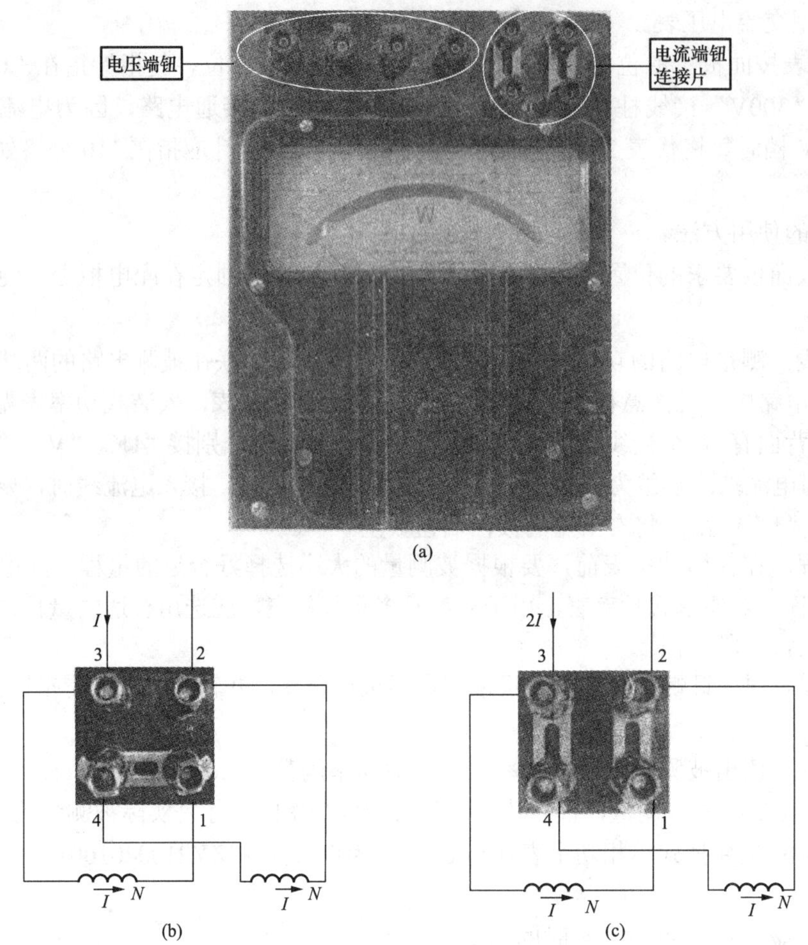

图 ZY2100401001-6 功率表外形图及电流连接片连接方式

（a）D26-W 便携式单相功率表；（b）固定线圈串联；（c）固定线圈并联

2. 钳形电流表的基本结构和工作原理

钳形电流表按照用途分为专门测量交流电流的互感器式钳形电流表和可以交直流两用的电磁系钳形电流表两种。

互感器式钳形电流表由电流互感器和整流系电流表组成。当握紧扳手时，电流互感器的铁芯张开［如图 ZY2100401001-7（b）中虚线所示］，被测电流的导线卡入钳口作为电流互感器的原边，放松扳手，使铁芯钳口闭合后，在副边会产生感应电流，钳形电流表指示出被测量的大小。

电磁系测量机构的钳形电流表结构如图 ZY2100401001-7 所示，处在铁芯钳口中的导线相当于电磁系测量机构中的线圈。在铁芯中产生磁场，铁芯中的可动铁片受磁场作用而偏转，带动指针指示被测量的值。

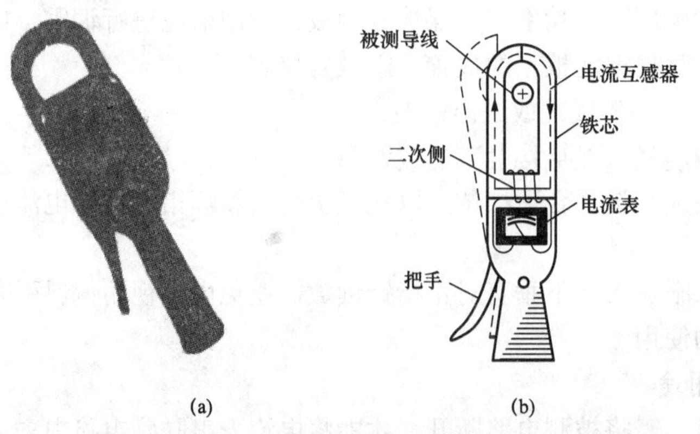

图 ZY2100401001-7 钳形电流表的外形图和结构原理图

（a）外形图；（b）结构原理图

3. 钳形电流表的使用方法

1）钳形电流表的选取原则。

指针式钳形表按用途可以分为专门测量交流电流的互感器式钳型电流表和可以交直流两用的电磁系钳形电流表两种。指针式钳形表其精度较低，一般为 2.5 级或 5.0 级；选择钳形电流表时，应根据所需精度、被测量范围及所需功能选择相应仪表。

2）钳形电流表的使用方法。

使用钳形电流表，先选择好相应量程，握紧扳手，使钳口张开，然后将钳口套入被测电流的导线，并使导线保持在钳口中部，放松扳手使钳口闭合，读出被测电流的值。

下面以 T-301 型钳形表为例，如图 ZY2100401001-8 所示，说明其使用方法。

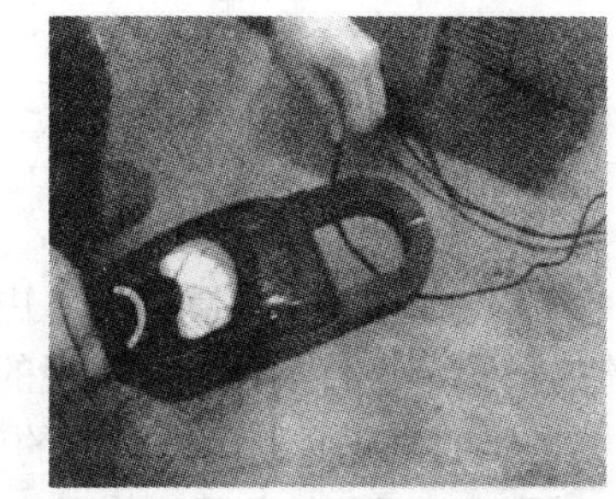

图 ZY2100401001-8 钳形电流表的使用

【例】对一交流电流为 25A 进行测量。

选一块能够测量 25A 的钳型电流表，且测量时指针能指在刻度的 1/3 以上处，且误差不超过 5.0%，根据以上要求选择了一块等级为 5.0 级、型号为 T-301，有 5A、10A、25A、50A 等档位的钳型电流表。

测量时先调节机械零位，使指针指在“0”位置上，然后将量程开关扳至 25A 档，握紧扳手，使钳口张开，然后将钳口套入被测电流的导线，并使导线保持在钳口中部，放松扳手使钳口闭合，即可读出被测电流的值。

4. 钳形电流表的使用注意事项

钳形电流表有如下使用注意事项：

（1）测量前先估计被测电流的大小，选择合适的量程。若无法估计被测电流的大小时，则应从最大量程开始，逐步换成合适的量程，转换量程应在退出导线后进行。

（2）钳口要结合紧密且保持清洁干燥。若发现测量时有杂声出现，应检查钳口结合处是否闭合良好或有污垢存在。如有污垢则，应用煤油擦干净后再进行测量。

（3）测量时，应将被测载流导线置于钳口中央，以避免增大误差。

（4）测量 5A 以下的较小电流时，为确保读数准确，在条件许可的情况下，可将被测导线多绕几圈再放入钳口进行测量，被测的实际电流值应等于仪表读数除以放进钳口中导线的圈数。

（5）读数时，应双眼自上而下垂直对正指针读数，避免由于视角偏斜引起的读数误差。

（6）因钳形电流表是直接用来测量正在运行中的电气设备，因此手持钳形电流表在带电线路上测量时，要十分小心，不要去测量无绝缘的导线。

（7）当导线夹入钳口时，如发现有震动或撞碰声时，要将仪表的把手转动几下，重新开合一次，直到没有声音时才能读数。

（8）测量完毕后，一定要将表的量程开关置于最大量程位置上，以防下次使用时操作者疏忽而造成仪表损坏。

三、相位表的使用

（一）相位表的用途

相位表又称功率因数表，是用来测量交流电路中电压与电流矢量间的相位关系或电路的功率因数角的仪表，分为指针式和数字式，现在数字式应用越来越广泛，特别是钳型相位伏安表不仅可以测量交流电压，而且能在不断开被测电路的情况下，测量交流电流，测量两电压之间、两电流之间及电压、电流之间的相位，因此用途极为广泛。

（二）相位表的基本结构和工作原理

电动系结构的相位表是应用最广泛的，它的结构原理和功率因数表是完全相同的，只是相位表按“φ”定度，功率因数表按 $\cos\varphi$ 定度。这里只以相位表为例进行介绍。电动系相位表是采用比率表（流比计）的结构。常见的是采用一个固定线圈，通常分为前后两半，另有两个相同的可动线圈，二

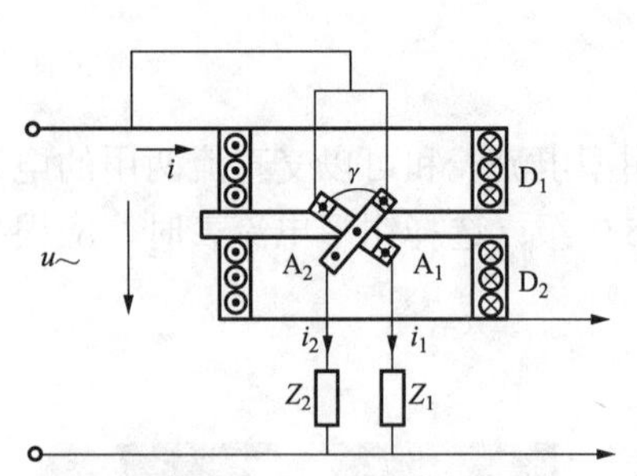

图 ZY2100401001-9 电动系相位表原理结构

者互成一定角度固定在一起，并在由定圈产生的磁场中转动，如图 ZY2100401001-9 所示。其特点是没有产生反作用力矩的游丝，它的反作用力矩和转矩，都是利用电磁力产生的。相位表的刻度范围为 0°～90º，通过开关转换，可测量 4 个象限的相位角，象限的选择由象限切换器来实现。

（三）相位表的使用

（1）指针式相位表使用方法：

1）将仪表按面板要求的位置放置。安装式相位表需将仪表固定在配电柜上，便携式相位表一般为水平放置。

2）正确接线。测量相位时，应将相位表的电压端并联在被测电路的两端，将相位表的电流端串联在被测电路中，且注意极性。由于电压的量程对应不同的端钮，接线时正确选择所需量程的端钮，电流的量程是靠转换开关来实现的。

3）接通电源，读出被测量的值。相位表面板上的刻度范围为 0°～90°（功率因数的刻度为 0～1.0），通过左下角的象限切换器来实现 4 个象限的相位角（功率因数）的测量。指针式相位表面板面如图 ZY2100401001-10 所示。

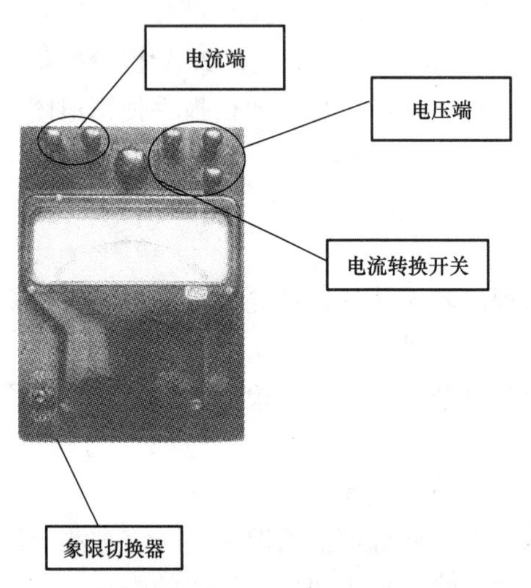

图 ZY2100401001-10 指针式相位表面板图

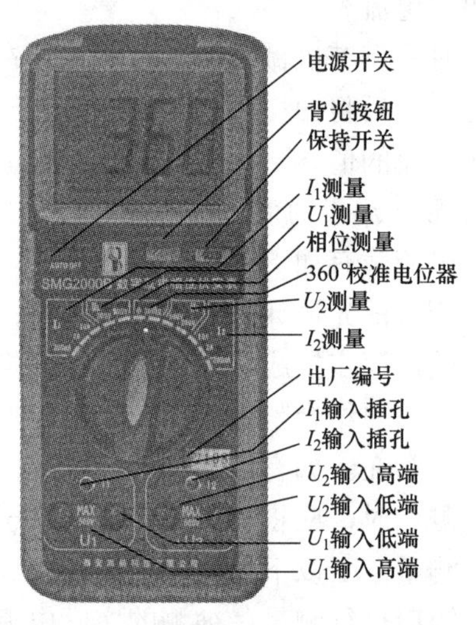

图 ZY2100401001-11 数字式相位表面板图

（2）数字式相位表使用方法。

以一数字式钳型相位伏安表为例说明相位表的使用，此钳型相位伏安表的面板如图 ZY2100401001-11 所示，测量步骤如下：

1）相位的满度校准。在相位测量前，先进行相位的满度校准。

2）测量两路电压之间的相位。将旋转开关旋至“φ”档，将两路电压分别从 U_1 和 U_2 端输入，注意电压的假设正方向由左端至右端。示值即为 U_1 超前 U_2 的相位角。

3）测量两路电流之间的相位。将旋转开关旋至“φ”档，将两路电流信号通过卡钳钳口，从 I_1 和 I_2 插孔输入，注意电流的假设正方向从卡钳“*”（红点）端流入。示值为 I_1 超前 I_2 的相位角。

4）测量电压与电流之间的相位。测量电压与电流之间的相位时，将旋转开关旋拨至“φ”档，将电压从 U_1 端输入，电流从 I_2 插孔输入或将电压从 U_2 端输入，而电流从 I_1 插孔输入，注意电压的假设正方向由左端到右端，电流的假设正方向从卡钳“*”（红点）端流入。示值为Ⅰ路超前Ⅱ路的相位角。

（四）相位表的使用注意事项

相位表有如下使用注意事项：

（1）对于带钳子的钳型表，应注意保持钳口的清洁，以免影响测量结果。

（2）对于指针式钳形电流表，读数时应双眼自上而下垂直对正指针读数，避免由于视角偏斜引起

模块1 ZY2100401001

的读数误差。

（3）使用数字式相位表，应注意电池电压低于 7.5V 时更换电池，否则会造成测量误差。

（4）仪表只供二次回路和低压回路检测，不能用于测量高压线路，以防触电。

（5）仪表应储存在 0～40℃、相对湿度小于 85%，且环境空气中不应有酸碱及腐蚀性气体的室内，长期存放应取出电池。

四、频率表的使用

1. 频率表的用途

频率表是用来测量周期性变化的电压、电流信号频率的仪表，电工常用它来测量交流电的频率。频率表有指针式和数字式两种。

2. 频率表的结构与工作原理

频率表的种类很多，有电动系、铁磁电动系、电磁系、整流系等多种。

作为标准使用的基本上是电动系和数字式的。电动系频率表也是采用电动系比率表的测量机构，并配以电阻、电容、电感元件组成测量线路机构，利用通过流比计两个动圈的电流比随频率变化而变化的原理测量频率。它没有产生反作用力矩的游丝，其转矩和反作用力矩都是利用电磁力产生的。所以，在进行测量前，指针可以停在任何位置。最常见的是 D3-Hz 类型的频率表。数字式频率表一般由频率/电压（f/U）转换器和数字电压基本表配合组成。频率/电压转换器的作用是将被测频率信号转换成直流电压，然后送入数字式电压基本表进行测量。

在生产现场，用来监视频率用的安装式频率表大都采用铁磁电动系的。铁磁电动系频率表有双动圈流比计式和单动圈补偿式等类型。一般是单动圈补偿式结构，如 1D1-Hz 等。

电磁系频率表的测量机构是一个电磁系流比计吸入式结构。

整流系频率表其测量机构是磁电系流比计结构。

3. 频率表的使用方法

频率表使用时，是通过仪表背后的接线端接入额定值在 600V 以内的交流电压信号，指针式频率表可用于测量 45～65Hz 以内的频率，数字式频率表可用于测量 0～1MHz 以内的频率。频率表外形如图 ZY2100401001-12 所示。

4. 频率表的使用注意事项

频率表有以下使用注意事项：

（1）频率表在使用时，应注意输入的电压不要超过规定的额定电压。

（2）对于指针式频率表，读数时应双眼自上而下垂直对正指针读数，避免由于视角偏斜引起的读数误差。

（3）对于数字式频率表，被测信号与数字式频率表的连接应尽可能采用带屏蔽的导线，以避免外来信号的干扰。

(a)

(b)

图 ZY2100401001-12　频率表外形图

（a）指针式频率表外形；（b）数字式频率表外形

（4）数字式频率表刚开始测量时，会出现跳动现象，应等显示值稳定后再读数。

五、整步表的适用范围与使用方法

1. 整步表的用途

整步表又称同步表，用于同步发电机和电网并列时，检查两侧电压的相位和频率，以使同步发电机在符合同期的条件下并入电网。同步是指两台交流发电机并列运行或将发电机并入电网运行时，必须使被接入的发电机与已运行的发电机或电网有相同的相序、相位、频率和电压。从整步表上可以判断出待并发电机与电网的频率、相位是否相同。

2. 整步表的结构与工作原理

整步表的型式较多，有电磁系、电动系、感应系等，但以电磁系整步表的应用最普遍。电磁系整步表结构系电磁式无机械力矩的流比计结构，它有两组交叉的固定线圈和一个单相激磁线圈，指针固定在其上。在交叉线圈里接通待并发电机的三相电压，产生椭圆旋转磁场；可动单相激磁线圈接运行系统线电压，产生脉动磁场。这样，当待并发电机的运行频率与系统频率相同时，可动单相线圈按照二者的相位差位置停留；频率不同时，单相线圈则按椭圆旋转磁场的长轴旋转方向转动。当待并发电机的频率高于运行系统频率时，指针按顺时针方向旋转，反之则按逆时针方向旋转。同步发电机在同期并列时，除了要用整步表外，还要装设两只电压表和两只频率表，以分别检查发电机和电网的电压、频率。通常把这些仪表装在一个专用的表盘上，称为同期盘，如 1T1-S、1T10-S 型等。这种同期盘使用的仪表多，占地面积大，所以近年来常采用组合式同步表来替代它。我国生产的组合式同步表为 MZ-10 型，由频率差表、电压差表和整步表 3 个部分组成。频率差表和电压差表可以替代两只频率表和两只电压表，以测量发电机和电网间的频率差值和电压差值，从而使同步装置简化。1T1-S 型整步表及 MZ-10 型组合式整步表的外形如图 ZY2100401001-13 所示。

(a)

(b)

图 ZY2100401001-13 整步表外形举例

（a）1T1-S 型整步表；（b）MZ-10 型组合式整步表

3. 整步表的使用方法

下面以组合式整步表 MZ-10 说明其使用。

（1）安装。整步表应垂直于水平位置安装或摆放。

（2）接线。整步表的接线是分别接待并发电机端和电网端的，以 MZ-10 型组合式整步表为例，其接线如图 ZY2100401001-14 所示，A、B、C 端钮接待并发电机端电源，A_0、B_0 端钮接电网端电源。出线端钮 A'_0 可以和 A_0 直接相连、B'_0 可以和 B_0 直接相连,也可以通过同期开关后再连接。后一种情况是考虑到在同期过程中进行粗调时，整步表没必要接入，只有在频率差表和电压差表的指示表明发电机和电网频率以及电压差不多相等时，才用同期开关将整步表接入，然后进行同期细调。

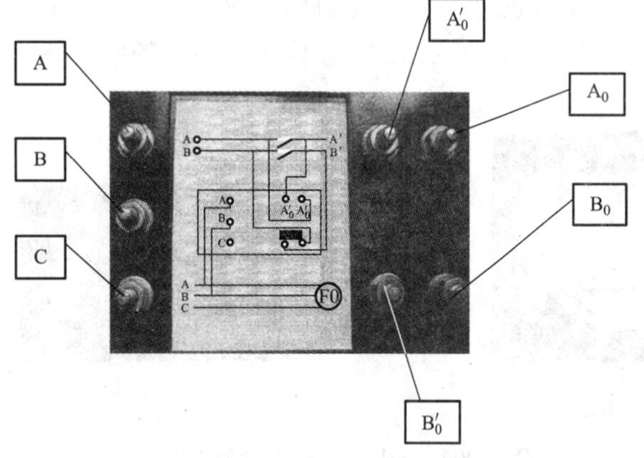

图 ZY2100401001-14 MZ10 型组合式整步表背面接线图

（3）接入电源。当接入待并发电机端电源与电网端电源时，若发电机电压和电网电压的频率及相位相同，整步表指针指在整步标志上；若发电机频率比电网频率高时，整步表指针向顺时针方向旋转，表示发电机的转速偏快，频率相差愈大，则指针旋转愈快，同时反应频率差的指针将向“+”的方向偏转，指示出发电机和电网频率的差值；若发电机频率低于电网频率时，整步表指针向逆时针方向偏转，表示发电机的转速偏慢，同时频率差表的指针将向“−”的方向偏转。电压差表的指针与频率差表指针相同，当发电机电压大于电网电压时，指针向“+”的方向偏转，反之，向“−”方向偏转。电压差值的大小，可以从表盘刻度上读出。

六、万用表的使用

（一）万用表的用途

万用表是一种多用途的电表，一般可以用来测量直流电流、直流电压、交流电压和音频电平等量，万用表适合对阻值为中等大小的电阻进行测量，并具有多种量程。有的万用表还可测量交流电流、电容、电感以及用于晶体管的简易测试等。

（二）万用表的结构与工作原理

万用表是由一个测量机构（又称表头）和不同的测量线路以及转换开关组合而成。由于表头采用的是磁电系直流微安表，万用表的测量线路实质上就是一个在表头直流微安档的基础上扩展而成的多量程直流电流表、多量程直流电压表、多量程整流系交流电压表和多量程欧姆表的组合，利用转换开关对测量线路的切换，便可实现对多种电量不同量程的测量。

（三）万用表的使用方法

1. 万用表的选取原则

在经济上许可的条件下，应尽可能选用灵敏度高、电压及电流档的基本误差小、表头的倾斜误差小、测量种类多、量程宽、表盘大、转换开关质量好、转动灵活、有过负荷保护等的万用表，具体地说应根据测量的场合项目和要求的准确度来选择。用于电子电路，特别是用于测量高内阻的信号源时，应选用高灵敏度的万用表；用于测量低内阻的信号源时，宜选用低灵敏度的万用表。

2. 指针式万用表的使用方法

（1）调零。为了测量准确，在使用万用表前要先进行调零。测量电流电压之前，用旋钉螺具对万用表进行机械调零，使指针指在电流电压档刻度起始零位上。在测量电阻之前，要进行欧姆调零，即将两支表笔短接，调节欧姆调节旋钮，使指针指在欧姆档刻度起始零位上。且欧姆调零的时间要短，以减小电池的消耗。

（2）正确接线。测电流时，应使万用表和电路串联；测电压时，应使万用表和电路并联。万用表的接线柱上都有极性标记，红表笔应插入“+”插孔，黑表笔应插入“*”或“−”插孔。在测量直流量时，要注意正负极性。测电阻时，将两表笔分别接触电阻的金属两端，且应保证接触良好。可先将电阻与表笔接触金属部分用细砂纸砂磨，以除掉金属表面的氧化层再进行测试。

（3）正确选择档位。测量档位的选择既包含对测量对象的选择，也包含对量程的选择。

首先是对测量对象的选择。若错误地选择了测量对象，会造成短路事件而烧毁电阻，例如在电流档或欧姆档测量电压。

其次是对量程的选择。在使用前应估计被测量的大小，选择相应的档位，且为了保证读数的准确，测电流电压时，最好使读数时指针处在标度尺1/2以上的位置。测电阻时，最好使指针处在标度尺的中间位置。若无法估计被测量的大小，应置于最大量程档，然后根据指针的偏转角的大小逐步换至合适的量程。

在选择电流档的量程时，若电源及负荷的内阻都很小，应尽量选择较大的电流量程，以降低万用表的内阻，从而减小对被测电路工作状态的影响。选择电压档的量程时，若电源电压内阻高，应尽量选择较大的电压量程，因为量程越大，内阻越高，相对的误差就越小。

在用欧姆档测试晶体管参数时，通常应选 R×100 或 R×1K 档。否则，将因测试电流过大（用 R×1 档时），或电压太高（用 R×10K 时），而可能使被试晶体管损坏。

（4）万用表的使用举例。万用表的功能较多，指针式万用表面板上的刻度线也有多条。有欧姆档刻度，有直流电流电压和交流电压档共用的刻度，有单独的交流 10V 档刻度线和交流电流刻度线及音频电平刻度。若要测量一阻值为 10 Ω的电阻，以 MF500 型为例，应将左侧转换开关扳至“Ω”，右侧开关扳至欧姆档的“1”，将两只表笔分别插入“+”、“*”两端，调节欧姆调零器，将两只表笔分别至于电阻两端即可测出电阻值。MF500 型万用表外形如图 ZY2100401001-15 所示。

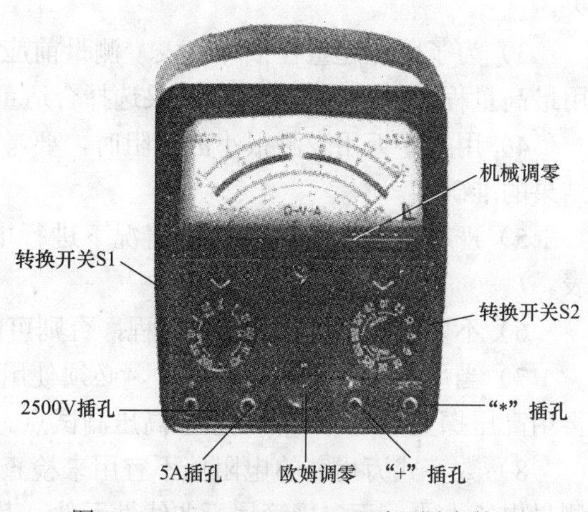

图 ZY2100401001-15　500 型万用表外形

数字式万用表使用广泛，以 DT-830B 为例，面板图如图 ZY2100401001-16（a）所示。用此表测量电压、电阻、毫安级电流时，均将红表笔插入“V、Ω、mA”插孔，黑表笔插入“COM”插孔，转换量程开关。如测量 1.5V 电池电压，则开关置于“DCV”的适当量程，两表笔并联在被测电路两端，从显示屏上读出被测直流电压的值，如图 ZY2100401001-16（b）所示。

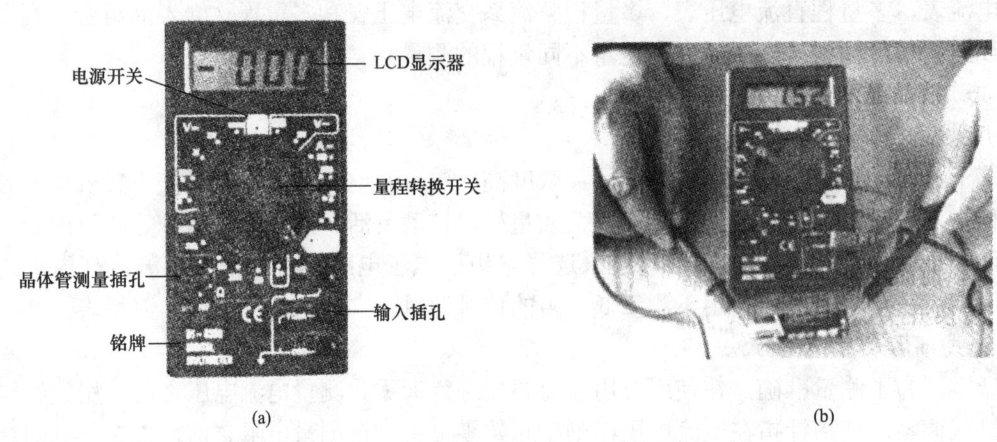

图 ZY2100401001-16　DT-830B 型数字万用表

（a）数字万用表面板图；（b）测量电池电压

3. 万用表的使用注意事项

（1）对于指针式万用表，使用时应注意以下几点：

1）要正确接线，正确选择档位，使用之前要调零。

2）测电阻之前要进行欧姆调零，并注意欧姆调零的时间要短，以减小电池的消耗。如果电池电压太低，指针将不能调至欧姆零位，应更换电池。

3）严禁在被测电路带电的情况下进行电阻的测量或在电流档及欧姆档测电压，以免烧毁仪表。

4）不要在带电情况下转换量程，否则可能损坏仪表。

5）读数时，应双眼自上而下垂直对正指针读数，避免由于视角偏斜引起的读数误差。

（2）对于数字式万用表，使用时应注意以下几点：

1）由于数字万用表产品型号种类繁多，其技术指标、显示位数、功能、测量范围及使用方法也不相同，使用前仔细阅读说明书，熟悉面板上各选钮、开关及插孔的作用，做到正确选择和使用。

2）测量前先检查电池电压是否足够，熔丝是否正常。若电池电压不够时，将严重影响测量结果。

3）为了防止超量程损坏仪表，测量前应预估被测量的大小，选择合适的量程。若无法估计应先用最高量程测量，再根据测量结果选择合适量程。

4）用数字万用表测很小的电阻时，要考虑测试线本身电阻的影响。若测试线太细，将影响测量结果的准确性。

5）严禁在被测电路带电的情况下进行电阻的测量，或在电流档及欧姆档测电压，以免烧毁仪表。

6）不要在带电情况下转换量程，否则可能损坏仪表。

7）当用数字万用表测高压时，必须使用高压探头。若需要带电测量，必须先连接好地线，然后再用高压探头迅速、准确地接触高压测试点。测试时，尽量避免产生电弧放电。

8）数字式万用表的电阻档不宜用来检查二极管。这是因为，数字式万用表的电阻档所能提供的测量电流太小，而二极管属于非线性元件，其正反向电阻值与测量电流有很大关系，因此测量出来的电阻值与正常值差别较大。所以，数字式万用表设置了专门的二极管档来检测二极管。

七、绝缘电阻表的适用范围与使用方法

（一）绝缘电阻表的用途

绝缘电阻表又称摇表，适合对阻值在兆欧级以上的大电阻进行测量，且由于绝缘电阻表具有高压电源，因此常常用于电气设备绝缘电阻的测量。

（二）绝缘电阻表的结构与工作原理

绝缘电阻表由磁电系比率表、手摇发电机和测量线路组成，包含外壳、刻度盘、接线柱、发电机摇柄、表盖和提手等部分，如图 ZY2100401001-17 所示。在外壳上有“L”端，通过壳内测量机构的线圈与手摇发电机的负极相连；“E”端，与壳内发电机的正极相连，供测量时接地用；“G”端，称为屏蔽端，它直接与壳内发电机负极相连。

测量绝缘电阻的基本方法是伏安法，即给被测绝缘电阻施加直流电压，通过测量流过被测电阻的电流间接测量绝缘电阻。工作原理是：由交流发电机发出的交流电，经整流倍压电路成直流发电机，输出给磁电系流比计测量机构。当“E”、“L”开路时，在电压回路流过一个电流使电压线圈产生一个逆时针的力矩，补偿线圈产生一个顺时针力矩，两力矩平衡于“∞”点；当“E”、“L”短路时，电流回路也流过一个电流，使电流线圈产生一个顺时针力矩，3 个力矩平衡在“O”点；当“E”、“L”接入被测绝缘物时，偏转角的大小与被测绝缘物的绝缘电阻大小成反比。

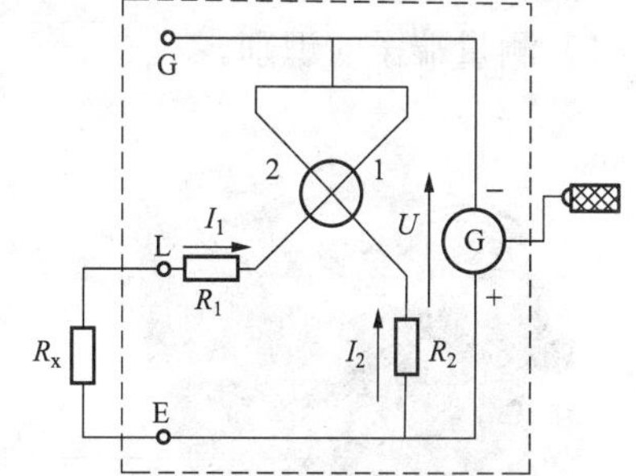

图 ZY2100401001-17　绝缘电阻表原理电路图

（三）绝缘电阻表的使用方法

1. 绝缘电阻表的选取原则

绝缘电阻表有很多种，每种代表的电压范围和阻值范围均不同，使用前要根据被试设备的不同选用相应测量范围和电压范围的绝缘电阻表。若选择不当，会导致测量不准确，甚至损坏被试设备。

（1）对测量范围的选择。

测量范围的选择要适当，被测绝缘电阻的阻值与所选绝缘电阻表的测量范围不要相差太远，尽量避免读数时使用到表盘下限或上限刻度密集处，因为这些位置会使读数产生较大的误差。在常温（20℃）时，测定低压电气绝缘设备一般可选用 0～200MΩ的绝缘电阻表；测定高压电气设备或电缆，可选用 0～2000MΩ的绝缘电阻表；测定特高压电气设备、电缆或瓷套管等，可用 0～4000MΩ或 0～10 000MΩ的绝缘电阻表。

有些绝缘电阻表的下限读数不是从零开始，而是从 1MΩ或 2MΩ开始，一般不应该用此种绝缘电阻表去测量很低的绝缘电阻。特别不适用在空气潮湿的农村去测定低压设备的绝缘电阻，以免被测绝缘电阻值很低读不出读数，或误认为被测绝缘电阻值为零而得出错误结论。

（2）对电压范围的选择。

因为绝缘电阻表在使用时，实际加在绝缘电阻上的电压低于手摇发电机发出的电压，所以选用绝缘电阻表的电压范围时，绝缘电阻表电压一般应高于被测物的额定电压，并照顾到不损坏被测物，这样才能测试出被测物是否能在额定电压下达到必要的绝缘电阻值。

按常规，当测量额定电压 500V 以上绕组的绝缘电阻时，应使用 1000V 绝缘电阻表；当测量额定电压不到 500V 绕组的绝缘电阻时，应使用 500V 绝缘电阻表；对于有规程规定的，应以规程为准。

测量额定电压 380V 以下发电机绕组的绝缘电阻，用 1000V 绝缘电阻表；测量电力变压器以及 500V 以上的发电机、电动机绕组的绝缘电阻，用 1000～2500V 绝缘电阻表；测量额定电压 500V 以内电气设备的绝缘电阻时，可以采用 1000V 绝缘电阻表；测量额定电压 500V 以上电气设备绝缘电阻时，可使用 2500V 的绝缘电阻表。不同额定电压绝缘电阻表的使用范围见表 ZY2100401001-2。

表 ZY2100401001-2 不同额定电压绝缘电阻表的使用范围

测量对象	被测设备的额定电压（V）	绝缘电阻表的额定电压（V）
绕组绝缘电阻	<500	500
	≥500	1000
电力变压器、电机绕组绝缘电阻	≥500	1000～2500
发电机绕组绝缘电阻	≤380	1000
电气设备绝缘电阻	<500	500～1000
	≥500	2500
绝缘子	—	2500～5000

2. 绝缘电阻表的使用方法

（1）测量端子的识别。

图 ZY2100401001-18 绝缘电阻表外形图

在使用绝缘电阻表前，首先必须将其各测量端子用连接导线正确地连接到被测物的有关部位，然后才能摇动摇柄，并从刻度盘上读出被测电阻的阻值。因此，必须正确地识别绝缘电阻表的测量端子。

绝缘电阻表外形如图 ZY2100401001-18 所示。在测量时，“L”端接到被测物上与大地绝缘的导电部分；“E”端接到被测物的外壳或相当的导电部分。另外，在“L”端的外围，有一个铜质圆环，称为保护环“G”（即“屏蔽端”）。此端直接与手摇发电机负极相接，但它与“L”端及绝缘电阻表的金属外壳均为绝缘。在测量时，“G”端与被测物上的保护遮蔽部分或其他不参加测量的部分相接，例如供连接被测线路导线内的绝缘层用，这样可以消除导线绝缘层表面漏电所引起的测量误差。

（2）初步检查。

使用绝缘电阻表之前，要先检查其是否完好。检查步骤是：在绝缘电阻表未接通被测电阻之前，摇动手柄发电机达到 120r/min 的额定转速，观察指针是否指在标度尺“∞”的位置。再将端钮“L”和“E”短接，缓慢摇动手柄，观察指针是否指在标度尽的“0”位置。如果指针不能指在相应的位置，表明绝缘电阻表有故障，必须检修后才能使用。对装有“无限大”调节器的绝缘电阻表，在发电机达到额定电压而指针未指在“∞”位置时，应转动调节器，使指针指在“∞”位置。

（3）接线。

绝缘电阻表的“E”端应接电气设备的金属外壳或铁芯（如变压器铁芯）上，“L”端接到绕组导线上。一般测量时，将被测电阻接在“L”和“E”之间即可。“G”端是用来屏蔽表面电流的。此外，绝缘电阻表的“L”端和“E”端都要通过绝缘良好的单独导线和被测设备相连。如果导线的绝缘不好，或者用双股线来连接时，都会影响测量结果。

（4）手摇发电机的操作。

测量开始时，手柄的摇动应慢些，以防止在被测绝缘损坏或有短路现象时，损坏绝缘电阻表。在测量时，手柄的转速应尽量接近发电机的额定转速（约 120r/min）。如果转速太慢，则发电机的电压过低，绝缘电阻表的转矩很小。这时，由于动圈导丝或多或少存在的残余力矩和可动部分的摩擦，将给测量结果带来额外的误差。

以 ZC25 型绝缘电阻表为例测量电阻，步骤如图 ZY2100401001-19 所示：先将“L”、“E”端悬空，摇看指针是否在“∞”的位置，再短接“L”、“E”端，看指针是否再“0”的位置。若均在相应位置，则可进行测量。测量时将“L”端接到被测设备上，“E”端可靠接地。

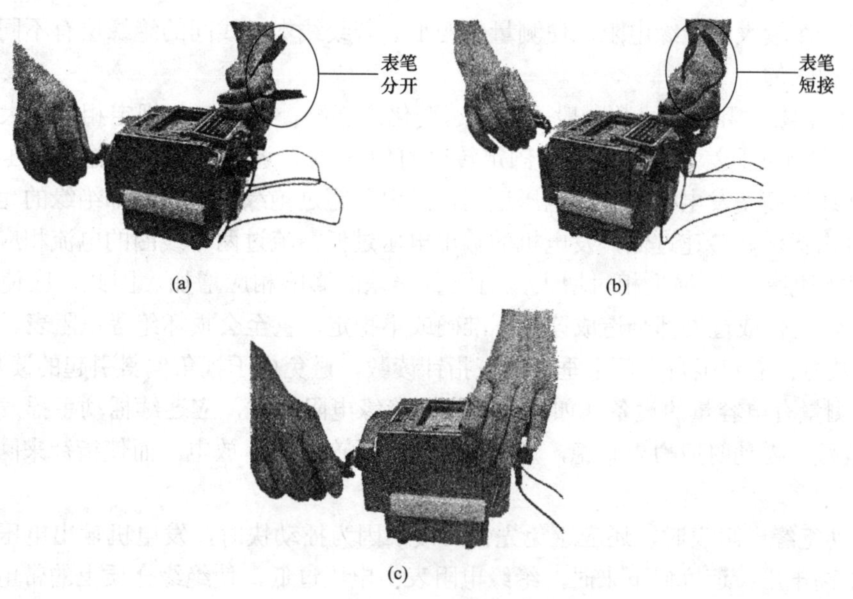

图 ZY2100401001-19　绝缘电阻表的使用

（a）开路试验；（b）短路试验；（c）测量时的操作

（四）绝缘电阻表的使用注意事项

由于绝缘电阻表一般都是用来测量高压电气设备的绝缘情况，而仪表工作时本身又要产生高压电，在测量之前如不做好准备工作，万一疏忽，就会酿成人身或设备事故。因此，在用绝缘电阻表进行测量前应注意以下事项：

（1）在测量之前，必须切断被测设备的电源，并接地进行放电。这一要求对具有电容的高压设备尤为重要，否则，决不允许进行测量。

（2）已用绝缘电阻表测量过的电气设备，也要及时接地放电，方可进行再次测量。

（3）为了确保安全，无论高压电气设备或低压电气设备，均不可在设备带电的情况下测量其绝缘电阻。

（4）凡可能感应出高压电的设备，在可能性没有消除前，不可去测量绝缘电阻。

（5）被测部分如有半导体器件或耐压低于绝缘电阻表电压的电子管、电子元件，应将它们或它们的插件拆掉。

（6）为了获得准确的测量结果，被测物体的表面应用干净的布或棉纱擦拭干净。但为了避免静电感应对读数的影响，绝缘电阻表在使用前不要用绸布或干布擦拭表面玻璃，不要用手指摩擦表面玻璃或用手按在表面玻璃上。

（7）在测量之前，应将绝缘电阻表放在平稳、牢固的地方，且远离大电流导体和外磁场，以免影响读数的准确性。对具有水平调节装置的绝缘电阻表，应先调整好水平位置再进行测量。

（8）为使读数正确，使用绝缘电阻表时应远离通有大电流的导体，并不要将绝缘电阻表放在铁磁物质上，要特别注意不要靠近有磁场和有高压导线的地方。

（9）在测量前，要检查绝缘电阻表是否完好。若不能指到“∞”或“0”位置，表明绝缘电阻表有故障，应经检修合格后才能使用。

（10）当使用绝缘电阻表测试时，绝缘电阻表的“L”、“E”端之间有很高的直流电位差，绝对不能用手去碰绝缘电阻表端子或被测物，以免被击伤。当测试结束时，发电机转子还没有完全停止转动、设备还没有完全入电之前，也应注意不要马上用手去拆除连线，避免发生触电事故。

（11）由于绝缘电阻表内齿轮传动机构或传动弹簧（M1101 或 ZC1 型绝缘电阻表内所装）强度有限，不得猛摇摇柄，尤其是当摇柄摇动困难时更不得用力猛摇，以免损坏内部齿轮或其他机械零件。

（12）从绝缘电阻表端子到被测物的连线，不要用两根绞在一起的导线。若用绞线，相当于在被测物上并联了一个较大的绝缘电阻，使测量值变小。若绞线本身线间的绝缘层有不同程度的破坏，那么测量误差是很大的。

（13）虽然绝缘电阻表的读数一般不受摇速变化的影响，但摇速与规定相差太大也会对绝缘电阻表有损害或产生测量误差。摇速不超过额定转速的±20%时，调速机构可使输出电压保持稳定。但若调速失灵，转速过高使发电机的感应电压过高，当电压超过绝缘电阻表内部绝缘的允许范围时，则可能使内部绝缘击穿。若转速过低，发电机的输出电压过低，流过两个线圈的电流相应减小，这样，空气阻力、轴尖摩擦等机械损失相对增大，对测量误差的影响相应增加。因此，应使摇速尽量控制在120r/min 左右，过快或过慢都会造成读数不准确或不稳定，甚至会损坏绝缘电阻表。

（14）读数时，应双眼自上而下垂直对正指针读数，避免由于视角偏斜引起的读数误差。

（15）当测量有电容量的设备（如电缆芯线间绝缘电阻）时，应连续摇动手摇发电机，使芯线充电充足后再读数。摇动时应力求平稳，以免因电压波动产生充、放电，而使指针来回摆动，影响准确读数。

（16）摇动绝缘电阻表时，还应避免先快后慢。因为摇动快时，发电机输出电压高，使被测物绝缘介质上充上高电压；速度慢下来时，绝缘电阻表中电压过低，使绝缘介质上的带电倒流，造成读数误差。

（17）在测量较大容量的电容器、发电机、电缆线路和变压器等设备的绝缘电阻之后，由于某种原因它们本身存在的电容被绝缘电阻表的高压充电，测完后还带有高压，可能会造成人身触电事故。所以，测量完毕后应先对被测物进行短路放电，也就是将测量时所用的地线从绝缘电阻表“E”端取下与被测物接触一下即可。放电时应注意人身绝缘，放电后再做还原避雷器、恢复电源等项工作。

（18）用绝缘电阻表测量电气设备的对地绝缘电阻时，必须用绝缘电阻表的“E”端接地，在“L”端接被测物。若反过来连接，由于大地杂散电流对测量精度和稳定性的影响，则会造成测量不准。

（19）在测量时，当指针已指“0”时，不要再继续用力摇动摇柄，以免损坏内部线圈。

（20）不应以绝缘电阻表测量结果作为短路的依据，因为即使指针指“0”，实际上也可能存在几百或几千欧姆的电阻值，这是由于很多绝缘电阻表最小读数点刻度值本身很高，如 1MΩ或0.5MΩ。

八、接地电阻表的使用

（一）接地电阻表的用途

为了保证电气设备的正常工作和安全，需要将电气设备的某些部分接地，例如变压器中性点接地、避雷装置的接地等。如果接地不良，就可能使地电位升高，甚至引起危险的跨步电压。接地电阻的大小是否合乎标准，关系到电力系统的人身和设备安全，因此，定期测量接地装置的接地电阻是安全的保障。

接地电阻表适用于直接测量各种接地装置的接地电阻值，也可供一般低电阻导体电阻值的测量使用。接地电阻表的外形如图 ZY2100401001-20 所示。

（二）接地电阻表的结构与工作原理

接地电阻表是由手摇发电机、电流互感器、电位器及检流计等组成，全部机构装于铝合金铸造的携带式外壳内，附件有接地探测针和连接导线等。接地电阻表是按补偿法的原理制成的，内附手摇交流发电机作为电源，“P_2”、“C_2”端短接后接至被测的接地体。“P_1”、“C_1”端分别接上电位辅助探针和电流辅助探针。其原理电路图如图 ZY2100401001-21 所示，电路中接有 3 组不同的分流电阻 R_1～R_3 以及 R_5～R_6，用以实现对电流互感器的副边电流以及检流计支路的分流。分流电阻的切换利用联动的转换开关 S 同时进行。对应于转换开关的 3 个档位，可以得到 0～1Ω、0～10Ω、0～100Ω等 3 个量程。由于采用磁电系检流计做指零仪，仪表备有机械整流器或相敏整流器，以便将交流发电机的交流转换为检流计所需的直流电流。此外，为了防止地中直流杂散电流的影响，在电位探针 P_1 的回路中还串联了一个电容 C，以隔断直流。

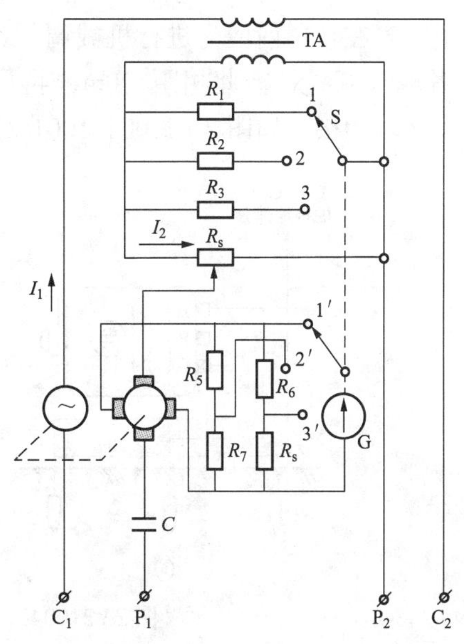

图 ZY2100401001-20　接地电阻表的外形图　　　图 ZY2100401001-21　接地电阻表原理电路图

（三）接地电阻表的使用方法

1. 接地电阻表的选取原则

接地电阻表有三端钮和四端钮两种：三端钮地阻表的 3 个档位分别是×1、×10、×100，即 3 个量程对应测量范围分别为 0～10Ω、0～100Ω、0～1000Ω；四端钮的 3 个档位分别是×0.1、×1、×10，即 3 个量程对应测量范围分别为 0～1Ω、0～10Ω、0～100Ω。测量时，应根据实际情况选用接地电阻表。当被测电阻小于 1Ω时，为消除接地电阻和接触电阻的影响，应使用四端钮接地电阻表。

2. 接地电阻表的使用方法

（1）接地电阻表测量端子的识别。

接地电阻表上的端钮有 3 个和 4 个两种。3 个端钮的分别为“C_1”、“P_1”、“E”，4 个端钮的分别为“C_1”、“P_1”、“C_2”、“P_2”。三端钮的“E”为接地端，C_1”、“P_1”为辅助接地端。四端钮的“C_2”、“P_2”为接地端，C_1”、“P_1”为辅助接地端。

（2）接地电阻表使用前的初步检查。

1）开路零位：仪表测量端钮均为开路状态，摇动手柄，检流计指针应指在表盘中心线上，偏移不大于 3mm 即为正常。

2）短路零位：将接地电阻表的测量端钮全部短接，倍率开关置于量限最低档，顺时针旋转大旋钮使刻度圆盘置于零刻度线以外，摇动手柄，检流计指针应指在表盘中线上（偏移不大于 1.5mm）；再逆时针旋转大旋钮，当刻度圆盘零刻度线与表盘中心线重合时，检流计指针应随着一起动即为正常。

（3）接地电阻表的接线。

测量前将仪表放平，然后调零。三端钮接地电阻表接线是将被测接地体 E′和“E”端连接，电位探针 P′、电流探针 C′分别与“P”、“C”端连接后，沿直线相距 20m 插入地中。四端钮接地电阻表接线是将“C_2”、“P_2”短接后接在 E′上，电位探针 P′、电流探针 C′分别与“P_1”、“C_1”端连接。

（4）接地电阻表手摇发电机的操作。

测量开始时，手柄的摇动应慢些，以防止在被测绝缘损坏或有短路现象时，损坏接地电阻表。在测量时，手柄的转速应尽量接近发电机的额定转速（约 120r/min）。如果转速太慢，则发电机的电压过低，接地电阻表的转矩很小。

（5）接地电阻表的使用举例。

接地电阻表在使用前应先进行机械调零。电位探针“P′”插在被测电极“E′”和电流探针“C′”之间，三者成一直线且彼此相距 20m；再用导线将“E′”与“E”端相接，“P′”与“P”端相接，“C′”与“C”端相接，如图 ZY2100401001-22 所示。

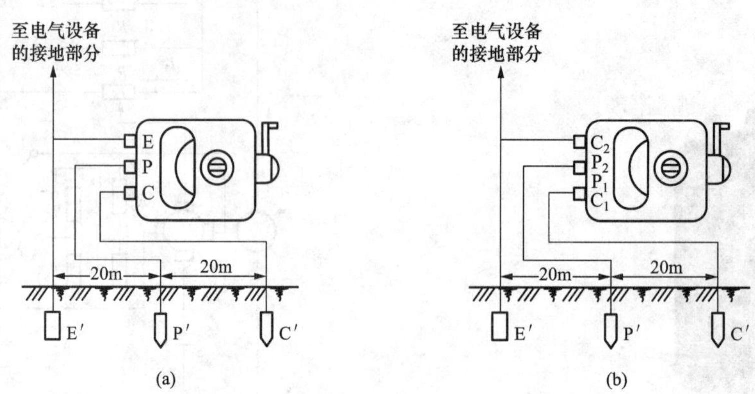

图 ZY2100401001-22　接地电阻表的使用

（a）三端钮接地电阻表的接线；（b）四端钮接地电阻表的接线

（四）接地电阻表的使用注意事项

接地电阻表使用有如下注意事项：

（1）当检流计的灵敏度过高时，可将电位探针较浅地插入土壤中。当检流计的灵敏度不够时，可沿电位探针和电流探针注水湿润。

（2）当大地干扰信号较强时，可以适当改变手摇发电机的速度，提高抗干扰的能力，以获得平稳读数。

（3）当接地极“E′”和电流探针“C′”之间距离大于 40m 时，电位探针“P′”的位置可插在“E′”、“C′”中间直线的几米以外，其测量误差可忽略不计。

（4）当接地极“E′”和电流探针“C′”之间距离小于 40m 时，则应将电位探针“P′”插于“E′”与“C′”的直线中间。

九、直流电桥的使用

（一）直流电桥的用途

直流电桥是用来测量直流电阻或与直流电阻有一定关系的比较仪器。在电工测量技术中，直流电桥广泛地用来测量电阻、电感、电容等电量参数。由于已知量的标准电阻的准确度很高（可达 10^{-4} 以上），再加上指零仪器的检流计的灵敏度也可以做得很高，所以电桥的测量精度很高。

（二）直流电桥的结构与工作原理

直流电桥主要由比例臂、比较臂（测量盘）、被测臂等构成桥式电路。在测量时，将被测量与已知量进行比较而获得测量结果。直流电桥又可以分为单臂电桥、双臂电桥、单双臂电桥、直流比较式电桥、电感电桥等。在电气测量里，比较常用的是单臂电桥和双臂电桥。它们具有内附磁电式检流计和内附电源。单臂电桥适于测量中等值的电阻，双臂电桥适于测量低值电阻。

（三）直流电桥的使用方法

1. 直流电桥的选取原则

直流电桥可以分为单臂电桥、双臂电桥、单双臂电桥、直流比较式电桥、电感电桥等。单臂电桥适于测量中等阻值的电阻，大约阻值范围在 $1\Omega\sim10^6\Omega$。而双臂电桥适于测量低值电阻，阻值范围在 $0.001\Omega\sim11\Omega$。我国生产的直流电桥的准确度有 7 个等级，它们是 0.02 级、0.05 级、0.1 级、0.2 级、1.0 级、1.5 级、2.0 级，表示电桥在“基本量限”范围内、在正确的使用条件下，其测量误差不会超过等级。直流单臂电桥、双臂电桥、单双臂电桥的面板分别如图 ZY2100401001-23、图 ZY2100401001-24、图 ZY2100401001-25 所示。

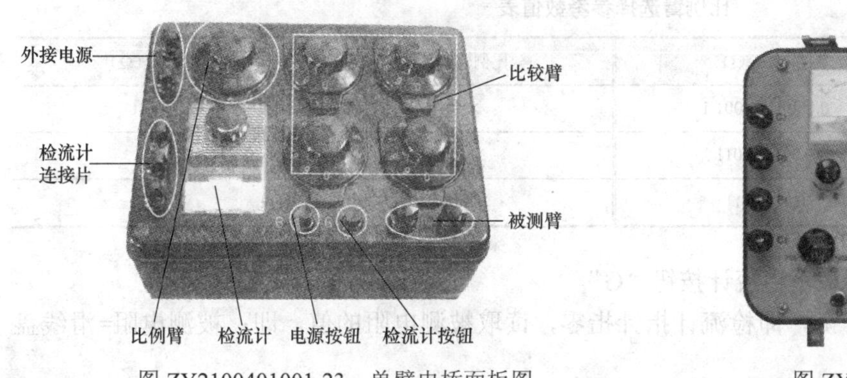

图 ZY2100401001-23　单臂电桥面板图

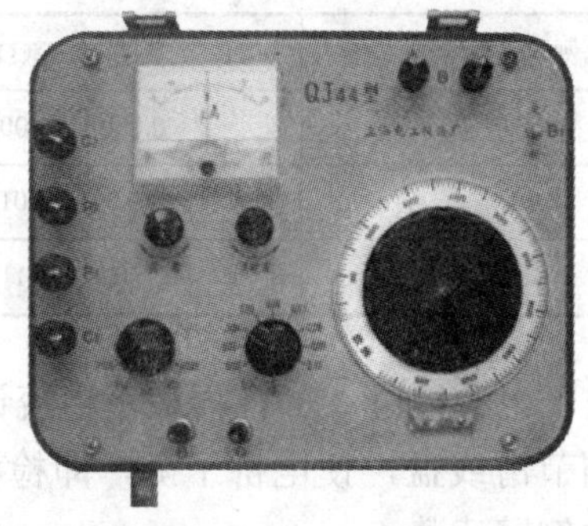

图 ZY2100401001-24　双臂电桥面板图

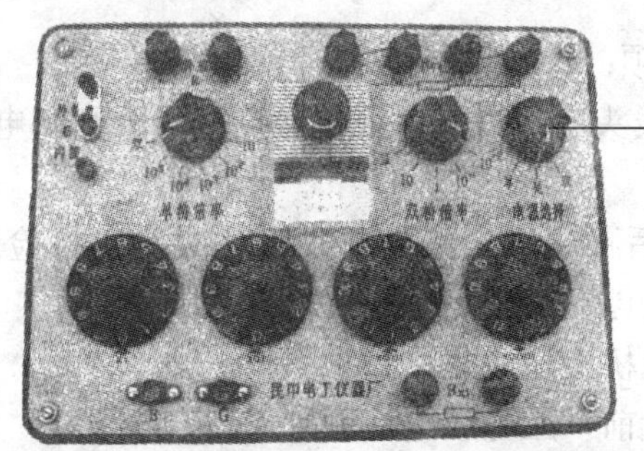

图 ZY2100401001-25　直流单双臂电桥面板图

2. 直流电桥的使用方法

（1）直流单臂电桥的使用方法。

1）根据需要接入电源。若接外接电源，则将面板上的电源开关扳至“外”，若用内附电源，则装入电池，并将开关扳至“内”。

2）将检流计的锁扣打开，使指针自由摆动，调节调零器使指针指在零位。

3）将被测电阻接到面板上标有“R_x 的两个端钮上。

4）测量前，应先估测被测电阻的值，选择适当的比例臂。选择比例臂时应考虑到 4 档电阻都能充分利用，以获得 4 位有效数字的读数。如估测电阻值为几千欧时，比例臂应×1 档；估测电阻值为几十欧时，比例臂应选×0.01 档。

5）测量前，应将转盘、旋钮等来回旋转几次，使其接触点接触良好。

6）测量时，先按下电源按钮“B”，并锁住（即将“B”向某一方向旋转），然后按下检流计按钮“G”，使电桥电路接通。此时，若检流计指针向“+”方向偏转，则应增大比较臂电阻；反之，则减小比较臂电阻。反复调节，直到检流计指针指零。此时，读取比较臂的读数再乘以比例臂读数即被测电阻的值。即：被测电阻值=比例臂读数×比较臂读数。

7）测量完毕后，先断开检流计按钮“G”，再断开电源按钮“B”，拆除被测电阻，再将检流计的锁扣锁上。

（2）直流双臂电桥的使用方法。

1）根据需要接入电源。当用外接电源时，将电源端钮“+”、“−”两端间接入直流电源。用内接电源时，在电池盒内放入一号干电池，将电源开关扳至“通”。

2）将检流计提供电源的电池盒装入干电池，调节检流计的机械零位，使指针指零。

3）将面板上的“灵敏度”旋钮调至最大，调节面板上的“调零”旋钮，检查检流计指针能否在检流计的“0”刻度两边等幅自由调节。

4）按四端钮接线法，在“P_1”、“P_2”间接入被测电阻。

5）按表 ZY2100401001-3 选择适当比例臂。

表 ZY2100401001-3　　比例臂选择参考数值表

比例臂读数	测量范围（Ω）	比例臂读数	测量范围（Ω）
×0.01	0.000 1～0.001 1	×10	0.1～1.1
×0.1	0.001～0.011	×100	1～11
×1	0.01～0.11		

6）按下电源按钮“B”，再按下检流计按钮“G”。

7）调节滑线盘，使电桥平衡，即检流计指针指零，读取被测电阻的值。即：被测电阻=滑线盘的读数×比例臂读数。

8）测量完毕后，先断开检流计按钮“G”，再断开电源按钮“B”。

（四）直流电桥的使用注意事项

（1）直流单臂电桥的使用注意事项：

1）接线时，要注意极性，且接线头应拧紧，保证接触良好。否则，电桥会极端不平衡，烧坏检流计或打弯指针。

2）测量时，注意操作按钮的先后顺序。先按电源按钮“B”，再按检流计按钮“G”；测量完毕后，先放松检流计按钮“G”，再放松电源按钮“B”。

3）注意不要让细小金属物掉在电桥上造成短路。

4）对于含电容的设备，进行测量前，应先放电后测量。

5）测量完毕时，应将检流计上的锁扣锁住。

（2）直流双臂电桥的使用注意事项：

1）具有内附标准电阻器的电桥要定期检定，保证合格使用。如果是外附标准电阻器，对所选用的标准电阻器的准确度要与电桥本身准确度级别相适应，至少不低于欲测电阻误差的1/5~1/4。

2）对于外附标准电阻器的电桥，在接线时要注意跨线电阻 R_0 的阻值不能超过仪器本身规定之值，使阻值 R_0 越小越好。

3）双臂电桥最好选用大容量的蓄电池供电，其电压大小根据电桥使用说明书的要求选择。如果没有说明书，可按不大于被测电阻器或标准电阻器的额定电流（取其中小者）的 1/2 作为电源的工作电流。

4）连接外附标准电阻器的连线应用较粗的导线，并且在不影响工作的情况下越短越好。要求导线接头应紧密接触，且阻值相等。对于 0.05 级的双臂电桥，其导线电阻一般不大于最小桥臂电阻的1/10 000；对于 0.02 级的双臂电桥，其导线电阻应不大于最小桥臂电阻的 4/100 000。

5）被测电阻器与电桥的连接应严格按四端钮接线法接线。不允许将电位端与电流端接于同一点上，否则会给测量结果带来误差。

被测电阻的电流端钮和电位端钮应和双臂电桥的对应端钮正确连接。当被测电阻没有专门的电位端钮和电流端钮时，也要设法引出 4 根线和双臂电桥相连接，并用靠近被测电阻的一对导线接到电桥的电位端钮上。连接导线应尽量用短线和粗线，接头要接牢。

由于双臂电桥的工作电流较大，所以测量要迅速，以避免引起电池的无谓消耗。

十、相序表的使用

1. 相序表的用途

相序表是用来判别三相交流电源电压顺相序或逆相序的一种电工工具仪表。

2. 相序表的结构和工作原理

相序表主要分为电动机式和指示灯式两种。电动机式有一个可旋转铝盘，其工作原理与异步电动机转子旋转原理相同，铝盘旋转方向取决于三相电源的相序，因此可通过铝盘转动方向来指示相序。指示灯式一般有指示来电接入状况的接电指示灯，以及显示来电相序的相序指示灯，通过表内专用电路对三相电源间相位进行判断，并通过相序指示灯来指示相序，如图 ZY2100401001-26 所示。

模块1 ZY2100401001

3. 相序表的使用方法

（1）测试前，检查测试线绝缘是否良好，对不接电的裸露金属部件用绝缘胶带裹缠。

（2）将三色测试线夹按顺序夹在三相电源的3个线头上。

（3）用电动机式相序表时，“点”按接电按钮，当相序表铝盘顺时针转动，为顺相序，反之为逆相序。用指示灯式相序表时，当接电指示灯全亮，此时点亮的相序指示灯即为测试结果。

（4）拆除测试线路。

4. 相序表的使用注意事项

相序表有如下使用注意事项：

（1）当任一测试线已经与三相电路接通时，应避免用手触及其他测试线的金属端，防止发生触电。

接电指示灯

相序指示灯

图 ZY2100401001-26　相序表外形图

（2）对不接电的裸露金属部件进行绝缘处理时，应尽可能减少裸露面积。

（3）应在允许电压范围内进行测量，否则相序表测试结果有可能失准。

（4）对于有接电按钮的相序表，不宜长时间按住按钮不放，以防烧坏触点。

（5）如果接线良好，相序表铝盘不转动或接电指示灯未全亮，表示其中一相断相。

【思考与练习】

1. 磁电系、电磁系、电动系仪表的特性有何不同？选用时，应如何根据它们的特性进行选择？

2. 钳形电流表在使用应注意哪些事项才能保证测量的准确性？

3. 整步表的用途是什么？

4. 为什么阅读指针式万用表电路图时，一般先阅读直流电流测量线路？

5. 选用绝缘电阻表时，为什么要要求其额定电压要与被测电气设备的工作电压相适应？

6. 万用表、绝缘电阻表、接地电阻表、直流单臂电桥、直流双臂电桥均可对电阻进行测量，试问它们的适用范围有何不同？

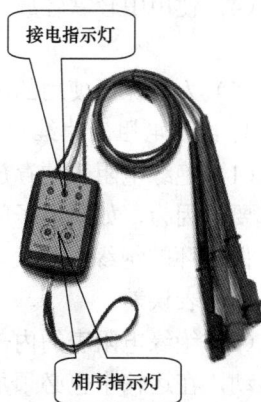

模块 2　常用电测仪表的维护（ZY2100401002）

【模块描述】本模块介绍常用电测仪表的维护知识。通过要点归纳，掌握各类常用电测仪表的维护要领和方法。

【正文】

电测仪表一般分为模拟式和数字式两种，下面分别介绍两种仪表的维护和保养。

一、模拟式仪表的维护

1. 电流表、电压表、功率表、频率表、相位表、钳型表及整步表的维护

（1）使用时，应注意按被测量值的大小选择量程，以免过负荷毁坏指针或烧毁仪表。

（2）有卡钳的仪表，应注意保养钳口，卡钳的钳口涂以仪表脂，用时擦去，用后再涂上，以防钳口锈蚀，影响测量精度。

（3）仪表应放置在干燥通风、无尘、无振动、无外磁场的场所使用或保存。

（4）使用中轻拿轻放，勿用力晃动，以免指针在冲撞力的作用下断裂。在运输途中，应采取防振措施。

（5）为了保证使用的准确、可靠，应将仪表按时、定期送检。

2. 万用表的维护

（1）较长时间不用时，应将欧姆档的干电池取出，以免电解液流出腐蚀电池盒。

（2）使用完毕后，应把转换开关旋至交流电压的最高档。这样，可以防止在下次测量时由于粗心而发生事故。

（3）应放置在干燥通风、无尘、无振动、无外磁场的场所使用或保存。

（4）使用中轻拿轻放，勿用力晃动，以免指针在冲撞力的作用下断裂。在运输途中，应采取防振措施。

（5）为了保证使用的准确、可靠，应将仪表按时、定期送检。

3. 绝缘电阻表的维护

（1）绝缘电阻表的存放及保管要特别注意表面的干燥和清洁，尤其对没有保护环的绝缘电阻表更为重要。因为，如果端子间不清洁会加剧端子漏电，引起额外漏电流流入电流动圈，造成测量误差。对有保护环的绝缘电阻表，虽然漏电不会流入电流动圈，但保护环对“L”端钮间绝缘电阻的降低也会造成仪表误差。

（2）绝缘电阻表的内部，如导流丝、动圈等结构，相当精细，所以使用中应轻拿轻放，不应有剧烈振动，在运输中也必须加强防振措施。

（3）注意保护玻璃表面，玻璃上有护盖的绝缘电阻表，使用以后一定要盖好护盖，防止玻璃碎裂。如发生碎裂，应立即更换，防止损坏内部零件。

（4）存放绝缘电阻表的环境中不应有酸、碱和腐蚀性气体，以免零件生锈、腐蚀。

（5）为了保证使用的准确、可靠，应将仪表按时、定期送检。

4. 接地电阻表的维护

（1）每次测量完毕后，都应将探针拔出并擦干净，导线整理好以便下次使用。

（2）仪表运输及使用时，应小心轻放，避免振动，以防轴尖宝石轴承受损而影响指示。

（3）应放置在干燥通风、无尘、无振动、无外磁场的场所使用或保存。

（4）为了保证使用的准确、可靠，应将仪表按时、定期送检。

5. 直流电桥的维护

（1）要定期清洗开关及各接触点。

（2）发现电池电压不足时，应及时更换，否则将影响直流电桥的灵敏度。当采用外接电源时，必须注意电源极性，且不要使外接电源电压超过直流电桥说明书上的规定值，否则有可能烧坏桥臂电阻。

（3）每次测量结束后，都应将盒盖盖好，存放于干燥、通风的场合并有防尘、防振动、防外磁场的措施。还应远离发热体，避免阳光直照。

（4）电桥久置不用时，应隔一定时间进行通电处理。

（5）为了保证使用的准确、可靠，应将电桥按时、定期送检。

6. 相序表的维护

（1）将相序表、三色测试线夹放入专用箱包中。

（2）应存放在干燥、通风的地方。

（3）可定期送检进行测试，保证使用的安全、可靠。

二、数字式仪表的维护

数字式仪表在维护时，应注意以下几点：

（1）因为数字式仪表种类繁多，使用方法也不一样，在使用前应仔细阅读说明书，熟悉各旋钮开关及插孔功能，以免误操作损坏仪表。

（2）使用完毕后，应将开关拨至“关（OFF）”的位置。若长期不用，应将电池取出，以免电解液流出腐蚀电池盒及表内元件。

（3）应放置在干燥通风、无尘、无振动、无外磁场的场所使用或保存。

（4）为了确保测量的准确性，仪表应定期送检。

【思考与练习】

1. 对有卡钳的仪表，其钳口应如何维护？

2. 绝缘电阻表应在怎样的环境中存放？

模块 3　常用电测仪表的常见故障及处理（ZY2100401003）

【模块描述】本模块介绍常用电测仪表的常见故障及处理方法。通过故障分析和举例介绍，熟悉常用电测仪表常见故障现象及其原因，掌握常用电测仪表常见故障的处理方法。

【正文】

常用电测仪表分为模拟式仪表和数字式仪表。在使用中常见的故障，主要是指测量不准确或无法测量。

一、模拟式仪表的常见故障及处理

模拟式仪表包括电流表、电压表、功率表、钳形表、相位表、频率表、整步表、万用表、绝缘电阻表、接地电阻表、相序表、直流仪器等。由于其测量机构和测量回路的相同或不同，使其在故障及处理方法上有共同的地方，也有不同的地方。现分述如下：

（一）通用的常见故障及处理

1. 无指示

（1）表头原因：

1）表头回路中元器件或连接线脱焊。处理方法是找到断点，重新焊接。

2）动圈霉断或过负荷烧毁导致不通。处理方法是更换动圈。

3）游丝（张丝）断。处理方法是重焊或更换游丝（张丝）。

（2）测量回路原因：

1）测量回路中元器件或连接线脱焊。处理方法是找到断点，重新连接。

2）测量回路中有短路现象。处理方法是消除短路。

3）回路中有电阻等元器件烧毁或损坏。处理方法是更换损坏元器件。

（3）开关的原因：

开关坏或接触不良。处理方法是更换开关或打磨、清洗，使其接触良好。

2. 误差大

（1）电阻元件阻值变化，常常会使误差过大。处理方法是查找故障部位，并调整或更换。

（2）由于仪表过负荷或平衡锤移位，可动部分平衡不良。处理方法是重新调整平衡。

（3）由于过负荷使游丝受热产生弹性疲劳或游丝太脏或碰圈。处理方法是更换游丝或调整清洗。

（4）由于磁铁老化或仪表摔打造成永久磁铁磁性减弱。处理方法是用充磁机进行充磁。

（5）转换开关触点间磨损或有脏物，致使开关接触不良。进行仪表检定前，应先转动开关若干次，保证接触良好。

3. 不回零位或变差大

（1）轴尖轴承不清洁或磨损变钝或松动。处理方法是更换或酒精清洗轴尖轴承，并调整间隙，紧固以防松动。

（2）由于过负荷使游丝受热产生弹性疲劳或游丝太脏或碰圈。处理方法是对更换游丝或调整清洗。

（3）可动部分与固定部分有轻微的碰擦。处理方法是消除碰擦。

4. 指示不稳

（1）仪表内部连线焊接处氧化或虚焊。处理方法是清查线路，除去氧化层及虚焊。

（2）转换开关接触不良或有脏物。处理方法是用酒精清洗开关，并用细砂纸打磨。

（3）测量线路绝缘老化有碰线或短路。处理方法是找出故障点,涂以绝缘漆或用绝缘胶带隔离。

5. 仪表可动部分转动不灵活或指针卡滞

（1）轴尖轴承间隙过小，使可动部分转动不灵活。处理方法是调整轴尖与轴承间隙，不要使其过紧，一般在 0.02～0.1mm 范围。

（2）内部有碰撞部位而指针卡滞。处理方法是打开仪表并予以消除。

1）对电磁系仪表处理方法是：调整仪表阻尼装置，防止阻尼片与阻尼盒相碰；调整固定线圈或仪表支架位置，防止静止部分与活动部分相碰，吹去表盘毛刺。

2）对磁电系仪表处理方法是：若磁气隙中有铁屑或纤维物，应清除铁屑或纤维物。

3）对电动系仪表，如果仪表采用的是空气阻尼器，大多是由于阻尼叶片变形或下轴承装配不当，致使叶片与阻尼盒相碰或磨擦，这时可以调整下轴承位置或调整阻尼叶片的位置，使阻尼叶片在阻尼盒中自由地转动。如果采用的是磁阻尼器，常常是由于阻尼磁铁间隙中吸附了杂质或阻尼片不平整造成的，可用硬纸片揩擦干净，若有铁磁物质，则应用不导磁的物件将其取掉。

6. 指针折断或弯曲

一般是由于测量时过负荷冲击或大的振动造成的。处理方法是用镊子小心扳正指针或更换。

7. 仪表内部有响声

处理方法是打开表壳，重新紧固螺栓或取出异物。

（二）不通用的常见故障及处理

1. 钳型表

（1）测量误差偏大。钳型表的测量误差偏大除了通用故障里介绍的原因外，还有可能是钳口不干净或磨损或接触不好漏磁太多造成的。处理方法是清洁钳口或用细砂纸打磨以保持钳口平整，且测量时保证钳口接触良好。

（2）测量时有一档或数档无指示，其他档指示正常。原因是钳形电表的紧固开关螺栓松动或开关上的连线被扭断。处理方法是开盖紧固开关螺栓，或将断线接好即可。

（3）某一档读数不准。处理方法是调整相应的电阻。

（4）电流档全部无指示。处理方法是检查初线开关和次级线圈，看有无异常。

2. 整步表

（1）可动部分的机械平衡不好。可动部分存在机械平衡失衡现象，对仪表误差的影响很大。机械不平衡所引起的指针转速不稳定不同于旋转磁场引起的转速不稳（对称地出现在 180° 两端）。检查同步表机械平衡要在通电情况下进行，使指针指在同步点。应将仪表向任意方向倾斜，观察指针位置变动情况，再作相应的机械平衡调整。

（2）同步超差。在试验过程中，发现整步表同步点误差超过容许值。应拧松固紧指针的螺栓，将指针拨到正确同步点上拧紧，然后重新调整机械平衡。

（3）指针转速不均匀。当机械平衡已调好，在试验过程中，仪表指针的转速很不均匀，且转速不均程度对称地成 180° 角。这种情况因线圈空间夹角是不能调整的，故只能调整附加电阻。电阻调整后，会导致同步点发生变化。需调整指针与 Z 形铁片间的夹角，但夹角改变后，又会影响机械平衡。为此，要反复进行调整和试验。

3. 万用表

万用表实质上是在直流微安档基础上制成的多量程的交、直流电流、电压表，它除了具有模拟式仪表通用的常见故障外，这里还从直流电流、直流电压、交流电压、直流电阻 4 个方面分别介绍其常见故障和处理方法。

（1）直流电流部分。

1）被检表各档无指示，而标准表有指示。

a. 表头被短路。处理方法是更换表头线圈或检查表头支路有无导线，若有引起表头短路的导线应排除。

b. 表头线圈脱焊或断路。处理方法是找到脱焊点或断点，重新焊接。

c. 与表头串联的电阻损坏或脱焊。处理方法是将表头线圈焊牢，小心将表头拆下，线圈取出，寻找断头处，用 15W/220V 烙铁将其焊牢。

2）被检表和标准表均无指示。

a. 分档开关没有接通。处理方法是检查并把开关接通。

b. 公共线路断线。处理方法是检查并把线路接通。

3）被检表各量程的误差有正有负。

a. 表头本身特性改变。造成表头本身特性改变的原因有可能是磁铁有异样、动圈安装不端正、极掌与铁芯的间隙间有铁磁物质等。处理方法是找到原因对症排除。

b. 分流电阻存在虚焊现象。处理方法是对虚焊点重新焊接。

c. 分流电阻被烧坏或短路。直流电流档的分流电阻烧坏是经常发生的事，有些电阻烧坏后用肉眼即可看出，不能看出的，应根据电路图用万用表逐一进行测量和确认。按阻值配置新电阻。

4）表头灵敏度偏高或降低。

灵敏度偏高可考虑将其退磁或更换游丝。灵敏度偏低可对其进行充磁，但充磁后需进行老化处理。

5）误差大，且各档都是比例相同的正误差或负误差。

a. 与表头串联的电阻变小了或有短路现象，此时误差为正误差；与表头串联的电阻变大了，此时误差为负误差。应根据情况相应调整电阻或消除短路现象。

b. 分流电阻值偏高，误差为正误差；反之，为负误差。应根据情况相应调整电阻。

（2）直流电压部分。

1）直流电压档全部不通。

a. 直流电压开关公用接点脱焊。处理方法是焊牢公用接点。

b. 直流电压最小量程档分压电阻断线或损坏不通。处理方法是焊牢断线电阻或更换损坏电阻。

2）某一量程后各档不通。

开始出现不通的那个量程分压电阻脱焊或引线断。处理方法是将脱焊处或断线处重新焊接。

3）某一档不通而其他量程正常。

该档分压电阻损坏或脱焊或转换开关接触不良。处理方法是对症解决。

（3）交流电压部分。

1）被检表误差很大，有时偏低 50%左右。原因是二极管超过负荷后，其中一个被击穿。处理方法是更换二极管。

2）被检回路指示极小，或指针只是轻微摆动。原因是整流器被击穿。处理方法是更换整流器的所有元件。

3）各量程指示都偏低，误差率一致。原因是整流元件的性能不好。处理方法是更换不符合要求的整流元件。

（4）直流电阻部分。

1）当正、负端短路时，指针调不到零。

a. 电池电压不足。处理方法是更换电池。

b. 电池盒内两端的极性片上有氧化物或锈蚀。处理方法是对其进行清洁或用细砂纸打磨，保证其接触良好。

c. 用于调零电位器损坏或阻值变化。处理方法是更换调零电位器。

d. 转换开关接触电阻增大。处理方法是清洗转换开关的定片和动片，并加少许凡士林。

2）调零时指针跳跃不稳。

调零电位器碳膜阻片磨损严重或调零电位器接触不良。处理方法是更换调零电位器或维修，使其接触良好。

3）各档无指示。

a. 应检查电池电压容量是否正常和是否正常输出。

b. 量程转换开关接触点引线折断。处理方法是将引线焊牢。

4）某一档或几档误差大或不通。

a. 该档分流电阻变值或烧坏。处理方法是更换电阻。

b. 转换开关接触点接触不良。处理方法是拆下开关，改变动片的弯曲程度，使其与定片接触良好。

4. 绝缘电阻表

（1）发电机摇不动，有卡住现象或摇时很重。

1）发电机定子、转子间有相碰现象。处理方法是拆下发电机重新装配，使定子、转子间隙合适。

2）增速齿轮咬合不好或齿轮损坏。处理方法是调整齿轮位置使其咬合好；若齿轮损坏，则更换齿轮。

3）滚珠轴承脏，润滑油干涸。处理方法是拆下轴承转轴清洗，并涂上润滑油。

4）小机盖固定螺栓松动，使转子在轴承中的位置不正。处理方法是调整小机盖位置，紧固螺栓。

5）转轴弯曲。处理方法是将转轴拆下校正。

（2）摇发电机时，无电压输出。

1）偏心轮固定螺栓松动，齿轮咬合不好。处理方法是调好偏心轮位置，使各齿轮咬合好，紧固偏心轮上螺栓。

2）调速器弹簧松动或弹性不足。处理方法是调整螺栓，拉紧弹簧，使摩擦橡皮压紧摩擦轮。

（3）摇动发电机摇柄感到很沉重，而且电压降得很低。

发电机并联回路有短路现象，使整个回路的电阻降低，造成发电机负荷显著增加，电流消耗过大，而引起摇动沉重的现象。处理方法是检查发电机输出端作平稳电源用的电容器是否被击穿、发电机绕组内部绝缘是否损坏、电压回路中的串联附加电阻是否短路或电压回路中的连接导线是否相碰等，并对症予以消除。

（4）没有输出电压。

1）发电机引出的“+”、“−”电源线断线。处理方法是连接好“+”、“−”电源线。

2）炭刷与整流子没有接触上。处理方法是调整炭刷与整流子，使其接触良好。

3）接线柱“L”、“E”、“G”的金属片与弹簧螺钉未接触良好。处理方法是将“L”、“E”、“G”的金属片向下压低，使之与弹簧螺钉接触良好。

（5）发电机电压不稳。

1）调速器装置上螺栓松动，调速轮摩擦点接触不良。处理方法是紧固螺栓。

2）调速器弹簧松动、失灵。处理方法是调整或更换弹簧。

（6）发电机输出电压偏低或偏高。

调速器过松或过紧。处理方法是对调速器上的调节螺母进行调节，以改变输出电压。顺时针调节将电压调高，反时针则调低。

（7）摇动发电机时产生抖动。

1）发电机转子不平衡。处理方法是重新调整转子平衡。

2）发电机转轴变形。处理方法是矫正转轴。

（8）摇发电机时，炭刷声音响，有火花产生。

1）炭刷与整流环磨损，表面不光滑，接触不好。处理方法是更换炭刷，修整整流环，并清洗干净。

2）炭刷位置偏移，与整流环接触不在正中，声音响，有火花产生。处理方法是调整炭刷位置。

（9）表壳漏电。

1）使用场所过于潮湿，形成绝缘不好，造成漏电。处理方法是保证干燥环境。

2）接线端碰在金属表壳上，或其他位置布线裸露之处有与金属外壳相碰的地方。处理方法是隔离相碰的地方，并采取绝缘措施。

（10）在强磁场环境中，测量误差很大。

由于绝缘电阻表没有防磁装置，在磁场很强的环境下使用时，外磁场对发电机里的磁钢与表头部分磁钢的磁场都会产生很大影响，使得测量误差很大。处理方法是加长测量连线，使其远离强磁场再进行测量。

（11）绝缘低。

1）绝缘电阻表由于使用条件和存放原因，容易受潮引起绝缘低。处理方法是开盖用烘箱烘潮，并注意维护保养。

2）表内元器件损坏或元器件间有相碰或元器件碰壳。处理方法是找到故障点并排除。

（12）指针指不到“∞”位置。

1）电压回路电阻值变化，阻值增大。处理方法是更换变值的回路电阻。

2）导游丝变形，附加力矩变大。处理方法是调整或更换导游丝。

3）开路输出电压偏低。处理方法是通过调节调速器上的螺母调高开路输出电压，若是发电机故障则修理发电机。

4）电压动圈有局部短路或断路。处理方法是更换动圈。

5）绝缘低。对绝缘电阻表进行烘潮或找到绝缘低的原因进行排除。

6）可动部分平衡不好。原因可能是指针变形或平衡锤上的螺栓松动，使平衡锤位置改变；也有可能使轴承松动，轴间距离增大，中心偏移导致平衡不好。处理方法是调节平衡。

（13）指针超出“∞”位置。

1）电压回路电阻值变化，阻值变小。处理方法是更换变值的回路电阻。

2）导游丝变形，附加力矩变大。处理方法是调整或更换导游丝。

3）电压动圈有局部短路或断路。处理方法是更换动圈。

4）可动部分平衡不好。原因可能是指针变形或平衡锤上的螺栓松动，使平衡锤位置改变；也有可能使轴承松动，轴间距离增大，中心偏移导致平衡不好。处理方法是调节平衡。

（14）指针指不到“0”位置。

1）电流回路电阻值变化，阻值增大。处理方法是更换变值的电流回路电阻。

2）电流回路电阻值变化，阻值减小。处理方法是更换变值的电压回路电阻。

3）导游丝变形。处理方法是调整或更换游丝。

4）电流线圈或零点平衡线圈有短路或断路现象。处理方法是更换动圈。

5）可动部分平衡不好。原因可能是指针变形或或平衡锤上的螺栓松动，使平衡锤位置改变；也有可能使轴承松动，轴间距离增大，中心偏移导致平衡不好。处理方法是调节平衡。

（15）指针超出“0”位置。

1）电流回路电阻值变化，阻值减小。处理方法是更换变值的电流回路电阻。

2）电流回路电阻值变化，阻值增大。处理方法是更换变值的电压回路电阻。

3）导游丝变形。处理方法是调整或更换游丝。

4）电流线圈或零点平衡线圈有短路或断路现象。处理方法是更换动圈。

5）可动部分平衡不好。原因可能是指针变形或或平衡锤上的螺栓松动，使平衡锤位置改变；也有可能使轴承松动，轴间距离增大，中心偏移导致平衡不好。处理方法是调节平衡。

5. 接地电阻表

（1）表头无指示或示值误差大。

接地电阻表的常见故障是误差超差。其中以×0.1 档误差超差最为常见。当误差超差时，可通过调节该档倍率电阻或开短路零位的电位器来纠正误差。若各档误差超差趋势比较一致，也可通过调节刻度盘位置来解决，或寻找其他引起误差的原因，如相敏电路的晶体管特性变差或输入电阻、电容变质等，对症解决。

（2）绝缘低。

接地电阻表由于使用条件和存放原因，容易受潮引起绝缘低，应开盖用烘箱烘潮，温度在 60～80℃，平时存放注意维护保养。

6. 直流电桥的常见故障及处理

直流电桥分直流单臂电桥和直流双臂电桥。下面分别介绍。

以 QJ23 型为例，介绍直流单臂电桥的常见故障及处理。

（1）按下检流计按钮“G”、电流按钮“B”时，检流计无偏转。

1）检流计接线断线或内部线圈断线。处理方法是检查检流计内部线路及检流计的两根引出线是否有断线情况，若有断线情况，应将其焊牢接好。

2）按钮接触不良。处理方法是打开仪器，修理按钮的弹片，使其接触良好。

3）内附电源没有接好，电路不通。处理方法是检查电源正负连接处及两根引线，若是接触不良，排除之。若是正负端引出接线片锈蚀，可用细砂纸打磨，使其接触良好。

4）限流电阻可能断了。处理方法是修理限流电阻或更换电阻。

5）比例臂支座中心焊出线脱焊或假焊。处理方法是重新焊牢。

6）测量盘中有一只测量盘的刷片与支座不接触。处理方法是调整刷片，使其与支座接触良好。

7）测量盘中有一只步进电阻断线或接头假焊。处理方法是用万用电表逐盘检查，找出断线电阻，视其情况修复或更换。

（2）误差大及零位电阻变差大。

电桥的比较臂活动部分接触不良，如接线端表面氧化、不清洁、虚焊电刷与电刷套间不清洁或电刷形开关刷片变形等。处理方法是拆开面板取下电刷，用汽油或酒精清洗电刷，调整电刷形开关使其回复正常，用细砂打磨电刷表面。

（3）按下检流计按钮“G”、电流按钮“B”时，检流计打向一边，即严重超差。

1）测量盘两中心引出片内部短路。处理方法是排除短路现象。

2）刷片接反。处理方法是调整刷片，处于正确状态。

3）某个测量盘中的电阻变值。处理方法是逐个检查测量电阻，将变值电阻焊下更换。

（4）超差，检流计不能平衡。

若电桥出现超差现象，一定要根据整个误差的趋势来考虑，分析误差的分布情况，确定出存在问题的电阻器件，进行更换。

1）测量盘的绝缘电阻降低。绝缘电阻降低大多是仪器受潮所致，应将其置于烘箱中烘烤，温度控制在60～80℃，且不要超过80℃。

2）比较臂某只电阻超差。处理方法是查出超差电阻，修复到原阻值或更换。

3）比例臂电阻超差。处理方法是更换电阻，以保证电桥比例数正确。

（5）检流计指示不稳定。

1）有假焊点。处理方法是仔细查出假焊点，将其重新焊牢。

2）开关接触不好。处理方法是检查开关，若触点表面有氧化锈蚀情况，应排除。

3）测量盘、电阻等绝缘不好。处理方法是对绝缘不好的部件进行烘干，提高其绝缘性能。

（6）电桥的回路不通或某几个电阻线圈不通。

有可能是引线脱焊或电阻线圈从头部霉断或因过负荷烧坏。处理方法是对脱焊的引线进行焊接，对霉断或烧毁电阻进行更换。

（7）旋转测量盘时，检流计有明显的冲击现象。

1）刷片与盘面接触不好。处理方法是将刷片拆下，清洗污垢。

2）某一档须上有绝缘物。处理方法是排除绝缘物，然后清洗并等其凉后涂上凡士林。

（8）检流计灵敏度低。

1）电桥电源电压低。处理方法是用万用电表检查电源电压值，若达不到额定电压值，应更换新电池。

2）检流计不符合要求。处理方法是将检流计拆下修理。

以QJ44型为例，介绍直流双臂电桥的常见故障及处理。

（1）误差超差。

1）滑盘超差：若是有规律地递增或递减超差的，可以先校准滑盘刻度值0.001Ω处，达到该误差小于刻度尺分度的0.5格；然后再校准滑盘刻度值0.01Ω处，达到该误差小于刻度尺分度的1格；若是超差，增大或减小与滑盘电阻并联的电阻，以校正误差。

滑盘 0.001Ω和 0.01Ω调整后，如果其余示值有超差，可将滑盘滑线头尾对调试一试。

2）步进盘超差：步进盘超差大多是某一值下的电阻超差，可以换位更正误差，若这样做不行可以换一只电阻。也可按滑盘并联电阻修理方法或其他可行的方法修复。另外，还要考虑到是否有假焊或刷片和盘的接触不好。

3）倍率超差：双臂电桥的倍率超差比单臂电桥的情况复杂，假设双桥内臂的误差合格，那么造成倍率超差原因的就可能是外臂的误差不合格，这样，就可以认为成比例的两只电阻中有一只超差。例如在×10 倍率时，示值误差为正，则可以认为是 1010Ω电阻（包括 11Ω、99Ω、454.5Ω、454.5Ω共 4 只电阻）变大了，或者是 101Ω电阻（包括 90Ω、11Ω）变小了，然后再看一看×1 和×100 的误差情况，就能大致判别出是哪一只电阻超差了（未包括内臂电阻所引起的误差）。如果仔细进行分析，即使是倍率超差也可以较快地判别并修复。

（2）绝缘不好，造成示值不稳。

可以先把仪器进行干燥处理，若指示还不稳的话，可以逐一测量各测量盘的情况。

（3）检流计灵敏度不够。

1）先检查电源是否合格，可用万用电表 1A 电流档检查电池的短路电流，电池完好时应指示万用电表满度值。一些旧电池虽然端电压值有 1.5V，但由于内阻升高，电流极小。

2）表头内阻是否有变化，其内阻应为 4kΩ。

3）放大器电路是否有故障。若放大器有故障，检流计的灵敏度定会受影响。

二、数字式仪表的常见故障及处理

1. 通电后无指示

（1）电池电压不足够，或电池与“+”、“−”极片接触不良处理方法是保证电池电压足够，并接触良好。

（2）电源板的各种输出电压不正常。

（3）转换开关接触不良或液晶显示器有故障。处理方法是清洗开关接触点或更换有关元器件或电路板。

（4）打开表盖，发现元器件是否损坏。处理方法是更换损坏元器件或电路板。

（5）熔丝因过负荷而烧毁。应更换保险丝。

2. 误差超差

（1）数字式仪表的电池电压对示值的影响较大，若出现示值偏大的情况，应先检查电池电压是否偏低。若是电池原因，应及时更换电池。

（2）根据电路图查找电路中的元器件是否有损坏或阻值变化。若是，应更换元器件或相关电路板。

3. LCD 显示器有的数字笔画显示不全

可用洁净的汽油擦拭集成芯片引线或紧压导电橡胶，使其良好接触显示屏。

4. 表笔短接时数字不回零，扳至毫伏档时数字乱跳

在排除元器件的原因后，应查找是否有虚焊点或因氧化导致的触点接触不良。若有，应重焊虚焊点或清洗触点，保证接触良好。

【思考与练习】

1. 模拟式仪表无指示的常见故障有哪些？

2. 绝缘电阻表开路测试不到“∞”的原因有哪些？

3. 为什么万用表在出现电路故障时，要首先检查直流最小量程档？

第九章　常用工器具

模块 1　常用工器具、设备的功能及使用方法（ZY2100402001）

【模块描述】本模块介绍常用工器具、设备的功能和使用方法。通过方法介绍和要点归纳，掌握常用工器具、设备的用途、使用方法及其注意事项。

【正文】

一、各种常用电工工具的使用

电测仪表修理和校验中常用的工具包括以下工具：

紧固工具：各种规格的螺钉旋具、扳手、钟表螺钉旋具等

钳类工具：尖嘴钳、钢丝钳、平嘴钳、斜口钳、剥线钳等

其他工具：电烙铁、镊子、试电笔、什锦锉、榔头、剪刀、放大镜、洗耳球、汽油缸、羊毛刷、柳木条、绒布、绸布、绘图仪器等

量具：钢直尺、游标卡尺、千分尺、百分表

（一）螺钉旋具的使用

1. 螺钉旋具的用途及规格

螺钉旋具是用来紧固或拆卸螺钉的，其头部形状有一字形和十字形两种。一字形用来紧固或拆卸一字槽的螺钉，十字形用来紧固或拆卸十字槽的螺钉。一字形螺钉旋具的规格有 50mm、75mm、100mm、150mm、200mm 等，十字形螺钉旋具的规格有：1 号适用的螺钉直径为 2～2.5mm，2 号为 3～5mm，3 号为 6～8mm。

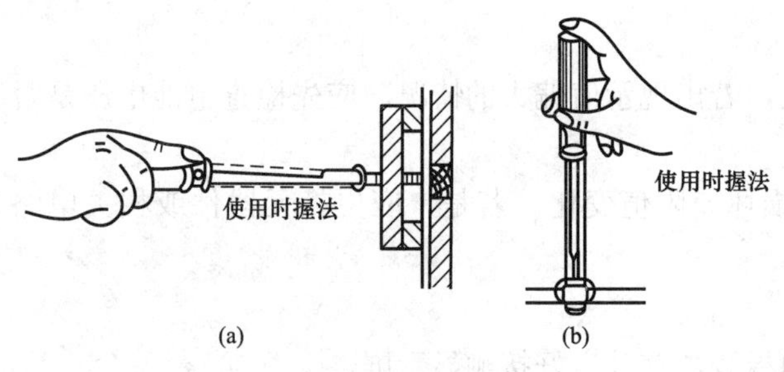

图 ZY2100402001-1　螺具的使用

（a）紧固较大螺钉时；（b）紧固小螺钉时

2. 螺钉旋具的使用方法

当用来固定较大规格的螺钉时，除大拇指、食指和中指要夹住握柄外，手心还要顶住柄的末端，这样就可以使出较大的力气。当开始拧松或拧紧时，先用力将螺钉旋具压紧后再用手腕力扭转，如图 ZY2100402001-1（a）所示。当螺钉松动后，可用手心轻压握柄，用拇指、中指和食指快速转动螺钉旋具。当用来紧固小螺钉时，可用大拇指和中指夹住握柄，用食指顶住柄的末端捻转，如图 ZY2100402001-1（b）所示。

3. 螺具的使用注意事项

（1）螺具在使用时，应该使头部顶牢螺钉槽口，为了防止槽口损坏或打滑，应根据螺钉的规格选择与其相对应的螺具。不要用小螺具去拧旋大螺钉，这样不容易卸下和紧固充分；也不要用大螺具去拧旋小螺钉，这样容易损坏螺钉刀口，甚至拧断螺钉。

（2）使用螺具时用力要平稳，在下压和旋转时应同时用力，并用力均匀，不要太猛。

（3）使用螺具紧固或拆卸带电的螺钉时，手不得触及旋具的金属杆，以免发生触电事故。为了避免旋具的金属杆触及皮肤，或触及邻近带电体，应在金属杆上穿套绝缘管。

（二）扳手的使用

1. 扳手的用途及规格

扳手是用于拆装带有棱角的螺母或螺栓的手动工具，有活动扳手和其他常用扳手。活动扳手是用

来紧固和松动螺母的一种专用工具，由头部和柄部组成，头部由活动扳唇、呆扳唇、扳口、蜗轮和轴销等组成，如图 ZY2100402001-2（a）所示，旋动蜗轮可调节扳口的大小。规格有 100mm、200mm、250mm、300mm、600mm，使用时应根据螺母的大小选择。

其他扳手有呆扳手、两用扳手、套筒扳手和内六角扳手等。电测仪表中常用的有套筒扳手，它是由一套尺寸不同的梅花套筒头和一些附件组成，可用在一般扳手难以接近螺钉和螺母的场合。

2. 扳手的使用方法

拧螺母时，使用方法是右手握手柄，四指握住一边，拇指握住另一边，顺时针方向是拧紧，反时针方向是拧松。活动扳手的扳口是用来夹持螺母的。固定扳口在上方，活动扳口在下方。手越靠后，扳动起来就越省力。扳动大螺母时，需用较大力矩，手应握在靠近柄尾处，如图 ZY2100402001-2（b）所示。扳动小螺母时，因需要不断地转动蜗轮，调节扳口的大小，所以手应握在手柄前端，并用大拇指调节蜗轮，以适应螺母的大小。如图 ZY2100402001-2（c）所示。

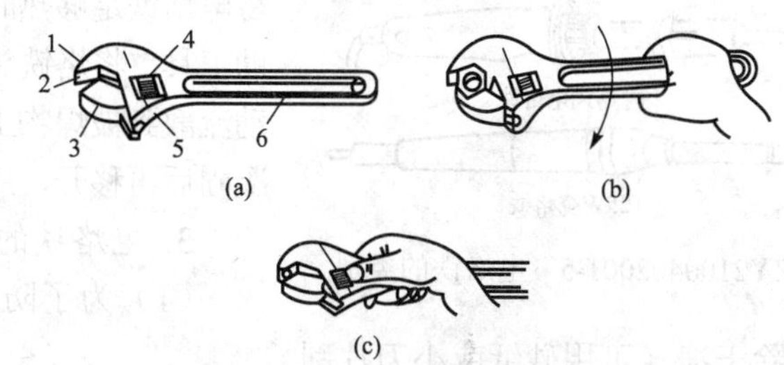

图 ZY2100402001-2　活动扳手的构造和用法

（a）活动扳手的构造；（b）扳较大螺母时的握法；（c）扳较小螺母时的握法

1—呆扳唇；2—扳口；3—活动扳唇；4—蜗轮；5—轴销；6—手柄

3. 扳手的使用注意事项

（1）根据紧固件合理选择扳手。不要用较大扳手去紧固较小的紧固件，以免损坏紧固件的表层，甚至使螺纹滑扣或拧断。

（2）使用时注意扳手的受力方向，活动钳口朝向内侧，用力要均匀，以免损坏扳手的调节螺钉。

（三）钳子的使用

1. 钳子的用途及规格

钳子是各行各业的常用工具。刀口可剪切绝缘电线，铡口可用来切断电线、铁丝、钢丝等硬金属丝。钳子包括尖嘴钳、平嘴钳、斜口钳、剥线钳等。剥线钳适用于塑料、橡皮绝缘电线、电缆芯线的剥皮。钳子由钳柄和钳头两部分组成。钳头又包括铡口、刀口、齿口、钳口，如图 ZY2100402001-3 所示。

2. 钳子的使用方法

使用钳子用右手操作，将钳口朝内，小指伸在两钳柄之间，虎口顶紧上钳柄，小指一顶，钳口就开。食指、中指、无名指抓紧，钳口就合拢，如图 ZY2100402001-4 所示。

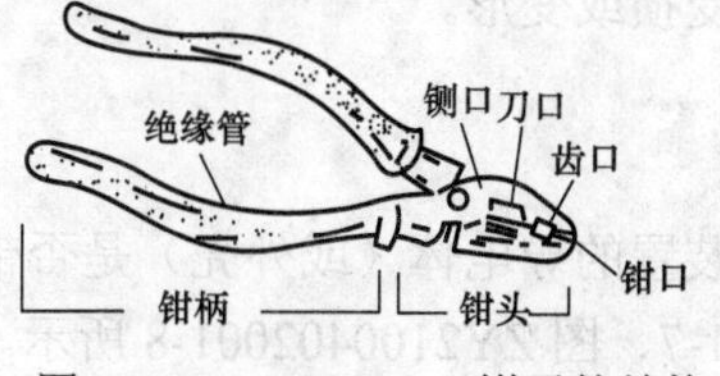

图 ZY2100402001-3　钳子的结构

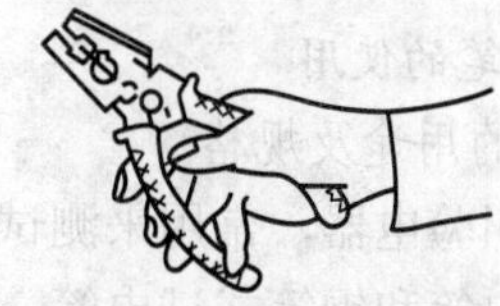

图 ZY2100402001-4　钳子的握法

例如，剥线钳的操作方法是：把待剥皮的电线线头置于钳头的刃口中，右手将两钳柄一捏拢，然后一松手，绝缘皮便与芯线脱离。

3. 钳子的使用注意事项

（1）钳子的规格应与工件规格相适应，以免损坏钳子或工件。

（2）严禁用钳子代替扳手使用，以免损坏螺母、螺栓的棱角。

（四）电烙铁的使用

1. 电烙铁的用途及规格

电烙铁是一种用电加热的方式加热烙铁头来焊接、拆换元器件和导线等的工具，主要用于电工和电子设备维修中。常见的有内热式、外热式等，如图 ZY2100402001-5 所示。电烙铁有 45W、75W、100W 等功率大小规格。

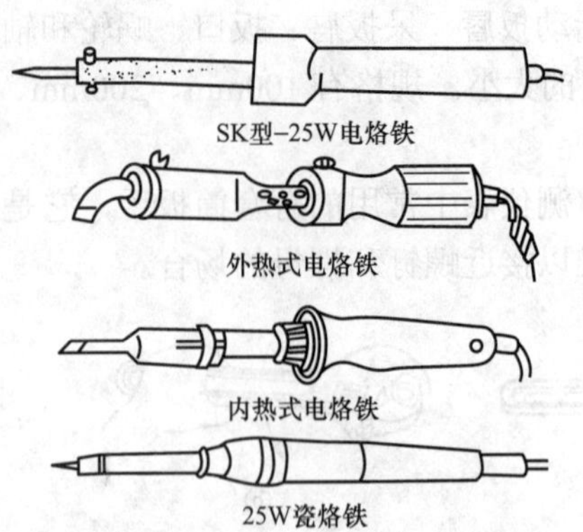

图 ZY2100402001-5　电烙铁的类别

2. 电烙铁的使用方法

新的电烙铁应吃锡处理后再使用。即先把电烙铁的端面用锉刀锉掉镀铬层，然后通电预热再放入松香盒中除去氧化层，待一会儿再将烙铁头涂满焊锡，烙铁头便吃上锡了。

新使用电烙铁的方法是：将电烙铁放在烙铁架上，插上电源线，待电烙铁足够热时，右手拿电烙铁，左手持待焊物或镊子、钳子等辅助工具，将烙铁头吃足焊料后轻轻压住待焊处，当焊料从烙铁头上自动流散到被焊物上时，迅速拿开电烙铁，左手保留不动，待焊料完全凝固后再移开，用镊子夹住被焊物轻轻试一下，看是否焊接牢固。

3. 电烙铁的使用注意事项

（1）为了防止假焊和虚焊，焊接前需将待焊接物表面的氧化层清除干净（可用砂纸或小刀片刮）。

（2）电烙铁的温度不宜过低也不宜过高，以高于焊料熔点 30～50℃为宜。过低焊料易凝固；过高则焊点不易存留适量焊料，金属表面还易产生氧化作用。

（3）在使用过程中，应经常用钢刷子刷除烙铁头上的氧化层，或将烙铁头在湿海绵上擦除表面的氧化层，保持良好的使用状态。

（4）当烙铁头出现黑色氧化物或头部出现凹面时，应用锉刀将凹面锉平。

（5）为了防止焊剂腐蚀焊点，一般不采用酸性焊剂，而用中性焊剂。

（6）电烙铁在使用前应检查有无破损，以免发生触电危险。

（7）操作人员离开时，要切断电源。

（五）镊子的使用

1. 镊子的用途及规格

镊子主要用于夹持导线线头、元器件、螺钉等小型工件或物品，多由不锈钢材料制成，弹性较强。常见类型有尖头镊子和宽口镊子。其中，尖头镊子用来夹持较小物件，宽口镊子则可夹持较大物件，如图 ZY2100402001-6 所示。

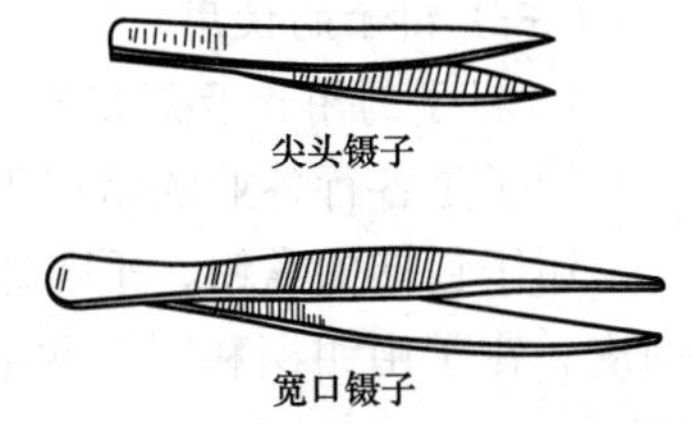

图 ZY2100402001-6　镊子的类别

2. 镊子的使用方法

用大拇指和食指夹住镊子，使镊子后柄位于掌心，视需要而加上中指，用镊子的尖部夹持物件。

3. 镊子的使用注意事项

镊子在使用中勿用力过猛，以免使夹持物件的头部受损或变形。

（六）试电笔的使用

1. 试电笔的用途及规格

试电笔又叫验电器，常用来测试电线、开关等电气装置的导电体（或外壳）是否带电。试电笔有螺钉旋具式试电笔和钢笔式试电笔，如图 ZY2100402001-7、图 ZY2100402001-8 所示。

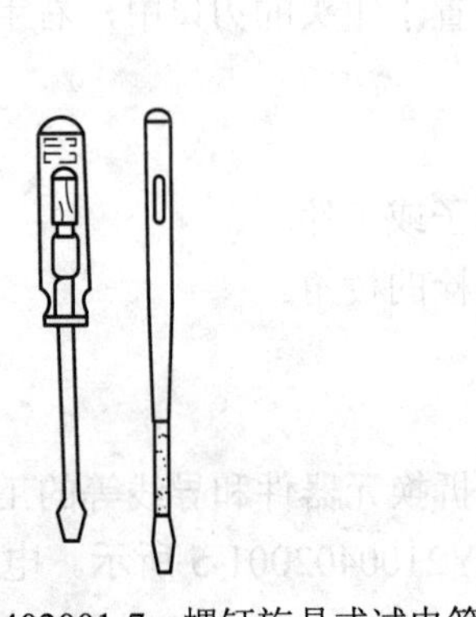

图 ZY2100402001-7　螺钉旋具式试电笔

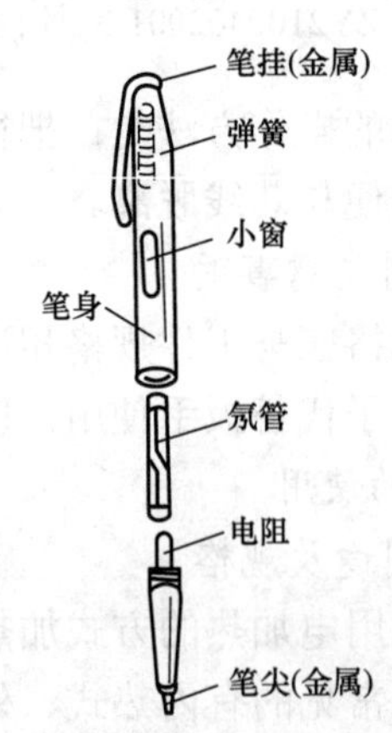

图 ZY2100402001-8　钢笔式试电笔

2. 试电笔的使用方法

使用钢笔式试电笔时，用手指捏住笔身，让笔挂（金属）接触手掌皮肤。这样，当笔尖触及相线（火线）时，小窗中的氖管发亮，就说明有电。螺钉旋具式试电笔既可作螺钉旋具用，也可作验电笔用。

3. 试电笔的使用注意事项

（1）使用试电笔之前，先检查试电笔是否有损坏，有无受潮或进水，检查合格后才能使用。

（2）使用试电笔时，不能用手触及试电笔前端的金属探头，这样做会造成人身触电事故。一定要用手触及试电笔尾端的金属部分，否则，因带电体、试电笔、人体与大地没有形成回路，试电笔中的氖泡不会发光，造成误判，认为带电体不带电，这是十分危险的。

（3）在测量电气设备是否带电之前，先要找一个已知电源测一测试电笔的氖泡能否正常发光，能正常发光，才能使用。

（4）在明亮的光线下测试带电体时，应特别注意氖泡是否真的发光（或不发光），必要时可用另一只手遮挡光线。千万不要造成误判，将氖泡发光判断为不发光，而将有电判断为无电。

锉齿　锉刀面　边　底齿　锉刀尾　柄

图 ZY2100402001-9　锉刀的结构

（七）锉刀的使用

1. 锉刀的用途及规格

锉刀也是一种常用的切削工具，是用高碳工具钢制成的，其结构如图 ZY2100402001-9 所示。锉刀的品种很多，普通锉刀按其断面形状可分为平锉（扁锉）、方锉、三角锉、半圆锉、圆锉等，如图 ZY2100402001-10 所示。

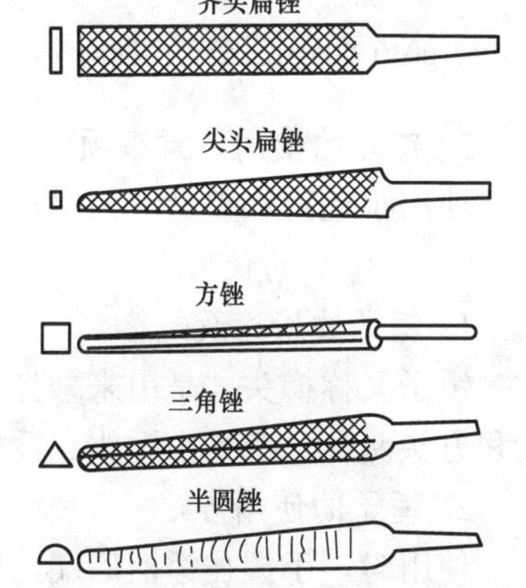

图 ZY2100402001-10　锉刀的类别

2. 锉刀的使用方法

锉刀的握法分为下列几种：

（1）大锉刀的握法：把锉刀手柄握在右手心，大拇指放在手柄上，其余四指由下而上自然地握住手柄。锉刀放在工件上，用左手拇指根部压住锉刀前端，中指、食指和无名指抵住锉刀的前右角下方，小指自然弯曲，如图 ZY2100402001-11 所示。

（2）中等锉刀的握法：右手握法同大锉刀，左手的拇指、食指、中指捏住锉刀前端。如图 ZY2100402001-12 所示。

（3）小锉刀的握法：右手的握法同握大锉，左手用四指压着锉刀中间偏前部分。也可用拇指放在锉刀中间偏前部分，让中指和食指自然弯曲，抵住锉刀右前端的下面起扶导和夹持作用，如图 ZY2100402001-13 所示。

（4）整形锉的握法：整形锉单用右手握持即可，有推锉、横向锉、交叉锉、顺向锉 4 种方法，如图 ZY2100402001-14 所示。

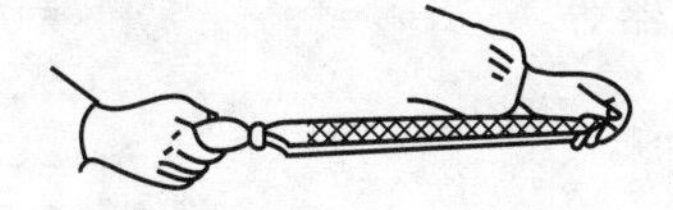

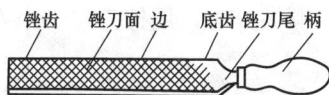

图 ZY2100402001-11　大锉刀的握法

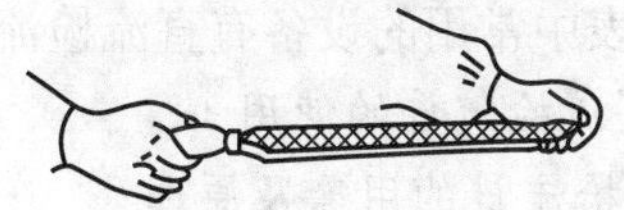

图 ZY2100402001-12　中等锉刀的握法

图 ZY2100402001-13　小锉刀的握法

图 ZY2100402001-14　整形锉的握法

使用锉刀进行推锉时，两手用在锉刀上的力应保证锉力平衡。在推锉过程中，两手用的力应不断变化。开始推锉时，左手压力要大，右手压力要小而推力大。随着锉刀的推进，左手压力减小，右手压力加大，当锉刀推至中间时，两手压力相同。再继续推动锉刀，左手压力逐渐减小，右手压力逐渐加大，左手起引导作用，推到最前端位置。锉刀回程时，双手不加压力，把锉略微提起一些，以减小锉齿的磨损，其过程如图 ZY2100402001-15 所示。

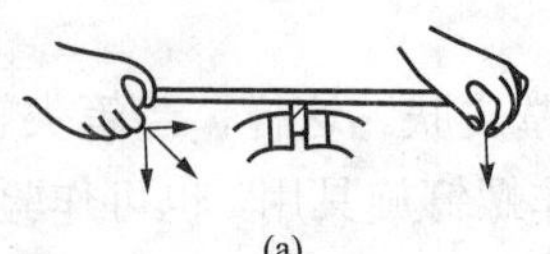
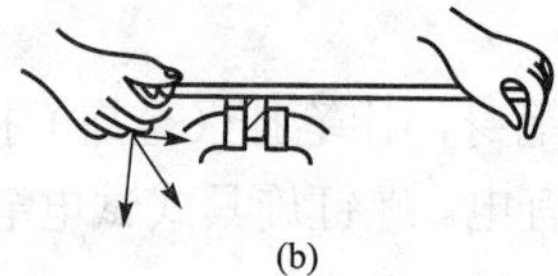
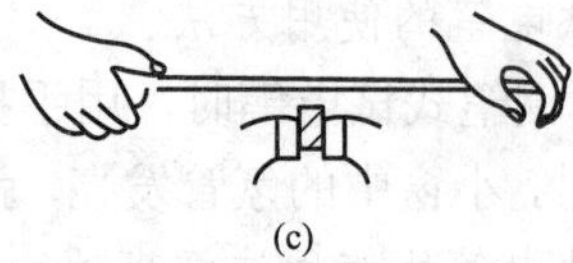

图 ZY2100402001-15　锉刀的推锉

横向锉时，锉刀只是单向运动，沿工件表面作横向锉削，如图 ZY2100402001-16 所示。

交叉锉时，用一种锉刀与工件表面的边棱成一定角度来锉削，并来回改变方向，使之交叉进行，如图 ZY2100402001-17 所示。

顺向锉时，用锉刀在一个方向进行锉削，以锉平和锉光工件表面，如图 ZY2100402001-18 所示。

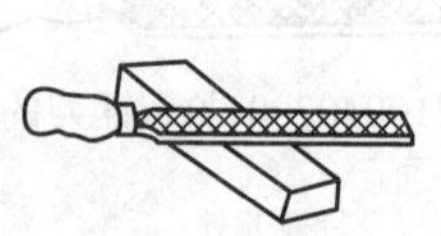

图 ZY2100402001-16　锉刀的横向锉

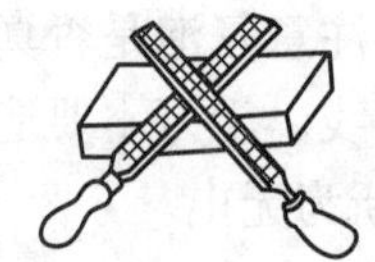

图 ZY2100402001-17　锉刀的交叉锉

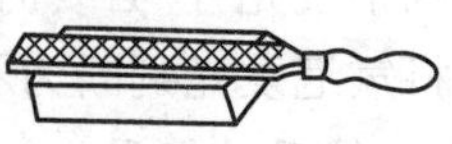

图 ZY2100402001-18　锉刀的顺向锉

3. 锉刀的使用注意事项

使用小锉刀和整形锉刀时，不可用力过大，以免折断锉刀。

（八）锤子的使用

1. 锤子的用途及规格

锤子又称榔头，是用来敲打工件的一种常用工具，常与凿子配合使用对工件进行加工。锤子有圆头和方头两种，都是由锤头和锤柄构成的。锤头的表面有一定锥度，并略呈球面型。

2. 锤子的使用方法

使用时，手握住锤柄后端，握力要松紧适当。锤击时，眼睛注视工件，手腕用力。锤头工作面和工件锤击面应平行，这样才能保证锤面平整地打在工件面上。

3. 锤子的使用注意事项

（1）使用前，擦净手上和锤柄上的水及油污，以免使用时锤子脱落，造成安全事故。

（2）使用前，检查锤柄是否牢固、可靠，若有松动应重新紧固，以免使用中锤头滑落。并检查锤头面是否有油污和异物，保证锤面干净平整。

电测仪表修理中还要用到的一些工具，如汽油缸是用来清洗零件的容器；柳木条是用来磨抛轴间、轴承内的脏物；洗耳球是用来吹除灰尘；丝绒布和绸布是用来擦试轴尖及其他光亮零件；羊毛刷是用来刷除刻度盘上的灰尘；绘图仪器是用来在刻度盘上画刻度和写字。

二、常用设备的使用

电测仪表中常用的设备有直流检流计、耐压仪、恒速器等。

（一）直流检流计的使用

1. 直流检流计的用途及原理

检流计是在电量测量技术中作为指零仪使用的一种仪表，用于电桥、电位差计中作为指零仪表，也可用于测量微弱电流、电压以及电荷等。磁电系检流计的工作原理与磁电系仪表基本相同，它与磁电系仪表的区别在于从它的刻度盘上只能读出其偏转格数，因此，检流计的标尺不标明电流或电压的具体数值。因为要反应微小电流，要求检流计具有很高的灵敏度。检流计有直流磁电式检流计和光电放大式检流计等。

2. 直流检流计的使用方法

这里主要介绍直流磁电式检流计中指针式检流计。检流计使用时应按正常位置放好，打开检流计的短路锁扣进行调零，使指针指在刻度“0”点。再将开关扳至标有“uV”的档，调节“补偿”旋钮使指针指零。再扳至“调零”档位，看指针是否在“0”点，反复调节使指针在“调零”档和“uV”档均指在刻度“0”点。此时，接入测量线路中使用。检流计刻度盘上的刻度分格是均匀的，零点标在度盘中心。指针左右偏转，都可读数。刻度上虽然标有数值，只是表示分格数，按临界电阻值选好外接电阻，并根据实验要求合理地选择检流计的灵敏度。当流过检流计的电流大小不清楚时，不要贸然提高灵敏度，应串入保护电阻或并联分流电阻后，再逐步提高。

3. 直流检流计的使用注意事项

（1）在使用时，应按正常使用位置安装好，对于装有水平仪的检流计应先调好水平位置，再检查检流计，看其偏转是否良好，有无卡滞现象等，进行这些检查工作之后，再接入测量线路中去使用。

（2）为了防止漏电流的影响，屏蔽端钮应可靠接地。

（3）检流计附近不应有外磁场和不必要的铁磁物质。

（4）检流计的玻璃上不应有静电荷。

（5）检流计应在无振动的环境中使用。

（二）耐压仪的使用

1. 耐压仪的用途及原理

耐压仪是用来测试仪器设备耐压强度的一种仪器设备。它可以直观、准确、快速、可靠地测试各种被测对象的击穿电压、漏电流等电气安全性能指标，并可以作为支流高电压源用来测试元器件和整机性能。耐压仪由高压升压回路（能调整输出所需的试验电压）、漏电流检测回路（能设置报警电流）和示值指示仪表［直接读出输出电压和漏电流值（或击穿报警电流值）］组成，如图 ZY2100402001-19 所示。在测试中，被测物在规定的试验电压作用下达到规定的时间时，仪器自动切断输出电压，一旦出现击穿，即漏电流超过设定报警电流，还会发出声光报警。

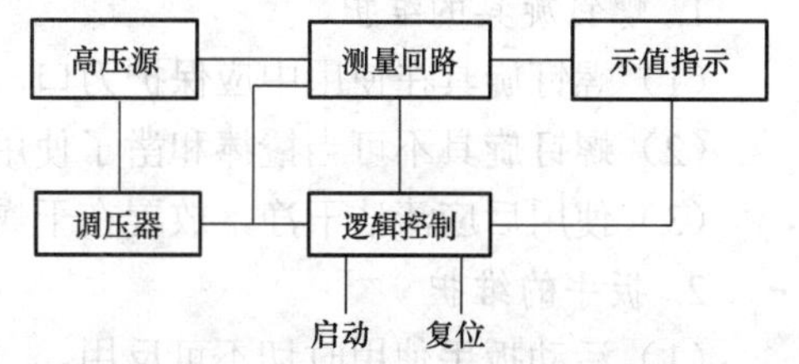

图 ZY2100402001-19　耐压仪的结构

2. 耐压仪的使用方法

（1）接通电源，使“电源”开关置于“开”的位置。将“电压调节”旋钮旋至到底，各示值均为零，则仪器处于初始状态。

（2）根据需要进行报警电流设定、定时设定、输出电压设定。

（3）进行测试时，将被测物加上输出电压保持一定时间。若被测物为合格品，试验时间到时无声光报警，同时仪器自动切断输出电压；若被测物为不合格品，则报警灯亮，蜂鸣器发出报警声，仪器自动切断输出电压。

3. 耐压仪的使用注意事项

（1）操作者必须戴绝缘橡皮手套，脚下垫绝缘橡皮垫，以防高压电击造成生命危险。

（2）在连接被测体或拆卸时，必须保证高压输出“0”及在“复位”状态。

（3）测试时，仪器接地端与被测体要可靠连接，严禁开路。

（4）勿将输出地线与交流电源线短路，以免外壳带电，造成危险。

（5）尽可能避免高压输出与地短路，以免发生意外。

（6）仪器避免阳光正面直射，不要在高温、潮湿、多尘的环境中使用。

（三）恒速器的使用

1. 恒速器的用途

恒速器是使用绝缘电阻表和接地电阻表时，能替代手工摇动仪表手柄，并能将转速控制在指定范围内的仪器。

2. 恒速器的使用方法

恒速器的使用很简单，通过调节恒速器上的“进”、“退”、“升”、“降”等固定位置的旋钮将仪表固定在恒速器上。打开电源，按控制转速的“启动”按钮，在转动过程中将转速调至需要值。若在校验绝缘电阻表和接地电阻表时，应将转速调至 120r/min。使用完毕或不需转动时，应按转速“停止”按钮，待仪表完全停止转动后，关闭电源。退出固定位置的按钮，取出仪表。

3. 恒速器的使用注意事项

（1）恒速器使用时，应将转速控制在规定值。

（2）应将仪表固定牢靠，以免转动时仪表甩出或损坏恒速器。

【思考与练习】

1. 新的电烙铁为什么要进行吃锡处理，应如何操作？

2. 试电笔的注意事项有哪些？

3. 检流计应该在什么环境中使用？

模块 2　常用工器具、设备的维护（ZY2100402002）

【模块描述】本模块介绍常用工器具、设备的维护知识。通过方法介绍和要点归纳，掌握常用工器具、设备的日常保养及维护的要领和方法。

【正文】

一、各种常用电工工具的日常保养及维护

1. 螺钉旋具的维护

（1）螺钉旋具在使用中应保护刀口，刀口使用日久变圆后可在磨石上修磨。

（2）螺钉旋具不可当撬棒和凿子使用。

（3）使用后应清洁干净，放置在干燥、通风的地方保存。不要在潮湿的地方存放。

2. 扳手的维护

（1）活动扳手使用时切不可反用。

（2）活动扳手不可当锤子使用敲打工件。

（3）使用后应清洁干净，放置在干燥、通风的地方保存。不要在潮湿的地方存放。

3. 钳子的维护

（1）钳子的钳轴要定期加油以保护。

（2）钳子不可当锤子使用敲打工件。

（3）使用后应清洁干净，放置在干燥、通风的地方保存。不要在潮湿的地方存放。

4. 电烙铁的维护

（1）电烙铁在第一次使用时，要进行吃锡处理。

（2）在使用过程中，也要保持清洁良好的使用状态，经常取出烙铁头或打磨烙铁头的烧黑层，以保证正常使用和焊接质量。若烙铁头取不出，不要用力扭动烙铁头，以免损伤电热线及引线。必须先将烙铁头与烙铁芯一起取出，夹在台虎钳上用小于烙铁头直径的金属棒在后面将烙铁头顶出来，再重新将电烙铁安装好。

（3）不要摔打或撞击电烙铁，以免损坏烙铁内部的瓷管和电热丝。

（4）使用后应清洁干净，放置在干燥、通风的地方保存。不要在潮湿的地方存放。

5. 镊子的维护

（1）不要用镊子去夹持较大或较重的物件，以免镊子尖部变钝或弯曲或不能闭合良好。

（2）不要用镊子撬工件，以免损坏镊子头部。

（3）不使用时将镊子闭合后，用护套套住以保护镊子的尖部。

（4）使用后应清洁干净，放置在干燥、通风的地方保存。不要在潮湿的地方存放。

6. 试电笔的维护

（1）不要用力敲打试电笔，以免损坏内部元件。

（2）不要当凿子使用。

（3）使用后应清洁干净，放置在干燥、通风的地方保存。不要在潮湿的地方存放。

7. 锉刀的维护

（1）锉刀使用时，应先用一个锉面，用钝了再用另一个锉面，这样可以延长锉刀的使用寿命。

（2）不可把锉刀重叠放置或跟其他工具、重物堆放在一起，更不得捶击锉刀，以免损坏。

（3）锉刀使用完毕后，应及时清理锉刀上的锉屑，否则既影响下次使用，也会造成锉齿生锈，应用钢丝刷去除锉面上的锉屑，刷时顺着齿纹方向。

（4）切勿使锉刀沾水、沾油。

（5）使用后应清洁干净，放置在干燥、通风的地方保存。不要在潮湿的地方存放。

8. 锤子的维护

（1）注意保护锤头的锥形球面。

（2）使用后应清洁干净，放置在干燥、通风的地方保存。不要在潮湿的地方存放。

二、各种常用设备的日常保养及维护

1. 检流计的维护

（1）放置检流计的地方应平整，并防振、防尘、防外磁场，远离热源，且干燥通风。

（2）切勿用万用表或欧姆表去测检流计的内阻，避免因电流过大而烧毁检流计。

（3）搬动检流计时应小心轻放，对无止动器的检流计，在搬动和使用完毕后应用短路锁扣锁住接线柱两端，以免活动部分因晃动而损坏检流计。

2. 耐压仪的维护

（1）测试灯、超漏灯一旦损坏，必须立即更换，以免造成误判。

（2）应存放在干燥、通风、无尘且避免阳光直射的地方。

（3）长期不用时，应定时进行通电和清洁。

（4）应定期送质检部门进行测试。

3. 恒速器的维护

（1）长期不用时，应定时进行通电和清洁。

（2）应存放在干燥、通风、无尘且避免阳光直射的地方。

【思考与练习】

1. 为什么要对电烙铁的烙铁头定期进行打磨清洗？

2. 检流计应怎样维护？

模块3 常用工器具、设备的常见故障及处理（ZY2100402003）

【模块描述】本模块介绍常用工器具、设备的常见故障及处理方法。通过故障分析和方法介绍，熟悉常用工器具、设备的常见故障现象，掌握常用工器具、设备常见故障的处理方法。

【正文】

一、电工工具的常见故障及处理

电工工具在日常使用中会磨损或出现一些故障，有的故障是可以处理后继续使用的。下面列举几个常见工具的常见故障：

（1）螺钉旋具的刀口使用日久变圆后，可在磨石上修磨。

（2）钳子咬死扳不动时，可以给钳头滴几滴润油，再扳动几下就灵活了。

（3）烙铁在使用一段时间后，会出现烙铁头发黑吃不上锡，这时应用砂纸打磨烧黑层，用湿布擦干净后再上松香即可；如果头部出现凹面，这时，应用锉刀将凹面锉平并重新整形；当出现烙铁头取不出时，不要用力扭动拉扯烙铁头，以免损伤电热线及引线，应先将烙铁头连同烙铁芯一起取出，夹在台虎钳上用小于烙铁头直径的金属棒在后面将烙铁头顶出来，再重新将电烙铁处理安装好。

（4）锉刀如果沾了润滑油，可用粉笔涂在锉面上，然后用钢丝刷刷去。

二、设备的常见故障及处理

检流计的常见故障及处理情况如下：

（1）通电时无偏转：

1）张丝、导流丝由于受振折断或过负荷烧坏。处理方法是更换张丝或导游丝。

2）张丝、导流丝固定销钉松落或脱焊。处理方法是重新固紧、焊牢。

3）电气线路或动圈断路或短路。处理方法是查明线路，排除故障，更换动圈。

4）磁空隙内有灰尘或微粒黏附卡住动圈。处理方法是用洗耳球吹去灰尘，用带尖的钢针引出铁屑。

（2）不回零及指示变差大：

1）平衡不好。处理方法是重新调平衡。

2）瞬间过负荷引起张丝或导流丝疲劳变形。处理方法是更换张丝或导流丝。

3）导流丝位置不合适，产生附加微小力矩。处理方法是拨正位置，清除扭绞力矩。

4）磁空气隙中有毛纤维阻碍动圈正常运转。处理方法是排除纤维。

5）动圈上粘有磁性物质。处理方法是清除附着的铁磁物质。

（3）调零不良：

1）调零器位置松动或零件损坏。处理方法是调整调零器到合适位置，或者更换调零器。

2）动圈受严重冲击位置变化，平衡失调。处理方法是重调平衡。

（4）灵敏度降低：

1）磁铁磁场减弱。处理方法是充磁。

2）焊接不好，线路接触不良或短路。处理方法是用万用表的“Ω”档分段检查，以排除故障。

3）动圈局部短路。处理方法是更换动圈。

4）张丝、导流丝表面氧化变质。处理方法是更换张丝或导流丝。

（5）阻尼时间变长：

1）动圈局部短路。处理方法是更换动圈。

2）有分流器的检流计，分流电阻阻值变化。处理方法是用万用表的“Ω”档检查分流电阻，查出故障予以排除，或配置分流电阻。

【思考与练习】

1. 烙铁的烙铁头取不出时，应如何处置？

2. 检流计的灵敏度降低时，应如何处理？

第五部分

电测仪器仪表的检定、校准、检测

第十章　交、直流仪表的检定、校准、检测

模块1　电流表的检定、校准、检测（ZY2100701001）

【模块描述】本模块介绍电流表检定、校准、检测方法。通过流程介绍和要点归纳，掌握电流表的检定、校准、检测的内容、危险点控制措施及准备工作、步骤、结果处理和注意事项。

【正文】

一、检定、校准、检测的目的及内容

电流表是测量电流的专用仪表，电流表的误差在使用中会直接影响测量的准确性。为保证电流测量的准确、可靠，按 JJG 124—2005《电流表、电压表、功率表及电阻表检定规程》及 SD 110—1983《电测量指示仪表检验规程》规定，应在规定时间周期内，对电流表进行检定、校准、检测。其主要内容是使用标准装置对电流表的误差进行检定、校准、检测。

二、危险点分析及控制措施

由于本模块检定、校准、检测过程中需要通电进行，安全工作要求主要参照国家电网公司《电力安全工作规程》有关规定执行。这里主要强调，为了防止在检定、校准、检测过程中电流回路开路，必须认真检查接线，连接导线应有良好绝缘。

三、检定、校准、检测的准备工作

1. 环境条件

（1）被检定、校准、检测电流表置于参比环境条件中，应有足够的时间（通常为 2h），以消除温度梯度的影响。除制造厂另有规定外，不需要预热。

（2）有关影响量的标准条件和允许偏差见表 ZY2100701001-1。

表 ZY2100701001-1　有关影响量的标准条件和允许偏差

影响量	标准条件	允许偏差	
		准确度等级等于和小于 0.2	准确度等级等于和大于 0.5
环境温度	20℃	±2℃	±5℃
相对湿度	40%～60%	40%～60%	40%～80%
直流被测量的纹波	纹波含量为零	纹波含量 1%	纹波含量 3%

2. 标准装置

（1）标准装置应具有有效期内的检定证书或校准证书。

（2）标准装置输出（测量）范围应在被检定、校准、检测电流表测量上限 1～1.25 倍范围内。

（3）标准装置由标准器、辅助设备及环境条件等所引起的测量扩展不确定度（k 取 2）应小于被检定、校准、检测电流表最大允许误差的 1/3。

（4）供电电源在 30s 内稳定度应不低于被检定、校准、检测电流表最大允许误差的 1/10。

（5）标准装置中的调节设备，应保证由零调至被检定、校准、检测电流表上限，且平稳而连续调至被检定、校准、检测电流表的任何一个分度线，调节细度应不低于被检定、校准、检测电流表最大允许误差的 1/10。标准表应有足够的标度分辨力（或数字位数），使读数的数值分辨率等于或优于被检定、校准、检测电流表准确度等级的 1/10。

（6）标准装置应有良好的屏蔽和接地，以避免外界干扰。

四、检定、校准、检测的步骤

（1）外观检查。被检定、校准、检测电流表应无明显影响测量的缺陷。

（2）绝缘电阻。在被检定、校准、检测电流表的所有测量端与外壳的参考“地”之间加 500V 直流电压，测得的绝缘电阻应不低于 5MΩ。

（3）介电强度。在被检定、校准、检测电流表的所有测量端与外壳的参考“地”之间加频率为 50Hz 正弦交流电压，历时 1min，试验中不应出现击穿或飞弧现象。（仅针对首次或修理后被检定、校准、检测的电流表）

（4）标准装置检查。检查标准装置电源设置开关位置，应与选择的仪器电源方式匹配。标准装置应无电流回路开路、电压回路短路或接地情况发生。

（5）标准装置预热。接通电源，预热标准装置 30min。

（6）测试线检查。测试导线应绝缘良好，无破损。

（7）接线。将被检定、校准、检测电流表的测量端钮与标准装置电流输出端相连接，所有端钮与导线连接应紧密、牢固。接线如图 ZY2100701001-1 所示。

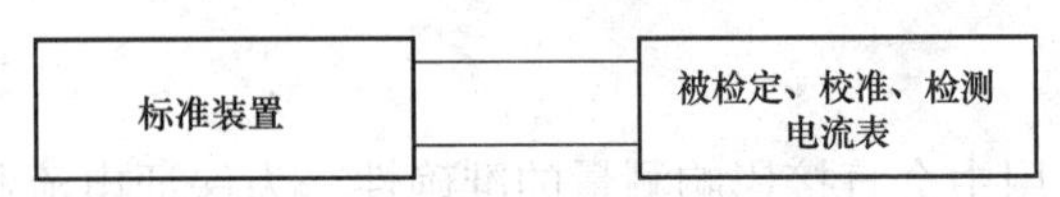

图 ZY2100701001-1 检定、校准、检测电流表的接线图

（8）根据被检定、校准、检测电流表型式设置标准装置工作参数。

（9）对被检定、校准、检测电流表进行基本误差、升降变差、偏离零位、位置影响和阻尼的检定、校准、检测，并记录数据。

（10）检定、校准、检测结束，将标准装置输出复位，关闭电源，拆除接线。

（11）对数据进行计算，检定合格的电流表贴合格证，校准、检测的可贴计量确认标识。

五、检定、校准、检测结果处理

（1）基本误差

$$\gamma=\frac{X-X_0}{X_N}\times 100\% \qquad (ZY2100701001\text{-}1)$$

式中 X——被检定、校准、检测电流表的指示值；

X_0——被测量的实际值；

X_N——引用值。

（2）升降变差

$$\gamma=\frac{|X_{01}-X_{02}|}{X_N}\times 100\% \qquad (ZY2100701001\text{-}2)$$

式中 X_{01}——被测量上升的实际值；

X_{02}——被测量下降的实际值。

（3）误差处理：

对检定、校准、检测的数据进行修约化整处理，并出具检定、校准证书或检测报告。原始记录填写应用签字笔或钢笔书写，不得任意修改。

六、检定、校准、检测的注意事项

（1）检定、校准、检测公用一个标度尺的多量程电流表基本误差时，只对其中某个量程（称全检定、校准、检测量程）的测量范围内带数字的分度线进行检定、校准、检测，而其余量程（称非全检定、校准、检测量程）只检定、校准、检测量程上限和可以判定最大误差的分度线。全检定、校准、检测量程一般选取常用量程。

（2）检定、校准、检测升降变差时，应在一个方向平稳地先上升后下降。

（3）偏离零位试验又称断电回零试验，仅针对在标度尺上有零分度线的被检定、校准、检测电流表。

（4）对没有装水准器，且有位置标志的电流表进行位置影响检定、校准、检测时，误差改变量不应超过最大允许误差的 50%；对无位置标志的被检定、校准、检测电流表，误差改变量不应超过最大允许误差的 100%。

（5）检定、校准、检测阻尼时，指示器偏转应在标度尺长的 2/3 处。

（6）最大基本误差、最大升降变差均应在所有量程中找出。

（7）接线过程中，严禁电流回路开路。

（8）测试线连接完毕后，应有专人检查，确认无误后，方可进行。

【思考与练习】

1. 电流表现场检定、校准、检测时，有哪些注意事项？

2. 选择标准装置需注意哪些项目？

模块 2　电压表的检定、校准、检测（ZY2100701002）

【模块描述】本模块介绍电压表检定、校准、检测方法。通过流程介绍和要点归纳，掌握电压表的检定、校准、检测的内容、危险点控制措施及准备工作、步骤、结果处理和注意事项。

【正文】

一、检定、校准、检测的目的及内容

电压表是测量电压的专用仪表，电压表的误差在使用中会直接影响测量的准确性。为保证电压测量的准确、可靠，按 JJG 124—2005《电流表、电压表、功率表及电阻表检定规程》及 SD 110—1983《电测量指示仪表检验规程》规定，应在规定时间周期内，对电压表进行检定、校准、检测。其主要内容是使用标准装置对电压表的误差进行检定、校准、检测。

二、危险点分析及控制措施

由于本模块检定、校准、检测过程中需要通电进行，安全工作要求主要参照国家电网公司《电力安全工作规程》有关规定执行。这里主要强调，为了防止在检定、校准、检测过程中电压回路短路或接地，必须认真检查接线，连接导线应有良好绝缘。

三、检定、校准、检测的准备工作

1. 环境条件

（1）被检定、校准、检测电压表置于参比环境条件中，应有足够的时间（通常为 2h），以消除温度梯度的影响。除制造厂另有规定外，不需要预热。

（2）有关影响量的标准条件和允许偏差，见表 ZY2100701001-1。

2. 标准装置

（1）标准装置应具有有效期内的检定证书或校准证书。

（2）标准装置输出（测量）范围应在被检定、校准、检测电压表测量上限 1～1.25 倍范围内。

（3）标准装置由标准器、辅助设备及环境条件等所引起的测量扩展不确定度（k 取 2）应小于被检定、校准、检测电压表最大允许误差的 1/3。

（4）供电电源在 30s 内稳定度应不低于被检定、校准、检测电压表最大允许误差的 1/10。

（5）标准装置中的调节设备，应保证由零调至被检定、校准、检测电压表上限，且平稳而连续调至被检定、校准、检测电压表的任何一个分度线，调节细度应不低于被检定、校准、检测电压表最大允许误差的 1/10。标准表应有足够的标度分辨力（或数字位数），使读数的数值分辨率等于或优于被检定、校准、检测电压表准确度等级的 1/10。

（6）标准装置应有良好的屏蔽和接地，以避免外界干扰。

四、检定、校准、检测的步骤

（1）外观检查。被检定、校准、检测电压表应无明显影响测量的缺陷。

（2）绝缘电阻。在被检定、校准、检测电压表的所有测量端与外壳的参考“地”之间加 500V 直

流电压，绝缘电阻值不应小于 5MΩ。

（3）介电强度。在被检定、校准、检测电压表的所有测量端与外壳的参考“地”之间加频率为 50Hz 的正弦交流电压，历时 1min，试验中不应出现击穿或飞弧现象。（仅对首次或修理后被检定、校准、检测的电压表）

（4）标准装置检查。检查标准装置电源设置开关位置，应与选择的仪器电源方式匹配。标准装置应无电流回路开路、电压回路短路或接地情况发生。

（5）标准装置预热。接通电源，预热标准装置 30min。

（6）测试线检查。测试导线应绝缘良好，无破损。

（7）接线。将被检定、校准、检测电压表的测量端钮与标准装置电压输出端相连接，所有端钮与导线连接应紧密、牢固。接线如图 ZY2100701002-1 所示。

标准装置	——	被检定、校准、检测电压表

图 ZY2100701002-1 检定、校准、检测电压表的接线图

（8）根据被检定、校准、检测电压表型式设置标准装置工作参数。

（9）对被检定、校准、检测电压表进行基本误差、升降变差、偏离零位、位置影响和阻尼的检定、校准、检测，并记录数据。

（10）检定、校准、检测结束，将标准装置输出复位，关闭电源，拆除接线。

（11）对数据进行计算，检定合格的电压表贴合格证，校准、检测的可贴计量确认标识。

五、检定、校准、检测结果处理

（1）基本误差

$$\gamma=\frac{X-X_0}{X_N}\times 100\% \qquad \text{(ZY2100701002-1)}$$

式中 X——被检定、校准、检测电压表的指示值；

X_0——被测量的实际值；

X_N——引用值。

（2）升降变差

$$\gamma=\frac{|X_{01}-X_{02}|}{X_N}\times 100\% \qquad \text{(ZY2100701002-2)}$$

式中 X_{01}——被测量上升的实际值；

X_{02}——被测量下降的实际值。

（3）误差处理：

对检定、校准、检测的数据应进行修约化整处理，并出具检定、校准证书或检测报告。原始记录填写应用签字笔或钢笔书写，不得任意修改。

六、检定、校准、检测的注意事项

（1）检定、校准、检测公用一个标度尺的多量程电压表基本误差时，只对其中某个量程（称全检定、校准、检测量程）的测量范围内带数字的分度线进行检定、校准、检测，而其余量程（称非全检定、校准、检测量程）只检定、校准、检测量程上限和可以判定最大误差的分度线。全检定、校准、检测量程一般选取常用量程。

（2）检定、校准、检测升降变差时，应在一个方向平稳地先上升后下降。

（3）偏离零位试验又称断电回零试验，仅针对在标度尺上有零分度线的被检定、校准、检测电压表。

（4）对没有装水准器，且有位置标志的电压表进行位置影响检定、校准、检测时，误差改变量不应超过最大允许误差的 50%；对无位置标志的被检定、校准、检测电压表，误差改变量不应超过最大允许误差的 100%。

（5）检定、校准、检测阻尼时，指示器偏转应在标度尺长的 2/3 处。

（6）最大基本误差、最大升降变差均应在所有量程中找出。

（7）接线过程中，严禁电压回路短路或接地。

（8）测试线连接完毕后，应有专人检查，确认无误后，方可进行。

【思考与练习】

1. 简述绝缘电阻的检定、校准、检测步骤。

2. 试问如何选择全检定、校准、检测量程？

模块 3　功率表的检定、校准、检测（ZY2100701003）

【模块描述】本模块介绍功率表检定、校准、检测方法。通过流程介绍和要点归纳，掌握功率表的检定、校准、检测的内容、危险点控制措施及准备工作、步骤、结果处理和注意事项。

【正文】

一、检定、校准、检测的目的及内容

功率表是测量功率的专用仪表，功率表的误差在使用中会直接影响测量的准确性。为保证功率测量的准确、可靠，按 JJG 124—2005《电流表、电压表、功率表及电阻表检定规程》及 SD 110—1983《电测量指示仪表检验规程》规定，应在规定时间周期内，对功率表进行检定、校准、检测。其主要内容是使用标准装置对功率表的误差进行检定、校准、检测。

二、危险点分析及控制措施

由于本模块检定、校准、检测过程中需要通电进行，安全工作要求主要参照国家电网公司《电力安全工作规程》有关规定执行。这里主要强调，为了防止在检定、校准、检测过程中电流回路开路、电压回路短路或接地，必须认真检查接线，连接导线应有良好绝缘。

三、检定、校准、检测的准备工作

1. 环境条件

（1）被检定、校准、检测功率表置于参比环境条件中，应有足够的时间（通常为 2h），以消除温度梯度的影响。除制造厂另有规定外，不需要预热。

（2）有关影响量的标准条件和允许偏差，见表 ZY2100701001-1。

2. 标准装置

（1）标准装置应具有有效期内的检定证书或校准证书。

（2）标准装置输出（测量）范围应在被检定、校准、检测功率表测量上限 1～1.25 倍范围内。

（3）标准装置由标准器、辅助设备及环境条件等所引起的测量扩展不确定度（k 取 2）应小于被检定、校准、检测功率表最大允许误差的 1/3。

（4）供电电源在 30s 内稳定度应不低于被检定、校准、检测功率表最大允许误差的 1/10。

（5）标准装置中的调节设备，应保证由零调至被检定、校准、检测功率表上限，且平稳而连续调至被检定、校准、检测功率表的任何一个分度线，调节细度应不低于被检定、校准、检测功率表最大允许误差的 1/10。标准表应有足够的标度分辨力（或数字位数），使读数的数值分辨率等于或优于被检定、校准、检测功率表准确度等级的 1/10。

（6）标准装置应有良好的屏蔽和接地，以避免外界干扰。

四、检定、校准、检测的步骤

（1）外观检查。被检定、校准、检测功率表应无明显影响测量的缺陷。

（2）绝缘电阻。在被检定、校准、检测功率表的所有测量端与外壳的参考“地”之间加 500V 直流电压，历时 1min，绝缘电阻值不应小于 5MΩ。

（3）介电强度。在被检定、校准、检测功率表的所有测量端与外壳的参考“地”之间加频率为 50Hz 实用正弦波的交流电压，历时 1min，击穿电流为 5mA，试验中不应出现击穿或飞弧现象。（仅对首次或修理后被检定、校准、检测的功率表）

（4）标准装置检查。检查标准装置电源设置开关位置，应与选择的仪器电源方式匹配。标准装置应无电流回路开路、电压回路短路或接地情况发生。

（5）标准装置预热。接通电源，预热标准装置 30min。

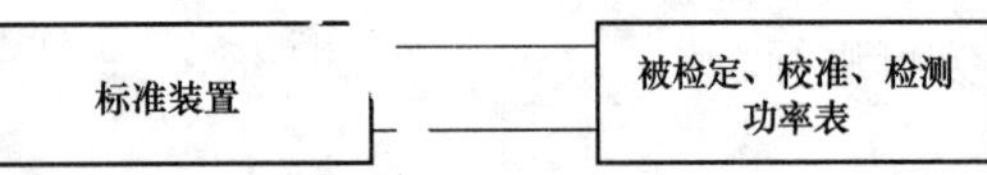

图 ZY2100701003-1　检定、校准、检测功率表的接线图

（6）测试线检查。测试导线应绝缘良好，无破损。

（7）接线。将被检定、校准、检测功率表的电压、电流测量端钮分别与标准装置电压、电流输出端相连接，所有端钮与导线连接应紧密、牢固。接线如图 ZY2100701003-1 所示。

（8）根据被检定、校准、检测功率表型式设置标准装置工作参数。

（9）对被检定、校准、检测功率表进行基本误差、升降变差、功率因数影响、偏离零位、位置影响和阻尼的检定、校准、检测，并记录数据。

（10）检定、校准、检测结束，将标准装置输出复位，关闭电源，拆除接线。

（11）对数据进行计算，检定合格的电压表贴合格证，校准、检测的可贴计量确认标识。

五、检定、校准、检测结果处理

（1）基本误差

$$\gamma=\frac{X-X_0}{X_N}\times 100\% \qquad \text{（ZY2100701003-1）}$$

式中　X——被检定、校准、检测功率表的指示值；

X_0——被测量的实际值；

X_N——引用值。

（2）升降变差

$$\gamma=\frac{|X_{01}-X_{02}|}{X_N}\times 100\% \qquad \text{（ZY2100701003-2）}$$

式中　X_{01}——被测量上升的实际值；

X_{02}——被测量下降的实际值。

（3）功率因数引起的改变量

$$\gamma=\frac{|X_{02}-X_{01}|}{X_N}\times 100\% \qquad \text{（ZY2100701003-3）}$$

式中　X_{02}——功率因数 0.5 感性或 0.5 容性时，被测量的实际值；

X_{01}——功率因数 1.0 时，被测量的实际值。

（4）误差处理：

对检定、校准、检测的数据进行修约化整处理，并出具检定、校准证书或检测报告。原始记录填写应用签字笔或钢笔书写，不得任意修改。

六、检定、校准、检测的注意事项

（1）检定、校准、检测公用一个标度尺的多量程功率表基本误差时，只对其中某个量程（称全检定、校准、检测量程）的测量范围内带数字的分度线进行检定、校准、检测，而其余量程（称非全检定、校准、检测量程）只检定、校准、检测量程上限和可以判定最大误差的分度线。全检定、校准、检测量程一般选取常用量程。

（2）检定、校准、检测升降变差时，应在一个方向平稳地先上升后下降。

（3）当被检定、校准、检测功率表测量范围中心无分度线时，选择小于测量范围中心的刻度线进行检定、校准、检测功率因数影响。

（4）偏离零位试验又称断电回零试验，仅针对在标度尺上有零分度线的被检定、校准、检测功率表。

（5）需进行只有电压回路通电，指示器偏离零分度线的试验，其改变量不应超过最大允许误差的 100%。

（6）对没有装水准器，且有位置标志的功率表进行位置影响检定、校准、检测时，误差改变量不应超过最大允许误差的 50%；对无位置标志的被检定、校准、检测功率表，误差改变量不应超过最大允许误差的 100%。

（7）检定、校准、检测阻尼时，指示器偏转应在标度尺长的 2/3 处。

（8）最大基本误差、最大升降变差均应在所有量程中找出。

（9）功率因数引起的改变量应选取 0.5 感性和 0.5 容性两种情况下的最大值。

（10）接线过程中，严禁电流回路开路、电压回路短路或接地。

（11）测试线连接完毕后，应有专人检查，确认无误后，方可进行。

【思考与练习】

1. 检定、校准、检测升降变差有哪些注意事项？

2. 简述功率因数影响。

模块 4　电阻表的检定、校准、检测（ZY2100701004）

【模块描述】本模块介绍电阻表检定、校准、检测方法。通过流程介绍和要点归纳，掌握电阻表的检定、校准、检测的内容及准备工作、步骤、结果处理和注意事项。

【正文】

一、检定、校准、检测的目的及内容

电阻表是测量电阻的专用仪表，电阻表的误差在使用中会直接影响测量的准确性。为保证电阻测量的准确、可靠，按 JJG 124—2005《电流表、电压表、功率表及电阻表检定规程》及 SD 110—1983《电测量指示仪表检验规程》规定，应在规定时间周期内，对电阻表进行检定、校准、检测。其主要内容是使用标准装置对电阻表的误差进行检定、校准、检测。

二、检定、校准、检测的准备工作

1. 环境条件

（1）被检定、校准、检测电阻表置于参比环境条件中，应有足够的时间（通常为 2h），以消除温度梯度的影响。

（2）有关影响量的标准条件和允许偏差，见表 ZY2100701001-1。

2. 标准装置

（1）标准装置应具有有效期内的检定证书或校准证书。

（2）标准装置输出范围应在被检定、校准、检测电阻表测量上限 1～1.25 倍范围内。

（3）标准装置由标准器、辅助设备及环境条件等所引起的测量扩展不确定度（k 取 2）应小于被检定、校准、检测电阻表最大允许误差的 1/3。

（4）标准装置应可以由零调至被检定、校准、检测电阻表上限，且平稳而连续调至被检定、校准、检测电阻表的任何一个分度线，调节细度应不低于被检定、校准、检测电阻表最大允许误差的 1/10。并且有足够的标度分辨力，使读数的数值分辨率等于或优于被检定、校准、检测电阻表准确度等级的 1/10。

（5）标准装置应有良好的屏蔽和接地，以避免外界干扰。

三、检定、校准、检测的步骤

（1）外观检查。被检定、校准、检测电阻表应无明显影响测量的缺陷。

（2）绝缘电阻。在被检定、校准、检测电阻表的所有测量端与外壳的参考“地”之间加 500V 直流电压，历时 1min，绝缘电阻值不应小于 5MΩ。

（3）介电强度。在被检定、校准、检测电阻表的所有测量端与外壳的参考“地”之间加频率为 50Hz 实用正弦波的交流电压，历时 1min，击穿电流为 5mA，试验中不应出现击穿或飞弧现象。（仅对首次或修理后被检定、校准、检测的电阻表）

（4）标准装置检查。检查标准装置各个旋钮位置是否正确，应无松动、接触不良情况发生。

（5）测试线检查。测试导线应绝缘良好，无破损。

（6）接线。将被检定、校准、检测电阻表测量端与标准装置电阻输出端相连接，所有端子与导线连接应紧密、牢固。接线如图 ZY2100701004-1 所示。

图 ZY2100701004-1 检定、校准、检测电阻表的接线图

（7）依据规 JJG 124—2005《电流表、电压表、功率表及电阻表检定规程》及 SD 110—1983《电测量指示仪表检验规程》规定对被检定、校准、检测电阻表进行基本误差、升降变差和阻尼的检定、校准、检测。并记录数据。

（8）检定、校准、检测结束，拆除接线。

（9）对数据进行计算，检定合格的电阻表贴合格证。

四、检定、校准、检测结果处理

（1）基本误差

$$\gamma=\frac{X-X_0}{X_N}\times 100\% \qquad (ZY2100701004\text{-}1)$$

式中 X——被检定、校准、检测电阻表的指示值；

X_0——被测量的实际值；

X_N——引用值。

（2）升降变差

$$\gamma=\frac{|X_{01}-X_{02}|}{X_N}\times 100\% \qquad (ZY2100701004\text{-}2)$$

式中 X_{01}——被测量上升的实际值；

X_{02}——被测量下降的实际值。

（3）误差处理：

对检定、校准、检测的结果进行修约化整处理并出具检定、校准证书或检测报告。原始记录填写应用签字笔或钢笔书写，不得任意修改。

五、检定、校准、检测的注意事项

（1）检定、校准、检测公用一个标度尺的多量程电阻表基本误差时，只对其中某个量程（称全检定、校准、检测量程）的测量范围内带数字的分度线进行检定、校准、检测，而其余量程（称非全检定、校准、检测量程）只检定、校准、检测带有数字分度线的中值电阻。

（2）当电阻表最小量程为 R×1（Ω）时，一般选取 R×10（Ω）为全检定、校准、检测量程。

（3）检定、校准、检测升降变差时，应在一个方向平稳地先上升后下降。

（4）对没有装水准器，且有位置标志的电阻表进行位置影响检定、校准、检测时，误差改变量不应超过最大允许误差的 50%；对无位置标志的被检定、校准、检测电阻表误差改变量不应超过最大允许误差的 100%。

（5）最大基本误差、最大升降变差均应在所有量程中找出。

（6）测试线连接完毕后，应有专人检查，确认无误后，方可进行。

【思考与练习】

1. 电阻表现场检定、校准、检测时，有哪些注意事项？
2. 电阻表最小量程为 R×1（Ω）时，如何选取全检定、校准、检测量程？

模块 5 频率表的检定、校准、检测（ZY2100701005）

【模块描述】本模块介绍频率表检定、校准、检测方法。通过流程介绍和要点归纳，掌握频率表的检定、校准、检测的内容、危险点控制措施及准备工作、步骤、结果处理和注意事项。

【正文】

一、检定、校准、检测的目的及内容

频率表是测量电压频率的专用仪表，频率表的误差在使用中会直接影响测量的准确性。为保证频率测量的准确、可靠，按 JJG 603—2006《频率表检定规程》规定，应在规定时间周期内，对频率表进行检定、校准、检测。其主要内容是使用标准装置对频率表的误差进行检定、校准、检测。

二、危险点分析及控制措施

由于本模块检定、校准、检测过程中需要通电进行，安全工作要求主要参照国家电网公司《电力安全工作规程》有关规定执行。这里主要强调，为了防止在检定、校准、检测过程中电压回路短路或接地，必须认真检查接线，连接导线应有良好绝缘。

三、检定、校准、检测的准备工作

1. 环境条件

（1）被检定、校准、检测频率表置于参比环境条件中，应有足够的时间（通常为 2h），以消除温度梯度的影响。除制造厂另有规定外，不需要预热。

（2）指针式频率表：环境温度取（23±2）℃；相对湿度取≤80%。

数字式频率表：环境温度取 15～30℃，相对湿度取≤80%。

2. 标准装置

（1）标准装置应具有有效期内的检定证书或校准证书。

（2）标准装置输出（测量）范围应包含被检定、校准、检测频率表测量范围。

（3）标准装置由标准器、辅助设备及环境条件等所引起的测量误差，应比被检定、校准、检测频率表最大允许误差小一个数量级。

（4）标准装置应有良好的屏蔽和接地，以避免外界干扰。

四、检定、校准、检测的步骤

（1）外观检查。被检定、校准、检测频率表应无明显影响测量的缺陷。

（2）标准装置检查。检查标准装置电源设置开关位置，应与选择的仪器电源方式匹配。标准装置应无电流回路开路、电压回路短路或接地情况发生。

（3）标准装置预热。接通电源，预热标准装置 30min。

（4）测试线检查。测试导线应绝缘良好，无破损。

（5）接线。将被检定、校准、检测频率表测量端钮与标准装置电压输出端相连接，所有端子与导线连接应紧密、牢固。接线如图 ZY2100701005-1 所示。

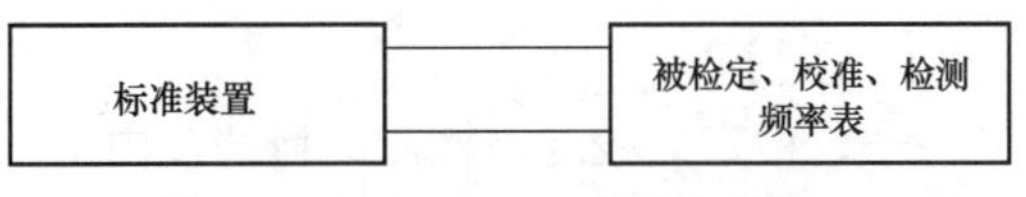

图 ZY2100701005-1 检定、校准、检测频率表的接线图

（6）根据被检定、校准、检测频率表型式设置标准装置工作参数。

（7）对被检定、校准、检测频率表进行测量误差、输入电压和测量范围的检定、校准、检测，并记录数据。

（8）检定、校准、检测结束，将标准装置输出复位，关闭电源，拆除接线。

（9）对数据进行计算，检定合格的频率表贴合格证，校准、检测的可贴计量确认标识。

五、检定、校准、检测结果处理

（1）基本误差

$$\gamma=\frac{f_i-f_{ia}}{f_M}\times 100\,\% \qquad \text{(ZY2100701005-1)}$$

式中 f_i——被检定、校准、检测指针式频率表的示值；

f_{ia}——标准频率值；

f_M——指针式频率表的最大刻度值。

$$\gamma=\frac{\overline{f}_x-f_0}{f_0}\times 100\,\% \qquad \text{(ZY2100701005-2)}$$

式中 $\overline{f}_x$——被检定、校准、检测数显式频率表的 3 次测量结果示值的平均值；

f_0——标准频率值。

（2）升降变差

$$\gamma=\frac{\left|f_{ia}-f_{ib}\right|}{f_M}\times 100\,\% \qquad \text{(ZY2100701005-3)}$$

式中 f_{ia}——被测量上升的实际值；

f_{ib}——被测量下降的实际值。

（3）误差处理：

对检定、校准、检测的结果出具检定、校准证书或检测报告。原始记录填写应用签字笔或钢笔书写，不得任意修改。

六、检定、校准、检测的注意事项

（1）检定、校准、检测测量范围时，标准装置选择输出电压220V，分别选取被检定、校准、检测频率表测量范围的最大值和最小值进行。

（2）被检定、校准、检测数显式频率表不需进行升降变差试验。

（3）检定、校准、检测升降变差时，应在一个方向平稳地先上升后下降。

（4）最大基本误差、最大升降变差均应在所有量程中找出。

（5）接线过程中，严禁电压回路短路或接地。

（6）测试线连接完毕后，应有专人检查，确认无误后，方可进行。

【思考与练习】

1. 如何进行测量范围的检定、校准、检测？

2. 如何判定最大基本误差？

模块6 相位表的检定、校准、检测（ZY2100701006）

【模块描述】本模块介绍相位表检定、校准、检测方法。通过流程介绍和要点归纳，掌握相位表的检定、校准、检测的内容、危险点控制措施及准备工作、步骤、结果处理和注意事项。

【正文】

一、检定、校准、检测的目的及内容

相位表是测量两个交流电参量之间相位的专用仪表，相位表的误差在使用中会直接影响测量的准确性。为保证相位测量的准确、可靠，按JJG 440—2008《工频单相相位表检定规程》规定，应在规定时间周期内，对相位表进行检定、校准、检测。其主要内容是使用标准装置对相位表的误差进行检定、校准、检测。

二、危险点分析及控制措施

由于本模块检定、校准、检测过程中需要通电进行，安全工作要求主要参照国家电网公司《电力安全工作规程》有关规定执行。这里主要强调，为了防止在检定、校准、检测过程中电流回路开路、电压回路短路或接地，必须认真检查接线，连接导线应有良好绝缘。

三、检定、校准、检测的准备工作

1. 环境条件

（1）被检定、校准、检测相位表置于参比环境条件中，应有足够的时间（通常为2h），以消除温度梯度的影响。

（2）环境温度取（20±2）℃。

2. 标准装置

（1）标准装置应具有有效期内的检定证书或校准证书。

（2）标准装置输出（测量）范围应为0°～360°。

（3）标准装置由标准器、辅助设备及环境条件等所引起的测量扩展不确定度（k取2）应小于被检定、校准、检测相位表最大允许误差的1/3。

（4）供电电源在30s内稳定度应不低于被检定、校准、检测相位表最大允许误差的1/10。

（5）标准装置中的调节设备应保证由零调至被检定、校准、检测相位表上限，且平稳而连续调至被检定、校准、检测相位表的任何一个分度线，调节细度应不低于被检定、校准、检测相位表最大允许误差的1/10。标准表应有足够的标度分辨力（或数字位数），使读数的数值分辨率等于或优于被检定、校准、检测相位表准确度等级的1/10。

（6）标准装置应有良好的屏蔽和接地，以避免外界干扰。

四、检定、校准、检测的步骤

（1）外观检查。被检定、校准、检测相位表应无明显影响测量的缺陷。

（2）绝缘电阻。在被检定、校准、检测相位表的所有测量端与外壳的参考“地”之间加 500V 直流电压，历时 1min，绝缘电阻值不应小于 5MΩ。

（3）介电强度。在被检定、校准、检测相位表的所有测量端与外壳的参考“地”之间加频率为 50Hz 实用正弦波的交流电压，历时 1min，击穿电流为 5mA，试验中不应出现击穿或飞弧现象。（仅对修理后被检定、校准、检测的相位表）

（4）标准装置检查。检查标准装置电源设置开关位置，应与选择的仪器电源方式匹配。标准装置应无电流回路开路、电压回路短路或接地情况发生。

（5）标准装置预热。接通电源，预热标准装置 30min。

（6）测试线检查。测试导线应绝缘良好，无破损。

（7）接线。将被检定、校准、检测相位表的电压、电流测量端钮分别与标准装置电压、电流输出端相连接，所有端子与导线连接应紧密、牢固。接线如图 ZY2100701006-1 所示。

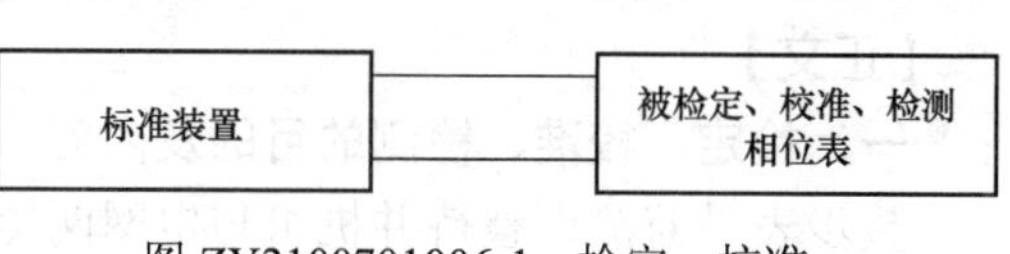

图 ZY2100701006-1　检定、校准、检测相位表的接线图

（8）根据被检定、校准、检测相位表型式设置标准装置工作参数。

（9）被检定、校准、检测相位表进行基本误差、升降变差、非额定负荷影响、阻尼、极性和频率影响的检定、校准、检测，并记录数据。

（10）检定、校准、检测结束，将标准装置输出复位，关闭电源，拆除接线。

（11）对数据进行计算，检定合格的相位表贴合格证；校准、检测的可贴计量确认标识。

五、检定、校准、检测结果处理

（1）基本误差

$$\gamma=\frac{\varphi_x-\varphi_0}{\varphi_N}\times 100\% \qquad (ZY2100701006\text{-}1)$$

式中　φ_x——被检定、校准、检测相位表的示值；

φ_0——标准相位值；

φ_N——基准值（$\varphi_N=90^\circ$）。

（2）升降变差

$$\gamma=\frac{|\varphi_{01}-\varphi_{02}|}{\varphi_N}\times 100\% \qquad (ZY2100701006\text{-}2)$$

式中　φ_{01}——被测量上升的实际值；

φ_{02}——被测量下降的实际值。

（3）误差处理：

检定、校准、检测的结果应出具检定、校准证书或检测报告。原始记录填写应用签字笔或钢笔书写，不得任意修改。

六、检定、校准、检测的注意事项

（1）有调零器的相位表应在预热前将指示器调至零位，在检定、校准、检测过程中不允许重新调整零位。

（2）检定、校准、检测倾斜影响时，对有机械零位的相位表不通电，对无机械零位的相位表通以额定电压和 40%的额定电流。

（3）检定、校准、检测升降变差时，应在一个方向平稳地先上升后下降。

（4）检定、校准、检测非额定负荷影响的基本误差、升降变差均不应超过被检定、校准、检测相位表最大允许误差的 100%。

（5）检定、校准、检测阻尼时，指示器偏转应在标度尺长的2/3处。

（6）最大基本误差、最大升降变差均应在所有量程中找出。

（7）接线过程中，严禁电流回路开路、电压回路短路或接地。

（8）测试线连接完毕后，应有专人检查，确认无误后，方可进行。

【思考与练习】

1. 简述非额定负荷影响的检定、校准、检测。
2. 对有机械零位的相位表如何进行检定、校准、检测？

模块7 整步表的检定、校准、检测（ZY2100701007）

【模块描述】本模块介绍整步表检定、校准、检测方法。通过流程介绍和要点归纳，掌握整步表的检定、校准、检测的内容、危险点控制措施及准备工作、步骤、结果处理和注意事项。

【正文】

一、检定、校准、检测的目的及内容

整步表是监测调整待并机组与电网两侧电压差、频率差、相位差同步时并车（并网）的重要仪表。整步表的误差在运行中会直接影响并车（并网）的准确性。为保证整步表测量的准确、可靠，按SD 110—1983《电测量指示仪表检验规程》规定，应在规定时间周期内，对整步表进行检定、校准、检测。其主要内容是使用标准装置对整步表的误差进行检定、校准、检测。

二、危险点分析及控制措施

由于本模块检定、校准、检测过程中需要通电进行，安全工作要求主要参照国家电网公司《电力安全工作规程》有关规定执行。这里主要强调，为了防止在检定、校准、检测过程中电压回路短路或接地，必须认真检查接线，连接导线应有良好绝缘。

三、检定、校准、检测的准备工作

1. 环境条件

（1）被检定、校准、检测整步表置于参比环境条件中，应有足够的时间（通常为2h），以消除温度梯度的影响。除制造厂另有规定外，不需要预热。

（2）有关影响量的标准条件和允许偏差见表ZY2100701001-1。

2. 标准装置

（1）标准装置应具有有效期内的检定证书或校准证书。

（2）标准装置由标准器、辅助设备及环境条件等所引起的测量扩展不确定度（k取2）应小于被检定、校准、检测整步表最大允许误差的1/3。

（3）供电电源在30s内稳定度应不低于被检定、校准、检测整步表最大允许误差的1/10。

（4）标准装置应有良好的屏蔽和接地，以避免外界干扰。

四、检定、校准、检测的步骤

（1）外观检查。被检定、校准、检测整步表应无明显影响测量的缺陷。

（2）绝缘电阻。在被检定、校准、检测整步表的所有测量端与外壳的参考“地”之间加500V直流电压，历时1min，绝缘电阻值不应小于5MΩ。

（3）标准装置检查。检查标准装置电源设置开关位置，应与选择的仪器电源方式匹配。标准装置应无电流回路开路、电压回路短路或接地情况发生。

（4）标准装置预热。接通电源，预热标准装置30min。

（5）测试线检查。测试导线应绝缘良好，无破损。

（6）接线。将被检定、校准、检测整步表测量端钮与标准装置输出端相连接，所有端钮与导线连接应紧密、牢固。接线如图ZY2100701007-1所示。

（7）根据被检定、校准、检测整步表型式设置标准装置工作参数。

（8）对被检定、校准、检测整步表进行基本误差（同步点）、倾斜影响、变差或转动灵活性、快慢方向、指示器转速均匀性、稳定性和灵敏度和电压特性的检定、校准、检测，并记录数据。

（9）检定、校准、检测结束，将标准装置输出复位，关闭电源，拆除接线。

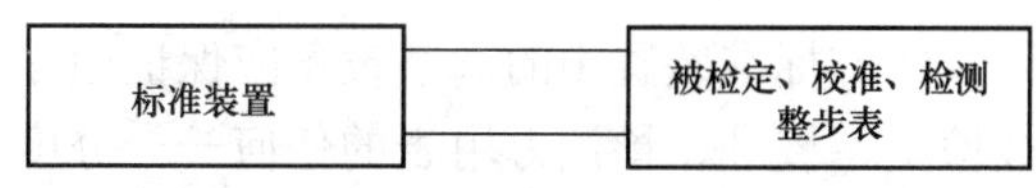

图 ZY2100701007-1　检定、校准、检测整步表的接线图

（10）对数据进行分析，检定合格的整步表贴合格证，校准、检测的可贴计量确认标识。

五、检定、校准、检测结果处理

对检定、校准、检测结果进行分析并出具检定、校准证书或检测报告。原始记录填写应用签字笔或钢笔书写，不得任意修改。

六、检定、校准、检测的注意事项

（1）检定、校准、检测基本误差时，指针与同步标志中线的夹角不大于 2.5º。

（2）被检定、校准、检测整步表的变差应不大于 2.5º。

（3）检定、校准、检测电压特性时，指示器读数变化不应超过 ±2.5。

（4）检定、校准、检测过程中，严禁电压回路短路或接地。

（5）为保证检定、校准、检测准确性，在检定、校准、检测过程中，需严格按照 SD 110—1983《电测量指示仪表检验规程》中规定进行接线。

（6）测试线连接完毕后，应有专人检查，确认无误后，方可进行。

【思考与练习】

1. 整步表检定、校准、检测时，有哪些注意事项？

2. 简述检定、校准、检测整步表的步骤。

模块 8　万用表的检定、校准、检测（ZY2100701008）

【模块描述】本模块介绍万用表检定、校准、检测方法。通过流程介绍和要点归纳，掌握万用表的检定、校准、检测的内容、危险点控制措施及准备工作、步骤、结果处理和注意事项。

【正文】

一、检定、校准、检测的目的及内容

万用表是测量电压、电流、电阻的多功能组合仪表，万用表的误差在使用中会直接影响测量的准确性。为保证电压、电流、电阻测量的准确、可靠，按 JJG 124—2005《电流表、电压表、功率表及电阻表检定规程》及 SD 110—1983《电测量指示仪表检验规程》规定，应在规定时间周期内，对万用表进行检定、校准、检测。其主要内容是使用标准装置对万用表的误差进行检定、校准、检测。

二、危险点分析及控制措施

由于本模块检定、校准、检测过程中需要通电进行，安全工作要求主要参照国家电网公司《电力安全工作规程》有关规定执行。这里主要强调，为了防止在检定、校准、检测过程中电流回路开路、电压回路短路或接地，必须认真检查接线，连接导线应有良好绝缘。

三、检定、校准、检测的准备工作

1. 环境条件

（1）被检定、校准、检测万用表置于参比环境条件中，应有足够的时间（通常为 2h），以消除温度梯度的影响。除制造厂另有规定外，不需要预热。

（2）有关影响量的标准条件和允许偏差见表 ZY2100701001-1。

2. 标准装置

（1）标准装置应具有有效期内的检定证书或校准证书。

（2）标准装置输出（测量）范围应在被检定、校准、检测万用表测量上限 1～1.25 倍范围内。

（3）标准装置由标准器、辅助设备及环境条件等所引起的测量扩展不确定度（k 取 2）应小于被检定、校准、检测万用表最大允许误差的 1/3。

（4）供电电源在 30s 内稳定度应不低于被检定、校准、检测万用表最大允许误差的 1/10。

（5）标准装置中的调节设备应保证由零调至被检定、校准、检测万用表上限，且平稳而连续调至被检定、校准、检测万用表的任何一个分度线，调节细度应不低于被检定、校准、检测万用表最大允许误差的 1/10。标准表应有足够的标度分辨力（或数字位数），使读数的数值分辨率等于或优于被检定、校准、检测万用表准确度等级的 1/10。

（6）标准装置应有良好的屏蔽和接地，以避免外界干扰。

四、检定、校准、检测的步骤

（1）外观检查。被检定、校准、检测万用表应无明显影响测量的缺陷。

（2）绝缘电阻。在被检定、校准、检测万用表的所有测量端与外壳的参考“地”之间加 500V 直流电压，历时 1min，绝缘电阻值不应小于 5MΩ。

（3）介电强度。在被检定、校准、检测万用表的所有测量端与外壳的参考“地”之间加频率为 50Hz 实用正弦波的交流电压，历时 1min，击穿电流为 5mA，试验中不应出现击穿或飞弧现象。（仅针对首次或修理后被检定、校准、检测的万用表）

（4）标准装置检查。检查标准装置电源设置开关位置，应与选择的仪器电源方式匹配。标准装置应无电流回路开路、电压回路短路或接地情况发生。

（5）标准装置预热。接通电源，预热标准装置 30min。

（6）测试线检查。测试导线应绝缘良好，无破损。

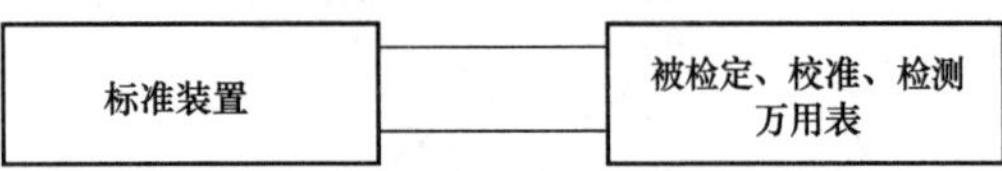

图 ZY2100701008-1 检定、校准、检测万用表的接线图

（7）接线。将被检定、校准、检测万用表的测量端钮分别与标准装置的输出端相连接，所有端钮与导线连接应紧密、牢固。接线如图 ZY2100701008-1 所示。

（8）根据被检定、校准、检测万用表型式设置标准装置工作参数。

（9）对被检定、校准、检测万用表的电压、电流、电阻分别进行基本误差、升降变差、偏离零位、位置影响和阻尼的检定、校准、检测，并记录数据。

（10）检定、校准、检测结束，将标准装置输出复位，关闭电源，拆除接线。

（11）对数据进行计算，检定合格的万用表贴合格证，校准、检测的可贴计量确认标识。

五、检定、校准、检测结果处理

（1）基本误差

$$\gamma=\frac{X-X_0}{X_N}\times 100\% \qquad \text{(ZY2100701008-1)}$$

式中 X——被检定、校准、检测万用表的电压或电流指示值；

X_0——被测量的实际值；

X_N——引用值。

（2）升降变差

$$\gamma=\frac{|X_{01}-X_{02}|}{X_N}\times 100\% \qquad \text{(ZY2100701008-2)}$$

式中 X_{01}——被测量上升的实际值；

X_{02}——被测量下降的实际值。

（3）误差处理：

检定、校准、检测的数据进行修约化整处理，并出具检定、校准证书或检测报告。原始记录填写应用签字笔或钢笔书写，不得任意修改。

六、检定、校准、检测注意事项

（1）凡公用一个标度尺的交直流电压、电流量程，只对其中某个量程（称全检定、校准、检测量程）的测量范围内带数字的分度线进行检定、校准、检测，而其余量程（称非全检定、校准、检测量程）只检量程上限和可以判定最大误差的分度线。全检定、校准、检测量程一般选取常用量程。

（2）检定、校准、检测电阻基本误差时，对其中一个量程的带数字分度线进行全部检定、校准、检测；其他量程可只检定、校准、检测几何中心分度线和可以判断为最大误差的分度线。

（3）被检定、校准、检测万用电表有蜂鸣器时，应将旋钮置于蜂鸣器使用位置，电路短路后，应听到正常的蜂鸣声（若说明书另有说明，应按说明书进行）。

（4）被检定、校准、检测万用电表附有自动断路器时，应通以规定倍数的过负荷电流，检验断路器是否能可靠动作。

（5）万用电表的分贝标度尺，一般可不进行检定、校准、检测。但应把与分贝量程对应的交流电压量程（分贝量程的零分贝分度线与该电压量程的 0.775V 分度线相对应）的全部带数字的分度线进行检定、校准、检测。

（6）检定、校准、检测升降变差时，应在一个方向平稳地先上升后下降。

（7）偏离零位试验又称断电回零试验。仅针对在标度尺上有零分度线的被检定、校准、检测万用表。

（8）对没有装水准器，且有位置标志的万用表进行位置影响检定、校准、检测时，误差改变量不应超过最大允许误差的 50%；对无位置标志的被检定、校准、检测万用表，误差改变量不应超过最大允许误差的 100%。

（9）检定、校准、检测阻尼时，指示器偏转应在标度尺长的 2/3 处。

（10）最大基本误差、最大升降变差均应在所有量程中找出。

（11）接线过程中，严禁流回路开路、电压回路短路或接地。

（12）测试线连接完毕后，应有专人检查，确认无误后，方可进行。

【思考与练习】

1. 简述检定、校准、检测万用表电阻量程的基本误差。
2. 试述万用表的用途。

模块 9　钳形表的检定、校准、检测（ZY2100701009）

【模块描述】本模块介绍钳形表检定、校准、检测方法。通过流程介绍和要点归纳，掌握钳形表的检定、校准、检测的内容、危险点控制措施及准备工作、步骤、结果处理和注意事项。

【正文】

一、检定、校准、检测的目的及内容

钳形表是测量电压、电流、电阻的多功能专用仪表，它与万用表不同，能直接测量 20～1000A 的大电流。钳形表的误差在使用中会直接影响测量的准确性。为保证电压、电流、电阻测量的准确、可靠，按 JJG 124—2005《电流表、电压表、功率表及电阻表检定规程》、SD 110—1983《电测量指示仪表检验规程》及 JJF 1075—2001《钳形电流表校准规范》规定，应在规定时间周期内，对钳形表进行检定、校准、检测。其主要内容是使用标准装置对钳形表的误差进行检定、校准、检测。

二、危险点分析及控制措施

由于本模块检定、校准、检测过程中需要通电进行，安全工作要求主要参照国家电网公司《电力安全工作规程》有关规定执行。这里主要强调，为了防止在检定、校准、检测过程中电流回路开路、电压回路短路或接地，必须认真检查接线，连接导线应有良好绝缘。

三、检定、校准、检测的准备工作

1. 环境条件

（1）被检定、校准、检测钳形表置于参比环境条件中，应有足够的时间（通常为 2h），以消除温度梯度的影响。除制造厂另有规定外，不需要预热。

（2）有关影响量的标准条件和允许偏差见表 ZY2100701001-1。

2. 标准装置

（1）标准装置应具有有效期内的检定证书或校准证书。

（2）标准装置输出（测量）范围应在被检定、校准、检测钳形表测量上限 1～1.25 倍范围内。

（3）标准装置由标准器、辅助设备及环境条件等所引起的测量扩展不确定度（k 取 2）应小于被检定、校准、检测钳形表最大允许误差的 1/3。

（4）供电电源在 30s 内稳定度应不低于被检定、校准、检测钳形表最大允许误差的 1/10。

（5）标准装置中的调节设备应保证由零调至被检定、校准、检测钳形表上限，且平稳而连续调至被检定、校准、检测钳形表的任何一个分度线，调节细度应不低于被检定、校准、检测钳形表最大允许误差的 1/10。标准表应有足够的标度分辨力（或数字位数），使读数的数值分辨率等于或优于被检定、校准、检测钳形表准确度等级的 1/10。

（6）标准装置应有良好的屏蔽和接地，以避免外界干扰。

四、检定、校准、检测的步骤

（1）外观检查。被检定、校准、检测钳形表应无明显影响测量的缺陷。

（2）绝缘电阻。在被检定、校准、检测钳形表的所有测量端与外壳的参考“地”之间加 500V 直流电压，历时 1min，绝缘电阻值不应小于 5MΩ。

（3）介电强度。在被检定、校准、检测钳形表的所有测量端与外壳的参考“地”之间加频率为 50Hz 实用正弦波的交流电压，历时 1min，击穿电流为 5mA，试验中不应出现击穿或飞弧现象。（仅针对首次或修理后被检定、校准、检测的钳形表）

（4）标准装置检查。检查标准装置电源设置开关位置，应与选择的仪器电源方式匹配。标准装置应无电流回路开路、电压回路短路或接地情况发生。

（5）标准装置预热。接通电源，预热标准装置 30min。

（6）测试线检查。测试导线应绝缘良好，无破损。

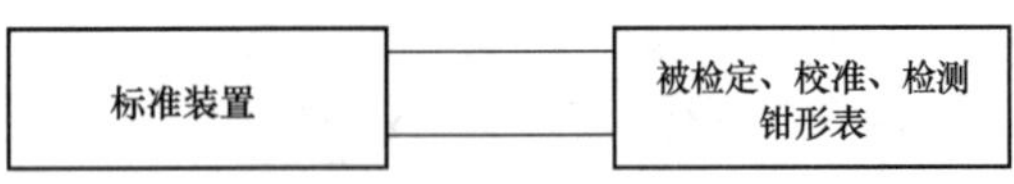

图 ZY2100701009-1　检定、校准、检测钳形表的接线图

（7）接线。将被检定、校准、检测钳形表的测量端钮分别与标准装置的输出端相连接，所有端钮与导线连接应紧密、牢固。接线如图 ZY2100701009-1 所示。

（8）根据被检定、校准、检测钳形表型式设置标准装置工作参数。

（9）对被检定、校准、检测钳形表的电压、电流、电阻分别进行基本误差、升降变差、偏离零位、位置影响、阻尼、分辨和显示能力的检定、校准、检测，并记录数据。

（10）检定、校准、检测结束，将标准装置输出复位，关闭电源，拆除接线。

（11）对数据进行计算，检定合格的钳形表贴合格证，校准、检测的可贴计量确认标识。

五、检定、校准、检测结果处理

（1）基本误差

$$\gamma=\frac{X-X_0}{X_N}\times 100\% \qquad \text{(ZY2100701009-1)}$$

式中 X——被检定、校准、检测钳形表的电压或电流指示值；

X_0——被测量的实际值；

X_N——引用值。

（2）升降变差

$$\gamma=\frac{|X_{01}-X_{02}|}{X_N}\times 100\% \qquad \text{(ZY2100701009-2)}$$

式中 X_{01}——被测量上升的实际值；

X_{02}——被测量下降的实际值。

（3）误差处理：

检定、校准、检测的数据应进行修约化整处理并出具检定、校准证书或检测报告。原始记录填写应用签字笔或钢笔书写，不得任意修改。

六、检定、校准、检测的注意事项

（1）检定、校准、检测时，钳口铁芯端面上的脏物应擦去，并保证两端面接触良好。

（2）检定、校准、检测钳形表电流时，测试导线应置于钳口中心位置，并于铁芯窗口平面垂直。

（3）指针式钳形表公用一个标度尺的交直流电压、电流量程，只对其中某个量程（称全检定、校准、检测量程）的测量范围内带数字的分度线进行检定、校准、检测，而其余量程（称非全检定、校准、检测量程）只检量程上限和可以判定最大误差的分度线。全检定、校准、检测量程一般选取常用量程。

（4）检定、校准、检测数字式钳形表基本误差时，选取准确度最高的量程为全检定、校准、检测量程，均匀的选取不少于 5 个检定、校准、检测点。

（5）检定、校准、检测电阻基本误差时，对其中一个量程的带数字分度线进行全部检定、校准、检测；其他量程可只检定、校准、检测几何中心分度线和可以判断为最大误差的分度线。

（6）检定、校准、检测升降变差时，应在一个方向平稳地先上升后下降。

（7）偏离零位试验又称断电回零试验。仅针对在标度尺上有零分度线的被检定、校准、检测钳形表。

（8）对没有装水准器，且有位置标志的钳形表进行位置影响检定、校准、检测时，误差改变量不应超过最大允许误差的 50%；对无位置标志的被检定、校准、检测钳形表，误差改变量不应超过最大允许误差的 100%。

（9）检定、校准、检测阻尼时，指示器偏转应在标度尺长的 2/3 处。

（10）升降变差、偏离零位、位置影响和阻尼的检定、校准、检测针对指针式钳形表。

（11）数字式钳形表应作分辨力、显示能力的检定、校准、检测。

（12）最大基本误差、最大升降变差均应在所有量程中找出。

（13）接线过程中，严禁流回路开路、电压回路短路或接地。

（14）测试线连接完毕后，应有专人检查，确认无误后，方可进行。

【思考与练习】

1. 简述数字式钳形表分辨力的检定、校准、检测。

2. 简述数字式钳形表显示能力的检定、校准、检测。

第十一章　电压监测仪的校准、检测

模块1　电压监测仪的校准、检测（ZY2100702001）

【模块描述】本模块介绍电压监测仪校准、检测方法。通过流程介绍和要点归纳，掌握电压监测仪的校准、检测的内容、危险点控制措施及准备工作、步骤、结果处理和注意事项。

【正文】

一、校准、检测的目的及内容

电压监测仪是连续监测和统计电网正常运行状态缓慢变化所引起的电压偏差的仪器或仪表。电压监测仪的误差在使用中会直接影响电压监测和统计的准确性。为保证电压测量的准确、可靠，按 DL 500—1902《电压监测仪订货技术条件》规定，应在规定时间周期内，对电压监测仪进行校准、检测。其主要内容是使用标准装置对电压监测仪的误差进行校准、检测。

二、危险点分析及控制措施

由于本模块校准、检测过程中需要通电进行，安全工作要求主要参照国家电网公司《电力安全工作规程》有关规定执行。这里主要强调，为了防止在校准、检测过程中电压回路短路或接地，必须认真检查接线，连接导线应有良好绝缘。

三、校准、检测的准备工作

1. 环境条件

环境温度应为-5～40℃，环境相对湿度应为 20%～90%。

2. 标准装置

（1）标准装置应具有有效期内的检定证书或校准证书。

（2）标准装置输出（测量）范围应在被校准、检测电压监测仪测量上限 1～1.25 倍范围内。

（3）标准装置由标准器、辅助设备及环境条件等所引起的测量扩展不确定度（k 取 2）应小于被校准、检测电压监测仪最大允许误差的 1/3。

（4）供电电源在 30s 内稳定度应不低于被校准、检测电压监测仪最大允许误差的 1/10。

（5）标准装置中的调节设备应保证由零调至被校准、检测电压监测仪上限，且平稳而连续调至被校准、检测电压监测仪的任何一个分度线，调节细度应不低于被校准、检测电压监测仪最大允许误差的 1/10。标准表应有足够的标度分辨力（或数字位数），使读数的数值分辨率等于或优于被校准、检测电压监测仪准确度等级的 1/10。

（6）标准装置应有良好的屏蔽和接地，以避免外界干扰。

四、校准、检测的步骤

（1）外观检查。被校准、检测电压监测仪应无明显影响测量的缺陷。

（2）绝缘电阻。在被校准、检测电压监测仪的所有测量端与外壳的参考“地”之间加 500V 直流电压，历时 1min，绝缘电阻值不应小于 5MΩ。

（3）介电强度。在被校准、检测电压监测仪的所有测量端与外壳的参考“地”之间加频率为 50Hz 实用正弦波的交流电压，历时 1min，击穿电流为 5mA，试验中不应出现击穿或飞弧现象。

（4）泄漏电流。在被校准、检测电压监测仪的电源电压端与外壳之间加额定电压的 110%，泄漏电流应小于 3.5mA。

（5）标准装置检查。检查标准装置电源设置开关位置，应与选择的仪器电源方式匹配。标准装置应无电流回路开路、电压回路短路或接地情况发生。

（6）预热。接通电源，预热标准装置和被校准、检测电压监测仪 30min。

（7）测试线检查。测试导线应绝缘良好，无破损。

（8）接线。将被校准、检测电压监测仪的电压测量端钮分别与标准装置电压输出端相连接，所有端钮与导线连接应紧密、牢固。接线如图 ZY2100702001-1 所示。

标准装置　　被校准、检测电压监测仪

图 ZY2100702001-1　校准、检测电压监测仪的接线图

（9）根据被校准、检测电压监测仪型式设置标准装置工作参数。

（10）对被校准、检测电压监测仪进行基本功能检验、精度试验、环境试验和可靠性试验的校准、检测，并记录数据。

（11）校准、检测结束，将标准装置输出复位，关闭电源，拆除接线。

（12）对数据进行计算。

五、校准、检测结果处理

（1）整定电压值基本误差

$$\gamma=\frac{U_q-U_b}{U_b}\times 100\% \qquad \text{(ZY2100702001-1)}$$

式中　U_q——启动电压；

U_b——整定电压。

（2）灵敏度

$$\kappa=\frac{|U_q-U_f|}{U_q}\times 100\% \qquad \text{(ZY2100702001-2)}$$

式中　U_f——返回电压。

（3）误差处理：

校准、检测的数据应进行修约化整处理并出具校准证书或检测报告。原始记录填写应用签字笔或钢笔书写，不得任意修改。

六、校准、检测注意事项

（1）统计式电压监测仪和记录式电压监测仪应分类型进行综合测量误差测试。

（2）接线过程中，严禁电压回路短路或接地。

（3）测试线连接完毕后，应有专人检查，确认无误后，方可进行。

【思考与练习】

1. 简述电压监测仪灵敏度的校准、检测。

2. 简述电压监测仪整定电压值的计算方法。

第十二章　电测量变送器、交流采样测量装置的检定、校准、检测

模块 1　电测量变送器的检定、校准、检测（ZY2100703001）

【模块描述】本模块介绍电测量变送器检定、校准、检测方法。通过流程介绍和要点归纳，掌握电测量变送器的检定、校准、检测的内容、危险点控制措施及准备工作、步骤、结果处理和注意事项。

【正文】

一、检定、校准、检测的目的及内容

电测量变送器是测量交流电压、电流、频率、功率等电量的仪器。电测量变送器的误差在使用中会直接影响测量的准确性。为保证交流电压、电流、频率、功率等电量测量的准确、可靠，按 JJG （电力）01—1994 《电测量变送器》和 JJG 126—1995 《交流电量变换为直流电量电工测量变送器》规定，应在规定时间周期内，对电量变送器进行检定、校准、检测，其主要内容是使用标准装置对电测量变送器的误差进行检定、校准、检测。

二、危险点分析及控制措施

由于本模块检定、校准、检测过程中需要通电进行，安全工作要求主要参照国家电网公司《电力安全工作规程》有关规定执行。这里主要强调，为了防止在检定、校准、检测过程中电流回路开路、电压回路短路或接地，必须认真检查接线；连接导线应有良好绝缘。

三、检定、校准、检测的准备工作

1. 环境条件

（1）被检定、校准、检测电测量变送器置于参比环境条件中，应有足够的时间（通常为 2h），以消除温度梯度的影响。除制造厂另有规定外，不需要预热。

（2）有关影响量的标准条件和允许偏差见表 ZY2100703001-1。

表 ZY2100703001-1　　有关影响量的标准条件和允许偏差

影响量	标准条件	允许偏差	
		一般用途	用于恶劣环境
环境温度	20 ℃	±2℃	±5℃
输入量波形	正弦	畸变因数：0.05	

2. 标准装置

（1）标准装置应具有有效期内的检定证书或校准证书。

（2）标准装置输出（测量）范围应等于或大于被检定、校准、检测电测量变送器的量程，但不能超过后者的 150%。

（3）标准装置的综合误差与被检定、校准、检测电测量变送器基本误差之比不大于 1/10～1/4。

（4）供电电源在 30s 内稳定度应不低于被检定、校准、检测电测量变送器最大允许误差的 1/10。

（5）标准装置中的调节设备应保证由零调至被检定、校准、检测电测量变送器 120%标称值，调节细度应不低于被检定、校准、检测电测量变送器最大允许误差的 1/5。

（6）标准装置应有良好的屏蔽和接地，以避免外界干扰。

四、检定、校准、检测的步骤

（1）外观检查。被检定、校准、检测电测量变送器应无明显影响测量的缺陷。

（2）绝缘电阻。在被检定、校准、检测电测量变送器的所有测量端与外壳的参考“地”之间加500V直流电压，历时1min，绝缘电阻值不应小于5MΩ。

（3）介电强度。在被检定、校准、检测电测量变送器的所有测量端与外壳的参考“地”之间加频率为50Hz实用正弦波的交流电压，历时1min，击穿电流为5mA，试验中不应出现击穿或飞弧现象。

（4）标准装置检查。检查标准装置电源设置开关位置，应与选择的仪器电源方式匹配。标准装置应无电流回路开路、电压回路短路或接地情况发生。

（5）预热。接通电源，预热标准装置和被检定、校准、检测电测量变送器30min。

（6）测试线检查。测试导线应绝缘良好，无破损。

（7）接线。将被检定、校准、检测电测量变送器的测量端钮分别与标准装置输出端相连接，电压端并联连接，电流端串联连接，标准表测量端与变送器二次输出端连接，所有端钮与导线连接应紧密、牢固。接线如图ZY2100703001-1所示。

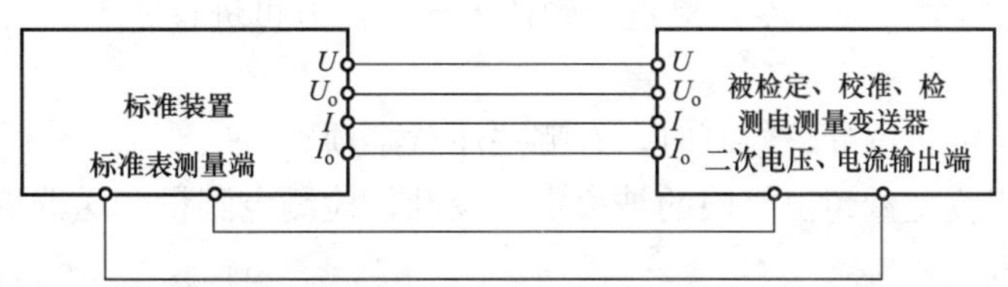

图ZY2100703001-1　电测量变送器基本误差检定接线图

（8）根据被检定、校准、检测电测量变送器型式设置标准装置工作参数。

（9）对被检定、校准、检测电测量变送器进行基本误差、输出纹波含量、响应时间和改变量的检定、校准、检测，并记录数据。

（10）检定、校准、检测结束，将标准装置输出复位，关闭电源，拆除接线。

（11）对数据进行计算，检定合格的电测量变送器贴合格证，校准、检测的可贴计量确认标识。

五、检定、校准、检测结果处理

（1）基本误差

$$\gamma=\frac{X-X_0}{X_N}\times 100\% \qquad (ZY2100703001\text{-}1)$$

式中　X——被检定、校准、检测电测量变送器的电压或电流显示值；

X_0——被检定、校准、检测电测量变送器的电压或电流标准值；

X_N——基准值。

（2）误差处理：

检定、校准、检测的结果应进行修约化整处理并出具检定、校准证书或检测报告。原始记录填写应用签字笔或钢笔书写，不得任意修改。

（3）修约间隔的确定：

1）对变送器的输出值和绝对误差进行修约时，有效数字位数由修约间隔确定。修约间隔ΔA应等于或接近于按式ZY2100703001-2计算出的数值

$$\Delta A=CA_F\times 10^{-3} \qquad (ZY2100703001\text{-}2)$$

式中　C——变送器的等级指数；

A_F——变送器的基准值。

2）对变送器的基本误差进行修约时，修约间隔ΔA应按变送器基本误差的1/10选取。按式ZY2100703001-3计算

$$\Delta A=0.1C\% \qquad (ZY2100703001\text{-}3)$$

式中 C——变送器的等级指数。

六、检定、校准、检测的注意事项

（1）检定、校准、检测电测量变送器基本误差时，检定、校准、检测点按等分原则选取。电压、电流变送器选取 6 个点，频率、相位角和功率因数变送器选取 9 个点，有功、无功功率变送器选取 13 个点。

（2）检定、校准、检测电测量变送器输出纹波时，各影响量应保持在参比条件下。给变送器施加激励，使输出量等于其较高标称值。

（3）对于频率、相位角、功率因数变送器和不经过互感器直接进行测量的电压、电流、功率变送器，不需要进行再校准。以被测量的标称值为界的范围是输入范围，以输出量的标称值为界的范围就是输出范围。对于电压、电流变送器，被测量再校准值下限为零；对于功率变送器，被测量再校准值下限的绝对值与上限相等，但符号相反。

（4）对于基本误差和改变量超出极限的被检定、校准、检测电测量变送器需要调整时，应先分元件试验、分元件调整，然后重新对整体再进行检定、校准、检测，直至符合要求。

（5）接线过程中，严禁电流回路开路、电压回路短路或接地。

（6）测试线连接完毕后，应有专人检查，确认无误后，方可进行。

【思考与练习】

1. 电测量变送器检定、校准、检测时，有哪些注意事项？
2. 简述基本误差和改变量超出极限的被检定、校准、检测电测量变送器的调整。

模块 2 交流采样测量装置的校准、检测（ZY2100703002）

【模块描述】本模块介绍交流采样测量装置校准、检测方法。通过流程介绍和要点归纳，掌握交流采样测量装置的校准、检测的内容、危险点控制措施及准备工作、步骤、结果处理和注意事项。

【正文】

一、校准、检测的目的及内容

交流采样测量装置是测量交流电压、电流、频率、功率等电量的设备。交流采样测量装置的误差在使用中会直接影响测量的准确性。为保证交流电压、电流、频率、功率等电量测量的准确、可靠，按国家电网公司《交流采样测量装置校验规范》和 Q/GDW 140—2006《交流采样测量装置运行检验管理规程》规定，应在规定时间周期内，对交流采样测量装置进行校准、检测。其主要内容是使用标准装置对交流采样测量装置的误差进行校准、检测。

二、危险点分析及控制措施

由于本模块校准、检测过程中需要通电进行，安全工作要求主要参照国家电网公司《电力安全工作规程》有关规定执行。这里主要强调，为了防止在校准、检测过程中电流回路开路、电压回路短路或接地，必须认真检查接线，连接导线应有良好绝缘。

三、校准、检测的准备工作

1. 环境条件

环境温度应为 15～30℃，环境相对湿度应为≤80%。

2. 标准装置

（1）标准装置应具有有效期内的检定证书或校准证书。

（2）标准装置的量程应与被校准、检测交流采样测量装置的量程相适应。

（3）标准装置的综合误差与被校准、检测交流采样测量装置基本误差之比不大于 1/10～1/4。

（4）供电电源在 30s 内稳定度应不低于校准、检测交流采样测量装置最大允许误差的 1/10。

（5）标准装置中的调节设备应保证由零调至被校准、检测交流采样测量装置 120%标称值，调节细度应不低于被校准、检测交流采样测量装置最大允许误差的 1/10～1/5。

（6）标准装置应有良好的屏蔽和接地，以避免外界干扰。

四、校准、检测的步骤

（1）外观检查。被校准、检测交流采样测量装置应无明显影响测量的缺陷。

（2）绝缘电阻。在被校准、检测交流采样测量装置的所有测量端与外壳的参考“地”之间加 500V 直流电压，历时 1min，绝缘电阻值不应小于 5MΩ。

（3）介电强度。在被校准、检测交流采样测量装置的所有测量端与外壳的参考“地”之间加频率为 50Hz 实用正弦波的交流电压，历时 1min，击穿电流为 5mA，试验中不应出现击穿或飞弧现象。

（4）标准装置检查。检查标准装置电源设置开关位置，应与选择的仪器电源方式匹配。标准装置应无电流回路开路、电压回路短路或接地情况发生。

（5）预热。接通电源，预热标准装置和被校准、检测交流采样测量装置 30min。

（6）测试线检查。测试导线应绝缘良好，无破损。

（7）接线。将被校准、检测交流采样测量装置的测量端钮分别与标准装置输出端相连接，所有端钮与导线连接应紧密、牢固。接线如图 ZY2100703002-1 所示。

图 ZY2100703002-1　交流采样测量装置基本误差检定接线图

（8）根据被校准、检测交流采样测量装置型式设置标准装置工作参数。

（9）对被校准、检测交流采样测量装置进行基本误差、不平衡电流影响和频率变化影响的校准、检测，并记录数据。

（10）校准、检测结束，将标准装置输出复位，关闭电源，拆除接线。

（11）对数据进行计算。

五、校准、检测结果处理

（1）基本误差

$$\gamma=\frac{X-X_0}{X_N}\times 100\% \qquad \text{(ZY2100703002-1)}$$

式中　X——被校准、检测交流采样测量装置的电压或电流等电量显示值；

X_0——被校准、检测交流采样测量装置的电压或电流等电量标准值；

X_N——基准值。

（2）误差处理：

校准、检测的数据应进行修约化整处理并出具校准证书或检测报告。原始记录填写应用签字笔或钢笔书写，不得任意修改。

六、校准、检测的注意事项

（1）被校准、检测交流采样测量装置应有用于现场校验的测量校验端口。

（2）在校准、检测交流采样测量装置之前，被校准、检测交流采样测量装置应通电预处理不少于 30min。

（3）在进行校准、检测交流采样测量装置基本误差时，交流采样测量装置测量值应读取上传数据口的厂站端读数，当不具备条件时，可读取交流采样测量装置显示值。

（4）接线过程中，严禁电流回路开路、电压回路短路或接地。

（5）测试线连接完毕后，应有专人检查，确认无误后，方可进行。

【思考与练习】

1. 简述预热和预处理的区别。

2. 简述交流采样原理。

模块 2　ZY2100703002

第十三章　绝缘电阻表、接地电阻表的检定、校准、检测

模块1　绝缘电阻表的检定、校准、检测（ZY2100704001）

【模块描述】本模块介绍绝缘电阻表检定、校准、检测方法。通过流程介绍和要点归纳，掌握绝缘电阻表的检定、校准、检测的目的、内容及准备工作、步骤、结果处理和注意事项。

【正文】

一、检定、校准、检测的目的及内容

绝缘电阻表是测量绝缘电阻的专用仪表，绝缘电阻表的误差在使用中会直接影响测量的准确性。为保证绝缘电阻测量的准确、可靠，按JJG 622—1997《绝缘电阻表（兆欧表）检定规程》和JJG 1005—2005《电子式绝缘电阻表》规定，应在规定时间周期内，对绝缘电阻表进行检定、校准、检测。其主要内容是使用标准装置对绝缘电阻表的误差进行检定、校准、检测。

二、检定、校准、检测的准备工作

1. 环境条件

（1）被检定、校准、检测绝缘电阻表置于参比环境条件中，应有足够的时间（通常为 2h），以消除温度梯度的影响。

（2）环境温度应为23±5℃，环境相对湿度应为＜80%。

2. 标准装置

（1）标准装置应具有有效期内的检定证书或校准证书。

（2）标准装置的量程应能覆盖被检定、校准、检测绝缘电阻表量程的上限值，步进值应小于被检定、校准、检测绝缘电阻表的分辨力。

（3）标准装置允许误差限值应不超过被检定、校准、检测绝缘电阻表允许误差限值的1/4。

（4）标准装置的调节细度应小于被检定、校准、检测绝缘电阻表分度线指示值与α/2000 的乘积（α为被检定、校准、检测绝缘电阻表准确度等级指数）。

（5）标准装置由标准器、辅助设备及环境条件等所引起的测量扩展不确定度（k取2）应小于被检定、校准、检测绝缘电阻表最大允许误差的1/3。

（6）标准装置应为三端电阻定义、十进可调结构、具有单独的泄露屏蔽端钮和接地端钮。

三、检定、校准、检测的步骤

（1）外观检查。被检定、校准、检测绝缘电阻表应无明显影响测量的缺陷。

（2）绝缘电阻。在被检定、校准、检测绝缘电阻表的所有测量端与外壳的参考“地”之间加500V直流电压，历时1min，绝缘电阻值不应小于5MΩ。

（3）介电强度。在被检定、校准、检测绝缘电阻表的所有测量端与外壳的参考“地”之间加频率为50Hz实用正弦波的交流电压，历时1min，击穿电流为5mA，试验中不应出现击穿或飞弧现象。（仅针对首次或修理后被检定、校准、检测的绝缘电阻表）

（4）标准装置检查。检查标准装置各个旋钮位置是否正确，应无明显不稳定及短路或开路现象。

（5）测试线检查。测试导线应绝缘良好，无破损。

（6）接线。将被检定、校准、检测绝缘电阻表测量端与标准装置输出端相连接，所有端子与导线连接应紧密、牢固。接线如图 ZY2100704001-1 所示。

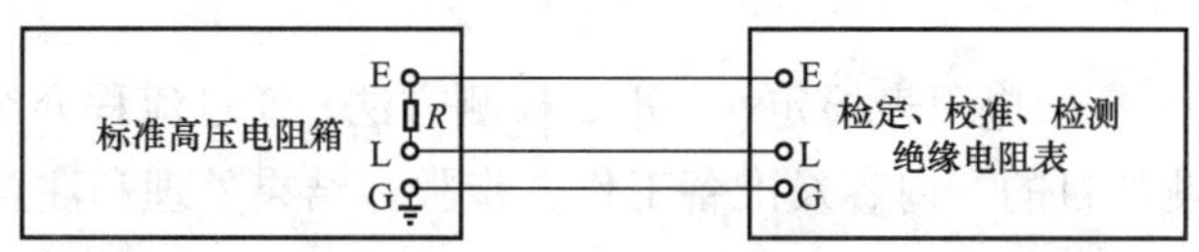

图 ZY2100704001-1　绝缘电阻表基本误差检定接线图

（7）对被检定、校准、检测绝缘电阻表进行基本误差、端钮电压及其稳定性、倾斜影响、显示能力和分辨力的检定、校准、检测。并记录数据。

（8）检定、校准、检测结束，拆除接线。

（9）对数据进行计算，检定合格的绝缘电阻表贴合格证；校准、检测的可贴计量确认标识。

四、检定、校准、检测结果处理

（1）指针式绝缘电阻表基本误差为

$$\varDelta = \pm (R_x \cdot A\%) \qquad \text{(ZY2100704001-1)}$$

式中　$\varDelta$——允许绝对误差；

R_x——指示值；

A——准确度等级指数。

（2）数字式绝缘电阻表基本误差。

绝对误差为

$$\varDelta = \pm (a\% \cdot R_x + b\% \cdot R_m) \qquad \text{(ZY2100704001-2)}$$

或

$$\varDelta = \pm (a\% \cdot R_x + n\ \text{个字})$$

相对误差为

$$\gamma = \pm \left(a\% + \frac{R_m}{R_x} \cdot b\%\right) \qquad \text{(ZY2100704001-3)}$$

或

$$\gamma = \pm (a\% + n\ \text{个字}/R_x)$$

式中　a、b、n 由制造厂给出；

R_m——被检表满量程值。

（3）误差处理：

检定、校准、检测的数据应进行修约化整处理并出具检定、校准证书或检测报告。原始记录填写应用签字笔或钢笔书写，不得任意修改。

五、检定、校准、检测的注意事项

（1）手柄转速应在额定转速 120^{+5}_{-2} r/min（或 150^{+5}_{-2} r/min）范围内。

（2）对非线性标尺的被检定、校准、检测的绝缘电阻表的基准值规定为测量指示值。

（3）指针式绝缘电阻表应进行倾斜影响的检定、校准、检测。在参比条件下，分别在倾斜前、后、左、右 4 个方向的测量Ⅰ区段测量范围上限、下限及中值三分度线的误差值。

（4）数字式绝缘电阻表应进行显示部分和分辨力检查。

（5）测试线连接完毕后，应有专人检查，确认无误后，方可进行。

【思考与练习】

1. 简述泄漏电流对误差的影响。

2. 简述倾斜影响对误差的影响。

模块 2　接地电阻表的检定、校准、检测（ZY2100704002）

【模块描述】本模块介绍接地电阻表检定、校准、检测方法。通过流程介绍和要点归纳，掌握接地电阻表的检定、校准、检测的目的、内容及准备工作、步骤、结果处理和注意事项。

【正文】

一、检定、校准、检测的目的及内容

接地电阻表是测量各种接地装置的接地电阻的专用仪表，接地电阻表的误差在使用中会直接影响测量的准确性。为保证接地电阻测量的准确、可靠，按 JJG 366—2004《接地电阻表检定规程》规定，应在规定时间周期内，对接地电阻表进行检定、校准、检测。其主要内容是使用标准装置对接地电阻表的误差进行检定、校准、检测。

二、检定、校准、检测的准备工作

1. 环境条件

（1）被检定、校准、检测接地电阻表置于参比环境条件中，应有足够的时间（通常为 2h），以消除温度梯度的影响。

（2）环境温度应为（20±5）℃，环境相对湿度应为 40%～75%。

2. 标准装置

（1）标准装置应具有有效期内的检定证书或校准证书。

（2）标准装置的量程应能覆盖被检定、校准、检测接地电阻表的量程，其允许电流应大于被检定、校准、检测接地电阻表的工作电流，其调节细度不低于被检定、校准、检测接地电阻表最大允许误差的 1/10。

（3）标准装置允许误差限值应不超过被检定、校准、检测接地电阻表允许误差限值的 1/4。

（4）标准装置由标准器、辅助设备及环境条件等所引起的测量扩展不确定度（k 取 2）应小于被检定、校准、检测电流表最大允许误差的 1/3。

（5）辅助电阻值最大允许误差不超过 ±5%。

（6）标准装置应有良好的屏蔽和接地，以避免外界干扰。

三、检定、校准、检测的步骤

（1）外观检查。被检定、校准、检测接地电阻表应无明显影响测量的缺陷。

（2）绝缘电阻。在被检定、校准、检测接地电阻表的所有测量端与外壳的参考“地”之间加 500V 直流电压，历时 1min，绝缘电阻值不应小于 5MΩ。

（3）介电强度。在被检定、校准、检测接地电阻表的所有测量端与外壳的参考“地”之间加频率为 50Hz 实用正弦波的交流电压，历时 1min，击穿电流为 5mA，试验中不应出现击穿或飞弧现象。（仅针对首次或修理后被检定、校准、检测的接地电阻表）。

（4）标准装置检查。检查标准装置各个旋钮位置是否正确，应无明显不稳定及短路或开路现象。

（5）测试线检查。测试导线应绝缘良好，无破损。

（6）接线。将被检定、校准、检测接地电阻表测量端与标准装置输出端相连接，所有端子与导线连接应紧密、牢固。当测量接地电阻表的示值大于 10Ω 时，接线如图 ZY2100704002-1 所示；当测量接地电阻表的示值小于等于 10Ω 时，接线如图 ZY2100704002-2 所示。

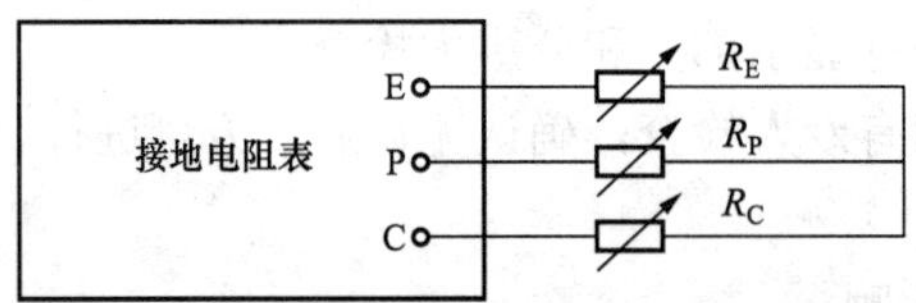

图 ZY2100704002-1　接地电阻表示值 R_x＞10Ω 时接线图

E—被检接地电阻电极；P—电位电极；C—辅助电极；R_E—标准电阻箱；R_P、R_C—辅助接地电阻箱

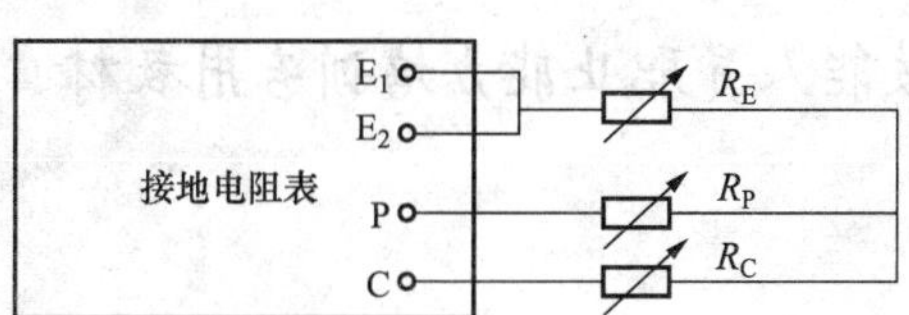

图 ZY2100704002-2　接地电阻表示值 $R_x \leqslant 10\Omega$ 时接线图

E_1、E_2—被检接地电阻电极；P—电位电极；C—辅助电极；R_E—标准电阻箱；R_P、R_C—辅助接地电阻箱

（7）对被检定、校准、检测接地电阻表进行示值误差、位置影响、辅助接地电阻和地电压影响的检定、校准、检测，并记录数据。

（8）检定、校准、检测结束，拆除接线。

（9）对数据进行计算，检定合格的接地电阻表贴合格证，校准、检测的可贴计量确认标识。

四、检定、校准、检测结果处理

（1）指针式接地电阻表基本误差

$$E = \frac{R_x - R_n}{R_m} \times 100\% \qquad \text{(ZY2100704002-1)}$$

式中　E——示值误差；

R_x——指示值；

R_n——实际值；

R_m——满刻度值。

（2）数字式接地电阻表基本误差。

绝对误差为

$$\Delta R = \pm（a\%R_x + b\%R_m） \qquad \text{(ZY2100704002-2)}$$

或

$$\Delta R = \pm（a\%R_x + n\text{个字}）$$

相对误差为

$$\gamma = \pm（a\% + \frac{R_m}{R_x}b\%） \qquad \text{(ZY2100704002-3)}$$

或

$$\gamma = \pm（a\% + n\text{个字}/R_x）$$

式中　a、b、n 由制造厂给出。

（3）误差处理：

检定、校准、检测的数据应进行修约化整处理并出具检定、校准证书或检测报告。原始记录填写应用签字笔或钢笔书写，不得任意修改。

五、检定、校准、检测的注意事项

（1）检定、校准、检测接地电阻表示值误差时，非全检量程需检定、校准、检测该量程中测量上限及对应全检定、校准、检测量程中的最大正、负误差分度线 3 个点；当仅有最大正或负误差时，可检 2 个点。

（2）检定、校准、检测接地电阻表辅助接地电阻影响时，应选择被检定、校准、检测接地电阻表最低电阻量程上限进行。

（3）指针式接地电阻表应进行倾斜影响的检验。

（4）测试线连接完毕后，应有专人检查，确认无误后，方可进行。

【思考与练习】

1. 简述指针式接地电阻表基本误差公式。

2. 简述数字式接地电阻表基本误差公式。

第十四章　数字仪表的检定、校准、检测

模块 1　直流数字表的检定、校准、检测（ZY2100705001）

【模块描述】本模块介绍直流数字表检定、校准、检测方法。通过流程介绍和要点归纳，掌握直流数字表的检定、校准、检测的内容、危险点控制措施及准备工作、步骤、结果处理和注意事项。

【正文】

一、检定、校准、检测的目的及内容

直流数字表是测量直流电压、电流和电阻的专用仪表，直流数字表的误差在使用中会直接影响测量的准确性。为保证直流电压、电流和电阻测量的准确、可靠，按 JJG 315—1983《直流数字电压表检定规程》、JJG 598—1989《直流数字电流表检定规程》和 DL/T 980—2005《数字多用表检定规程》规定，应在规定时间周期内，对直流数字表进行检定、校准、检测。其主要内容是使用标准装置对直流数字表的误差进行检定、校准、检测。

二、危险点分析及控制措施

由于本模块检定、校准、检测过程中需要通电进行，安全工作要求主要参照国家电网公司《电力安全工作规程》有关规定执行。这里主要强调，为了防止在检定、校准、检测过程中电流回路开路、电压回路短路或接地，必须认真检查接线，连接导线应有良好绝缘。

三、检定、校准、检测的准备工作

1. 环境条件

（1）被检定、校准、检测直流数字表应在恒温室内放置 24 小时以上。

（2）有关影响量的标准条件和允许偏差见表 ZY2100705001-1。

表 ZY2100705001-1　　有关影响量的标准条件和允许偏差

影响量	标准条件	允许偏差	
		功耗≤50W	功耗＞50W
环境温度	20℃	±1℃	±2℃
相对湿度	60%	±15%	
直流被测量的纹波	纹波含量为零	与被测量相比可忽略	

2. 标准装置

（1）标准装置应具有有效期内的检定证书或校准证书。

（2）标准装置的综合不确定度应小于被检定、校准、检测直流数字表允许误差的 1/5～1/3。

（3）直流稳压电源的短期稳定度和调节细度应为被检定、校准、检测直流数字表允许误差的 1/10～1/5。输出应能做到连续可调或外加设备进行调节。

（4）标准装置的灵敏度应为被检定、校准、检测直流数字表允许误差的 1/10～1/5。

（5）应尽量采取自动测试（校准）系统进行检定、校准、检测和数据处理，以取代手动操作，提高工作效率。

（6）对整个测量电路系统，应有良好的屏蔽、接地措施，以避免串模和共模干扰。要远离强电场、磁场，以避免电磁场和静电感应。线路对地的绝缘电阻要尽量高，以减小泄漏对测量结果的影响。

四、检定、校准、检测的步骤

（1）外观和通电检查。被检定、校准、检测直流数字表应无明显影响测量的缺陷；通电后，一般性功能应符合说明书规定。

（2）绝缘电阻。在被检定、校准、检测直流数字表的所有测量端与外壳的参考“地”之间加500V直流电压，历时1min，绝缘电阻值不应小于5MΩ。

（3）介电强度。在被检定、校准、检测直流数字表的所有测量端与外壳的参考“地”之间加频率为50Hz实用正弦波的交流电压，历时1min，击穿电流为5mA，试验中不应出现击穿或飞弧现象。（仅在用户提出要求时进行）

（4）标准装置检查。检查标准装置电源设置开关位置，应与选择的仪器电源方式匹配。标准装置应无电流回路开路、电压回路短路或接地情况发生。

（5）标准装置预热。接通电源，预热标准装置30min。

（6）测试线检查。测试导线应绝缘良好，无破损。

（7）接线。将被检定、校准、检测交流数字表的测量端钮与标准装置输出端相连接，所有端钮与导线连接应紧密、牢固。接线如图ZY2100705001-1所示。

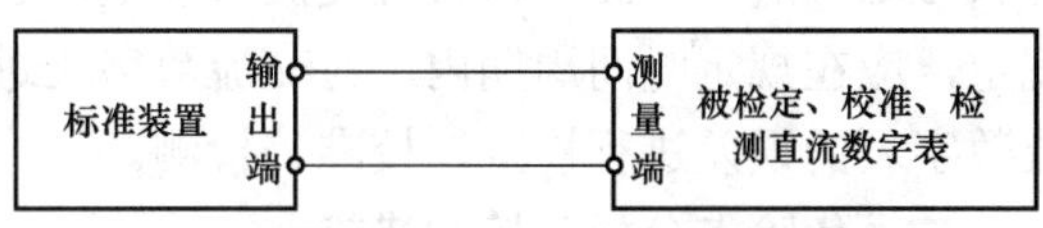

图ZY2100705001-1 直流数字表检定、校准、检测接线示意图

（8）根据被检定、校准、检测直流数字表型式设置标准装置工作参数。

（9）对被检定、校准、检测直流数字表进行显示能力、分辨力、基本误差、稳定误差、线性误差、输入电阻和零电流、串模干扰抑制比和共模干扰抑制比的检定、校准、检测，并记录数据。

（10）检定、校准、检测结束，将标准装置输出复位，关闭电源，拆除接线。

（11）对数据进行计算，检定合格的直流数字表贴合格证，校准、检测的可贴计量确认标识。

五、检定、校准、检测结果处理

（1）基本误差

$$\gamma=\frac{X-X_0}{X_0}\times 100\% \quad \text{(ZY2100705001-1)}$$

式中 X——被检定、校准、检测直流数字表的显示值；

X_0——被测量的实际值。

（2）误差处理：

检定、校准、检测的数据应进行修约化整处理并出具检定、校准证书或检测报告。原始记录填写应用签字笔或钢笔书写，不得任意修改。

六、检定、校准、检测的注意事项

（1）由于直流数字电压表是直流数字表的主体，检定、校准、检测直流数字表时，一般先检定、校准、检测直流电压功能。

（2）检定、校准、检测直流数字表基本误差时，基本量程应均匀地选取不少于10个检定、校准、检测点。

（3）为保证检定、校准、检测直流数字表各量程测量误差的连续性，各量程中间不应有间断点；其他非基本量程要在考虑上下限以及对应于基本量程最大误差点的条件下，选择3～5个检定、校准、检测点。

（4）检定、校准、检测点要在正、负两个极性上进行。

（5）检定、校准、检测显示能力可在通电时一起进行。

（6）检定、校准、检测分辨力时，一般只在最小量程进行。

（7）检定、校准、检测稳定误差时，测量次数应不少于3次。

（8）接线过程中，严禁电流回路开路，电压回路短路或接地。

（9）测试线连接完毕后，应有专人检查，确认无误后，方可进行。

【思考与练习】

1. 简述直流数字电压表是直流数字表的主体的原因。
2. 简述直流数字表检定、校准、检测点的选择。

模块2 交流数字表的检定、校准、检测（ZY2100705002）

【模块描述】本模块介绍交流数字表检定、校准、检测方法。通过流程介绍和要点归纳，掌握交流数字表的检定、校准、检测的内容、危险点控制措施及准备工作、步骤、结果处理和注意事项。

【正文】

一、检定、校准、检测的目的及内容

交流数字表是测量交流电压、电流的专用仪表，交流数字表的误差在使用中会直接影响测量的准确性。为保证交流电压、电流测量的准确、可靠，按JJG（航天）34—1999《交流数字电压表检定规程》、JJG（航天）35—1999《交流数字电流表检定规程》和DL/T 980—2005《数字多用表检定规程》规定，应在规定时间周期内，对交流数字表进行检定、校准、检测。其主要内容是使用标准装置对交流数字表的误差进行检定、校准、检测。

二、危险点分析及控制措施

由于本模块检定、校准、检测过程中需要通电进行，安全工作要求主要参照国家电网公司《电力安全工作规程》有关规定执行。这里主要强调，为了防止在检定、校准、检测过程中电流回路开路，电压回路短路或接地，必须认真检查接线，连接导线应有良好绝缘。

三、检定、校准、检测的准备工作

1. 环境条件

（1）被检定、校准、检测交流数字表应在恒温室内放置24h以上。

（2）环境温度应为20±5℃，环境相对湿度应为20%～75%。

2. 标准装置

（1）标准装置应具有有效期内的检定证书或校准证书。

（2）标准装置输出范围应覆盖被检定、校准、检测交流数字表测量范围。

（3）标准装置的综合不确定度应小于被检定、校准、检测交流数字表允许误差的1/3。

（4）标准装置的稳定性与分辨力应小于被检定、校准、检测交流数字表允许误差的1/5。

四、检定、校准、检测的步骤

（1）外观及附件检查。被检定、校准、检测交流数字表应无明显影响测量的缺陷。

（2）工作正常性检查。通电后，一般性功能应符合说明书规定。

（3）标准装置检查。检查标准装置电源设置开关位置，应与选择的仪器电源方式匹配。标准装置应无电流回路开路、电压回路短路或接地情况发生。

（4）标准装置预热。接通电源，预热标准装置30min。

（5）被检定、校准、检测交流数字表预热及预调。严格按说明书要求预热及预调被检定、校准、检测交流数字表。

（6）测试线检查。测试导线应绝缘良好，无破损。

（7）接线。将被检定、校准、检测交流数字表的测量端钮与标准装置输出端相连接，所有端钮与导线连接应紧密、牢固。接线如图ZY2100705002-1所示。

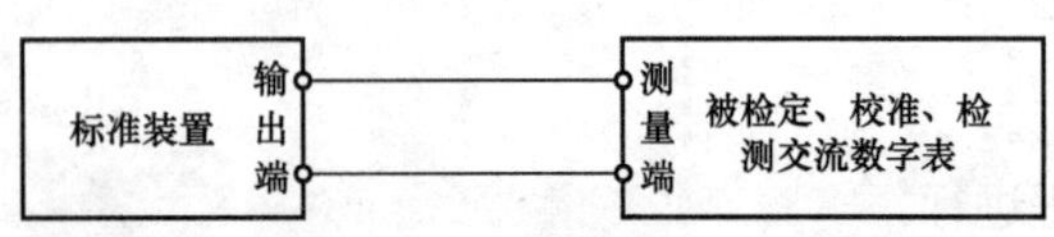

图ZY2100705002-1 交流数字表检定、校准、检测接线示意图

（8）根据被检定、校准、检测交流数字表型式设置标准装置工作参数。

（9）对被检定、校准、检测交流数字表进行分辨力、稳定性和示值误差的检定、校准、检测，并记录数据。

（10）检定、校准、检测结束，将标准装置输出复位，关闭电源，拆除接线。

（11）对数据进行计算，检定合格的交流数字表贴合格证，校准、检测的可贴计量确认标识。

五、检定、校准、检测结果处理

（1）基本误差

$$\gamma=\frac{X-X_0}{X_0}\times100\% \qquad (ZY2100705002\text{-}1)$$

式中　X——被检定、校准、检测交流数字表的显示值；

X_0——被测量的实际值。

（2）误差处理：

检定、校准、检测的数据应进行修约化整处理并出具检定、校准证书或检测报告。原始记录填写应用签字笔或钢笔书写，不得任意修改。

六、检定、校准、检测的注意事项

（1）检定、校准、检测交流数字表基本误差时，选择频率最高的一个频率点对基本量程的5个点，非基本量程的3个点进行检定、校准、检测；每个频段的上、下限频率上，对每量程上限和1/10量程点进行检定、校准、检测。

（2）检定、校准、检测交流数字表稳定性时，一般表示为10min或24h稳定性。

（3）检定、校准、检测分辨力时，一般只在最小量程进行。

（4）接线过程中，严禁电流回路开路，电压回路短路或接地。

（5）测试线连接完毕后，应有专人检查，确认无误后，方可进行。

【思考与练习】

1. 简述交流数字表稳定性的检定、校准、检测。

2. 简述交流数字表分辨力的检定、校准、检测。

模块3　数字功率表的检定、校准、检测（ZY2100705003）

【模块描述】本模块介绍数字功率表检定、校准、检测方法。通过流程介绍和要点归纳，掌握数字功率表的检定、校准、检测的内容、危险点控制措施及准备工作、步骤、结果处理和注意事项。

【正文】

一、检定、校准、检测的目的及内容

数字功率表是测量交流有功、无功功率的专用仪表，数字功率表的误差在使用中会直接影响测量的准确性。为保证交流有功、无功功率测量的准确、可靠，按JJG 780—1992《交流数字功率表检定规程》规定，应在规定时间周期内，对数字功率表进行检定、校准、检测。其主要内容是使用标准装置对数字功率表的误差进行检定、校准、检测。

二、危险点分析及控制措施

由于本模块检定、校准、检测过程中需要通电进行，安全工作要求主要参照国家电网公司《电力安全工作规程》有关规定执行。这里主要强调，为了防止在检定、校准、检测过程中电流回路开路，电压回路短路或接地，必须认真检查接线，连接导线应有良好绝缘。

三、检定、校准、检测的准备工作

1. 环境条件

（1）被检定、校准、检测数字功率表应在恒温室内放置24h以上。

（2）环境温度应为（20±2）℃，环境相对湿度应为35%～75%。

2. 标准装置

（1）标准装置应具有有效期内的检定证书或校准证书。

（2）标准装置的示值误差应小于被检定、校准、检测数字功率表允许误差的1/4。

（3）交流稳压电源的短期稳定度和调节细度应为被检定、校准、检测数字功率表允许误差的

1/10～1/5。输出应能做到连续可调或外加设备进行调节。

（4）标准装置的灵敏度应为被检定、校准、检测数字功率表允许误差的 1/10～1/5。

（5）对整个测量电路系统，应有良好的屏蔽、接地措施，以避免串模和共模干扰。要远离强电场、磁场，以避免电磁场和静电感应。线路对地的绝缘电阻要尽量高，以减小泄漏对测量结果的影响。

四、检定、校准、检测的步骤

（1）外观和通电检查。被检定、校准、检测数字功率表应无明显影响测量的缺陷；通电后，一般性功能应符合说明书规定。

（2）绝缘电阻。在被检定、校准、检测数字功率表的所有测量端与外壳的参考“地”之间加 500V 直流电压，历时 1min，绝缘电阻值不应小于 5MΩ。（仅针对首次、修理后的被检定、校准、检测数字功率表）

（3）介电强度。在被检定、校准、检测数字功率表的所有测量端与外壳的参考“地”之间加频率为 50Hz 实用正弦波的交流电压，历时 1min，击穿电流为 5mA，试验中不应出现击穿或飞弧现象。（仅针对首次或修理后被检定、校准、检测的数字功率表）

（4）标准装置检查。检查标准装置电源设置开关位置，应与选择的仪器电源方式匹配。标准装置应无电流回路开路、电压回路短路或接地情况发生。

（5）标准装置预热。接通电源，预热标准装置 30min。

（6）测试线检查。测试导线应绝缘良好，无破损。

（7）接线。将被检定、校准、检测数字功率表的测量端钮与标准装置输出端相连接，电压并联连接，电流串联连接，所有端钮与导线连接应紧密、牢固。接线如图 ZY2100705003-1 所示。

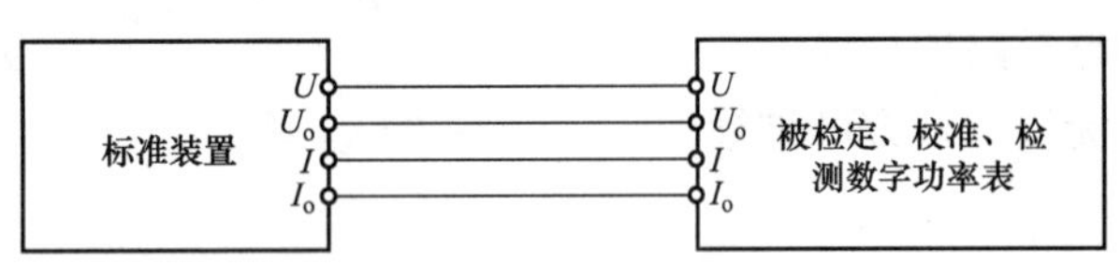

图 ZY2100705003-1 检定、校准、检测数字功率表接线示意图

（8）根据被检定、校准、检测数字功率表型式设置标准装置工作参数。

（9）对被检定、校准、检测数字功率表进行频率响应、基本误差和影响量的附加误差的检定、校准、检测，并记录数据。

（10）检定、校准、检测结束，将标准装置输出复位，关闭电源，拆除接线。

（11）对数据进行计算，检定合格的数字功率表贴合格证，校准、检测的可贴计量确认标识。

五、检定、校准、检测结果处理

（1）基本误差

$$\gamma=\frac{P_s-P_X}{U_nI_n\cos\varphi_n}\times100\% \qquad \text{(ZY2100705003-1)}$$

式中 P_X ——被检定、校准、检测数字功率表的显示值；

P_s ——被测量的实际值；

U_nI_n ——额定电压、电流值。

（2）误差处理：

检定、校准、检测的数据应进行修约化整处理并出具检定、校准证书或检测报告。原始记录填写应用签字笔或钢笔书写，不得任意修改。

六、检定、校准、检测的注意事项

（1）数字功率表的误差以满量程额定功率的引用误差表示。

（2）检定、校准、检测数字功率表基本误差时，可以在 45～65Hz 范围内的任一频率下进行或在用户指定的频率下进行。

（3）对功率因数变化范围为 0.5～1 的数字功率表，应在 $\cos\varphi=1$（$\sin\varphi=1$）和 $\cos\varphi=0.5$ 感性和容性（$\sin\varphi=0.5$ 感性和容性）条件下进行检定、校准、检测。

（4）对多量程的数字功率表，可以根据实际使用需要，可以在电压、电流量程某些指定组合情况下进行检定、校准、检测部分量程的基本误差。

（5）检定、校准、检测频率响应时，应在额定电压、电流下进行；一般只检定、校准、检测基本量程。

（6）检定、校准、检测影响量的附加误差时，在感性功率因数及基本量程额定电压、电流和基本范围频率下进行。

（7）接线过程中，严禁电流回路开路，电压回路短路或接地。

（8）测试线连接完毕后，应有专人检查，确认无误后，方可进行。

【思考与练习】

1. 简述功率因数对误差的影响。
2. 简述频率相位的检定、校准、检测。

第十五章　直流仪器的检定、校准、检测

模块 1　直流电阻箱的检定、校准、检测（ZY2100706001）

【模块描述】本模块介绍直流电阻箱检定、校准、检测方法。通过流程介绍和要点归纳，掌握直流电阻箱的检定、校准、检测的目的、内容及准备工作、步骤、结果处理和注意事项。

【正文】

一、检定、校准、检测的目的及内容

直流电阻箱是输出直流电阻的专用电阻器具，直流电阻箱的误差在使用中会直接影响输出的准确性。为保证直流电阻输出的准确、可靠，按 JJG 982—2003《直流电阻箱检定规程》规定，应在规定时间周期内，对直流电阻箱进行检定、校准、检测。其主要内容是使用标准装置对直流电阻箱的误差进行检定、校准、检测。

二、检定、校准、检测的准备工作

1. 环境条件

（1）被检定、校准、检测直流电阻箱必须在参比条件下稳定 24h。

（2）环境温度应为（20±5）℃，环境相对湿度应为 40%～75%。

2. 标准装置

（1）标准装置应具有有效期内的检定证书或校准证书。

（2）标准装置重复测量的标准偏差不大于被检定、校准、检测直流电阻箱最大允许误差的 1/10。

（3）标准装置允许误差限值应不超过被检定、校准、检测直流电阻箱允许误差限值的 1/4。

（4）标准装置由标准器、辅助设备及环境条件等所引起的测量扩展不确定度（k 取 2）应小于被检定、校准、检测直流电阻箱最大允许误差的 1/3。

（5）检定、校准、检测时，由连接电阻、寄生电势、泄漏电流、静电感应、电磁干扰等诸因素引入的不确定度不大于被检定、校准、检测直流电阻箱最大允许误差的 1/20。

（6）标准装置中灵敏度引入的不确定度不大于被检定、校准、检测直流电阻箱最大允许误差的 1/10。

（7）标准装置应有良好的屏蔽和接地，以避免外界干扰。

三、检定、校准、检测的步骤

（1）外观检查。被检定、校准、检测直流电阻箱应无明显影响测量的缺陷。

（2）绝缘电阻。在被检定、校准、检测直流电阻箱的所有测量端与外壳的参考“地”之间加 500V 直流电压，历时 1min，绝缘电阻值不应小于 5MΩ。

（3）介电强度。在被检定、校准、检测直流电阻箱的所有测量端与外壳的参考“地”之间加频率为 50Hz 实用正弦波的交流电压，历时 1min，击穿电流为 5mA，试验中不应出现击穿或飞弧现象。（仅针对首次或修理后被检定、校准、检测的直流电阻箱）

（4）标准装置检查。检查标准装置各个旋钮位置是否正确，应无明显不稳定及短路或开路现象。

（5）测试线检查。测试导线应绝缘良好，无破损。

（6）接线。将被检定、校准、检测直流电阻箱输出端与标准装置测量端相连接，所有端子与导线连接应紧密、牢固。接线如图 ZY2100706001-1 所示。

（7）对被检定、校准、检测直流电阻箱进行残余电阻、开关变差和示值误差的检定、校准、检测，并记录数据。

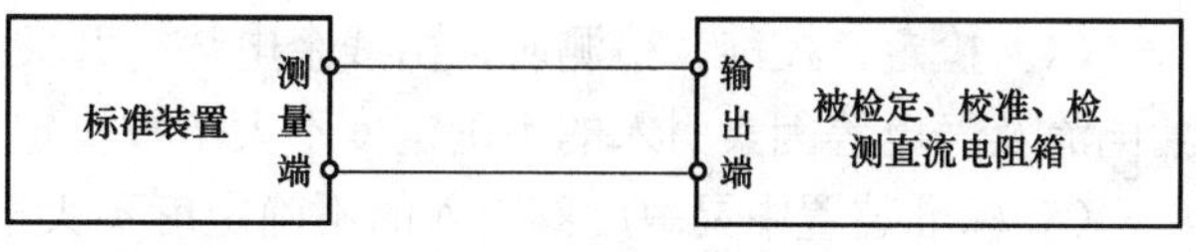

图 ZY2100706001-1　检定、校准、检测直流电阻箱接线示意图

（8）检定、校准、检测结束，拆除接线。

（9）对数据进行计算，检定合格的直流电阻箱贴合格证，校准、检测的可贴计量确认标识。

四、检定、校准、检测结果处理

（1）示值误差

$$\delta = \frac{R_n - R_x}{R_x} \times 100\% \qquad \text{(ZY2100706001-1)}$$

式中　δ——示值相对误差；

R_n——被检、校点示值的标称值；

R_x——被检、校点示值的实际值。

（2）误差处理：

检定、校准、检测的数据应进行做修约化整处理并出具检定、校准证书或检测报告。原始记录填写应用签字笔或钢笔书写，不得任意修改。

五、检定、校准、检测的注意事项

（1）检定、校准、检测残余电阻时，若被检定、校准、检测直流电阻箱末盘无零值，则置为末盘最小值。

（2）检定、校准、检测残余电阻或开关变差前，应将每十进盘在最大范围间转动不少于 3 次。

（3）检定、校准、检测直流电阻箱示值误差时，应采用整体法。

（4）测试线连接完毕后，应有专人检查，确认无误后，方可进行。

【思考与练习】

1. 简述残余电阻的检定、校准、检测。

2. 简述开关变差的检定、校准、检测。

模块 2　直流电桥的检定、校准、检测（ZY2100706002）

【模块描述】本模块介绍直流电桥检定、校准、检测方法。通过流程介绍和要点归纳，掌握直流电桥的检定、校准、检测的目的、内容及准备工作、步骤、结果处理和注意事项。

【正文】

一、检定、校准、检测的目的及内容

直流电桥是测量直流电阻的专用仪器，直流电桥的误差在使用中会直接影响测量的准确性。为保证直流电阻测量的准确、可靠，按 JJG 125—2004《直流电桥检定规程》规定，应在规定时间周期内，对直流电桥进行检定、校准、检测。其主要内容是使用标准装置对直流电桥的误差进行检定、校准、检测。

二、检定、校准、检测的准备工作

1. 环境条件

（1）被检定、校准、检测直流电桥必须在参比条件下稳定 24h。

（2）环境温度应为（20±2）℃，环境相对湿度应为 40%～60%。

2. 标准装置

（1）标准装置应具有有效期内的检定证书或校准证书。

（2）标准装置允许误差限值应不超过被检定、校准、检测直流电桥允许误差限值的 1/5～1/4。

（3）标准装置由标准器、辅助设备及环境条件等所引起的测量扩展不确定度（k 取 2）应小于被检定、校准、检测电桥最大允许误差的 1/3。

（4）检定、校准、检测时，由残余电势、开关接触电阻变差、连接导线电阻、绝缘电阻引起的泄漏电流及静电等因素引入的不确定度不大于被检定、校准、检测直流电桥最大允许误差的1/20。

（5）标准装置中灵敏度阀引入的不确定度不大于被检定、校准、检测直流电桥最大允许误差的1/10。

（6）标准装置应有良好的屏蔽和接地，以避免外界干扰。

三、检定、校准、检测的步骤

（1）外观及线路检查。被检定、校准、检测直流电桥应无明显影响测量的缺陷；内部电阻元件，不应有开路或短路的现象。

（2）绝缘电阻。在被检定、校准、检测直流电桥的所有测量端与外壳的参考“地”之间加 500V 直流电压，历时 1min，绝缘电阻值不应小于 20MΩ。

（3）介电强度。在被检定、校准、检测直流电桥的所有测量端与外壳的参考“地”之间加频率为50Hz 实用正弦波的交流电压，历时 1min，击穿电流为 5mA，试验中不应出现击穿或飞弧现象。（仅针对首次或修理后被检定、校准、检测的直流电桥）

（4）标准装置检查。检查标准装置各个旋钮位置是否正确，应无明显不稳定及短路或开路现象。

（5）测试线检查。测试导线应绝缘良好，无破损。

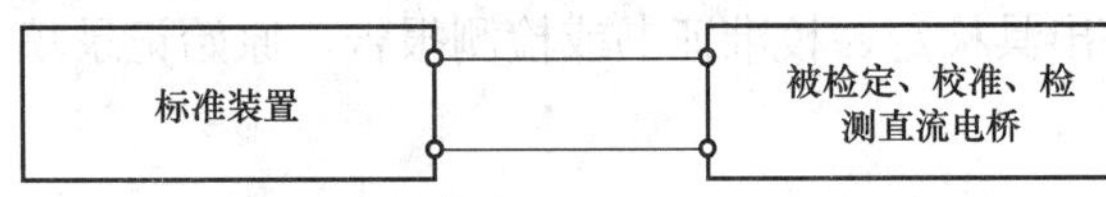

图 ZY2100706002-1 检定、校准、检测直流电桥接线示意图

（6）接线。将被检定、校准、检测直流电桥测量端与标准装置输出端相连接，所有端子与导线连接应紧密、牢固。接线如图 ZY2100706002-1 所示。

（7）对被检定、校准、检测直流电桥的内附指零仪灵敏度、内附指零仪阻尼时间、内附指零仪飘移、内附指零仪抖动和基本误差进行检定、校准、检测，并记录数据。

（8）检定、校准、检测结束，拆除接线。

（9）对数据进行计算，检定合格的直流电桥贴合格证，校准、检测的可贴计量确认标识。

四、检定、校准、检测结果处理

（1）相对允许基本误差

$$\delta = \pm\left(1+\frac{R_N}{KX}\right)C\% \qquad \text{(ZY2100706002-1)}$$

式中 δ——电桥的相对允许基本误差；

R_N——基准值；

X——标度盘示值；

K——制造厂规定的数值；

C——准确度等级。

（2）误差处理：

检定、校准、检测的数据应进行修约化整处理并出具检定、校准证书或检测报告。原始记录填写应用签字笔或钢笔书写，不得任意修改。

五、检定、校准、检测的注意事项

（1）检定、校准、检测电子放大式内附指零仪除灵敏度和阻尼时间试验外，还需增加预热时间、指零仪漂移和内附指零仪抖动试验。

（2）整体检定、校准、检测直流电桥时，应注意连接导线电阻、开关接触电阻及标准装置的残余电阻对检定、校准、检测结果带来的影响。

（3）整体检定、校准、检测四端式直流电桥时，跨线电阻不应大于 0.01Ω。

（4）测试线连接完毕后，应有专人检查，确认无误后，方可进行。

【思考与练习】

1. 简述跨线电阻大于 0.01Ω 对测量误差的影响。
2. 简述直流电桥检定、校准、检测的步骤。

第十六章　测量用互感器的检定、校准、检测

模块 1　电压互感器的检定、校准、检测（ZY2100707001）

【模块描述】本模块介绍电压互感器检定、校准、检测方法。通过流程介绍和要点归纳，掌握电压互感器的检定、校准、检测的内容、危险点控制措施及准备工作、步骤、结果处理和注意事项。

【正文】

一、检定、校准、检测的目的及内容

电压互感器是起着高压隔离和按比率进行电压变换作用，给电气测量、电能计量、自动装置提供与一次回路有准确比例的电压信号。电压互感器的误差在使用中会直接影响电气测量、电能计量的准确性，严重时会引起自动装置的误动。为保证电气测量、电能计量的准确、可靠，按 JJG 1021—2007《电力互感器检定规程》及 JJG 314—1994《测量用电压互感器检定规程》规定，应在规定时间周期内，对电压互感器进行检定、校准、检测。其主要内容是使用电压互感器标准装置对电压互感器的误差进行检定、校准、检测。

二、危险点分析及控制措施

由于本模块检定、校准、检测过程中需要通电进行，安全工作要求主要参照国家电网公司《电力安全工作规程》有关规定执行。这里主要强调，为了防止在检定、校准、检测过程中电压回路短路或接地，必须认真检查接线，连接导线应有良好绝缘。

三、检定、校准、检测的准备工作

1. 环境条件

通常参比条件是环境温度–25℃～+55℃，相对湿度≤95%。但当被检定、校准、检测电压互感器技术条件规定的环境温度与–25℃～+55℃范围不一致时，以技术条件规定的环境温度为参比环境温度。

2. 标准装置

（1）标准电压互感器应具有有效期内的检定证书或校准证书。

（2）标准电压互感器应比被检定、校准、检测电压互感器高两个准确度级别，其实际误差应不大于被检定、校准、检测电压互感器误差限值的 1/5。

（3）由误差测量装置所引起的测量误差，应不大于被检定、校准、检测电压互感器误差限值的 1/10。其中，装置灵敏度引起的测量误差不大于 1/20，最小分度值引起的测量误差不大于 1/15。差压测量回路的附加二次负荷引起的测量误差不大于 1/20。

（4）检定、校准、检测电压互感器时，外接监视电压互感器二次工作电压用的电压表准确度级别应为 1.5 级以上，在同一量程的所有示值范围内，电压表的内阻抗应保持不变。

（5）在额定频率为 50（60）Hz 时，电压负荷箱在额定电压的 20%～120%范围内，周围温度 10～35℃，其有功部分和无功部分的误差均不得超过 ±3%，当 $\cos\varphi=1$ 时，其残余无功分量不得超过额定负荷值的 ±3%。

（6）电源及其调节设备应具有足够的容量和调节细度，电源的频率应为（50±0.5）Hz［（60±0.6）Hz］，波形畸变系数应不超过 5%。

四、检定、校准、检测的步骤

（1）外观及标志检查。被检定、校准、检测电压互感器应无明显影响测量的缺陷。

（2）绝缘试验：

1）使用 2500V 绝缘电阻表测量一次绕组对二次绕组、二次绕组之间及二次绕组对地的绝缘电阻值不应小于 2500MΩ。

2）被检定、校准、检测电压互感器的所有测量端与外壳的参考“地”之间或绕组之间加频率为 50±0.5Hz 的正弦电压，历时 1min，试验中不应出现击穿或飞弧现象。

（3）检查标准装置电源设置开关位置，应与选择的仪器电源方式匹配。标准装置应无电压回路短路或接地情况发生。

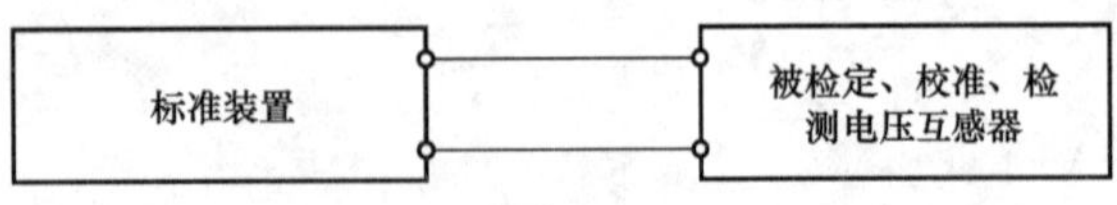

图 ZY2100707001-1　检定、校准、检测电压互感器接线示意图

（4）测试线检查。测试导线应绝缘良好，无破损。

（5）接线。将被检定、校准、检测电压互感器的二次端钮分别与标准装置相应端钮相连接，所有端钮与导线连接应紧密、牢固。接线如图 ZY2100707001-1 所示。

（6）根据被检定、校准、检测电压互感器型式设置标准装置工作参数。

（7）对被检定、校准、检测电压互感器进行绕组极性、稳定性、基本误差、运行变差的检定、校准、检测，并记录数据。

（8）检定、校准、检测结束，将标准装置输出复位，关闭电源，拆除接线。

（9）对数据进行计算，给检定合格的电压互感器贴合格证，校准、检测的可贴计量确认标识。

五、检定、校准、检测结果处理

（1）基本误差

$$f=\frac{K_U U_2-U_1}{U_1}\times 100\% \qquad (ZY2100707001\text{-}1)$$

式中　K_U——被检定、校准、检测电压互感器的额定电压比；

U_1——一次电压有效值；

U_2——二次电压有效值。

（2）误差处理：

检定、校准、检测的数据应进行修约处理并出具检定、校准证书或检测报告。原始记录填写应用签字笔或钢笔书写，不得任意修改。

六、检定、校准、检测的注意事项

（1）检定、校准、检测绕组极性时，建议用互感器校验仪。

（2）检定、校准、检测基本误差时，现场试验推荐使用低端测差法；试验室推荐使用高端测差法；除非用户有要求，仅对实际使用的变比进行试验。

（3）检定、校准、检测稳定性试验时，取当前和上次检定、校准、检测结果中比值差的差值和相位差的差值。

（4）检定、校准、检测运行变差时，可以采用经检定机构认可的实验室提供的试验报告数据。

（5）接线过程中，严禁电压二次回路短路或接地。

（6）测试线连接完毕后，应有专人检查，确认无误后，方可进行。

【思考与练习】

1. 电压互感器现场检定、校准、检测时，有哪些注意事项？
2. 为什么电压互感器二次回路不能短路？

模块 2　电流互感器的检定、校准、检测（ZY2100707002）

【模块描述】本模块介绍电流互感器检定、校准、检测方法。通过流程介绍和要点归纳，掌握电流互感器的检定、校准、检测的内容、危险点控制措施及准备工作、步骤、结果处理和注意事项。

【正文】

一、检定、校准、检测的目的及内容

电流互感器是起着高压隔离和按比率进行电流变换作用，给电气测量、电能计量、自动装置提供与一次回路有准确比例的电流信号。电流互感器的误差在使用中会直接影响电气测量、电能计量的准确性，严重时会引起自动装置的误动。为保证电气测量、电能计量的准确、可靠，按 JJG 1021—2007《电力互感器检定规程》及 JJG 313—1994《测量用电流互感器检定规程》规定，应在规定时间周期内，对电流互感器进行检定、校准、检测。其主要内容是使用电流互感器标准装置对电流互感器的误差进行检定、校准、检测。

二、危险点分析及控制措施

由于本模块检定、校准、检测过程中需要通电进行，安全工作要求主要参照国家电网公司《电力安全工作规程》有关规定执行。这里主要强调，为了防止在检定、校准、检测过程中电流回路开路，必须认真检查接线，连接导线应有良好绝缘。

三、检定、校准、检测的准备工作

1. 环境条件

通常参比条件是环境温度 –25℃～+55℃，相对湿度≤95%。但当被检定、校准、检测电流互感器技术条件规定的环境温度与 –25℃～+55℃范围不一致时，以技术条件规定的环境温度为参比环境温度。

2. 标准装置

（1）标准电流互感器应具有有效期内的检定证书或校准证书。

（2）标准电流互感器应比被检定、校准、检测电流互感器高两个准确度级别，其实际误差应不大于被检定、校准、检测电流互感器误差限值的 1/5。

（3）由误差测量装置所引起的测量误差，应不大于被检定、校准、检测电流互感器误差限值的 1/10。其中，装置灵敏度引起的测量误差不大于 1/20，最小分度值引起的测量误差不大于 1/15。差流测量回路的附加二次负荷引起的测量误差不大于 1/20。

（4）在额定频率为 50（60）Hz 时，电流负荷箱在额定电流的 20%～120%范围内，周围温度 10～35℃，其有功部分和无功部分的误差均不得超过 ±3%，当 $\cos\varphi=1$ 时，其残余无功分量不得超过额定负荷值的 ±3%。

（5）电源及其调节设备应具有足够的容量和调节细度，电源的频率应为（50±0.5）Hz［（60±0.6）Hz］，波形畸变系数应不超过 5%。

四、检定、校准、检测的步骤

（1）外观及标志检查。被检定、校准、检测电流互感器应无明显影响测量的缺陷。

（2）绝缘试验：

1）使用 500V 绝缘电阻表测量一次绕组对二次绕组、二次绕组之间及二次绕组对地的绝缘电阻值不应小于 5MΩ。

2）被检定、校准、检测电流互感器的所有测量端与外壳的参考“地”之间或绕组之间加频率为（50±0.5）Hz 的正弦交流电压，历时 1min，试验中不应出现击穿或飞弧现象。

（3）检查标准装置电源开关设置，应与选择的仪器电源方式匹配。标准装置应无电流回路开路情况发生。

（4）测试线检查。测试导线应绝缘良好，无破损。

（5）接线。将被检定、校准、检测电流互感器的二次端钮分别与标准装置相应端钮相连接，所有端钮与导线连接应紧密、牢固。接线如图 ZY2100707002-1 所示。

（6）根据被检定、校准、检测电流互感器型式设置标准装置工作参数。

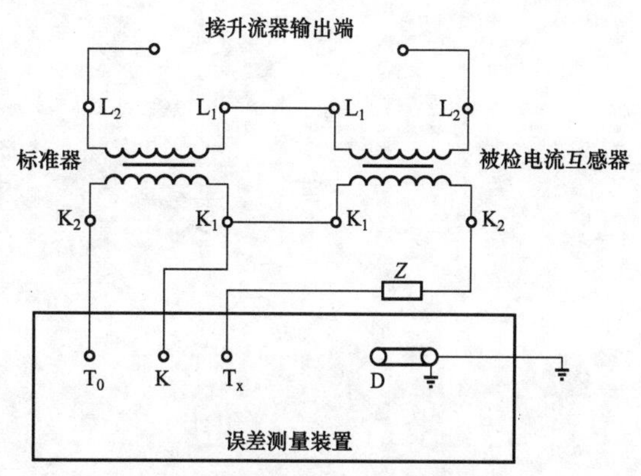

图 ZY2100707002-1　检定、校准、检测电流互感器接线示意图

模块2
ZY2100707002

（7）对被检定、校准、检测电流互感器进行绕组极性、稳定性、基本误差、退磁、运行变差和磁饱和裕度的检定、校准、检测，并记录数据。

（8）检定、校准、检测结束，将标准装置输出复位，关闭电源，拆除接线。

（9）对数据进行计算，检定合格的电流表贴合格证，校准、检测的可贴计量确认标识。

五、检定、校准、检测结果处理

（1）基本误差

$$f=\frac{K_1I_2-I_1}{I_1}\times 100\% \qquad \text{(ZY2100707002-1)}$$

式中　K_1——被检定、校准、检测电流互感器的额定电流比；

I_1——一次电流有效值；

I_2——二次电流有效值。

（2）误差处理：

检定、校准、检测的结果应进行修约处理并出具检定、校准证书或检测报告。原始记录填写应用签字笔或钢笔书写，不得任意修改。

六、检定、校准、检测的注意事项

（1）检定、校准、检测绕组极性时，建议用互感器校验仪。

（2）检定、校准、检测基本误差时，大变比电流互感器可采用等安匝法进行试验；除非用户有要求，仅对实际使用的变比进行试验。

（3）检定、校准、检测稳定性试验时，取当前和上次检定、校准、检测结果中比值差的差值和相位差的差值。

（4）检定、校准、检测运行变差时，可以采用经检定机构认可的实验室提供的试验报告数据。

（5）接线过程中，严禁电流回路开路。

（6）测试线连接完毕后，应有专人检查，确认无误后，方可进行。

【思考与练习】

1. 检定、校准、检测电流互感器依据的规程有哪些？

2. 检定、校准、检测电流互感器的基本误差公式是什么？

电测仪器仪表的调修

第十七章 电工仪表的调修

模块 1 磁电系仪表的调修（ZY2100801001）

【模块描述】本模块介绍磁电系仪表的调修方法。通过故障分析、要点归纳和方法介绍，熟悉磁电系仪表的主要特性及发生故障的检查和修复方法，掌握磁电系仪表常见的故障现象、产生原因及处理方法，掌握磁电系仪表常用的维修方法及其误差的调整方法。

【正文】

一、磁电系仪表主要特性

磁电系仪表主要用于测量直流电流和电压，其主要优点有以下 6 个方面：

（1）准确度较高，可制成 0.1 级甚至 0.05 级的表。

（2）灵敏度高，可达 10^{-10}A/格，因而常制成检流计，用于检测微小电流。另外，万用表表头也是采用磁电系的。

（3）磁电系电压表的内阻较大，而电流表的内阻较小，因此仪表功率损耗小，对测量电路影响小。

（4）由于磁电系仪表测量机构本身的磁场较强，且有屏蔽作用，所以，这种仪表受外磁场影响很小。

（5）具有均匀刻度。

（6）阻尼作用较好，指示值阻尼时间一般不超过 2～3s。

磁电系仪表的主要缺点是结构较复杂，制造成本高，且只能用于直流测量。

另外，磁电系仪表的误差受温度影响较大，为了改善温度影响，更好地保证其准确度，设计时通常在测量线路上采取补偿措施，以减少温度引起的附加误差。温度变化主要引起磁电系仪表下列变化：

（1）温度升高后游丝变软，弹性减弱，使偏转角增大。

（2）温度升高使永久磁铁磁性减弱，转动力矩变小，则偏转角变小。

（3）线圈电阻随温度变化。

二、磁电系仪表常见故障的修理

磁电系仪表在使用一段时期后要进行周期检定，由于长时间使用或使用不当，会使仪表出现故障，对于检出的不合格仪表，首先要分析误差或故障的原因，然后进行修复或误差的调整。

先对仪表的外观进行检查：如表壳、接线柱、表盖玻璃是否完好，轻摇仪表检查内部有无零件脱落、松动引起的响声，仪表附件是否完好；仪表刻度盘是否平整，有无局部凸起或卡针，漆面有无破碎、脱落，表盘上各种标志是否清晰、完整，用来消除视差的镜面是否洁净；仪表可动部分如指针是否平直，轴尖距离是否合适，由仪表使用位置向 4 个方向倾斜看机构平衡是否良好，可动部分转动是否灵活，调零器是否失灵，调零器转动是否灵活等。

外观检查正常后，再进行通电检查：将仪表接通电源，观察仪表有无断路或短路；若正常，可缓缓使仪表升至额定值（按规程规定需要进行预热的仪表要预热），再缓缓平稳地减少至零值，观察可动部分转动的灵活情况，有无卡针；再按检定规程的要求逐项进行检定，以确定仪表基本误差、变差、回零、阻尼等是否超过其准确度等级规定的要求。

通过上述检查，分析确认故障并修复。下列所述为常见故障及排除方法、常用的几种维修方法和磁电系仪表误差的调整方法等。

1. 常见故障及排除方法

（1）指针不回零，指示值变差大。

产生的主要原因为机械零件故障，如：

1）轴尖：生锈、氧化或其他杂物黏附着在表面；磨损变钝；轴尖在轴尖座中松动。

2）轴承：锥孔磨损，表面粗糙；工作表面有伤痕；圆锥孔内太脏；轴承或轴承螺钉松动。

3）游丝：游丝内焊片与轴承螺钉摩擦；游丝内圈和轴心不同心；游丝和轴承螺钉及周围零件摩擦；游丝平面翘起与平衡锤摩擦；游丝太脏，有黏圈现象；过负荷受热产生弹性疲劳。

故障处理方法：仔细检查、认真清洗太脏部分，调整好摩擦部位，及时更换无法调试好的配件。

（2）指针无法摆动。

在检查表头正常的情况下，可能是：

1）分流（或分压）电阻开路。

2）温度补偿电阻开路。

3）连接线断路。

故障处理方法：更换开路的电阻或查找焊接开路点（若补偿电阻是线绕式的，可以进行焊接并做好绝缘处理工作）。

（3）零点正常，量程不准确。

产生的主要原因有：

1）分流（或分压）电阻阻值发生变化。

2）补偿电阻阻值发生变化。

故障处理方法：更换阻值变化的电阻或者串联（或并联）一个电阻以起到同等的作用。

（4）电路通，而仪表指示很小。

产生的主要原因有：

1）动圈内部局部短路。

2）分流电阻绝缘不好，有部分短路。

3）游丝焊片与支架绝缘不好，电流通过支架而分流。

故障处理方法：需更换或重新绕制动圈；更换电阻；在焊片与支架之间应用绝缘物隔开。

（5）误差偏大。

产生的主要原因有：

1）电阻元件老化。

2）可动部分平衡不好。

3）磁铁磁性衰减。

故障处理方法：更换老化的电阻；调整可动部分的平衡；对磁性衰减的磁铁进行充磁。

（6）仪表指示不稳定。

产生的主要原因有：

1）开关接触不良。

2）有虚焊点。

3）线路中有击穿或短路现象，使线路似通非通。

故障处理方法：清洗开关并涂凡士林；检查并清除虚焊点；查找线路故障点并测试各元件性能。

（7）可动部分转动不灵活。

产生的主要原因有：

1）动圈与框架磁间隙中有铁屑、纤维物。

2）轴承与轴尖间隙变小。

故障处理方法：消除铁屑和纤维物；调整轴承、轴尖间的松紧度。

（8）误差线性增大或减小。

产生的主要原因有：

1）表计表头电阻变化。

2）分磁片位置移动。

故障处理方法：将变化的电阻更换；调整分磁片位置，固定后用漆封粘。

（9）在低温环境下或刚开始使用时工作正常，而在使用一定时间后，仪表开始发生故障。

产生的主要原因有：

1）某一电阻功率不足。

2）表头线圈匝间绝缘层的绝缘效果降低。

故障处理方法：在使用一段时间后，在刚断开电源时检查是否有电阻发烫现象，同时观察该电阻的阻值是否发生很大改变，若属这种情况，则必须更换该电阻。若非阻值改变，则应将表头线圈匝间绝缘层重新进行绝缘处理，或者更换表头线圈。

2. 常用的几种维修方法

（1）更换游丝。

磁电系仪表的上、下游丝都安装在可动线圈的轴座上。对于具有上、下盘游丝的仪表，在焊接顺序上应将没有调零器的那盘游丝先焊接，然后再焊与调零器焊片相连的那盘游丝。焊接游丝时，先将游丝外端的焊点位置定好，把游丝焊接面用细砂纸打磨干净，并涂上适量助焊剂；用 20W 电烙铁在端头加热烫上焊锡；焊接时可动部分应置于使游丝内端焊点的焊片位于水平位置的位置，然后将游丝内端焊点放在预先已搪好锡的焊片上，用烙铁对焊片加热，待焊锡熔化后移去烙铁，冷却后游丝就牢固地被焊接在焊片上；再用镊子将游丝内端焊头稍加弯曲，使游丝圆圈中心恰在可动部分的轴心上。

焊接游丝外端焊点时，必须先把调零器置于中间位置，使指针处在标度尺零位上，将游丝焊在和调零器相连的游丝焊片上；再将游丝外端略加弯曲，使游丝各盘间隙均匀且以转轴为中心。

焊接第二盘游丝的方法和步骤同上，但须注意游丝的旋转方向应与第一盘相反，以使游丝在伸张和缩紧时的不均匀性得以抵消。

（2）清除游丝粘圈。

在游丝焊接过程中，助焊剂渗到游丝表面，或者是助焊剂蒸发时溅落一些在游丝表面，均会造成游丝黏连。清除助焊剂可将测量机构置于水平方位，用装有酒精或汽油的滴管使溶液滴落在游丝上后，慢慢地进行清洗。

（3）轴承、轴尖间隙的调整。

将蜡光纸折成细条（约 1.5～2mm）后，垫入动圈与极掌空隙之间，然后先调整下轴承螺栓，使动圈上下框与极掌之间的空隙均等，再调整上轴承螺栓，拧紧轴承上的螺帽后，观察动圈左右空隙是否均等，若不均等，则应调整上轴承支架位置，使动圈左右的空隙均等。

（4）更换玻璃指针。

先将表上残余针杆与指针支持片黏合处涂少量酒精，用电烙铁加热后取出剩余针杆。选用与折断指针相同粗细的指针杆组合后涂以黏合剂固定。若仅是更换指针尖（细玻璃丝），方法相同。更换针杆或针尖在加热固定时，必须使指针与标度盘平行、间距合适。指针尖或指针杆更换后，应重新检查并调整仪表可动部分的重力平衡。

（5）充磁。

常用的充磁方法有两种：直流电磁铁法和直流大电流法。

直流电磁铁法能够对各种形状的磁钢充磁。当对内磁式仪表充磁时，应对仪表进行整体充磁，因为有外围磁轭的存在。所以，欲使内部磁铁达到充分的饱和，必须有强大的磁场。

直流大电流法的大电流可由大容量的电容器放电或由放电管放电产生，短时电流可达数千至 20 000A。因为需要有导体插入被充磁的磁铁两旁，所以，这种方法只适于对外磁式结构充磁。

充磁时为了减少磁阻，应把磁路上的磁间隙用软铁予以短路。磁铁充磁后应进行老化处理。为此可用工频交变磁场为磁铁退磁，磁场由大到小，使磁钢气隙的磁通密度减小 10%左右。磁铁经这样处理过后稳定性可大为提高，受外界影响显著减少。

3. 磁电系仪表误差的调整方法

误差调整主要是通过分磁片、分流电阻（或分压电阻）等元件的调整来实现的。

（1）检查表头全偏转电流。

首先测量基本档的误差，以基本档（最低量限档）检验表头的刻度特性。若误差特性（线性）一致，则将表头与线路脱开测出表头全偏转电流，如表头灵敏度与原电流标称值不符，可用细调分磁片将仪表全偏转电流调到所需数值。粗调分磁片在仪表制定标度时已调好，仪表修调中不要随意动它，以免刻度特性变化。若调整分磁片后，误差仍达不到要求，则需检查永久磁铁磁性是否衰减，游丝（或张丝）是否变形，以及动圈绕组有无匝间短路等，若有问题则应分别进行充磁、调整或更换等方法解决。

（2）调整分流电阻和附加电阻。

在全偏转电流调好后，应重新校验基本档的误差特性。若不超差且刻度特性一致，则可从最低量限档开始逐一测量其余各档误差。个别量限超差时，若是电流表则需调整对该量限影响最大的分流电阻；若是电压表，则应调整对此量限影响最大的分压电阻。调整电流表分流电阻时，必须由大电流量限向小电流量限逐一进行，因为大量限分流电阻也是小量限分流电阻的一部分，否则容易把误差调乱。同理，当调整电压表的分压电阻时，应从低量限到高量限逐一进行调整，因为低量限分压电阻是高量限分压电阻的一部分。

【思考与练习】

1. 磁电系仪表有哪些常见故障？分析产生的原因并简述排除方法。
2. 如何更换游丝？
3. 调整磁电系仪表的误差主要是通过调整哪些元件实现的？

模块 2　电磁系仪表的调修（ZY2100801002）

【模块描述】本模块介绍电磁系仪表的调修方法。通过故障分析、要点归纳和方法介绍，熟悉电磁系仪表的主要特性，掌握电磁系仪表常见的故障现象、产生原因及处理方法，掌握电磁系仪表误差的调整方法。

【正文】

一、电磁系仪表主要特性

（1）电磁系仪表既可测量直流，又可测量交流，且能制成交、直流两用表，结构简单，成本低，应用较广泛。

（2）由于被测量不经过可动部分，直接进入固定线圈，因而过负荷能力强。

（3）刻度特性不均匀，经过对铁芯形状、尺寸精心设计制作后，可适当改善一些刻度特性。

（4）线圈磁场虽经磁屏蔽，但固定线圈气隙中可动部分的电磁力仍易受外磁场影响，使仪表产生附加误差。

（5）与磁电系电流表、电压表相比，电磁系电流表内阻较大，而电压表内阻较小，测量时将对被测量电路产生较大影响，并会引入一定的误差，所以制作的仪表准确度不高。

（6）电磁系电流表和电压表受温度和频率的影响较大。

二、电磁系仪表常见故障的修理

电磁系仪表故障的检查方法与磁电系仪表基本相同，在此不再多说。

1. 常见故障及排除方法

（1）通电后指针不偏转、偏转角小或指示不稳定。

产生的主要原因有：

1）测量线路接触不良或断路。

2）固定线圈匝间短路或断路。

3）转换开关接触不良。

4）铁片松脱，不牢固。

故障处理方法：检查测量线路，重新焊接；重绕或更换固定线圈；清洗开关，修理刷簧片；用虫胶、强力胶重新粘牢铁片。

（2）通电后可动部分有卡住现象。

产生的主要原因有：

1）可动部分下沉，使铁片与线架接触，轴与限制套相碰。

2）阻尼片或阻尼磁铁上沾有毛刺，或阻尼片碰阻尼盒。

3）可动部分有毛刺。

4）张丝松脱或折断。

故障处理方法：调整部件位置，调整限制套间隙（0.2～0.3mm）；调整阻尼盒，使偏转行程内不触碰阻尼盒，并固紧阻尼盒；吹掉可动部分、阻尼片等沾有的毛刺；重新焊接或更换张丝。

（3）示值误差大。

产生的主要原因有：

1）张丝张力或弹片弹力改变。

2）附加电阻变值。

3）温度补偿电阻断路、虚焊或短路。

4）由谐振引起误差改变。

故障处理方法：适当改变张力，调弹片螺杆间的距离；调整或更换附加电阻；查出故障，根据情况，重新调整、焊接或更换温度补偿电阻；适当改变可动部分重量，也可适当改变张丝张力，以消除谐振影响。

（4）各量限示值误差不一致。

产生的主要原因有：

1）量程转换开关接触片磨损、氧化或有污垢。

2）开关紧固件松动，定位不准，引起量限跨档。

3）固定线圈匝间短路，在测量线路连接中有焊点发霉产生假焊。

4）附加电阻变值或两个电流线圈排线方法不一致。

故障处理方法：用细油石轻磨开关接触片，使表面平滑，清除氧化层，用酒精棉擦洗接触片污垢，涂上一薄层凡士林；调整间隙，拧紧开关紧固件；更换固定线圈，查出测量线路连接中假焊点并焊好；调整或更换附加电阻，调整电流线圈的排线使其一致。

2. 电磁系仪表误差的调整方法

电磁系仪表有扁线圈吸引型、圆线圈排斥型和排斥—吸引型 3 种结构的测量机构。它们虽有差异，但误差的调整原理和方法基本相似。

（1）用改变辅助磁片的位置来调整仪表示值误差。

以扁线圈吸引型测量机构为例进行说明。固定扁线圈上设置了一辅助调磁片，如图 ZY2100801002-1（a）所示。当辅助调磁片移近扁线圈缝隙时，仪表指示值将呈现先正后负的误差，如图 ZY2100801002-1（b）中曲线Ⅰ所示。如调磁片是装于扁线圈的反面，则当调磁片移近线圈缝隙时，仪表示值将出现偏正的误差，如图 ZY2100801002-1（b）中曲线Ⅱ所示。因此，正确调整辅助调磁片的位置不但可调整仪表的示值误差，还可改善仪表的刻度特性。

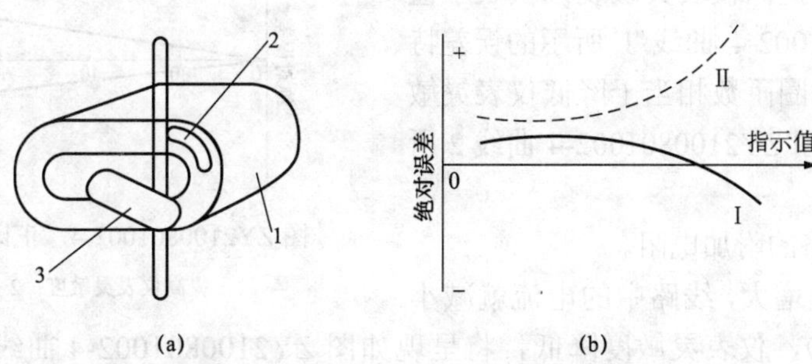

图 ZY2100801002-1　调磁片的误差调整

（a）固定扁线圈上设置一辅助调磁片；（b）误差曲线

1—扁线圈；2—调磁片；3—动铁片

（2）用改变指针与铁片之间的夹角来调整仪表示值误差。

若仪表指针向零位右边偏移，如图 ZY2100801002-2（a）所示，将指针调回零位，这时铁片偏离线圈夹缝的距离增大，磁场对铁片起始作用的影响相应减弱，形成如图 ZY2100801002-2（c）中曲线 1 所示的误差特性。反之，如指针向零位左边偏移，如图 ZY2100801002-2（b）所示，经机械调零后，铁片与线圈夹缝距离减小，增强了磁场对铁片的起始作用，形成如图 ZY2100801002-2（c）曲线 2 所示的误差特性。对具有上述两种误差特性的仪表进行调整时，需将指针分别扳到图 ZY2100801002-2（a）、（b）所示虚线的位置，即可减小或消除仪表的误差。

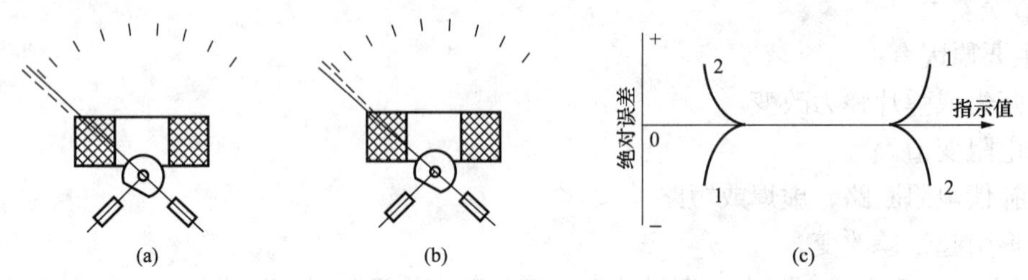

图 ZY2100801002-2 改变指针与铁片间夹角对误差的调整

（a）、（b）测量机构指针位置图；（c）误差特性曲线

（3）用在线圈与支架间加垫片的方法来调整仪表示值误差。

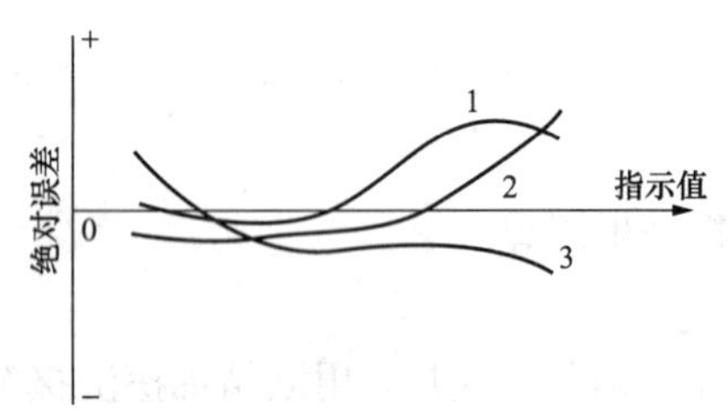

图 ZY2100801002-3 线圈与支架间加垫片后的误差曲线

1—左侧加垫片；2—两侧加垫片；3—右侧加垫片

加垫片可使仪表可动部分支架与固定线圈间的距离增大，使仪表示值呈现普遍减小的趋势。当垫片加至仪表一侧时，会使仪表的示值呈现出如图 ZY2100801002-3 曲线 1 或曲线 3 所示的误差。当仪表示值误差曲线为线性时，可用两侧加垫片的方法调整仪表的示值误差，如图 ZY2100801002-3 曲线 2 所示。

（4）正比例增减误差的调整方法。

若仪表所有示值点上的误差成正比例增大或减小，且符号一致，其误差特性如图 ZY2100801002-4 所示，可以通过以下几种方法进行消除：

1）改变仪表灵敏度。

将游丝外端焊开，放长游丝将焊点移到游丝外端的多余部分，以减小游丝反作用力矩，相应提高仪表灵敏度。反之，若将游丝焊点往内移使反作用力矩增强，仪表灵敏度就降低。同理，改变张丝的张力和弹性系数同样也可达到改变仪表灵敏度的目的。

2）改变固定线圈的匝数。

增加固定线圈匝数（增大励磁安匝数），即增大仪表工作转距，相当于提高仪表灵敏度，仪表示值将呈现如图 ZY2100801002-4 曲线 1 所示的误差特性。反之，减少固定线圈匝数相当于降低仪表灵敏度，仪表示值会呈现如图 ZY2100801002-4 曲线 2 所示的误差特性。

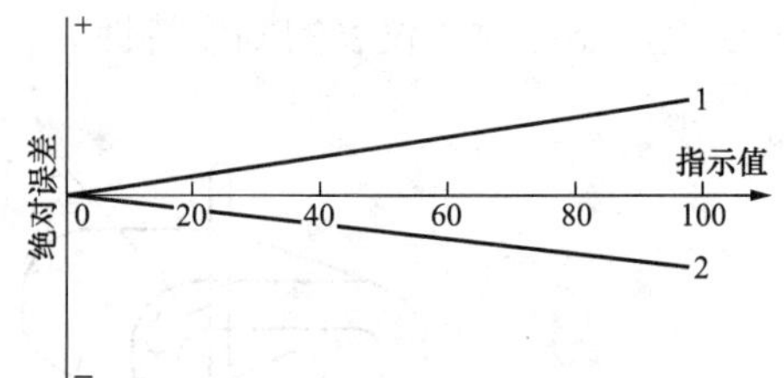

图 ZY2100801002-4 正比例增减的误差特性

1—提高仪表灵敏度；2—降低仪表灵敏度

3）改变电压表线路的附加电阻。

若测量线路电阻值增大，线路中的电流就减小（即减少了励磁安匝数），仪表灵敏度降低，将呈现如图 ZY2100801002-4 曲线 2 所示的误差特性。反之，当附加电阻阻值减小时，仪表示值误差特性如图 ZY2100801002-4 曲线 1 所示。采用调整附加电阻的方法调整仪表示值误差特性时，附加电阻阻值的增减一般不得超过式 ZY2100801002-1 的规定。

$$R=aR' \quad \text{(ZY2100801002-1)}$$

式中　R——附加电阻阻值；

R'——被调量限名义电阻值；

a——仪表准确度等级。

其他结构的电磁系仪表误差的调整，也可参照以上所述的几种方法进行。

【思考与练习】

1. 试分析电磁系仪表常见故障产生的原因，并掌握这些故障的处理方法。

2. 对电磁系仪表误差，有哪些调整方法？

模块3　电动系仪表的调修（ZY2100801003）

【模块描述】本模块介绍电动系仪表的调修方法。通过故障分析、要点归纳和方法介绍，熟悉电动系仪表的主要特性，掌握电动系仪表常见的故障现象、产生原因及处理方法，掌握电动系仪表误差的调整方法。

【正文】

一、电动系仪表主要特性

（1）电动系仪表不但能测量直流，而且可测量交流，可制成交直流两用表；不但能测量电流和电压，而且还可以测量功率，这是这种结构最大的优点。而磁电系和电磁系仪表，都不具备测量功率的功能。

（2）电动系测量机构还可以制成测量频率和功率因数的仪表；功率表的电压、电流端钮具有异同极性。

（3）电动系电流表、电压表的刻度呈不均匀特性，功率表的刻度特性基本上是均匀的。

（4）电动系仪表功率消耗大，常用于短时间测量。

（5）电动系仪表结构比较复杂，制作成本较高。

（6）电动系仪表的附加误差主要是由温度、频率和角误差引起的。

二、电动系仪表常见故障的修理

（一）常见故障及排除方法

1. 指针不回零或零位变

产生的主要原因有：

（1）宝石与轴尖配合过紧或过松。

（2）轴尖、轴承脏，轴尖磨损。

（3）轴尖锈蚀、松动，轴承磨损、松动。

（4）游丝（或张丝）弹性变弱，生锈，有折印。

（5）游丝（或张丝）焊接点焊锡过多碰擦游丝，焊接温度偏高。

（6）游丝焊片与上游丝内端脱焊或游丝焊接片松动。

（7）游丝焊接有初扭力矩。

故障处理方法：调整宝石与轴尖间隙，以30μm为适宜；清洗轴尖、轴承，磨修或更换轴尖；抛磨、固紧轴尖，压紧轴承或换新轴承；选择合适的游丝（或张丝）进行更换；重焊游丝（或张丝）并注意焊锡适量，焊点圆滑，焊接时温度适宜，速度快；将脱焊的游丝焊片重新焊上，对于松动的焊接片重新校正焊接片弹性或换新的焊接片；焊接时将游丝与焊接片自由搭接。

2. 变差大

产生的主要原因有：

（1）与零位变的原因相同。

（2）可动部分与固定部分有轻微摩擦。

（3）可动部分与固定线圈间有毛刺，轻档变位。

（4）可动部分有铁磁物质。

（5）屏蔽罩剩磁大。

故障处理方法：与修理零位变方法相同；另外，检查排除可动部分与固定部分的摩擦现象；取出可动部分与固定线圈间的毛刺，排除轻档变位；清除可动部分的铁磁物质；将剩磁大的屏蔽罩更换为剩磁小的屏蔽罩。

3. 指针有阻挡或卡住现象

产生的主要原因有：

（1）可动部分碰擦固定线圈。

（2）阻尼片碰阻尼盒。

（3）空气阻尼盒有毛刺。

（4）表盖、表盘、指针某处有毛刺。

故障处理方法：调整可动部分和固定线圈位置；调整阻尼片与阻尼盒间隙；取出空气阻尼盒里的毛刺；检查表盖、表盘、指针，剔去或用酒精灯烧掉毛刺。

4. 不平衡误差大

产生的主要原因有：

（1）指针或指针支片不直。

（2）平衡锤位移，水平不好。

（3）可动部分组合件松动。

（4）轴承松动变位。

（5）上下张丝同心度不好。

故障处理方法：校正不直的指针或指针支片；调整平衡锤位置恢复平衡；固紧松动部件，调整平衡；消除轴承变位；重新焊接张丝，调整同心度。

5. 倾斜误差大

产生的主要原因有：

（1）轴承与轴尖间隙过大。

（2）轴尖磨损后曲率半径变小。

（3）轴承曲率半径过大。

（4）张丝张力小。

故障处理方法：调整轴承螺栓，使轴承与轴尖间隙适宜；磨大或更换曲率半径大的轴尖；更换曲率半径小的轴承；加大张丝张力。

6. 指示值不稳定

产生的主要原因有：

（1）量限转换开关接触不良。

（2）线路元件接触不良或线路中有假焊点。

（3）游丝焊片活动与可动部分轴杆有瞬时短路。

（4）动圈引出线与焊片接触不良或脱焊。

（5）游丝内圈变形与其他圈相碰。

（6）线路绝缘不良，可动线圈或固定线圈有短路现象。

故障处理方法：用汽油洗净转换开关接触点并涂上中性凡士林；查找接触不良的线路元件并重新焊接，查找线路中假焊点，焊前消除氧化层，再重新焊接；紧固游丝焊片，与可动部分轴杆绝缘；重新焊接动圈引出线与焊片；将变形游丝取下重新平整后，再焊接上；检查线路故障点重新焊接，更换有故障的线圈。

7. 指针抖动

产生的主要原因有：

（1）轴承之间间隙过大。

（2）可动部分固有频率与所测电流、电压频率相同，为45～60Hz。

故障处理方法：减小轴承间隙；增加可动部分质量或调游丝间距变换游丝（或张丝）谐振频率。

8. 通电无指示

产生的主要原因有：

（1）测量线路断路或短路。

（2）有一固定线圈接反。

（3）动圈断路。

（4）游丝焊片与动圈引出线之间脱焊或游丝焊片与可动部分轴杆短路。

故障处理方法：检查线路，消除断路或短路现象；将接反的固定线圈两个头对换；更换好的动圈；重新焊接游丝焊片与动圈引出线，固紧游丝焊片使其与可动部分轴杆绝缘。

9. 示值偏小

产生的主要原因有：

（1）固定线圈有一装反。

（2）固定线圈连接线接错。

（3）固定线圈或可动线圈有部分断路。

（4）附加电阻变值。

（5）游丝扭绞或碰圈。

故障处理方法：将装反的固定线圈极性调整正确；将固定线圈接错的连接线重新正确连接；查找断路处并重新焊接或更换；调整附加电阻阻值或重新配置；将游丝取下平整后，再焊接上或更换新游丝。

10. 通电后指针反向偏转

产生的主要原因有：

（1）可动线圈或固定线圈接反。

（2）极性开关接反。

故障处理方法：将接反的线圈、极性开关重新正确焊接。

11. 交直流示值重合性差

产生的主要原因有：

（1）测量线路感抗大。

（2）测量机构支架与屏蔽短路。

（3）支架组合绝缘不良。

（4）电容补偿不足。

故障处理方法：在测量线路中并联电容以抵消感抗；查明原因，消除短路；用垫片提高支架使其绝缘良好；重新调整电容数值，解决补偿不足问题。

12. 量限重合性差

产生的主要原因有：

（1）转换开关接触电阻大。

（2）电路中有假焊点。

（3）两个电压线圈匝数不相同。

（4）分流电阻不准确。

（5）附加电阻不准确。

（6）电流回路接线电阻大。

故障处理方法：修理转换开关刷片，用汽油洗净污垢并涂中性凡士林油；找出电路中的假焊点，先除去氧化层，再重新焊好；配置更换相同匝数的电压线圈；精调分流电阻值；调整相应附加电阻阻值；选择粗短线连接，降低电流回路接线电阻值。

（二）电动系仪表误差的调整方法

1. 刻度特性的调整

当仪表误差呈非线性变化时，也就是刻度特性变差时，需通过改变指针与动圈间的夹角、移动整个测量机构位置、调整定圈位置等手段来调整误差、改善刻度特性。

（1）改变指针与动圈间的夹角。

在电动系仪表中，为了改善刻度特性，指针与动圈的平面间都有某一夹角，如图 ZY2100801003-1（a）所示。对于功率表，这个夹角为 10°～15°；而对电压表和电流表，这个角度为 5°～10°。

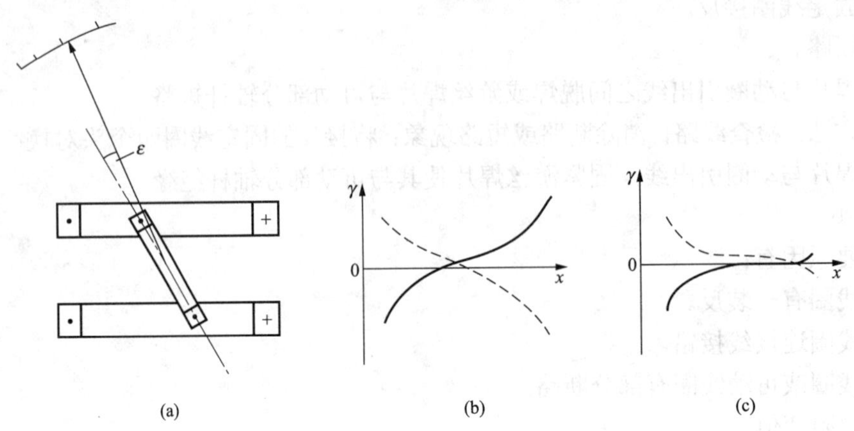

图 ZY2100801003-1 指针弯曲时的误差

（a）指针位置图；（b）电流表、电压表的误差曲线；（c）功率表的误差曲线

如果仪表指针沿顺时针方向扳动某一角度△ε，调零后动圈的起始位置将沿逆时针方向转动了同一角度△ε，根据电动系仪表的结构原理特性，此时，不管是电流表、电压表还是功率表，在标度尺的下限附近将呈现偏“慢”的误差；对中间刻度影响不大；对标度尺上限附近的误差影响有所差别：对电流表和电压表来说，误差明显偏“快”，而对功率表来说，误差变化不大。如图 ZY2100801003-1（b）所示的实线是当指针向右弯后，电流表和电压表的误差曲线；如图 ZY2100801003-1（c）所示的实线是当指针向右弯后，功率表的误差曲线。如果指针弯曲方向相反，将输出如图 ZY2100801003-1 虚线所示的误差曲线。

但是应该注意，不能随意用扳动指针的方法调整误差。只有当指针确系因过负荷而弯曲时（此时，可动部分的机械平衡遭破坏）才可以扳动指针，而且扳动过后，要经老化处理（加温后，令其自然老化一段时间）。

（2）移动测量机构底座。

某些电动系仪表测量机构的底座与标度盘不是固定在一起的，相互位置可以通过移动测量机构底座的方法予以变动。因此，当将整个测量机构的底座沿顺时针方向移动时，调零后相当于动圈的起始位置左移，因而仪表的误差将如图 ZY2100801003-1（b）、（c）实线曲线所示。当将测量机构的底座沿逆时针方向转动时，其误差曲线将如图 ZY2100801003-1（b）、（c）的虚线所示。

（3）改变定圈位置。

在电动系仪表中，一个定圈通常是分成前、后两部分 D 和 D′，如图 ZY2100801003-2（a）所示。改变定圈 D 和 D′ 间的相对位置就可以改变定圈产生磁场的形状。当在两个定圈内侧同时加垫片 1、2、3、4 时，D 和 D′ 间的距离将增大，误差曲线将呈现如图 ZY2100801003-2（b）中曲线 1 的趋势，即低刻度段和高刻度段均有偏负方向的误差。至于偏负的程度，则与仪表刻度特性有关。例如功率表的刻度特性比较均匀，因而影响就小些；电流表和电压表的刻度特性比较不均匀，所以，影响就大些。

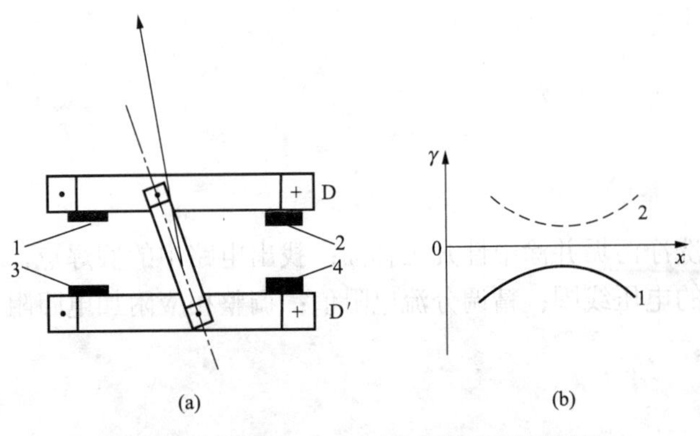

图 ZY2100801003-2 改变定圈位置时的误差

（a）定圈位置图；（b）误差曲线

如果只加入垫片 1 和 4，可使定圈沿顺时针方向转过一定角度，其效果和指针右弯是一致的，因而其误差曲线也将如图 ZY2100801003-1（b）和（c）中的实线所示。

如果只加入垫片 2 和 3，这相当指计左弯，其误差曲线将如图 ZY2100801003-1（b）和（c）的虚线曲线所示。

有些老式仪表的刻度盘有些活动余地。将它往左移时，相当指针往右弯；往右移时，相当指针往左弯。其误差曲线可参看图 ZY2100801003-1。

2. 测量线路的调整

若仪表误差是线性的，则可用调整线路电阻的方法来调整误差。

（1）电压表的误差调整。

电压表的线性误差，主要采取增减附加电阻的方法来消除。如果仪表为正误差，可增加附加电阻；负误差时，应减少附加电阻值。附加电阻增减的数值，可视仪表误差大小而定。

1）相同符号的误差调整。

对于 D26 型 0.5 级低量限电压表，可调整与可动线圈 A 相串联的锰铜电阻 R 来消除误差，但调整范围不应超过表 1 中的数值，其线路如图 ZY2100801003-3 所示。图中，R_1 为低档调整电阻，R_2、R_4 为串联电阻，R_3 为高档温度补偿铜线电阻（安装在磁屏蔽罩内），它与测量机构处于同一温度，一般不需调整。

表 ZY2100801003-1　　D26 型低压电压表电阻值调整范围

规格（V）	额定电流（mA）	调整电阻 R	
		额定值（Ω）	调整范围（Ω）
15—30	214.3	14	12～20
30—60	150	32	24～41
50—100	100	42	22～55

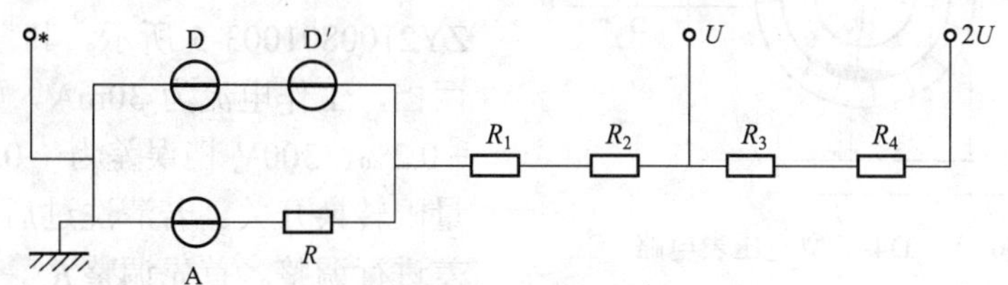

图 ZY2100801003-3　D26 型低压电压表线路

D26 型高量限电压表可通过调整电阻 R_1 来调整各量限同符号误差，调整范围不应超过表 ZY2100801003-2 中的数值，其线路如图 ZY2100801003-4 所示。图中，R_3（安装在磁屏蔽罩内）、R_6、R_9 为高量限温度补偿铜线电阻，一般不调整。R_4、R_7、R_8 为各量限可调电阻。表 ZY2100801003-3 是 D26 型电压表线路电阻参数表。

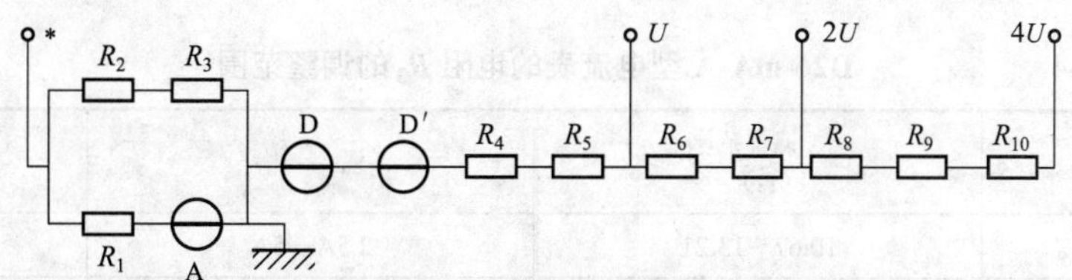

图 ZY2100801003-4　D26 型高压电压表线路

表 ZY2100801003-2　　D26 型高压电压表电阻值调整范围

规格（V）	额定电流（mA）	调整电阻 R	
		额定值（Ω）	额定值（Ω）
75—150—300	60	69	60～80
125—250—500	40	166	166～216
150—300—600	40	216	196～250

表 ZY2100801003-3　　D26 型电压表线路电阻值参数表

规格（V）	温度补偿铜电阻			锰铜电阻线圈			锰铜电阻板		
	序号	电阻值（Ω）	线径（mm）	序号	电阻值（Ω）	线径（mm）	序号	电阻值（Ω）	线径（mm）
75—150—300	R_3	450	0.05	R_1	69	0.273	R_5	1000	0.152
	R_6	80	0.15	R_2	50	0.193	R_7	1170	0.152
	R_9	100	0.15	R_4	80	0.273	R_{10}	2300	0.152
				R_8	100	0.193			
125—250—500	R_3	600	0.06	R_1	166	0.193	R_5	2800	0.152
	R_6	150	0.15	R_2	300	0.193	R_7	2975	0.152
	R_9	250	0.12	R_4	130	0.273	R_{10}	5750	0.152
				R_8	250	0.193			
150—300—600	R_3	400	0.06	R_1	216	0.193	R_5	3223	0.152
	R_6	150	0.15	R_2	500	0.193	R_7	3600	0.152
	R_9	250	0.12	R_4	105	0.273	R_{10}	7000	0.152
				R_8	250	0.193			

注　R_5、R_7、R_{10}为多块电阻板串联组合。

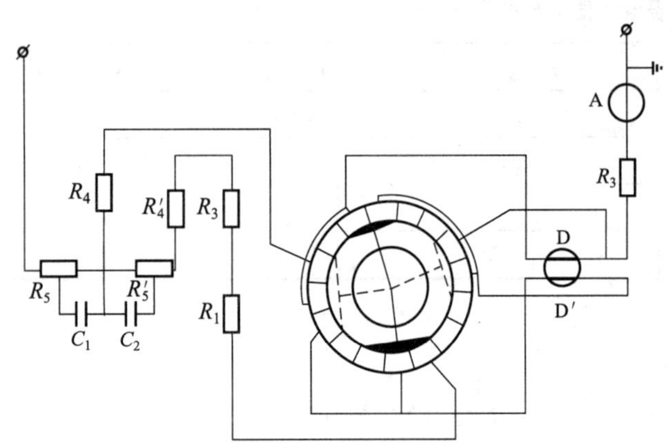

图 ZY2100801003-5　D4-V 型电压表电路

2）不重合误差的调整。

仪表出现不重合误差，应首先检查量限转换开关，必要时应予清洗。如果误差仍不见好转，可继续检查各电组焊接点是否有虚焊或氧化腐蚀而引起接触电阻。查明若无故障，可先调好基本量限的误差，然后从小量限至高量限逐步调整。例如：D4-V 型 0.1 级电压表电路图如图 ZY2100801003-5 所示。其量限为 150V 和 300V 两档，工作电流为 30mA。如果 150V 档误差为 +0.2%、300V 档误差为 −0.17%时，应首先清洗量限转换开关。若清洗过后仍不见效，可对该误差进行调整。首先调整R_4，使 150V 档合格；再调整R_4'，使 300V 档也合格。

（2）电流表的误差调整。

1）相同符号误差的调整：

对于 D26-mA-A 型仪表，如果出现两档规律一致的较大误差，可调与动圈串联的锰铜电阻R_3，使动圈电流控制在 74～80mA，其调整范围如表 ZY2100801003-4 所示，原理线路如图 ZY2100801003-6 所示。

表 ZY2100801003-4　　D26-mA-A 型电流表的电阻 R_3 的调整范围

规　格	R_3调整范围（Ω）	规　格	R_3调整范围（Ω）
150mA—300mA	10.67～13.21	2.5A—5A	10.68～12.04
250mA—500mA	10.67～12.51	5A—10A	10.71～12.05
0.1A—1A	10.69～12.22	10A—20A	11.57～13.31
1A—2A	10.69～12.11		

2）不重合误差的调整：

量限转换开关接触不良对电流表的影响尤为严重。所以，遇到不重合误差时，首先应清洗量限转换开关，然后再进行误差检查和调整。

D4-A 型电流表是双量限的，有 0.5A/1A、2.5A/5A 和 5A/10A 等 3 种，动圈电流依次是 100mA、250mA

和 500mA，定圈电流与下限电流值相同。如图 ZY2100801003-7（a）所示是量限为 0.5A/1A 的电流表原理电路，如图 ZY2100801003-7（b）所示是 0.5A 时的简化线路，如图 ZY2100801003-7（c）所示是 1A 时的简化线路。其他量限的电流表，其接线原理与图 ZY2100801003-7 相同，但线路参量有所差异。现以 0.5A/1A 的电流表为例，说明其不重合误差调整方法如下：

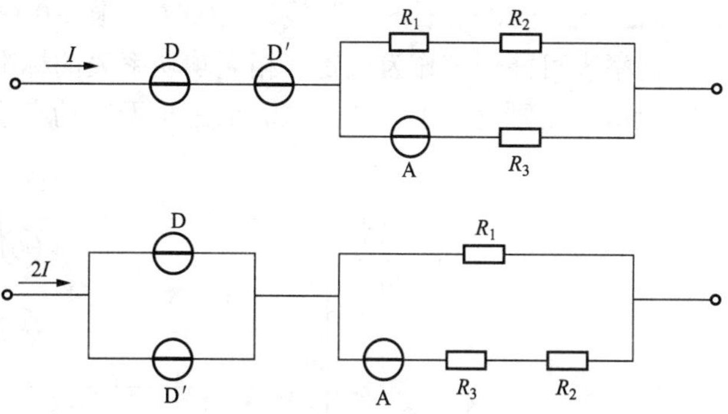

图 ZY2100801003-6 D26-mA-A 型电流表简化电路图

设 1A 档误差为 −0.15%，在 0.5A 档误差为 +0.17%时，应首先调大量限档，即先调 1A 档，合格后，再调 0.5A 档。具体步骤为：增大 R_3' 的电阻值，使流过动圈的电流增加，以消除 1A 档的示值误差；减少 R_3 的电阻值，使流过动圈的电流减少，以消除 0.5A 的示值误差。

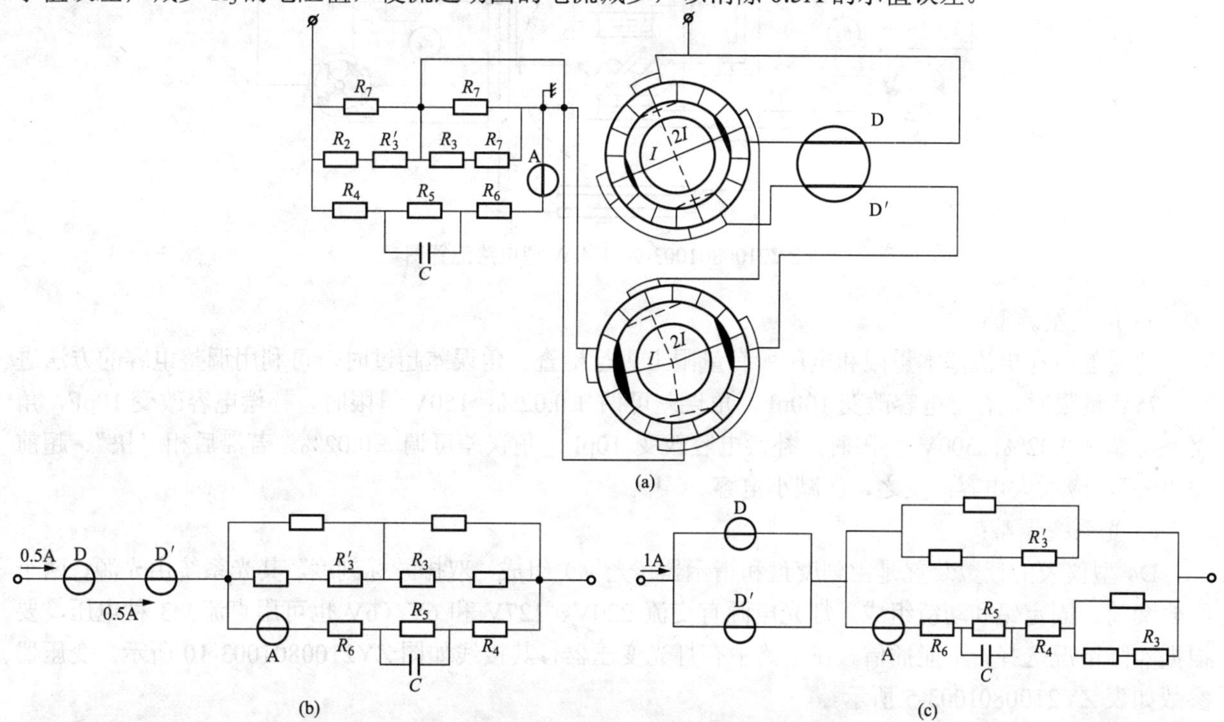

图 ZY2100801003-7 D4-A 型电流表线路图

（a）0.5A/1A 量限电路；（b）0.5A 时的简化线路；（c）1A 时的简化线路

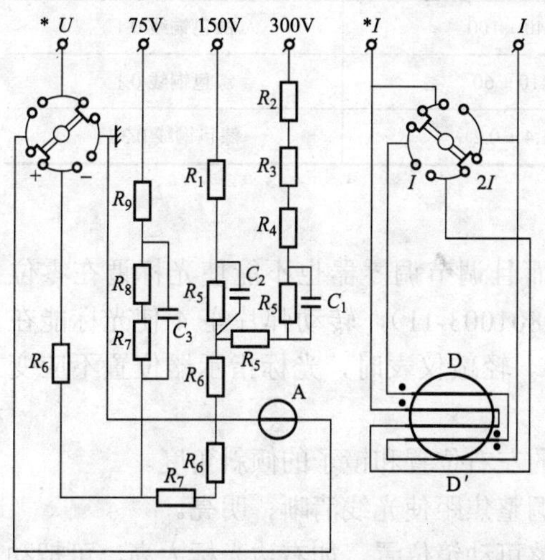

图 ZY2100801003-8 D4-W 型原理电路图

（3）功率表误差的调整。

1）D4-W 型功率表误差的调整。

D4-W 型仪表原采用轴尖轴承结构、空气阻尼、双层磁屏蔽，指示部分采用光系统。由于轴尖轴承易产生摩擦误差，可动部分支撑现改为张丝结构，其他不变动。

a. 线路调整：

D4-W 型仪表原理电路图和电路配置图如图 ZY2100801003-8、图 ZY2100801003-9 所示。电压量限有 75V、150V、300V 等 3 种，工作电流为 30mA。当各量限误差不一致时，以 150V 为基本档进行调整，再改变 300V 和 75V 的电阻线圈，使其两量限的误差与 150V 量限的差值不超过 0.03%即可。一般情况下，75V 量限 ±0.1%的误差可调 1.6Ω（相当 5cm 长的电阻线）；150V 量限 ±0.1%误差可调 3.3Ω（相当 10cm 长的电阻线）；300V 量限 ±0.1%的误差可调 6.6Ω（相当 20cm 的电阻线）。

功率表可能用来作为检定三相无功功率表的标准表，因此，调整时应设法维持电压电路的总电阻为额定值，否则用人工中性点法测量三相无功功率或检定三相无功功率表时，会引起附加误差。

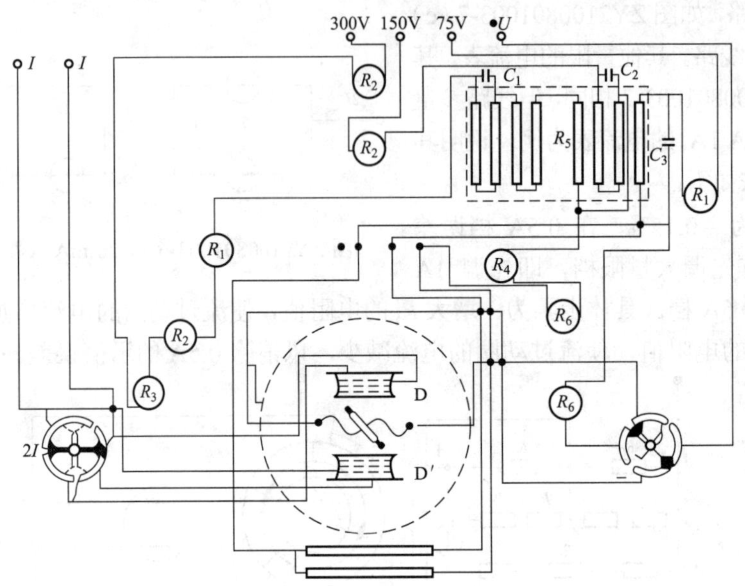

图 ZY2100801003-9 D4-W 型电路配置图

b. 角误差调整：

角误差可在电流基本量限和电压所有量限上进行检查。角误差超过时，可利用调整电容的方法进行。75V 量限时，补偿电容改变 100pF，角误差可调 ±0.02%；150V 量限时，补偿电容改变 10pF，角误差可调 ±0.02%；300V 量限时，补偿电容改变 10pF，角误差可调 ±0.02%。若滞后相“快”、超前相“慢”，应增大电容；反之，应减小电容。

c. 光系统调整：

D4 型仪表的读数装置是由刻度盘和指示器（光标）组成，双排游标刻度。其光系统由光源、两个组合套筒、固定镜和动镜组成。灯光电源有交流 220V、127V 和 6V（6V 也可用直流）3 种电压，要根据实际情况选择，不能插错。在电路中有灯光变压器，其接线如图 ZY2100801003-10 所示。变压器参数如表 ZY2100801003-5 所示。

表 ZY2100801003-5　　灯光变压器参数

电压（V）	匝数	阻值（Ω）	线径（mm）
220	5050	840 ± 100	漆包铜线 0.1
127	2800	410 ± 60	漆包铜线 0.1
6	165	1.4 ± 0.2	漆包铜线 0.38

光标系统的调整方法如下：

若仪表不加电压和电流时，光标不在刻度线零位上，而且调节调零器也不能使光标调在零位上时，可松开弹片座下面的螺帽 2 及顶丝 3（见图 ZY2100801003-11），转动弹片座 4 使光标能在刻度零位左右对称偏移不小于±3mm，然后上紧顶丝及螺帽。轻敲仪表时，光标指示器位置不应变化。

若光标中心落在标度尺的上面或下面时，可改变固定镜的左右位置和镜子的倾斜角度。

若标度盘上光线不清晰，可旋进或旋出组合套筒，通过调整焦距使光线清晰、明亮。

若光标线的转动轨迹与表盘上下平面不平行，这时可调整可动镜位置，如右边光标太高，可把动镜右上角向前压；若右边光标太低，则把动镜右上角向后压即可。

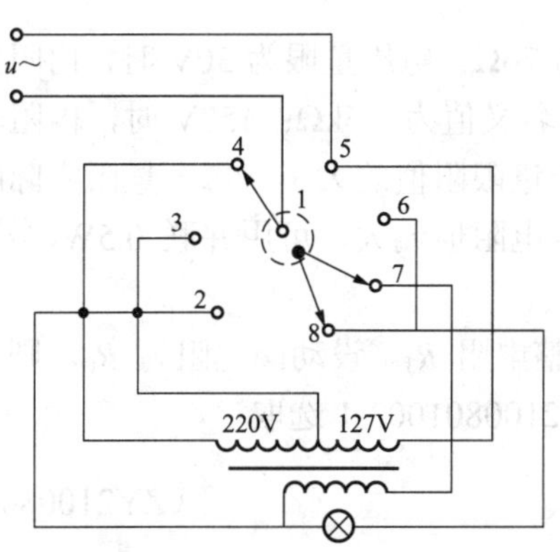

图 ZY2100801003-10　灯光电源接线图

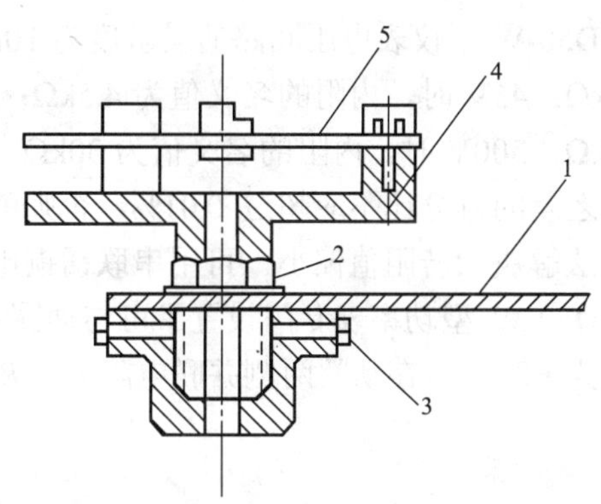

图 ZY2100801003-11　光标零位的调整

1—调零臂；2—螺帽；3—顶丝；4—弹片座；5—弹片

d. 静电屏蔽检查：

在仪表的电压星号端钮和电流星号端钮之间加以较高电压（例如 300V），仪表指针应无偏转，若有明显偏离零位，则应检查仪表的静电屏蔽是否遭损坏。

2）D50-W 型表误差的调整。

D50-W 型功率表是 0.1 级张丝支撑结构的仪表。如图 ZY2100801003-12 所示是电压为 30V、45V、75V、150V、300V，电流为双量限的（有 0.1A/0.2A，0.5A/1A，0.25A/0.5A，1A/2A）功率表线路图。如图 ZY2100801003-13 所示是电压为 120V、240V，电流为 5A 的功率表线路图。图中的开关 S_1、S_2、S_3 和 S_4 是联动的。

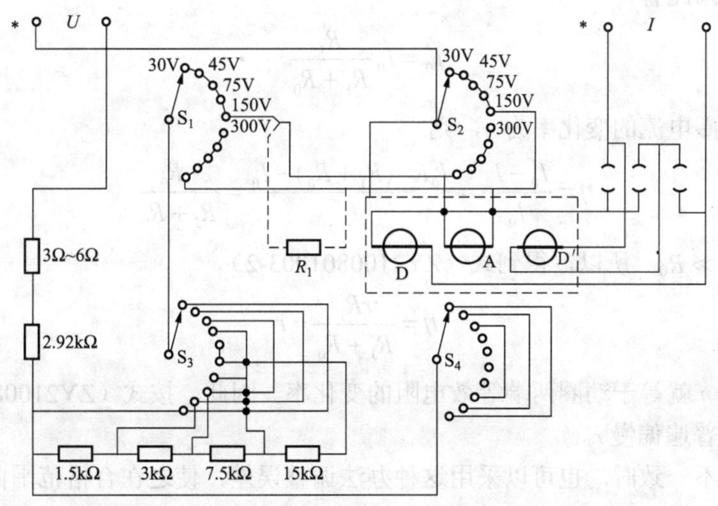

图 ZY2100801003-12　D50-W 型功率表线路图（一）

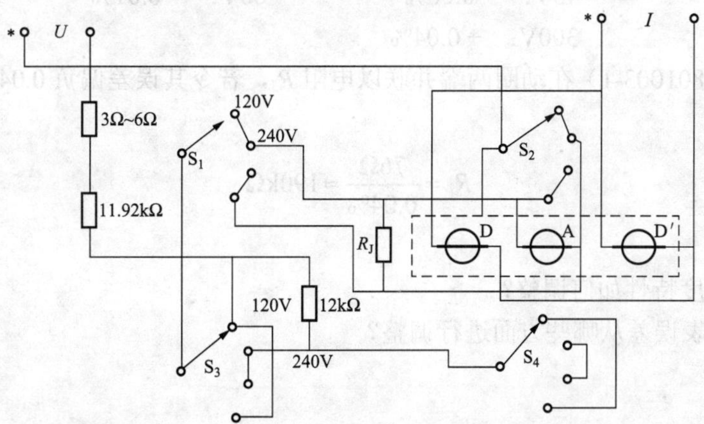

图 ZY2100801003-13　D50-W 型功率表线路图（二）

D50-W 型仪表电压回路的灵敏度为 10mA，动圈电阻为 76Ω。电压量限为 30V 时，内阻的名义值为 3kΩ；45V 时，内阻的名义值为 4.5kΩ；75V 时，内阻的名义值为 7.5kΩ；150V 时，内阻的名义值为 1kΩ；300V 时，内阻的名义值为 30kΩ。用直流电桥检查量限阻值的大小，每一量限实际阻值与名义值之差的百分比不应超过 0.01%，否则就要进行调整。若电阻值偏大，可用并联 0.5W 金属膜电阻的办法解决；若阻值偏小，可用串联锰铜电阻的方法解决。

D50-W 型功率表专门设置了可与动圈并联的灵敏度调整电阻 R_J。设动圈电阻为 R_0，则当仪表的误差为 r 时，可在动圈两侧并联电阻 R_J，R_J 的值应按式 ZY2100801003-1 选取

$$R_J=\frac{R_0}{r} \qquad \text{(ZY2100801003-1)}$$

例如，当功率表偏“快”0.08%，可在动圈两侧并联电阻 R_J。此时

$$R_J=\frac{R_0}{r}=\frac{76\Omega}{0.08\%}=95\text{k}\Omega\approx100\text{k}\Omega$$

式（ZY2100801003-1）的来源证明如下：

设动圈电阻为 R_0，并联电阻 R_J 以后动圈两端的等效电阻为 R_0'，则

$$R_J=\frac{R_0R_0'}{R_0-R_0'}=\frac{R_0}{-(R_0'-R_0)/R_0'}=\frac{R_0}{-r}$$

式中　$r=(R_0'-R_0)/R_0'$——动圈两端等效电阻的变化率。

再看动圈电流的变化：设并联电阻 R_J 以前流过动圈的电流为 I_0，当并联电阻 R_J 以后，流过动圈的电流为 I_0'，因为动圈电阻只占电路电阻的一小部分，所以，当在动圈上并联很大电阻时，对电压电路电流的影响很小，因此有

$$I_0'=I_0\frac{R_J}{R_J+R_0}$$

设并联电阻以后，动圈电流的变化率为 η，则

$$\eta=\frac{I_0'-I_0}{I_0}=\frac{I_0R_J/(R_J+R_0)-I_0}{I_0}=\frac{-R_0}{R_J+R_0}$$

因为 $R_0=-rR_J$，且 $R_J\gg R_0$。所以，得到式（ZY2100801003-2）

$$\eta=\frac{rR_J}{R_J+R_0}\approx r \qquad \text{(ZY2100801003-2)}$$

即动圈电流的变化率 η 就等于动圈两端等效电阻的变化率。因此，按式（ZY2100801003-1）加入并联 R_J 时，可使仪表误差普遍偏慢 r。

当各量限的误差不一致时，也可以采用这种办法调整误差，使之在合格范围内。例如，当仪表各档出现下述误差时：

30V：+0.11%　　45V：+0.08%　　60V：−0.01%

150V：−0.02%　　300V：+0.04%

也可以按式（ZY2100801003-1）在动圈两端并联以电阻 R_J，若令其误差偏负 0.04%时，R_J 可按下式选择

$$R_J=\frac{76\Omega}{0.04\%}\approx190\text{k}\Omega$$

【思考与练习】

1. 电动系仪表刻度特性如何调整？
2. D4-W 型功率表误差从哪些方面进行调整？

第十八章 绝缘电阻表、接地电阻表的调修

模块1 绝缘电阻表的调修（ZY2100802001）

【模块描述】本模块介绍绝缘电阻表的调修方法。通过故障分析、要点归纳和方法介绍，掌握绝缘电阻表高压直流源、测量机构常见的故障现象、产生原因及处理方法，掌握绝缘电阻表测量回路误差的调整方法。

【正文】

一、概述

由绝缘电阻表的测量电路和工作原理可知，绝缘电阻表的常见故障主要发生在高压直流电源和测量机构。因此，除了很明显的故障外，应先从高压直流源着手检查，待排除了该部位的故障并恢复正常工作后，再检查和修理测量机构。

二、高压直流源（手摇发电机）常见故障的修理

1. 常见故障及排除方法

（1）发电机摇不动，有卡住现象或摇时手感很重。

产生的主要原因有：

1）发电机转子与极靴相碰。

2）增速齿轮啮合不好或已损坏。

3）滚珠轴承脏，油干涸。

4）小机盖固定螺栓松动，使转子在滚珠轴承位置不正。

5）转轴弯曲。

故障处理方法：拆下发电机修理重装，消除转子与极靴相碰现象；调整增速齿轮位置使其啮合好，如损坏则应更换；拆下轴承、转轴，清洗并上润滑油；调整小机盖位置，固定螺栓，使转子位置正确；将弯曲的转轴整直。

（2）摇发电机打滑，无电压输出。

产生的主要原因有：

1）偏心轮固定螺栓松动，造成齿轮啮合不好。

2）调速器弹簧松动或弹性不足。

故障处理方法：调整好偏心轮位置并使各齿轮啮合好，再固紧偏心轮螺栓；旋动调速器螺母拉紧弹簧，使摩擦点压紧摩擦轮，或更换弹簧。

（3）发电机电压不稳定。

产生的主要原因有：

1）调速器装置螺栓松弛，调速器摩擦点接触不紧。

2）调速器的弹簧松动或弹性不足。

故障处理方法：固牢调速器位置上的螺栓，使调速器橡皮接点紧压摩擦轮；旋动柱形螺母，紧拉弹簧或将弹簧更换。

（4）摇发电机时，产生抖动。

产生的主要原因有：

1）发电机转子不平衡。

2）发电机转轴不直。

故障处理方法：把转子放在平衡架上调整平衡；将转轴矫直。

（5）机壳漏电。

产生的主要原因有：

1）内部引线碰壳或发电机弹簧引出线碰壳。

2）受潮造成绝缘不好。

故障处理方法：检查线路，消除碰壳现象；烘干祛潮，恢复良好绝缘。

（6）发电机无输出电压或电压很低。

产生的主要原因有：

1）绕组断线。

2）绕组接头或线路断线。

3）碳刷接触不良或电刷磨损。

故障处理方法：将断线的绕组重新绕制；检查断线处重新焊牢；调整碳刷与整流环接触面或重换碳刷。

（7）摇发电机手感很重且输出电压低。

产生的主要原因有：

1）发电机两整流环之间有磨损，有碳粒或铜屑短路。

2）整流环击穿短路。

3）转子绕组短路。

4）发电机并联电容器击穿。

5）内部绕组短路。

故障处理方法：用汽油清洗整流环，消除碳粒和铜屑影响；对击穿的整流环进行修理或更换；将短路的转子绕组重新绕制；调换击穿的电容器；检查内部绕组找出短路处，进行清理消除短路现象。

（8）摇发电机时碳刷有声响、火花产生。

产生的主要原因有：

1）碳刷与整流环磨损，表面不光滑，接触不良。

2）碳刷位置偏移与整流环接触不在正中。

故障处理方法：配换碳刷，整流环磨损可用细砂纸磨光并用汽油清洗；调整碳刷位置在整流环正中，并使之全面接触。

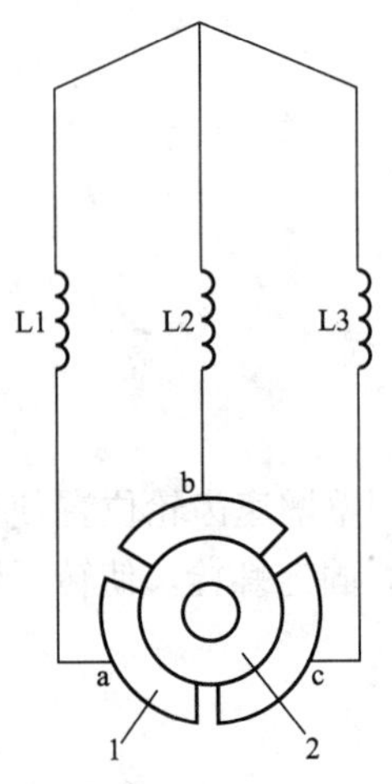

图 ZY2100802001-1　转子绕组接线示意图

1—整流环；2—绝缘体；L1、L2、L3—转子绕组；a、b、c—与绕组对应的整流片

2. 转子绕组故障的检查和修理

检查发电机转子绕组的故障时可按图 ZY2100802001-1 进行接线，分别检查 L1、L2、L3 绕组的电阻值。

常见型号绝缘电阻表的发电机转子绕组匝数和电阻值列于表 ZY2100802001-1。

表 ZY2100802001-1　　常见型号发电机绕组参数表

型　号	绕 组 匝 数	导 线 直 径（mm）	电 阻 值（Ω）
ZC1（100V）	3000	0.24	200～250
ZC1（500V）	16 000	0.08	9000～10 700
ZC1（1000V）	34 000	0.06	34 000～42 000

续表

型　号	绕组匝数	导线直径 (mm)	电阻值 (Ω)
ZC5	25 000	0.05	20 000 ± 5%
ZC7（100V）	2200 ± 20	0.15	约 165
ZC7（250V）	5000 ± 30	0.1	约 780
ZC7（500V）	11 000 ± 100	0.07	约 3650
ZC7（1000V）	20 000 ± 200	0.04	约 20 000
ZC7（2500V）	40 000 ± 200	0.03	约 60 000
ZC711-1、ZC711-6	700 × 4	0.32	
ZC711-2、ZC711-7	1800 × 4	0.19	
ZC711-3、ZC711-8	3500 × 4	0.13	
ZC711-4	8000 × 4	0.08	
ZC711-5、ZC711-10	20 000 × 4	0.05	
ZC711-9	350 × 4	0.41	
ZC25-1	2400	0.15	
ZC25-2	4750	0.13	
ZC25-3	10 000	0.09	
ZC25-4	23 000	0.06	
0101	2400	0.12	
2525	5500	0.08	
5050	11 000	0.06	
1010	23 000	0.04	

检查时，可先拆下碳刷，然后在整流环 a、b、c 这 3 段之间分别测出 L1、L2、L3 绕组的阻值，并比较三者阻值的差异。若测量 a—b 之间通，a—c、b—c 都不通，可能是与 c 段相对应的绕组 L3 断路或焊接不良；若 a—b、b—c 两组绕组阻值相近，而 a—c 一组绕组阻值很小，可能是这组碳刷与整流环之间有铜屑造成短路或绝缘被击穿。检查后，可根据具体情况进行修理，转子断线和损坏严重的应调换，一般性故障视情况分别进行修理。

3. 碳刷及整流环故障的修理

若碳刷座螺栓松动，会造成碳刷位置偏移，与转子接触不良，导致电压降低和碳刷与整流环之间产生火花。只要用汽油清洁整流环，恰当地调整碳刷座位置，把止动螺栓固紧即可。

若碳刷磨损，可重新配换新的，通常更新为 DS8 碳刷，也可用调压器改制后代替。碳刷外形通常有方形和圆形，可先用手锯锯成毛坯，然后用锉刀锉成所需要的形状和尺寸。

若整流环磨损，在每片整流环隙缝边缘造成凹凸不平，可以把它拆下，在车床上车圆，然后用细砂纸打光，再用汽油清洗干净。如磨损不太严重，可以不拆下，一面用手转动转子，一面把小什锦锉置于面上锉，再用细砂纸打光。若 3 片整流环间的绝缘隙缝中有脏物和碳化，应用汽油清洗，用竹签剔除。

4. 发电机磁钢的充磁

经修理、调整后，若发电机输出电压仍不能达到额定输出电压时，则可能是磁钢失磁。这种情况就必须将转子拆下，对定子中的磁钢进行充磁。

三、测量机构常见故障的修理

1. 常见故障及排除方法

（1）指针转动不灵活，有卡滞现象。

可能产生的原因有：

1）绕组上粘有细毛或铁芯与极掌间隙有铁屑等杂质。

2）绕组转动时导流丝碰固定部分。

3）铁芯松动并与绕组相碰。

4）轴承与轴尖空隙过大，铁芯、极掌有摩擦。

5）绕组受压变形并与铁芯、极掌相碰。

6）表盘上有细毛与指针相碰。

故障处理方法：用细探针清理杂质；调整导流丝使其碰不到固定部分；固定铁芯螺栓；调整轴承螺栓使其与轴尖空隙正常，消除铁芯与极掌的摩擦；重整绕组线框；清除表盘上细毛。

（2）指针指不到"∞"位置。

可能产生的原因有：

1）导流丝变形附加力矩变大。

2）电源电压不足。

3）电压回路电阻变质，数值增高。

4）电压线圈局部短路或断路。

故障处理方法：整理导流丝，在不通电时使指针在"∞"位置；修理电源、发电机或变换器；调配回路电阻；重绕或更换电压线圈。

（3）指针指示超出"∞"位置。

可能产生的原因有：

1）无穷大平衡线圈（有的仪表无此线圈）短路或断路。

2）电压回路电阻变小。

3）导流丝变形。

故障处理方法：重绕或更换无穷大平衡线圈；调换电压回路电阻；修理或更换导流丝。

（4）指针不指零位。

可能产生的原因有：

1）电流回路电阻值变化，阻值减小指针超过零位，阻值增大指针指不到零位。

2）电压回路电阻变化，阻值增大指针超过零位，阻值减小指针指不到零位。

3）导流丝变质。

4）电流线圈或零点平衡线圈有局部短路或断路。

故障处理方法：根据情况调整或更换电流或电压回路电阻，使指针指零；更换变质的导流丝；重绕或更换电流线圈或零点平衡线圈。

（5）可动部分平衡不好。

可能产生的原因有：

1）指针打弯或向上翘起。

2）平衡锤上螺栓松动，使位置改变。

3）轴承松动，轴间距离大，中心偏移。

故障处理方法：校正指针；重调平衡，固定螺栓；调整轴承螺栓，使其位置适当并固紧。

（6）指针位移较大，不能指一定值。

可能产生的原因有：

1）轴尖磨损或生锈。

2）轴承碎裂或有杂物。

故障处理方法：磨修或重配轴尖；更换轴承或清洁杂物。

2. 可动部分的检修

绝缘电阻表可动部分的故障，可先检查指针有否弯曲、卡住，平衡是否有变。在排除了这些故障后，再检查测量线路。检查时，可把测量线路逐个焊开，用万用表电阻测量档分别接在3根导流丝外焊片处（一根为电流线圈输入，一根为电压线圈输入，一根为电流和电压线圈共同输出端），检查电压线圈、无穷大平衡线圈及电流线圈或零点平衡线圈回路是否通，如不通，可能是导流丝或线头脱焊或者是线框断线。

如果发现有断路或短路现象，可把整个线框从支架上拆下，找出各线圈线头，再分别测量每只线圈的阻值，如确系损坏，须进行修理或重绕线圈。在未拆大小铝框前，应注意先记下线框的相对位置与指针夹角，各线圈端部连接点，如电流、电压线圈始端及它们的公共末端，并记下原来线圈线径、绕制方向、线圈匝数等，然后进行绕制。绕制方法与其他线圈一样，绕好后照原来位置组装。

导流丝的焊接较为重要，焊接不正确会增加附加力矩，而且容易相碰。此外，导流丝变质、变形或过短，都会造成指针不能正确地指在零位，尤其是指示无穷大位置时，会产生一定误差。当调整无法修复时，需要更换为原规格的新导流丝。一般可用成品配制，在缺乏成品的情况下，可根据原有导流丝的长度、厚度、宽度、圈数选用检流计吊丝进行盘制。盘制过程中应特别注意导流丝表面不要有折伤痕迹，盘制后，可将导流丝两头夹上焊片予以焊接。焊接前，为使焊接方便、效果最佳，可用折叠后的纸片插入动圈与磁极之间，固定表头可动部分，不让它自由转动；焊接时，先将3根导流丝焊在外焊片上，然后分别将3根导流丝沿转轴各绕一圈，再焊到各线圈焊片上。此时应先焊好与线圈较近的一根导流丝，移动可动部分并使指针指在表盘刻度“∞”位置（如不在此处，则应予以调整），并固定好后再焊其余两根，方法同上。在表盘刻度“∞”位置，磁场对电压线圈的作用最弱，如存在导流丝的附加力矩就会引起仪表误差，因此，当仪表没有接通电源时，要求指针能自然地处于表盘刻度“∞”位置。焊接后的导流丝应符合下述要求：

（1）表面清洁，无折伤现象。

（2）转轴在导流丝圆周的中心位置。

（3）尽量减少上翘和下垂现象。

（4）用手拨动指针，从“0”到“∞”偏转时，导流丝不应与其他物相碰。

3. 可动部分的平衡调整

可动部分机械重心不平衡将产生仪表指示值的附加误差，尤其是当仪表指示值接近无穷大处，磁场很弱，定位力矩小，可动部分机械不平衡的影响更大，因此，必须进行机械平衡的调整。调整的方法有通电平衡调整和不通电平衡调整两种。

（1）通电平衡调整。

将绝缘电阻表输出端钮“E”、“L”开路，在仪表由工作位置向前、后、左、右倾斜30°的4个位置上摇动发电机，依照指针在表盘“∞”位置的情况，进行平衡调整；也可用一节1.5V电池、限流电阻R_1和电位器RP（见图ZY2100802001-2）接入电流及电压线圈回路，并通入一定电流（一般不超过线圈额定电流），使指针指在中间刻度，然后将绝缘电阻表由工作位置向前、后、左、右倾斜30°，按照指针偏离表盘“∞”位置的情况进行机械平衡的调整。机械平衡的调整方法，可根据平衡锤结构型式，结合磁电系仪表机械平衡调整方法进行。

（2）不通电平衡调整。

绝缘电阻表不通电时，指针一般在表盘“∞”附近，可先在仪表工作位置时确定某点A，然后将仪表由工作位置向前、后、左、右倾斜30°，按指针偏离A点的情况调整仪表的机械平衡。

4. 测量回路阻值的检查

绝缘电阻表测量回路电阻的变化将会引起很大的测量误差，尤其是电压回路的电阻值改变时，将会引起全部读数产生正或负的误差，这种现象在仪表示值读数较大时比较明显。如果电流回路的电阻值改变，将会在读数较小值处引起显著的误差。因此在修理绝缘电阻表时，必须检查电流回路和电压回路电阻值。表ZY2100802001-2列出了常用绝缘电阻表电压回路电阻与电流回路电阻的数值。

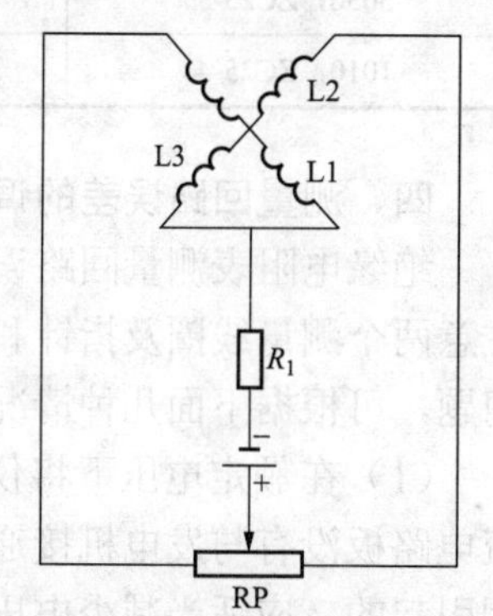

图ZY2100802001-2　通电调整机械平衡接线原理

表 ZY2100802001-2 常用绝缘电阻表测量回路电阻值

型号	电压回路电阻值				电流回路电阻值			
	阻值（kΩ）	功率（W）	个数	接法	阻值（kΩ）	功率（W）	个数	接法
ZC1（100V）	15	0.5	2		47	0.5	2	
ZC1（500V）	82	2	2		220	2	2	
ZC1（1000V）	270	2	2		470	2	2	
ZC5	10 000	2	2		5100	2	2	
ZC7（100V）	300	2	1		400	2	1	
ZC7（250V）	750	2	1		1000	2	1	
ZC7（500V）	1500	2	1		750	2	1	
ZC7（1000V）	3000	2	1		1500	2	1	
ZC7（2500V）	3600	2	1		3600	2	1	
ZC11-1	390	2	1		390	2	1	
ZC11-2	1000	2	1		1000	2	1	
ZC11-3	2000	2	1		2000	2	1	
ZC11-4	3900	2	1		3900	2	1	
ZC11-5	10 000	2	1		10 000	2	1	
ZC11-6	100	2	1		51	2	1	
ZC11-7	240	2	1	并联	120	2	1	并联
ZC11-8	510	2	1		240	2	1	
ZC11-9	200	2	1		200	2	1	
ZC11-10	5100	2	1		5100	2	1	
ZC13-1	120	2	1		240	2	1	
ZC13-2	240	2	1		500	2	1	
ZC13-3	500	2	1		1000	2	1	
ZC13-4	2000	2	2		2000	2	1	
ZC14-1	200	2	1		200	2	1	
ZC14-2	500	2	1		500	2	1	
ZC14-3	1000	2	1		1000	2	1	
ZC14-4	2000	2	1		2000	2	1	
0101，ZC25-1	100	2	1		20	2	1	
2525，ZC25-2	240	2	1		51	2	1	
5050，ZC25-3	500	2	1		100	2	1	
1010，ZC25-4	1000	2	1		200	2	1	

四、测量回路误差的调整

绝缘电阻表测量回路误差的调整必须在仪表的电路、机械结构正常工作的状态下进行，调整中要注意两个测量线圈及指针和线圈间的相对位置是否准确。若仪表内部测量机构和高压直流源部分确无问题，可根据下面几种情况分别进行调整：

（1）在额定电压下将仪表输出端钮“E”、“L”开路，若仪表指针不指到“∞”，其原因可能是整流电路板没有与发电机接通（不到“∞”时），或者是整流电路板绝缘不良，有漏电。如果不是以上原因引起的，应适当减少电压回路的电阻；若超出“∞”位置，应增加该电阻阻值。但需注意不能轻易地增减电阻。

（2）在额定电压下将仪表输出端钮“E”、“L”短接，若仪表指针不指到“0”，应减少电流回路的电阻；如指针示值超出“0”，则应增加电阻。

（3）若没有“∞”调节装置（如分磁片或电位器），通常应先调整好仪表的“∞”位置。

（4）若“∞”和“0”位置都已调整好，但仪表在表盘的前半段或后半段刻度上仍存在误差，可少量地伸长或缩短导流丝后重新焊接，利用残余力矩来改变刻度的特性（但导流丝变化后，仪表的“∞”与“0”刻度位置需重新调整）。

（5）若仪表指针少许指不到“0”位或超出“0”位，可扳动指针进行调整。若指针少许指不到“∞”位置，可用镊子拨动一下导流丝，利用残余力矩使指针指在“∞”位置。

（6）仪表刻度特性改变产生较大误差时，可能是轴座位置或线框偏斜（主要是重绕线框时装偏），指针与线框夹角和两线框之间夹角的改变，都能造成刻度，特性的误差，必须检查轴座及夹角角度，并将发现的缺陷予以消除。

（7）当“0”和“∞”两点或附近刻度点都调整好，只是刻度的中心点附近超差较大，调整不起作用时，可以通过重画表盘刻度予以解决。

【思考与练习】

1. 绝缘电阻表有哪些常见故障？如何排除？

2. 如何进行测量回路误差的调整？

模块 2　接地电阻表的调修（ZY2100802002）

【模块描述】本模块介绍接地电阻表整流器的调修方法。通过故障分析、要点归纳和方法介绍，掌握接地电阻表机械整流器和晶体管相敏整流器故障现象、产生原因及处理方法。

【正文】

一、概述

接地电阻表的工作原理与绝缘电阻表有些相似，接地电阻表主要由发电机、整流电路和测量机构3 大部分组成，这 3 个部分都可能发生故障。接地电阻表的测量机构是一个灵敏度较高的磁电系微安表，发电机结构也与绝缘电阻表的手摇发电机相似，对于这两部分产生的一些故障及修理方法，可参见有关章节内容，这里主要叙述整流电路的故障修理方法。

二、接地电阻表整流器的修理

1. 机械整流器的修理

机械整流器也称为整流子，其形状如图 ZY2100802002-1 所示。整流子的作用是将接地电阻表“E”和“P”两极接收来的交流电压变成直流，驱使表头指示。在图 ZY2100802002-1 中，整流子铜环 1 一般采用紫铜，其硬度较低，因此，与铜环接触的碳刷硬度应采用适中的材料。太硬，会使铜环磨损，造成接触不良；太软，会很快地磨损碳刷自身，磨损的粉末使铜环间隙堵塞，造成输出电压降低，不能正常工作。因此，当仪表指示不灵敏或指示值偏差很大时，应先清洁整流子间隙中的污垢，而后再检查整流子与发电机转子的连接是否有松动。这一部位若配合不好，整流子起不到整流的作用，会阻碍电压幅值的输出，使仪表示值产生误差。

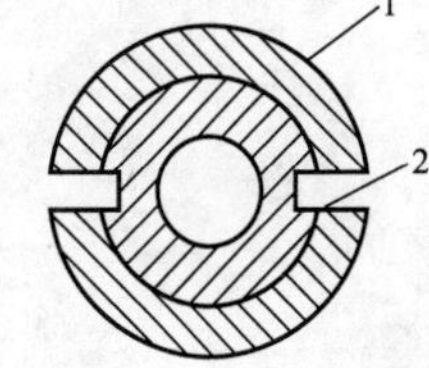

图 ZY2100802002-1　机械整流器外形图

1—整流子铜环；2—绝缘体

2. 晶体管相敏整流器的修理方法

晶体管相敏整流器的作用与机械整流器作用相同，其原理电路如图 ZY2100802002-2 所示。电路工作时，“E”、“P”两极从大地接收来的交流电压经整流后变为直流，驱使表头指示。这部分的常见故障主要表现为表头无指示或指示偏差大，产生的原因大致有以下几个方面：

（1）晶体管 V4 特性变差，影响相敏电路正常工作。

（2）输入电阻 R_9 损坏、变值，不能取得被测量信号。

（3）起“开关”作用的电压线圈短路或断路，使相敏电路不起作用。

（4）电容 C_2、C_3 变质，造成分流和短路现象。

（5）电位器 RP1、RP2 接触不良，使晶体管 V4 工作点偏离。

在修理前，应着重进行以上 5 个方面的检查，在确认故障的部位后，再进行同类、同规格器件的更换。

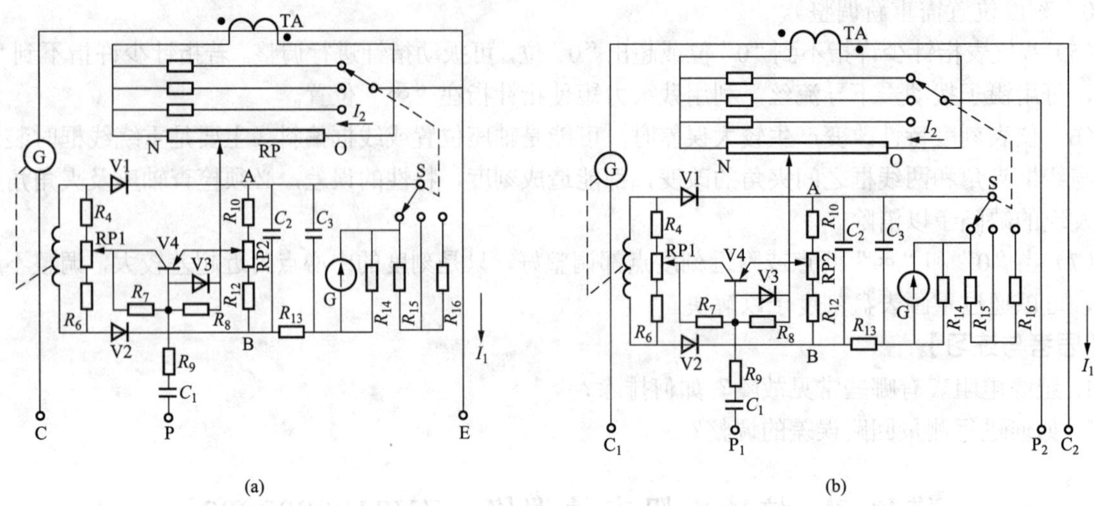

图 ZY2100802002-2　采用相敏整流的接地电阻表原理电路图

（a）三端钮测量电路；（b）四端钮测量电路

【思考与练习】

1. 接地电阻表机械整流器的故障如何修理？
2. 简述接地电阻表晶体管相敏整流器的修理方法。

第十九章 直流仪器的调修

模块 1 电阻箱的调修（ZY2100803001）

【模块描述】本模块介绍电阻箱的调修方法。通过故障分析、要点归纳、方法介绍和举例说明，掌握电阻箱常见的故障现象、产生原因及处理方法，掌握直流电阻箱示值误差大的调整方法。

【正文】

一、概述

测量用直流电阻箱，是一个由若干已知电阻线圈按一定形式连接在一起组合成的可变电阻度量器。其电阻值的变化是通过变换装置，使其电阻值可在已知的范围内按一定的阶梯而改变。因此，它在仪表检定、调修、电气测量、试验中被广泛地应用。

按阻值变换方式的不同可分为：

（1）开关式——以改变开关位置而使阻值改变的电阻箱。

（2）插头式——以改变插头位置而使阻值改变的电阻箱。

（3）接线式——以改变接线位置而使阻值改变的电阻箱。

本文介绍的主要是常用的开关（旋钮）式电阻箱的调修，这种电阻箱是由单个十进盘或多个十进盘组成，十进盘的电阻一般是串联线路。此外，也可以采用串并联线路得到小阻值的变化，如微调电阻箱。

二、直流电阻箱的常见故障及调修方法

1. 零位电阻大及示值变差大的调修

零位电阻大及示值变差大产生的主要原因：一是由于焊接点出现虚焊，当轻轻敲击电阻箱外壳时，电阻值（或零电阻）发生变化，则很可能线路中出现了虚焊点，此时应拆封予以检查和重新焊接。

二是电阻箱的电刷（插头）接触不良，当转动电刷或拔出插头后又重新置于原示值，如果电阻实际值（或零电阻）发生变化，则可能是接触不良造成的（转动电刷时动作要轻，以免振动使虚焊点发生变化，造成两种现象混淆），这时应予以清洁擦拭。

下面介绍不同结构电阻箱的处理方法：

（1）对于插头式电阻箱，可用麂皮擦拭插孔、插头表面氧化层和脏物，然后用航空汽油或无水酒精洗净。如果氧化层严重影响接触，或插孔变形、表面粗糙，可用 00 号细砂纸打磨，然后清洁擦拭干净，再用麂皮蘸氧化铬进行抛光。

（2）对于轻压力开关式电阻箱，触点表面氧化层（发乌）和脏物，只能用麂皮或硬橡皮等擦拭，不得用砂纸打磨，否则将破坏覆银表面。擦拭干净后，在触点表面轻轻涂上一薄层仪器油。如果刷片与触点接触压力调节不当，则可用镊子轻轻地改变刷片接触部位的弧度。

（3）对于重压力开关式电阻箱，触点表面的氧化层和脏物应予以清洁擦拭，严重者可用 00 号砂纸打磨，最后清洁擦拭于净，涂上一层薄薄的中性凡士林，切忌上油过厚。

（4）对于接线式电阻箱无零电阻，若其示值变差大，主要是虚焊或接线柱有氧化层所致，找出虚焊点重新焊接或将接线柱氧化层消除即可。

2. 电阻箱回路不通或某几个电阻线圈不通的调修

整个电阻箱回路不通，主要是引出线脱焊；部分电阻线圈不通，主要是电阻元件的电阻丝焊头霉断或过负荷烧坏所致，应对症排除。经拆装修理的开关式电阻箱，还应考虑电刷安装位置是否正确。

另外，电阻箱也有可能出现短路现象，主要由于引线相碰所致。对于开关式电阻箱出现示值短路

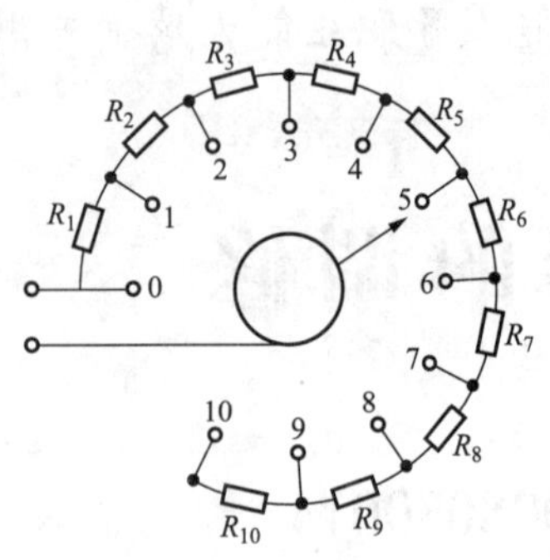

图 ZY2100803001-1 等值开关式电阻箱步进盘

时，很可能是触点间被金属物短路造成的，应对症排除。

3. 电阻箱示值误差大的调修

如果电阻箱的个别示值出现超差，不要急于调整，一定要根据其整个误差的趋势来考虑，分析误差的分布情况，确定调哪几个电阻元件合适。因为示值超差的那几点示值对应的电阻元件不见得一定有问题，而有的超差往往是由前面几点的电阻元件引起的，所以调修前必须熟悉所修电阻箱的结构特点和电阻元件的连接和转换形式。

这里主要介绍常用的等值十进式结构的电阻箱误差调修。此类电阻箱结构如图 ZY2100803001-1、图 ZY2100803001-2 所示。

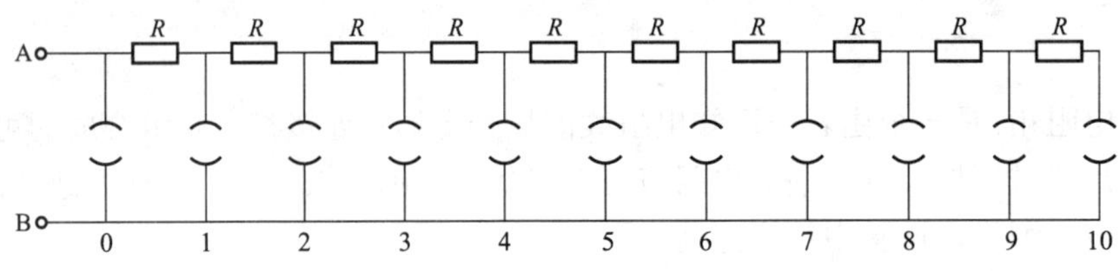

图 ZY2100803001-2 等值插头串联式电阻箱步进盘

当某示值（累加实际值）出现超差时，首先应计算该盘每个电阻元件的实际值，然后分析超差是由哪些元件引起的，再决定调修方法。

由于等值十进式是由 10 只同名义值的电阻串联而成，当某个电阻元件变化△R（Ω）时，将使从它以后的所有示值均变化△R（Ω），示值的相对误差将以 1/n 而减小（n 为示值的数字）。因此，对于这种电阻箱的误差调整，采用电阻元件换位法的效果较好，它不影响元件的稳定性。换位法就是将小示值下的超差电阻与大示值下的合格电阻元件互换位置，保证各示值的累加值合格。如果某步进盘最大示值的实际值超差，则换位法将无法解决，必须调修电阻元件。

阻值调整通常采用：并联大电阻后使阻值减小；串联小电阻后使阻值增大；减小电阻丝截面积使阻值增大（适合于粗线径电阻元件）；增减电阻丝长度使阻值增减（适合于锡焊的电阻元件）。应根据调整量的大小、电阻元件的线径粗细等来决定调修方法。

对于精密型电阻箱当其超差时，不要立即进行调修，暂时可用更正使用。考察 2～3 年，掌握其阻值变化情况，然后再进行调修，这样就能心中有数。对于某些阻值变化大、性能不稳定的电阻，应重新老化处理或者更换新元件。对于性能稳定而只是超差的电阻才进行调修。

三、直流电阻箱示值误差大的调修举例

有一台 ZX25a 型电阻箱（0.02 级），经检定后，获得各示值的累加值，其中第Ⅰ、第Ⅱ盘示值超差，各累加值及各个步进电阻值如表 ZY2100803001-1 所示。各个步进电阻值等于本示值实际值减去前一示值实际值。

表 ZY2100803001-1 ZX25a 型电阻箱误差调修举例

盘 序	示值	检定结果累加值（Ω）	步进电阻元件实际值（Ω）	调修后步进电阻元件实际值（Ω）	调修后累加实际值（Ω）
Ⅰ盘 ×1000Ω	1	1000.06	1000.06	1000.06	1000.06
	2	2000.58	1000.52*	999.91	1999.97
	3	3000.76	1000.18	1000.18	3000.15
	4	4000.84	1000.08	1000.08	4000.23
	5	5000.79	999.95	999.95	5000.18
	6	6000.59	999.80	999.80	5999.98
	7	7000.68	1000.09	1000.09	7000.07

续表

盘　序	示值	检定结果累加值 (Ω)	步进电阻元件实际值 (Ω)	调修后步进电阻元件实际值 (Ω)	调修后累加实际值 (Ω)
Ⅰ盘 × 1000Ω	8	8000.49	999.81	999.81	7999.88
	9	9000.50	1000.01	1000.01	8999.89
	10	10 000.41	999.91*	1000.52	10 000.41
Ⅱ盘 × 100Ω	1	100.006	100.006	100.006	100.006
	2	200.024	100.018	100.018	200.024
	3	300.029	100.005	100.005	300.029
	4	400.059	100.030	100.030	400.059
	5	500.057	99.998	99.998	500.057
	6	600.153	100.096*	99.980	600.037
	7	700.169	100.016	100.016	700.053
	8	800.186	100.017	100.017	800.070
	9	900.197	100.011	100.011	900.081
	10	1000.212	100.015	100.015	1000.096

（1）第Ⅰ盘的调修。从表中每个步进电阻的实际值可看出，该盘是由于第二步进电阻出现–0.52Ω的误差，造成第2、3、4示值超差，但该盘大示值不超差，则将它与大示值中合格的步进电阻相调换，就可使第2、3、4示值合格，而将误差为–0.56Ω的电阻元件换到大示值下，造成的相对误差影响就大为减少。将第2、10示值步进电阻互换（如"*"号所示），则该盘第2～9示值的累加值均减小，则第Ⅰ盘合格。

（2）第Ⅱ盘的调修。从表中检定结果的数据可以看到：

1）第4示值的步进电阻相对误差超出0.02%，但第1～5示值的累加实际值合格，因此对第4示值的步进电阻可以不调修；

2）第6示值以后各累加实际值均超差，是由第6示值步进电阻的–0.096Ω误差引起的，由于它所在示值及以后所有示值的累加实际值均超差，那么它无论与哪个大示值步进电阻互换，都会使得它新处位置的示值超差；若它与第6示值以前的步进电阻互换，则小示值相对误差可能更大，且大示值的实际值并未改变（仍超差），因此，对第6示值步进电阻应进行调修，不能换位。由于第Ⅱ盘所有累加值的更正值均为正，则可将第6示值步进电阻调修得略小于名义值。欲调成99.980Ω，则可并联一个大电阻*RM*，*RM*值为

$$RM = (99.980 \times 100.096) / (100.096 - 99.980) \approx 86\text{k}\Omega$$

并联一只86kΩ的金属膜电阻后，第Ⅱ盘所有示值均合格，如表ZY2100803001-1所示。

【思考与练习】

1. 直流电阻箱的常见故障有哪些？
2. 阻值调整通常采用什么方法？
3. 对于精密型电阻箱的超差要不要立即进行调修？为什么？

模块2　直流电桥的调修（ZY2100803002）

【模块描述】本模块介绍直流电桥的调修方法。通过故障分析、要点归纳、方法介绍和举例说明，掌握直流电桥常见的故障现象、产生原因及处理方法，掌握直流电桥示值误差大的调整方法。

【正文】

一、概述

直流电桥是一种用来测量直流电阻的比较仪器，具有灵敏度高、测量准确度高和操作方便等特点。直流电桥按测量电路可分为单臂电桥和双臂电桥两大类。前者用于测量 $10 \sim 10^9\Omega$ 的电阻，后者用于

测量 10^{-6}～10Ω 的电阻。

二、直流电桥的常见故障及调修方法

1. 零位电阻大及示值变差大的调修

上述故障主要发生在电桥的比较臂中，产生的主要原因是电桥比较臂的活动部分接触不良，比较盘电刷与极板之间不清洁，导致零值电阻大；有的比较臂电刷因压力调节不当，致使电刷和极板变形，接触不良，出现示值变差大。为此，必须对所有的按钮、触点以及经常处于旋转状态的刷形开关进行清洗、涂油；对于变形的电刷，应校准形状，调节触点压力，使其接触良好。由于双臂电桥增加了滑线盘电阻，故在修调中应注意滑动触点位置及触点的压力。滑动臂转动时，其触点不能太紧也不能太松，过紧会磨损触点，过松则易引起示值跳动或变差。

2. 电桥回路不通或某几个电阻线圈不通的调修

出现该类故障，可能是电桥回路引线脱焊或是电阻线圈从头部霉断或因过负荷烧坏，可仔细查找对症排除。

3. 电桥示值误差大的调修

如果电桥的个别示值出现超差，不要急于调整，一定要根据其整个误差的趋势来考虑，分析误差的分布情况，确定调哪几个电阻元件合适，因为示值超差的那几点示值对应的电阻元件不见得一定有问题，而有的超差往往是由前面几点的电阻元件引起的，此类情况则可将电阻元件进行适当的换位即可解决问题，所以调修前必须熟悉所修电桥的结构特点和电阻元件的连接和转换形式。

如果测量盘某点超差，确实由该点电阻元件引起的，则应仔细查找原因，一般常由线绕电阻的虚焊、脱焊或断线引起。对于虚焊或脱焊的线绕电阻，应细心地查出虚焊点或脱焊点，重新将其焊牢即可。对于断线的线绕电阻，则应更换新的或寻找相同规格的锰铜线，按相同方法绕制，然后再调整该点误差。

若双臂电桥各测量点示值误差一致，可通过滑线盘电阻来调整。具体调整方法如下：

（1）调整滑线盘触点位置。

（2）调整滑线盘面板指示点位置（一般很小，且有限位）。

（3）反复增大或减小与滑线电阻相并联的电阻值。

（4）若滑线盘两头 0.001Ω、0.01Ω 合格，中间超差，可将滑线盘滑线的头、尾对换一下。

（5）更换新的滑线盘。

4. 电桥内附检流计工作不正常的调修

单臂电桥内附检流计常用张丝型检流计，其采用无骨架的线圈，反作用力矩由张丝或吊丝产生，动圈电流直接经张丝或吊丝引入，其作用原理与磁电系仪表基本相同。由于检流计无轴尖、轴承之间的摩擦，因而灵敏度很高，一般都能达到 10^{-6}A/分格。在实际使用中，正是由于检流计灵敏度高、易过负荷，且结构精细，所以，常会发生各种各样的故障。通常，对检流计的故障分析，首先应检查外观，观察动圈、张丝完整情况，然后再检查线圈的通断。检流计常见故障及排除方法如下：

（1）通电时无偏转。

产生的主要原因有：

1）张丝（或悬丝）、导流丝由于受振折断或过负荷损坏。

2）悬丝、导流丝固定销钉松落或者脱焊。

3）电气线路或动圈断路或短路。

4）磁空隙内有灰尘微粒黏附卡住动圈。

故障处理方法：更换张丝或导线；重新固紧；查明线路，排除故障，更换动圈；用球压空气吹去灰尘，用带尖钢针迅速引出铁屑。

（2）不回零及指示变差大。

产生的主要原因有：

1）平衡不好。

2）瞬间过负荷引起张丝或导流丝疲劳变形。

3）张丝或悬丝与动圈中心不是焊在一条直线上。

4）导流丝位置不合适，产生附加微小力矩。

5）磁空隙中有毛纤维或灰尘阻碍动圈正常运转。

6）动圈上磁性物质沾污。

故障处理方法：重新平衡；更换导流丝或张丝；重新调整位置焊正；拨正位置，清除扭绞力矩；仔细观察排除纤维；仔细检查动圈表面，清除附着的磁铁物质。

（3）另外，将检流计张丝的焊接及其动圈平衡的调整方法简述如下：

1）检流计张丝的焊接。

检流计张丝材料性能的好坏，直接影响到检流计的质量，因此，在张丝损坏需要调换时，应尽可能选用原规格同材料的张丝，以保持检流计原有的技术参数不变。调换时，应将张丝与检流计动圈的一端先焊好，焊点要求光洁平整，张丝不可有折痕、歪斜，焊后的形状如图 ZY2100803002-1 所示。

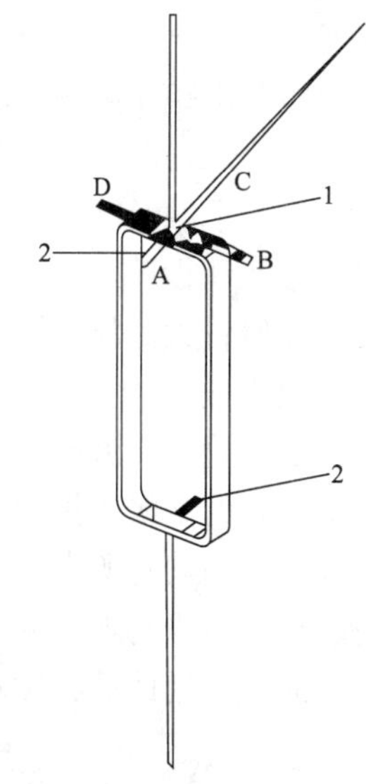

图 ZY2100803002-1　检流计动圈与张丝焊后形状图

1—张丝穿过焊片的孔；2—张丝焊点；A、B、D—平衡锤；C—指针

焊后表面应用酒精清洗干净，涂上少量防氧化漆，然后放入检流计支架中，将 2～3mm 纸片垫入动圈与圆磁极之间，使动圈不能移动，用镊子分别将动圈的上、下端张丝穿过检流计上、下端焊片支撑件孔，再用镊子夹住张丝端部使之紧贴弹簧焊片（预先在焊片处滴上少许焊剂）并压下弹簧焊片 1～2mm，以尖头烙铁点焊即可。用同样方法焊接另一端。检查无误后，即可抽去动圈与圆磁极之间的纸片，用手指慢慢地拨动指针，同时观察动圈在磁极中的四面空隙是否相等，将可动部分向四面倾斜 90° 并转动不应有轧住现象。

2）检流计动圈平衡的调整。

在未装入磁极金属套环之前，应进行检流计动圈机械平衡的初调。初调时，可将检流计在水平和垂直方向倾斜 90°，用焊锡材料对动圈进行机械平衡的调整。调整的方法同十字形平衡锤的平衡调整。调整完毕，再将检流计动圈插入磁极金属套环中，装上表盘后，在动圈的接线端并接一个 10kΩ 电阻，使检流计活动于微欠阻尼状态，然后再细调检流计的机械平衡，直至符合要求。

双臂电桥内附检流计常用晶体管放大器式检流计，晶体管放大器故障或检流计故障，在双臂电桥故障中比例较高，因此在修调检流计时，应首先检查指示表头工作是否正常，在排除了表头故障以后，可着重对放大电路进行检查和修理。

晶体管放大器式检流计与电桥的测量线路相比，元件多、焊点多、线路复杂，易产生故障。常见的故障一般有检流计指示不正常、漂移大、调零失灵、灵敏度低等。修理时应根据故障情况，采用适当的方法有步骤地查明故障原因。常用的检查方法主要有：

（1）对分法。

这种方法是在故障范围的中段选择一点进行检查，判别故障发生在此点以前还是以后，这样就肯定一半，否定另一半，然后在剩下范围内再找一点进行检查，这样就会很快找到故障点。

（2）信号注入法。

这种方法是用信号发生器或人体的感应信号注入放大器电路的某部位，来检查电路的故障点。下面以 QJ57 型电桥内附检流计放大电路（见图 ZY2100803002-2）为例，说明用信号注入法的具体检查方法。

在图 ZY2100803002-2 所示的 QJ57 型电桥内附检流计放大电路中，V3、V4、V6、V7 组成的直流放大器，放大电桥测量回路输入的不平衡信号；V9、V10 组成的振荡器，给调制解调电路提供交流信号；V11、V12、V13、V14 构成的调制解调器，把直流信号变为交流信号；该交流信号经交流放大器放大后，还原成与输入信号同步放大的直流信号。

当电路发生故障时，可在仪器印刷板上找到如图 ZY2100803002-2 所示的各检查点。检查时将一手触及①点，另一手触及电路A点，此时若检流计指针指向一边，说明直流正电压能从①点输入，①点以后的所有电路无问题，再检查①点以前的电路是十分简单的。如信号输不进，则利用信号发生器将交流信号输入，即将一手触及②点和③点，另一手触及⑦点和⑧点，此时检流计指针应分别打向两边。如果另一手触及⑦点和⑧点时，检流计指针只向一边偏转，另一边无指示，则故障点可能在解调器；如果检流计指针两边均无指示，则问题在③点以后。如前所述，信号也可由④点输入，只是④点所需信号幅值较大，故而用导线直接连接或串联一个5μF的电容。

（3）短路法。

短路法是检查交流放大器故障最有效的办法。如图ZY2100803002-2所示交流放大电路中，将任何一只晶体管的基极或集电极短路，则其他各管的工作点会发生很大偏移，利用这一原理便能很快判别交流放大器的问题所在。将万用表直流档（2.5V）跨接在R_{11}两端，用镊子钳从V6开始依次往前将各管基极和集电极与地瞬间短路，则万用表指针会大幅度地摆动。若短路某一点时，指针不动，则故障就在此前后。用此法必须注意：不要将电源正端当作公共地线，否则会烧坏管子。

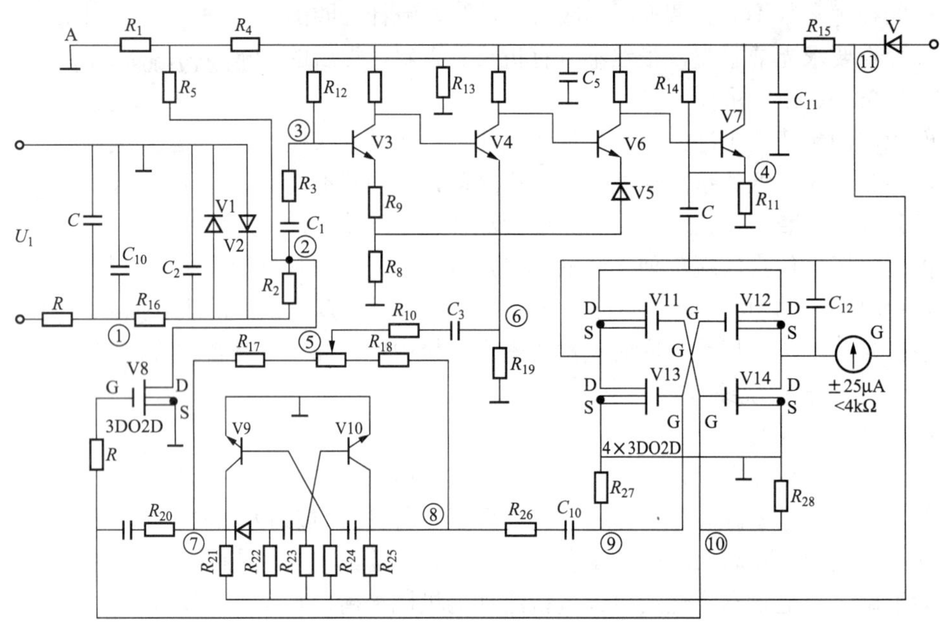

图ZY2100803002-2 QJ57型电桥内附检流计放大电路故障检查示意图

（4）电流电压测量法。

一般用万用表测量检流计放大电路的总电流，应为0.8mA（电源电压为9V），其中交流放大器工作电流应为0.3mA。如果测得结果偏差太大，说明线路有问题。再用万用表（内阻为20kΩ/V以上500型或MF10型万用表，否则误差太大）测量交流放大器各点工作电压，如果测量值与参考值出入太大，说明此线路有问题。

电路中损坏的元件，应按原元件的规格进行调换。

三、直流电桥示值误差大的调修举例

有某台QJ23a型电桥，由图ZY2100803002-3可知，比较臂×1000Ω盘是由10只名义值为1000Ω的电阻串联而成。现将某次对该盘进行检定和修理的数据列入表ZY2100803002-1中。从表ZY2100803002-1所列数据可以看出，该盘中2000～4000Ω3点阻值的相对误差均超过±0.1%。从结构特点看，它们均是由同名值的电阻串联组成，各电阻的阻值大小不一，因此不必调整某些电阻元件的阻值，只要将电阻进行适当换位后，就可使×1000Ω盘各点的误差都小于±0.1%。

换位方法：首先根据表中列出的检定数据，计算出各单元件电阻的实际值。由于该电桥比较臂是由10只名义值为1000Ω的电阻串联组成，所以将后面元件的数值减去前面元件的数值，如第2单元件示值的实际值为2005.05Ω，第1单元件示值的实际值为1000.20Ω，那么2005.05−1000.20=1004.85（Ω），以此计算出10只电阻元件的数值，列入表ZY2100803002-1中；然后按其误差的大小、符号的正负重新进行排列，使各电阻累计阻值的误差均小于 ±0.1%。在此例中只要把第 2 单元件与第 9 单元件互换，就可使换位后各点的相对误差均小于 ±0.1%。该盘调修后各电阻的相对误差见表 ZY2100803002-1。

表 ZY2100803002-1　　　QJ23a 型电桥 × 1000Ω 盘检定和修理数值

序号	指示值（Ω）	检定数值（Ω）	相对误差（%）	单元件电阻实际值（Ω）	换位后数值（Ω）	调修后相对误差（%）
1	1000	1000.20	−0.02	1000.20	1000.20	−0.02
2	2000	2005.05	−0.252	1004.85*	1999.90	+0.005
3	3000	3004.85	−0.162	999.80	2999.70	+0.01
4	4000	4005.25	−0.131	1000.40	4000.10	−0.002
5	5000	5004.75	−0.095	999.50	4999.60	+0.008
6	6000	6004.85	−0.081	1000.10	5999.70	+0.005
7	7000	7004.45	−0.064	999.60	6999.30	+0.01
8	8000	8004.75	−0.059	1000.30	7999.60	+0.005
9	9000	9004.45	−0.049	999.70*	9004.45	−0.049
10	10 000	10 004.95	−0.05	1000.50	10 004.95	−0.05

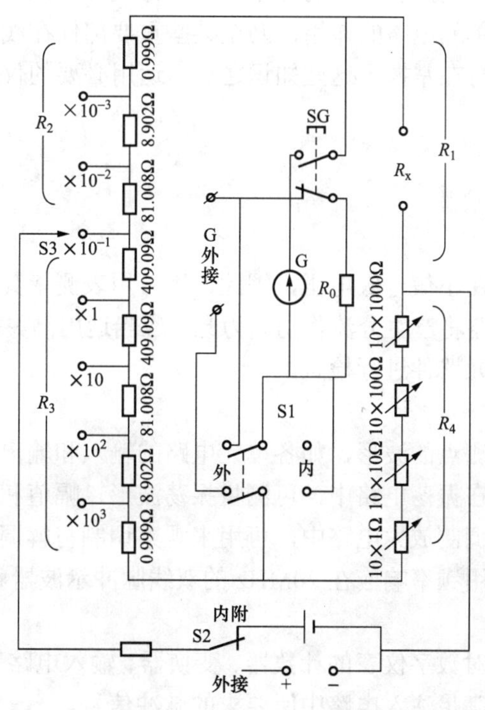

图 ZY2100803002-3　QJ23a 型单臂电桥测量电路

对于不能用换位方法解决的误差，则应查对某误差点，细心地通过阻值的调整等方法来解决。

【思考与练习】

1. 直流电桥有哪些常见故障？
2. 对于电桥的个别示值出现超差要不要立即进行调修？为什么？

第二十章 数字仪表的调修

模块 1 数字仪表的调修（ZY2100804001）

【模块描述】本模块介绍数字仪表的调修方法。通过要点归纳、方法介绍，熟悉修理数字仪表常用仪器、数字仪表调修的规则与方法，掌握数字万用表的检修程序、故障检查方法、常见故障及处理方法以及数字万用表误差的调整原则。

【正文】

一、概述

数字仪表由输入放大电路、A/D 变换器、计数器和显示器组成，各部分电路服从于内定的控制逻辑，有条不紊地进行工作，实现仪表的测量功能，保证各项技术指标的完好。如果测量电路或供电电源任一项性能参数发生变化，都会导致仪表偏离正常工作甚至不能工作，这时仪表即需要进行修理。

要使修理后的数字仪表仍能达到所规定的各项技术指标，修理人员在进行修理工作之前必须对仪表的工作原理、逻辑关系、各单元电路的作用，乃至某些重要部件在线路中的作用以及工艺和各项技术参数有一个充分的了解。只有在掌握了这些知识之后，运用必要的仪器进行测试检查，才能比较准确地判断、查明故障点。

二、数字仪表的一般修理

1. 数字仪表一般修理用的仪器

（1）万用表。

数字仪表中各电路都工作在小信号低电压，因此，用万用表测量其工作点时，万用表必须具有很高的输入阻抗，否则对被测电路将产生分流作用。为此，应当运用高灵敏度（>20kΩ/V）万用表对数字仪表工作电路或其他电路及元器件进行检查。

（2）示波器。

示波器主要用来观测各检测点的波形，如各单元电路的输入和输出波形，直流电源的毛刺和纹波系数，以及变频脉冲信号等；在振荡电路中，可测量振荡波形、幅值和振荡频率；在分频和倍频电路中，可测量分频或倍频比；在调制放大电路中，可用来观察调制与解调的相位关系，还可以测量某些工作点的电平变化等。一般选用频率响应在 20MHz 的双线脉冲示波器就可以满足需要。

（3）脉冲信号发生器。

脉冲信号发生器主要用来对数字仪表的计数器、变换器、输入电路等进行检查，要求其重复频率、脉冲幅度及宽度均可调节，以满足注入电路中所要求的脉冲信号。

在寻找故障时，为了判别故障是发生在电路的某点之前或之后，往往将该点前后电路断开，输入原电路的脉冲信号，观察结果，就能确定故障的区域或位置。

（4）晶体管图示仪。

在修理过程中，常常会遇到二极管或三极管的性能变差但不完全损坏的情况，这时就需用晶体管图示仪来检查其优劣，测试元器件的特征参数，观察各种特性曲线的几何图像，以确定其是否符合电路工作要求。

（5）多功能校验电源。

在修理或检查数字仪表时，有时需要在输入信号的情况下进行。此外，修理后的数字仪表，也需要对仪表的各功能、各量程进行初步试验。上述情况均需要一台多功能校验电源。对多功能校验电源的一般要求是：

1）能输出交直流电压、电流等多种参量，且量程分档适宜。

2）具有足够小的连续调节细度，一般不大于 0.01%。

3）输出电压、电流具有足够高的稳定度，波动幅度不大于 0.01%。

4）直流输出电压、电流具有足够小的交流分量，纹波系数不大于 0.2%。

5）交流输出电压、电流具有足够小的波形失真度，畸变系数不大于 0.2%。

2. 数字仪表修理的规则与方法

（1）以数字电压表为例，一般应遵循下列规则：

1）了解、分析数字电压表的使用情况。

动手修理前，应了解、分析数字电压表的使用情况，尤其是了解数字电压表在发生故障时的使用情况。

2）外观检查。

先通电观察显示器有无异常，再改变面板上各个功能开关的工作状态，观察数字电压表的工作状况，然后关机断电，打开仪表外壳，观察机内情况。查看有无插件、元器件松脱；变压器、元器件有无冒烟或烧焦变色等。

3）寻找故障。

数字电压表产生故障的原因大致有：焊接点的虚焊或脱焊，接插件接触不良，绝缘不良造成的漏电或短路，活动部件工作失常以及元器件变值损坏等。

4）排除故障。

在查明故障发生部位以后，不管是更换元器件或是调整工作状态，都必须按仪表的原设计要求进行。

（2）以数字电压表为例，检修方法大致可以归纳为以下几种：

1）测量电压法。

根据故障现象，测量相关电路各点的工作电压，再和正常值比较，从而判断出故障点在什么地方。

2）波形观察法。

参照仪器说明书，利用示波器观察有关测试点的波形及其幅值大小，如果某一点的波形不对或幅值异常，则故障在该点相应电路。

3）信号寻迹法。

假如没有信号显示，可用示波器来寻找无信号的故障所在，从前级到末级，逐级进行检查。如果某一级有输入信号而无输出信号，则故障点在该级电路。

4）整机对比法。

可用相同型号且正常工作的数字电压表与所要检修的有故障的数字电压表参照测试，对比各测试点工作电压或信号波形及其幅值，则故障点产生在工作电压或信号波形及幅值异常的相关电路。

5）信号注入法。

可以用一个已知的具有一定电压值的适当频率的信号源注入各级通道进行检查。

6）组件代换法。

经过对数字电压表电路的分析，故障的出现可能是多种原因引起的。为了尽快找到故障，可用一台相同型号完好的数字电压表的印刷电路板，逐块代换有故障的数字电压表中相同的印刷电路板。

7）逻辑分析法。

检修数字电压表的数字电路，特别是存储器和译码电路的故障，可用逻辑代数式来进行分析。

三、数字万用表的一般检修方法

1. 数字万用表的检修程序

一般来说，应遵循图 ZY2100804001-1 所示的工作程序对数字万用表进行检修。

2. 数字万用表的故障检查方法

按图 ZY2100804001-1 所示框图对数字万用表故障进行检查时，可运用问、看、闻、听、敲、比、代、测 8 种基本方法。

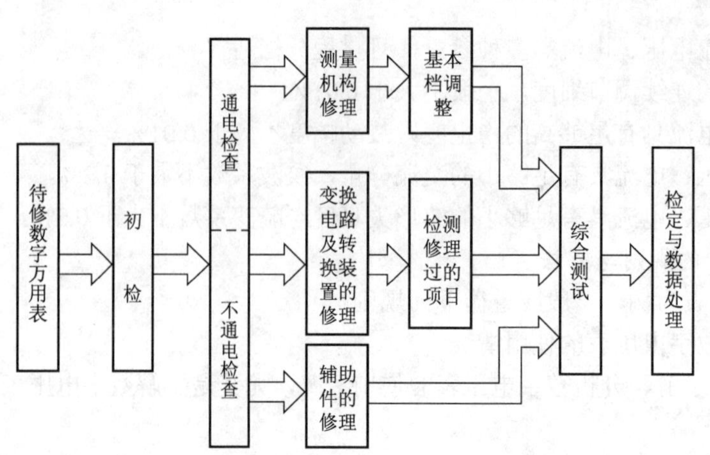

图 ZY2100804001-1 数字万用表检修程序框图

（1）问。

仪表发生故障修理前，应先向使用仪表的人员了解发生故障的时间、地点、测量对象、使用操作情况，然后再问仪表使用前后的状况。

（2）看。

在仪表不带电的情况下，看其外壳是否损坏，有无受力、受热变形等情况；然后开启电源开关，看一下显示器能否显示、是否缺笔划等；打开表箱后，再看一看仪表内元器件是否有脱焊、断线、烧坏等现象。此外，还应检查开关有无烧坏、位置是否恰当等。

（3）闻。

开盖后，闻电路中的元器件是否有焦臭味。电路中的元器件如严重过负荷会被烧坏，尤其是漆包线、开关及变压器烧坏后，会发出焦臭味。通过闻可感知烧毁器件大致位置和烧损程度，从而酌情进行修理。

（4）听。

摇动仪表，听内部有无响声。正常工作中的数字仪表在摇动时，应无响声；当紧固螺钉松动、脱落即会影响仪表的正常工作；严重时，脱落的螺钉、垫圈会使电路短路，烧坏部分器件。螺钉、垫圈及其他零件的脱落均可从摇动中感知，以便寻迹查找故障位置进行修理。

（5）敲。

当电路中的元器件松动或虚焊时，可对怀疑的元器件用敲压的方法使松动或虚焊点暴露。有些用于插头、转换开关的金属弹性片，由于接触不良或松动也可用敲压的方法使接触电阻发生变化，再确定故障所在位置。

（6）比。

在对数字万用表检修过程中，可取一台与所修仪表型号相同且结构完全一致的仪表作参考，测量某些主要点数据，然后与被修仪表在同等条件下测得的数据进行比较，以确定被修仪表的故障点。

（7）代。

器件代换是数字万用表修理过程中常用的一种方法，常用的代换方法可分为直接代换法、变通代换法两种。

a.直接代换法。直接代换法是将怀疑有故障的器件拆下后，按电路的原设计参数换上型号、规格相同的器件。

b.变通代换法。变通代换法是在没有器件可供直接代换的情况下，以电路所需要的电参数为依据，通过一定的组合搭配来达到要求。

（8）测。

对于数字万用表测量电路中的一些集成电路输入、输出端口的电压或波形，必须借助于相关测量仪器或仪表才能进行检测，从而为准确判断故障发生部位或故障元器件提供依据。仪表电路故障的检测主要有下述几种：

1）直流电流的检测。

直流电流的检测主要是按照被检表电路原理图上标明的各工作电流参考值对集成放大器、变换器的静态和动态工作点进行检测，从中发现异常工作点，然后寻找故障元器件。

2）直流电压的检测。

直流电压的检测通常是从仪表的工作电源开始，具体应检测电池的开路电压、带负荷电压，然后按照被检表电路原理图上标明的各工作点参考电压对晶体管和集成电路各静态和动态工作电压进行检测，从而查明故障部位，进行修复。

3）电阻值的检测。

对电阻阻值的检测，无论是判断某一段电路的通断还是测电阻阻值的大小，作用十分明显，且容易直观地判断故障元器件。此外，通过电阻值的测量，还可大致判别集成芯片的好坏。

4）各工作点波形的检测。

用示波器检查数字万用表中输入、输出电路以及信号传输中的波形，通过波形的变化情况，确定故障的部位或故障元器件。

3. 数字万用表常见故障及处理方法

（1）仪表无显示。

首先，检查电池电压是否正常。其次，检查熔丝是否已熔断、稳压块是否正常、限流电阻是否开路。然后，检查电路板是否有腐蚀或短路、断路现象，若有，则应清洗电路板，并及时做好干燥和焊接工作；若电路板正常，可测量显示集成块的电源输入的两个管脚，测试其电压是否正常。若测试电压不正常，则该集成块损坏，必须更换该集成块；若测试电压正常，则检查有没有其他短路点。若有，则要及时处理好；若没有或处理好后还不正常，那么该集成块内部已经短路，则必须更换该集成块。

（2）电阻档无法测量。

首先从外观上检查电路板，在电阻档回路中有没有连接电阻烧坏。若有，则必须立即更换；若没有，则要对每一个连接元件进行测量，有坏的及时更换；若外围都正常，则其测量集成块损坏，须进行更换。

（3）电压档在测量高压时示值不准，或测量稍长时间示值不准甚至不稳定。

此类故障大多是由于某一个或几个元件工作功率不足引起的。若在停止测量的几秒内，检查时发现这些元件发烫，这是由于功率不足而产生了热效应所造成的，则必须更换该元件。

（4）电流档无法测量。

此类故障大多是由于操作不当引起的，可检查限流电阻和分压电阻是否烧坏，若烧坏，则应予以更换；然后检查与放大器的连接导线是否损坏，若损坏，则应重新连接好；若不正常，则更换放大器。

（5）示值不稳，有跳字现象。

检查整体电路板是否受潮或有漏电现象，若有，则必须清洗电路板并做好干燥处理；输入回路中有无接触不良或虚焊现象，若有，则必须重新焊接；检查有无电阻变质或刚测试后有无元件发生超正常的烫手现象，这种现象是由于其功率降低引起的，若有，则应更换该元件。

（6）示值不准。

主要是由测量回路中电阻或电容失效引起的，必须更换该电阻或电容。检查该电路中电阻的阻值（包括热反应中的阻值），若阻值改变或热反应变值，则应更换该电阻；检查 A/D 转换器的基准电压回路中的电阻、电容是否损坏，若损坏，则予以更换。

4. 数字万用表误差的调整原则

一般来说，不同型号的数字万用表会有不同的调整误差的方法，在此仅述说对于数字万用表误差调整的原则。对于多数数字万用表的误差一般仅对直流电压与交流电压进行调整。调整时的接线与检定误差时的接线相同。直流电压一般在零点与满量程调整，在调零时把输入端短路，调节相应的电位器使数字万用表的显示值为 0.000（一般允许 1 个字的误差），然后相应的在某一量程点上加一接近满度点的电压，调整相应的电位器使数字万用表指示值在误差允许的范围内。交流电压档的调整与直流电压档类似，也有一些表对交流电压只调整满度点误差，一般情况下直流电流与交流电流无需单独专门调整，在电压档调整好以后，它们的误差也能得到改善。电阻则一般只在满量程点对各量程进行调整。

【思考与练习】

1. 数字仪表调修的一般规则和方法是什么？
2. 数字万用表检修时，一般应遵循哪些工作程序？
3. 简述检修数字万用表的 8 个基本方法。

第七部分

仪表的现场安装、测试、更换与故障处理

第二十一章　电测量变送器、交流采样测量装置的安装、测试、更换与故障处理

模块 1　电测量变送器的安装、更换（ZY2100901001）

【模块描述】本模块介绍电测量变送器安装与更换的操作。通过流程讲解和方法介绍，熟悉电测量变送器安装更换前的准备工作，掌握电测量变送器停电和带电时安装与更换的工作程序。

【正文】

一、安装更换前的准备

（1）根据停电与否开具第一或第二种工作票。

（2）所派工作负责人和班组人员是否适当和充足，现场工作至少由 1 名工作人员及现场监护人员 1 名方能开展工作，工作人员必须具备必要的电气知识，掌握本专业作业技能，全体人员必须熟悉《国家电网公司电力安全工作规程》的相关知识，熟悉现场安全作业要求，并经《国家电网公司电力安全工作规程》考试合格。

（3）准备必要的工器具。

二、停电时电测量变送器的安装与更换工作程序

（1）拆除电压线、电流线、二次输出线；拆除固定螺栓；拆除辅助电源。

（2）取出需更换的变送器。

（3）将需安装或更换的变送器核对无误后装入安装槽内，对角线固定螺栓。

（4）连接电压线、电流线、变送器二次输出线，连接辅助电源。

（5）由监护人员检查，确认现场操作所动线路是否全部达到正常状态。

（6）清理工作现场。

注：新安装的变送器可从第 3 步开始。

三、带电时电测量变送器的安装与更换工作程序

（1）验电：用万用表交流电压档测量需要断开的连接线电压；确定所更换的变送器无漏电现象。

（2）逐相将端子排电流短接片短接，缓慢拆除变送器电流连接线。

（3）逐相拆除电压连接线，并用绝缘胶带将电压接线头完全包好。

（4）拆除变送器辅助电源线。

（5）拆除固定螺栓，取出需更换的变送器。

（6）核对并用万用表欧姆档再次测量更换的变送器电压回路和电流回路数值。电压回路电阻值大于 50kΩ 左右，电流回路电阻值接近于 0Ω。

（7）将需安装或更换的变送器装入安装槽内，对角线固定螺栓。

（8）连接变送器电压线。

（9）连接变送器电流线（更换电流、功率变送器时）。

（10）逐相缓慢打开端子排短路片，直至完全打开（更换电流、功率变送器时），由监护人员观察控制室显示屏变送器指示量的变化并呼唱，如有异常应立即将短路片恢复短接。

（11）由监护人员检查，确认现场操作所动线路是否全部到达到正常状态，与值班员联络确定变送器处于正常工作状态。

（12）清理工作现场，结束工作票。

注：新安装变送器步骤可从第6步开始。

【思考与练习】

1. 电测量变送器安装、更换前要做哪些准备工作？
2. 电测量变送器安装有哪些工作程序？

模块2 电测量变送器的测试（ZY2100901002）

【模块描述】本模块介绍电测量变送器的测试方法。通过流程介绍和要点归纳，掌握电测量变送器测试的内容、危险点控制措施及准备工作、停电与带电时的测试工作程序以及测试结果的分析与判断方法。

图 ZY2100901002-1　电测量变送器示意图

【正文】

一、测试的目的及内容

作为调度自动化装置重要组成部分，电测量变送器（见图 ZY2100901002-1、图 ZY2100901002-2）的误差在运行中会直接影响调度自动化准确可靠。为保证调度自动化遥测量的准确可靠，给调度员提供准确的调度参数，须按 DL/T 410—1991《电工测量变送器运行管理规程》规定，在规定时间周期内，在现场对满足测试条件电测量变送器进行测试。其主要内容是使用变送器测试标准装置对电测量变送器的误差进行测试。

图 ZY2100901002-2　电测量变送器接线端子排示意图

二、危险点分析及控制措施

由于本模块需要带电进行作业，安全工作要求主要参照《国家电网公司电力安全工作规程》有关规定执行。这里主要强调，为了防止在接通和断开试验接线电流端子时电流互感器二次开路，必须用变送器测试标准装置的测试窗口进行监视；为了防止电压互感器二次短路和接地，在接入电压测试线前必须检查测试线绝缘状况，使用钳型表时注意不要造成短路，不得用手触碰金属部分，如在电子设备间内工作时不得使用无线通信设备，测试过程应有人监护并呼唱，工作人员在测试过程中注意力应高度集中，防止异常情况的发生。当出现异常情况时，应立即停止测试，查明原因后，方可继续测试。

三、测试前的准备

1. 准备工作安排

（1）了解被测试电测量变送器规格、型号和历史测试数据，分析运行基本状况。

（2）准备测试用变送器测试标准装置、仪器仪表、工器具，所用标准装置、仪器仪表及工器具状态良好，标准装置、仪器仪表等工器具应具有有效周期内的检定证书或报告，且状态良好。

（3）准备好相关技术、图纸、测试原始记录等。

（4）根据现场工作内容办理、落实工作票。

2. 人员要求

（1）现场测试工作至少由 2 名检验人员及 1 名现场配合人员方能开展工作，1 名检验员负责测试，1 名检验人员负责对测试数据的核验。

（2）检验人员必须持有国家电网公司颁发的相应项目的计量检定员证书。

（3）全体人员必须熟悉《国家电网公司电力安全工作规程》的相关知识，熟悉现场安全作业要求，并经《国家电网公司电力安全工作规程》考试合格。

3. 仪器仪表和工具的准备

（1）变送器测试标准装置一套，准确度等级应满足 JJG 125—2004《直流电桥检定规程》的要求，需要时配备笔记本电脑。

（2）数字万用表一只、钳形电流表（50mA～50A）准确度等级不低于 0.2 级、带有剩余电流动作保护器的开关电源转接板、专用测试导线（带锁紧旋钮）。

4. 对电测量变送器测试标准装置的要求

（1）电测量变送器测试标准装置必须经具有计量资质的检定单位检定合格，且在合格的有效期内。

（2）电测量变送器测试标准装置接入电路前应进行通电预热，预热时间遵照使用说明中的要求，并对标准装置进行检查，确保无因运输过程中造成的异常。使用万用表测量标准装置连接的电压回路的电阻值（电阻取样方式时，电阻值大于 20kΩ；互感器取样方式时，电阻值大约在几十 Ω 至 200Ω 左右，详见说明书上数据），电流、电压回路对地的电阻值（电阻值大于 50MΩ）。

（3）在测试测量装置误差的整个过程中，标准装置的金属外壳必须有良好的接地措施。

（4）变送器测试标准装置等级要求见表 ZY2100901002-1。

表 ZY2100901002-1　　标准装置等级要求对照表

被测变送器精度等级	0.1 级	0.2 级	0.5 级
标准装置精度等级	0.02 级	0.05 级	0.1 级

5. 测试条件

环境温度应为 15～30℃，相对湿度应≤80%，负荷不低于标称电流的 10%，功率因数不低于 0.5。

四、电测量变送器带电测试工作程序

（1）核对并记录被测电测量变送器的参数、规格，实际电压、电流、功率因数值。

（2）依次将电压连接导线接入被测试变送器电压回路的端子排，要保证连接牢固且接触良好（测试电压、频率、功率时）。

（3）将电流连接导线接入被测电测量变送器电流回路的端子排（测试电流、功率时）。

（4）将被测变送器直流输出信号接入标准装置。

（5）缓慢打开电流端子排中的短接片，直至完全打开（测试电流、功率时），专人监视标准装置电流回路，如有异常应立即将短路片恢复短接，并查明原因。

（6）当被测量稳定后，进行不少于 3 次的测量，以 3 次的平均值作为测量结果。

（7）测试结束后，短接电流端子，用标准装置监视电流变化情况，直至电流为零，接线人员、监视人员要呼唱；恢复电压、直流信号接线端子；清理好工作现场。

（8）与值班员联系，确认电测量变送器工作正常，结束工作票。

五、电测量变送器停电测试工作程序

（1）核对并记录被测电测量变送器的参数、规格，实际电压、电流、功率因数值。

（2）依次将电压连接导线接入被测试电测量变送器电压回路的端子排，要保证连接牢固且接触良好（测试电压、频率、功率时）。

（3）将电流连接导线接入被测电测量变送器电流回路的端子排（测试电流、功率时）。

（4）将被测变送器直流输出信号接入标准装置。

（5）根据被测变送器的规格设置好标准装置的测量点的输出参数，各类变送器测量点的设置如下：

1）电压、电流变送器测试点为：标称值的 0、40%、80%、100%、120%。

2）频率变送器测试点为：标称频率值（50Hz）、标称频率值的 ±0.5Hz、标称频率值的 ±1Hz、标称频率值的 ±2Hz。

3）功率因数变送器测试点：1、0.866（L）、0.5（L）、0.866（C）、0.5（C）。

4）有功（无功）功率变送器测试点为，在施加标称电压值条件下：

a. $\cos\varphi=1$（$\sin\varphi=1$），电流变化点：0、20%I_N、40%I_N、50%I_N、60%I_N、80%I_N、100%I_N、120%I_N；

b. $\cos\varphi=0.5$（L）[$\sin\varphi=0.5$（L）]，电流变化点：40%I_N、100%I_N；

c. $\cos\varphi=0.5$（C）[$\sin\varphi=0.5$（C）]，电流变化点：40%I_N、100%I_N。

（6）当标准装置输出正常后，开始进行测试。测试分为自动和手动，自动测试在测试前按上述要求设置好测试点，由标准装置自动完成并保存测试数据，测试数据可当时打印也可随后打印；手动测试是由测试人员按测试点依次调节标准装置的输出完成测试，测试结果需要人工记录，变送器的离线测试结果可作为判断是否合格的依据。

变送器的停电测试可采用两种方式：一种是将所需测试的变送器拆除后测试，另一种是变送器在安装位置测试，可选择任一种方式进行。需要注意的是，变送器在安装位置测试时，接线应通过端子排连接，连接时应注意相邻位置的带电情况，避免引起带电电流回路短路或电压回路开路。拆除变送器后测试，在测试完成后，应按照电测量变送器的安装、更换有关步骤进行。

六、测试结果的分析与判断

测试数据经处理后，按表 ZY2100901002-2 判断是否合格。

表 ZY2100901002-2　　判 断 依 据

	负荷电流	功率因数	0.1 级	0.2 级	0.5 级
有功（无功）变送器误差限（%）	实际电流	实际功率因数	±0.1	±0.2	±0.5

	0.1 级	0.2 级	0.5 级
电压、电流、频率变送器误差限（%）	±0.1	±0.2	±0.5

超差的处理：当在线测试结果不能作为判断变送器是否合格的依据时，应尽快将变送器拆除，在实验室条件下对其作最后检定，并根据检定结果判断是否合格。

【思考与练习】

1. 多组合变送器带电测试时，应如何选择测试点？
2. 当超出规程规定的检定条件时，检定变送器误差超差应如何处理？

模块 3　电测量变送器的故障处理（ZY2100901003）

【模块描述】本模块介绍电测量变送器的故障处理。通过故障分析、流程介绍和要点归纳，熟悉电测量变送器常见故障的类型和现象及其故障处理前的准备工作，掌握电测量变送器故障处理的工作程序及注意事项。

【正文】

一、常见的故障类型与现象

电测量变送器一旦出现故障主要是通过量值反映出来，通常是由值班员或调度员提出。常见的故障有：

（1）电测量变送器规格选配错误，其现象量值不正常。如：电测量变送器电流输出型有两种规格，（0±20）mA 和（4±20）mA，无负荷时，（0±20）mA 输出型电测量变送器的二次直流输出信号为

0mA；（4±20）mA 输出型电测量变送器的二次直流输出信号为 4mA。其间，随负荷增长二次输出值也不同，直至额定负荷时二者的二次输出值才一致。

（2）缺少辅助电源，其现象是二次没有直流信号输出。需要 220V 辅助电源的电测量变送器，如果因某种原因缺失电源，一般不会有二次直流信号输出。需要区分起始输出值为 0 规格的电测量变送器，如 0～5V 等。不需辅助电源的电测量变送器除外。

（3）错接线或断相。其现象为输出值与正常接线时，输出值存在一定的比例关系。一般故障都发生在电测量变送器的运行过程中。因此，处理故障需要在带电情况下进行，主要是恢复测量值的准确与正常。

二、故障处理前的准备

（1）根据停电与否开具第一或第二种工作票。

（2）所派工作负责人和班组人员是否适当和充足，现场的故障处理工作至少由 1 名工作人员及现场监护人员 1 名方能开展工作，工作人员必须具备必要的电气知识，熟悉电测量变送器工作原理、掌握本专业作业技能，全体人员必须熟悉《国家电网公司电力安全工作规程》的相关知识，熟悉现场安全作业要求，并经《国家电网公司电力安全工作规程》考试合格。

（3）准备必要的工器具和仪器。

三、故障处理工作程序

（1）检查电测量变送器辅助工作电源是否正常。

（2）检查电测量变送器输入信号是否正常，有无断相、错接线情况，如有必要可借助于电测量变送器测试仪判断错接线，用万用表检查电测量变送器二次直流输出信号是否正常。

（3）核对电测量变送器的规格与互感器变比是否一致。

（4）在接线正确及参数设置正确情况下，进行误差测试（参见模块 ZY2100901002）。

（5）发现故障对电测量变送器进行处理或更换（参见模块 ZY2100901001）。

（6）清理现场，由值班员或调度员确认电测量变送器恢复正常工作，结束工作票。

四、注意事项

（1）现场故障处理时，注意电流回路不得开路、电压回路不得短路。

（2）不得随意打开电测量变送器外壳，禁止带电对电测量变送器内部电路模块进行焊接和插拔。

（3）故障处理时，不能扩大故障和影响其他设备的正常工作，工作完成后需对电测量变送器进行封印。

五、案例

某供电公司 220kV 变电站某 220kV 线路三相有功功率变送器，互感器变比为 220kV/100V、600A/5A，正常测量值约为 866W，实际测量值为 289.102W，经检查发现 U 相保险断，造成 U 相失压，测量值约减小 2/3，更换保险后 U 相电压正常，测量值恢复至 866W 附近，完成故障处理工作。

本案例因测量值与正常值存在一定的比例关系，可初步判定为失压现象，所用工具为万用表。

【思考与练习】

1. 电测量变送器故障处理有哪些工作程序？
2. 电测量变送器故障处理前，要做哪些准备工作？

模块 4　交流采样测量装置的测试（ZY2100901004）

【模块描述】本模块介绍交流采样测量装置的测试方法。通过流程介绍和要点归纳，掌握交流采样测量装置测试的内容、危险点控制措施及准备工作、停电与带电时的测试工作程序以及测试结果的分析与判断方法。

【正文】

一、测试的目的及内容

随着电力综合自动化技术的发展，交流采样测量装置（见图 ZY2100901004-1、图 ZY2100901004-2）

已逐步取代了电测量变送器作为遥测系统的功能和作用，具有更高的抗干扰性和高效性。交流采样测量装置改变了传统测量仪器的外观，以 DSP 技术为核心，插件模块化组成，一般来说一个模块能够完成所有遥测量的测量，从外观上不能明确判别交流采样的硬件部分，但其作用仍然是保证调度自动化遥测量的准确、可靠，给调度员提供准确的调度参数。由此，交流采样测量装置需按规定时间周期内，在现场对满足测试条件交流采样测量装置进行测试，其主要内容是使用交流采样标准装置（简称标准装置，停电测试时使用）或现场校验仪（带电测试时使用）对交流采样测量装置的误差进行测试。

二、危险点分析及控制措施

由于本模块需要带电进行作业，安全工作要求主要参照《国家电网公司电力安全工作规程》有关规定执行。这里主要强调，带电测试前应确保现场校验仪工作状态良好，为了防止在接通和断开试验接线电流端子时电流互感器二次开路，必须用现场校验仪的测试窗口进行监视；为了防止电压互感器二次短路和接地，在接入电压测试线前必须检查测试线绝缘状况，使用钳型表时注意不要造成短路，不得用手触碰金属部分，如在电子设备间内工作时不得使用无线通信设备，测试过程应有人监护并呼唱，工作人员在测试过程中注意力应高度集中，防止异常情况的发生。当出现异常情况时，应立即停止测试，查明原因后，方可继续测试。

三、测试前的准备

1. 准备工作安排

（1）了解被测试交流采样测量装置的规格、型号和历史测试数据，分析运行基本状况。

（2）测试用交流采样标准装置、现场校验仪、工器具状态良好，交流采样标准装置、现场校验仪等应具有有效周期内的检定、校准证书或测试报告，且状态良好。

（3）准备好相关技术、图纸、测试原始记录等。

（4）根据现场工作内容办理、落实工作票。

2. 人员要求

（1）现场测试工作至少由 2 名检验人员及现场配合人员 1 名方能开展工作，1 名检验员负责测试，1 名检验人员负责对测试数据的核验。

（2）检验人员必须持有国家电网公司颁发的相应项目的计量检定员证书。

（3）全体人员必须熟悉《国家电网公司电力安全工作规程》的相关知识，熟悉现场安全作业要求，并经《国家电网公司电力安全工作规程》考试合格。

3. 仪器仪表和工具的准备

（1）交流采样标准装置一套（停电测试时使用），准确度等级应比被测交流采样测量装置高两个等级。

（2）现场校验仪一台（带电测试时使用），准确度等级应比被测交流采样测量装置高两个等级；钳形电流表（50mA～50A）准确度等级不低于 0.2 级、带有剩余电流动作保护器的开关电源转接板、专用测试导线（带锁紧旋钮）。

4. 对交流采样标准装置的要求

（1）交流采样标准装置必须经具有计量资质的检定单位检定合格，且在合格的有效期内。

（2）交流采样标准装置接入电路前应进行通电预热，预热时间遵照使用说明中的要求，并对交流采样标准装置进行检查，确保无因运输过程中造成的异常。使用万用表测量标准装置连接的电压回路的电阻值（电阻取样方式时，电阻值大于 20kΩ；互感器取样方式时，电阻值大约在几十欧至 200Ω 左右，详见说明书上数据），电流、电压回路对地的电阻值（电阻值大于 50MΩ）。

（3）在测试测量装置误差的整个过程中，交流采样标准装置的金属外壳必须有良好的接地措施。

（4）交流采样标准装置等级要求见表 ZY2100901004-1。

表 ZY2100901004-1　　标准装置等级要求对照表

被测交流采样装置准确度等级	0.1 级	0.2 级	0.5 级
标准装置和现场校验仪准确度等级	0.02 级	0.05 级	0.1 级

5. 测试条件

环境温度应为 15～30℃，相对湿度应≤80%，负荷不低于标称电流的 10%，功率因数不低于 0.5。

图 ZY2100901004-1　交流采样装置模块示意图

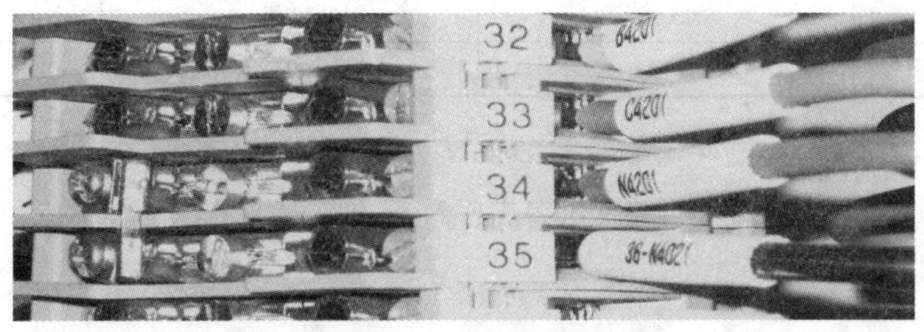

图 ZY2100901004-2　交流采样接线端子示意图

四、交流采样测量装置带电测试工作程序（实负荷测试）

（1）核对并记录被测交流采样测量装置的参数、规格，实际电压、电流、功率因数值。

（2）依次将电压连接导线接入被测试交流采样测量装置电压回路的端子排，要保证连接牢固且接触良好（测试电压、频率、功率时）。

（3）将电流连接导线接入被测交流采样测量装置电流回路的端子排（测试电流、功率时）。

（4）将被测交流采样测量装置数字输出信号接入现场校验仪。

（5）缓慢打开电流端子排中的短接片，直至完全打开（测试电流、功率时），专人监视现场校验仪电流回路，如有异常应立即将短路片恢复短接，并查明原因。

（6）当被测量稳定后，进行不少于 3 次的测量，以 3 次的平均值作为测量结果。

（7）测试结束后，短接电流端子，用现场校验仪监视电流变化情况，直至电流为零，接线人员、监视人员要呼唱；恢复电压、输出信号线；清理好工作现场。

（8）与值班员联系，确认交流采样测量装置工作正常，结束工作票。

五、交流采样测量装置停电测试工作程序（虚负荷测试）

（1）核对并记录被测交流采样测量装置的参数、规格，实际电压、电流、功率因数值。

（2）依次将电压连接导线接入被测试交流采样测量装置电压回路的端子排，要保证连接牢固且接触良好（测试电压、频率、功率时）。

（3）将电流连接导线接入被测交流采样测量装置电流回路的端子排（测试电流、功率时）。

（4）将被测交流采样测量装置数字输出信号接入标准装置。

（5）设置好标准装置的测量点的输出参数，交流采样测量装置测点的设置如下：

1）电压、电流量测试点为：标称值的 0、40%、80%、100%、120%。

2）频率量测试点为：标称频率值（50Hz）、标称频率值的 ±0.5Hz、标称频率值的 ±1.0Hz、标称频率值的 ±2.0Hz。

3）功率因数量测试点：1、0.866（L）、0.5（L）、0.866（C）、0.5（C）。

4）有功（无功）功率量测试点为，在施加标称电压值条件下：

a）$\cos\varphi=1$（$\sin\varphi=1$），电流变化点：0、20%I_N、40%I_N、50%I_N、60%I_N、80%I_N、100%I_N、120%I_N；

b）$\cos\varphi=0.5$（L）［$\sin\varphi=0.5$（L）］，电流变化点：40%I_N、100%I_N；

c）$\cos\varphi=0.5$（C）［$\sin\varphi=0.5$（C）］，电流变化点：40%I_N、100%I_N。

（6）当标准装置输出正常后，开始进行测试。测试分为自动和手动，自动测试在测试前按上述要求设置好测试点，由标准装置自动完成并保存测试数据，测试数据可当时打印也可随后打印，手动测试是由测试人员按测试点依次调节标准装置的输出完成测试，测试结果需要人工记录。

模块 4

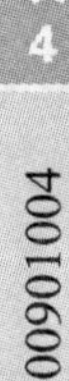

六、测试结果分析与判断

测试数据经处理后，按表 ZY2100901004-2 要求判断是否合格。

表 ZY2100901004-2 判 断 依 据

	负荷电流	功率因数	0.1 级	0.2 级	0.5 级
有功（无功）量误差限（%）	实际电流	实际功率因数	±0.1	±0.2	±0.5

	0.1 级	0.2 级	0.5 级
电压、电流、频率量误差限(%)	±0.1	±0.2	±0.5

【思考与练习】

1. 交流采样测量装置测试前要做哪些准备工作？
2. 误差超差应如何处理？

模块 5 交流采样测量装置的故障处理（ZY2100901005）

【模块描述】本模块介绍交流采样测量装置的故障处理。通过故障分析、流程介绍和要点归纳，熟悉交流采样测量装置常见故障的类型和现象及其故障处理前的准备工作，掌握交流采样测量装置故障处理的工作程序及注意事项。

【正文】

一、常见的故障类型与现象

交流采样测量装置一旦出现故障主要是通过量值反映出来，通常是由值班员或调度员提出。常见的故障有：

（1）量值不准确或误差超差，此现象可通过软件进行修正，如不掌握软件情况可通过厂家进行处理。

（2）不显示测试数据，其原因为交流采样标准装置和交流采样测量装置的通信规约不兼顾。

（3）硬件故障。

二、故障处理前的准备

（1）根据停电与否开具第一或第二种工作票。

（2）所派工作负责人和班组人员是否适当和充足，现场的故障处理工作至少由 1 名工作人员及现场监护人员 1 名方能开展工作，工作人员必须具备必要的电气知识，熟悉交流采样测量装置工作原理、掌握本专业作业技能，全体人员必须熟悉《国家电网公司电力安全工作规程》的相关知识，熟悉现场安全作业要求，并经《国家电网公司电力安全工作规程》考试合格。

（3）准备现场校验仪和必要的工器具。

三、故障处理工作程序

（1）检查交流采样测量装置指示信号灯是否正常。

（2）实现场校验仪和交流采样测量装置所配备的通信规约是否一致。

（3）在接线正确及参数设置正确情况下，进行误差测试（参见模块 ZY2100901004）。

（4）发现故障可请求制造商协助处理。

（5）清理现场，由值班员或调度员确认交流采样测量装置恢复正常工作，结束工作票。

四、注意事项

（1）现场故障处理时，注意电流回路不得开路、电压回路不得短路。

（2）不得随意对交流采样测量装置内部电路模块进行焊接和插拔。

（3）故障处理时，不能扩大故障和影响其他设备的正常工作。

【思考与练习】

1. 交流采样测量装置有哪些常见故障？
2. 交流采样测量装置故障处理有哪些注意事项？

第二十二章　电测仪表的安装、测试、更换及故障处理

模块 1　电测仪表的安装、更换（ZY2100902001）

【模块描述】本模块介绍电测仪表安装与更换的操作。通过流程讲解和方法介绍，熟悉电测仪表安装更换前的准备工作，掌握电测仪表停电和带电时安装与更换的工作程序。

【正文】

电测仪表这里主要是指运行中安装在仪表盘上的电压表、电流表、功率表、频率表、同步表等。其外观可能为矩形、方形或圆形，输入量可能来自互感器二次侧，也可能来自电测量变送器的二次信号。如图 ZY2100902001-1、图 ZY2100902001-2 所示分别为通过电测量变送器二次输出信号入仪表的正、反面示图。

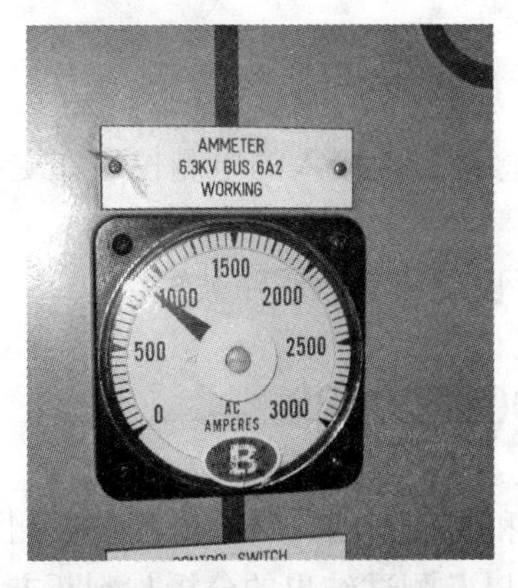

图 ZY2100902001-1　通过变送器二次输出信号入仪表的正面示意图

图 ZY2100902001-2　通过变送器二次输出信号入仪表的反面示意图

一、安装、更换前的准备

（1）根据停电与否开具第一或第二种工作票。

（2）所派工作负责人和班组人员是否适当和充足，现场工作至少由 1 名工作人员及现场监护人员 1 名方能开展工作，工作人员必须具备必要的电气知识，掌握本专业作业技能，全体人员必须熟悉《国家电网公司电力安全工作规程》的相关知识，熟悉现场安全作业要求，并经《国家电网公司电力安全工作规程》考试合格。

（3）准备必要的工器具。

二、停电时电测仪表的安装与更换工作程序

（1）从表尾处拆除仪表的电压线、电流线（电流、功率表时）。

（2）对角拆除固定螺栓。

（3）从仪表盘正面小心取出需更换的电测仪表。

（4）将需安装或更换的电测仪表核对无误后，从仪表盘正面装入安装槽内，对角线固定螺栓。

（5）连接表尾处的电压线、电流线（电流、功率表时）。

（6）由监护人员检查，确认现场操作所动线路是否全部恢复到正常状态。

（7）清理工作现场。

注：新安装的电测仪表可从第 4 步开始。

三、带电时电测仪表的安装与更换工作程序

（1）验电：用万用表交流电压档在表尾处测量需要断开的连接线电压；确定所更换的电测仪表无漏电现象。

（2）将端子排电流短接片短接（更换电流、功率表时），观察并确认仪表无电流指示后，从表尾处拆除电流连接线。

（3）从表尾处逐相拆除电压连接线，并用绝缘胶带将电压接线头完全包好。

（4）对角拆除固定螺栓，取出需更换的电测仪表。

（5）核对并用万用表欧姆档再次测量需更换的电测仪表电压回路和电流回路数值。电压回路电阻值大于 50kΩ左右；电流回路电阻值接近于 0Ω。

（6）将需安装或更换的电测仪表装入安装槽内，对角线固定螺栓。

（7）连接电压线。

（8）连接电流线（更换电流、功率表时）。

（9）缓慢打开端子排短路片，直至完全打开（更换电流、功率变送器时），由监护人员观察仪表指示量的变化并呼唱，如有异常应立即将短路片恢复短接。

（10）由监护人员检查，确认现场操作所动线路是否全部恢复到正常状态，与值班员联络确定仪表已处于正常工作状态。

（11）清理工作现场，结束工作票。

注：新安装电测仪表步骤可从第 6 步开始。

【思考与练习】

1. 通过电测量变送器二次输出信号接入的电测仪表与经过互感器二次接入的电测仪表在更换时有哪些不同？

2. 带电更换功率表时如遇负荷电流非常小，可采用哪些观察手段确认电流回路被短接？

模块 2　电测仪表的测试（ZY2100902002）

【模块描述】本模块介绍电测仪表的测试方法。通过流程介绍和要点归纳，掌握电测仪表测试的内容、危险点控制措施及准备工作、停电与带电时的测试工作程序以及测试结果的分析与判断方法。

【正文】

一、测试的目的及内容

运行中的电测仪表是作为电力系统正常运行及电力操作的一种辅助监视手段，仪表的准确指示可保证电力系统的安全稳定运行。常见的电测仪表一般有两种：交流仪表，其输入为互感器的二次输出，通常为 100V/5A；直流仪表，其输入为 75mV 直流信号。电测仪表的现场测试内容主要是对电测仪表的误差进行测试，使仪表脱离运行状态，使用标准装置对仪表各误差点进行测试。

二、危险点分析及控制措施

由于本模块需要带电进行作业，安全工作要求主要参照《国家电网公司电力安全工作规程》有关规定执行。测试前需将仪表脱离运行状态，在断开电压回路与电流回路时，应防止电压回路二次短路和接地，防止电流回路二次开路。在短接电流回路时可参见其他显示设备的监视值确定电流回路真正的短接（电流示值为零）。短接过程中应有人监护并呼唱，工作人员在短接过程中注意力应高度集中，防止异常情况的发生。当出现异常情况时，应立即停止短接，查明原因后，方可继续测试。

三、测试前的准备

1. 准备工作安排

（1）了解被测试电测仪表的规格、型号和历史测试数据，分析运行基本状况。

（2）测试用标准装置、工器具状态良好，标准装置应具有有效周期内的检定、校准证书或测试报告，且状态良好。

（3）准备好相关技术、图纸、测试原始记录等。

（4）根据现场工作内容办理、落实工作票。

2. 人员要求

（1）现场测试工作至少由 2 名检验人员及现场配合人员 1 名方能开展工作，1 名检验员负责测试，1 名检验人员负责对测试数据的核验。

（2）检验人员必须持有国家电网公司颁发的相应项目的计量检定员证书。

（3）全体人员必须熟悉《国家电网公司电力安全工作规程》的相关知识，熟悉现场安全作业要求，并经《国家电网公司电力安全工作规程》考试合格。

3. 仪器仪表和工具的准备

（1）标准装置一套，准确度等级应比被测电测仪表高两个等级。

（2）必要的工器具。

4. 对标准装置的要求

（1）标准装置必须经具有计量资质的检定单位检定合格，且在合格的有效期内。

（2）标准装置在测试前应进行通电预热，预热时间遵照使用说明中的要求。

（3）标准装置等级要求见表 ZY2100902002-1。

表 ZY2100902002-1　　标准装置等级要求对照表

被测电测仪表准确度等级	0.2 级	0.5 级	1.0 级	1.5 级
标准装置和现场校验仪准确度等级	0.05 级	0.1 级	0.2 级	0.5 级

5. 测试条件

环境温度应为 15～30℃，相对湿度应≤80%，负荷不低于标称电流的 10%，功率因数不低于 0.5。

四、电测仪表带电测试工作程序

（1）核对并记录被测电测仪表的参数、规格，实际电压、电流、功率因数值。

（2）依次拆除端子排内侧电压连接导线（测试电压、频率、功率时）。

（3）依次短接端子排电流短路片（测试电流、功率时），并确定电流被完全短接。

（4）将脱离运行的电测仪表与标准装置连接。

（5）当标准装置输出量稳定后，对仪表的数字刻度线和常用负荷点（红线点）红线进行上升与下降二次测试，功率测量时还应在 $\cos\varphi = 0.5(L)/\sin\varphi = 0.5(L)$ 时对数字刻度线测试，以上升与下降平均值作为测量结果。

（6）测试结束后，恢复仪表正常运行时的连接线，接线人员、监视人员要呼唱，清理好工作现场。

（7）与值班员联系，确认电测仪表工作正常，结束工作票。

（8）停电时电测仪表的测试从第（4）步开始。

五、测试结果的分析与判断

数据处理后按表 ZY2100902002-2 要求判断是否合格。

表 ZY2100902002-2　　判　断　依　据

	负荷电流	功率因数	0.2 级	0.5 级	1.0 级
有功（无功）表误差限（%）	实际电流	实际功率因数	±0.2	±0.5	±1.0

	0.2 级	0.5 级	1.0 级
电压、电流、频率表误差限（%）	±0.2	±0.5	±1.0

模块2 ZY2100902002

【思考与练习】

1. 如何判定运行中电测仪表非数字刻度线时的误差？
2. 如何进行运行中仪表误差的核对？
3. 现场测试电测仪表时应注意哪些事项？

模块3 电测仪表的故障处理（ZY2100902003）

【模块描述】本模块介绍电测仪表的故障处理。通过故障分析、流程介绍和要点归纳，熟悉电测仪表常见故障的类型和现象及其故障处理前的准备工作，掌握电测仪表故障处理的工作程序及注意事项。

【正文】

一、常见的故障类型与现象

电测仪表一旦出现故障主要是通过量值反映出来，通常由值班员提出。常见的故障有：

（1）卡针，此现象是指针不能指到规定的位置，可通过调节指针或动圈转动间隙处理。

（2）仪表内部动圈或定圈断线，此现象一般是指针不动。

（3）误差超差，有两种原因，一是所选电测仪表变比与实际情况不符，如应装设 1200A/5A 的电流表装成 600A/5A 的电流表，在实际负荷时指示值有明显差别；二是仪表误差超过允许的范围。

二、故障处理前的准备

（1）根据停电与否开具第一或第二种工作票。

（2）所派工作负责人和班组人员是否适当和充足，现场的故障处理工作至少由 1 名工作人员及现场监护人员 1 名方能开展工作，工作人员必须具备必要的电气知识，电测仪表工作原理、掌握本专业作业技能，全体人员必须熟悉《国家电网公司电力安全工作规程》的相关知识，熟悉现场安全作业要求，并经《国家电网公司电力安全工作规程》考试合格。

（3）准备标准装置和必要的工器具。

三、故障处理工作程序

（1）核对所配置的仪表规格、变比与实际情况是否一致，如不一致更换符合要求的电测仪表。

（2）手指轻敲仪表正面表壳，观察仪表指针情况，卡针轻微时轻敲表盘可解决，严重时需要将仪表拆除后处理。

（3）在确定无上述两种情况后，检查仪表内部动圈或定圈是否有断线情况，动圈或定圈断线一般是指针指向零，在小负荷时需要和其他显示设备作比较，如其他显示设备有数值，而仪表接线正常，基本可判定仪表内部动圈或定圈有断线的可能。如确定属动圈或定圈断线，应将仪表拆除后处理。

（4）确定上述 3 种情况都正常后，对电测仪表进行误差测试（参见模块 ZY2100902002）。

（5）故障处理完毕后，清理现场，由值班员确认电测仪表恢复正常工作，结束工作票。

四、注意事项

（1）除轻敲表壳外，所有的故障处理都需将仪表拆除，在脱离工作状态下进行。

（2）故障处理时，不能影响其他设备的正常工作。

【思考与练习】

1. 电测仪表故障处理前有哪些准备工作？
2. 电测仪表故障处理前有哪些工作程序？

第二十三章　电压监测仪的安装、测试、更换及故障处理

模块 1　电压监测仪的安装、更换（ZY2100903001）

【模块描述】本模块介绍电压监测仪安装与更换的操作。通过流程讲解和方法介绍，熟悉电压监测仪安装更换前的准备工作，掌握电压监测仪停电和带电时安装与更换的工作程序。

【正文】

电压监测仪是主要用来统计电网供电电压合格率的一种仪表，由于技术的发展已逐步被综合自动化设备或负荷控制终端所取代，目前主要用于低压配电系统。电压监测仪表一般为数字显示，并带有记忆、统计、传输信号等功能，常见的外形有挂式（图 ZY2100903001-1）和槽式两种，安装于配电面盘上。本模块主要介绍人工抄录型电压监测仪的现场安装与更换。

一、安装更换前的准备

（1）根据停电与否开具第一或第二种工作票。

（2）所派工作负责人和班组人员是否适当和充足，现场工作至少有 1 名工作人员和 1 名现场监护人员方能开展工作，工作人员必须具备必要的电气知识，掌握本专业作业技能，全体人员必须熟悉《国家电网公司电力安全工作规程》的相关知识，熟悉现场安全作业要求，并经《电力安全工作规程》考试合格。

（3）准备必要的工器具。

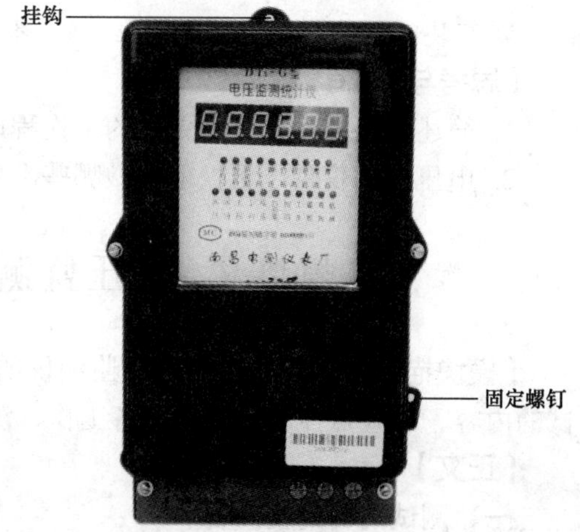

图 ZY2100903001-1　挂式电压监测仪正面示图

二、停电时电压监测仪的安装与更换工作程序

（1）记录电压监测仪内部存储数据，即合格时间、合格率、超高限时间、超高率、超低限时间、超低率、运行总时间、最高电压、最高电压出现时间、最低电压、最低电压出现时间等信息。若电压监测仪具有信息重置功能，则应在更换后将记录的信息重置于更换后的电压监测仪内。

（2）从表尾处拆除电压监测仪的输入电压线。

（3）拆除固定螺钉。

（4）从仪表盘正面小心取出需更换的电压监测仪。

（5）将需安装或更换的电测仪表核对无误后从仪表盘正面装入安装位置，固定螺钉。

（6）连接表尾处的电压线。

（7）由监护人员检查，确认现场操作所动线路是否全部到达到正常状态。

（8）清理工作现场。

新安装的电压监测仪可从第（5）步开始。

三、带电时电压监测仪的安装与更换工作程序

（1）验电。用万用表交流电压档在表尾处测量需要断开的连接线电压；确定所更换的电压监测仪无漏电现象（图 ZY2100903001-2、图 ZY2100903001-3）。

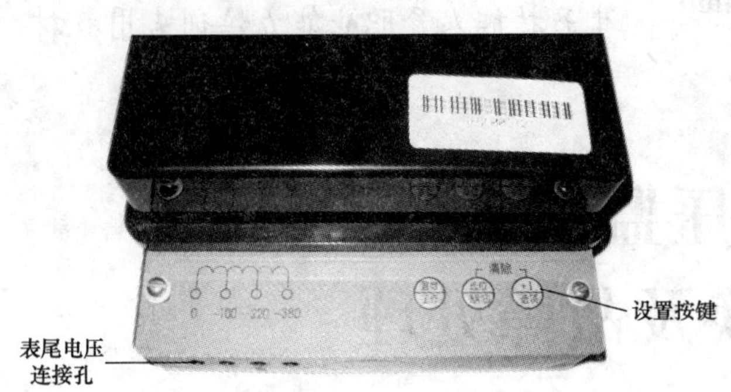

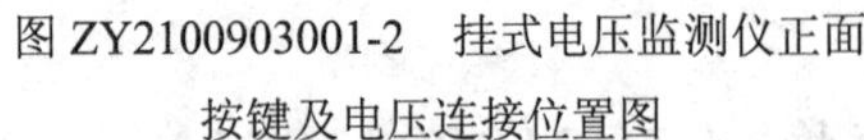

图 ZY2100903001-2 挂式电压监测仪正面按键及电压连接位置图

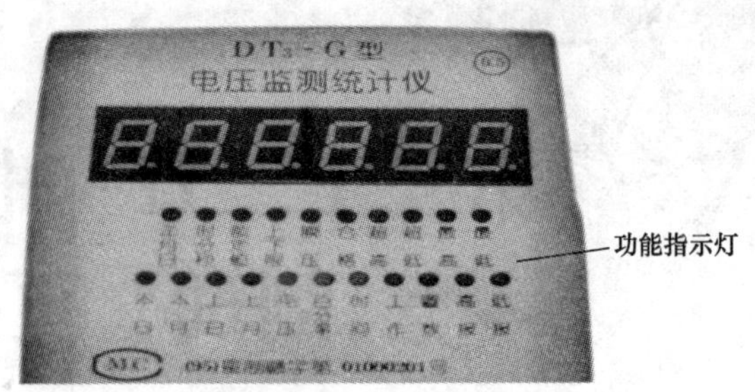

图 ZY2100903001-3 挂式电压监测仪仪表盘示图

（2）从表尾处拆除电压连接线，并用绝缘胶带将电压接线头完全包好。

（3）拆除固定螺钉，取出需更换的电压监测仪。

（4）将需安装或更换的电压监测仪装入安装位置，固定螺钉。

（5）接入电压线。

（6）按照电压监测仪说明书步骤设置好准确时间，重置所记录的信息（如电压监测仪有此功能）。

（7）由监护人员检查，确认现场操作所动线路是否全部到达到正常状态，与值班员联络确定电压监测仪已处于正常工作状态。

（8）清理工作现场，结束工作票。

新安装电压监测仪步骤可从第（4）步开始。

【思考与练习】

1. 简述电压监测仪带电更换的工作程序。
2. 电压监测仪带电更换前要做哪些准备工作？

模块2 电压监测仪的测试（ZY2100903002）

【模块描述】本模块介绍电压监测仪的测试方法。通过流程介绍和要点归纳，掌握电压监测仪测试的内容、危险点控制措施及准备工作、测试工作程序以及测试结果的分析与判断方法。

【正文】

一、测试的目的及内容

运行中的电压监测仪是统计电压合格率的一种监测设备，要求所显示的瞬时电压、超高限电压、超低限电压测量准确从而保证所统计的电压合格率数据可靠。现场对电压监测仪的测试主要是对瞬时电压、超高限电压、超低限电压的校准。一般需要将电压监测仪脱离运行状态，使用标准源对电压监测仪进行校准（或用交流源配标准电压表比较法测试）。

二、危险点分析及控制措施

由于本模块需要带电进行作业，安全工作要求主要参照《国家电网公司电力安全工作规程》有关规定执行。测试前需将仪表脱离运行状态，在拆除电压线时，应将电压线用绝缘胶布将裸露部分包好，防止电压回路短路和接地，工作过程中注意力应高度集中，防止异常情况的发生。当出现异常情况时，应立即停止工作，查明原因后，方可继续测试。

三、测试前的准备

1. 准备工作安排

（1）记录被测试电压监测仪的规格、型号和存储数据，分析运行基本状况。

（2）测试用标准源（或用交流源配标准电压表比较法测试）、工器具状态良好，标准源（标准电压表）应具有有效周期内的检定（校准）证书或测试报告，且状态良好。

（3）根据现场工作内容办理、落实工作票。

2. 人员要求

（1）现场测试工作至少有1名检验人员和1名现场配合人员方能开展工作。

（2）全体人员必须熟悉《国家电网公司电力安全工作规程》的相关知识，熟悉现场安全作业要求，并经《国家电网公司电力安全工作规程》考试合格。

3. 仪器仪表和工具的准备

（1）标准源一套，或交流源、标准电压表各一台，标准源、标准电压表准确度等级应比被测电压监测仪高两个等级。

（2）必要的工器具。

4. 对测试设备的要求

（1）标准源、标准电压表必须经具有计量资质的检定单位检定合格，且在合格的有效期内。

（2）标准源、交流源、标准电压表在测试前应进行通电预热，预热时间遵照使用说明中的要求。

（3）标准源、标准电压表等级要求见表ZY2100903002-1。

表ZY2100903002-1　　标准源、标准电压表等级

被测电压监测仪准确度等级	0.2级	0.5级	1.0级	1.5级
标准源和标准电压表准确度等级	0.05级	0.1级	0.2级	0.5级

5. 测试条件

环境温度应在15～30℃，相对湿度应小于等于80%。

四、电压监测仪测试工作程序

（1）检查并记录被测电压监测仪的参数、规格及工作状态。

（2）拆除端子排内侧电压连接导线。

（3）将标准源电压输出端与端子排处的电压监测仪电压输入端连接（此时电压监测仪应脱离了运行状态），如图ZY2100903002-1和图ZY2100903002-2所示。

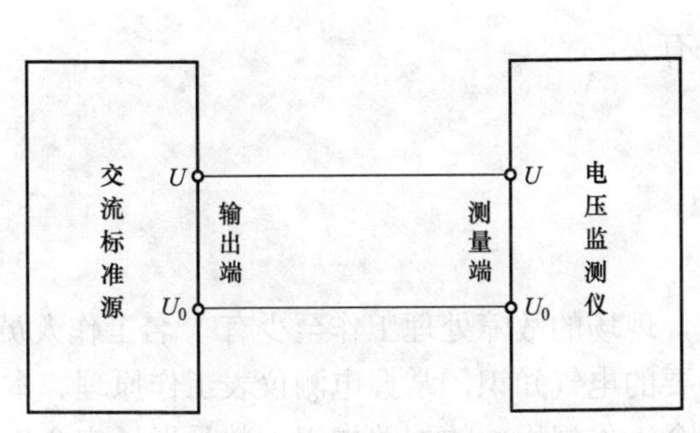

图ZY2100903002-1　标准源法接线示意图

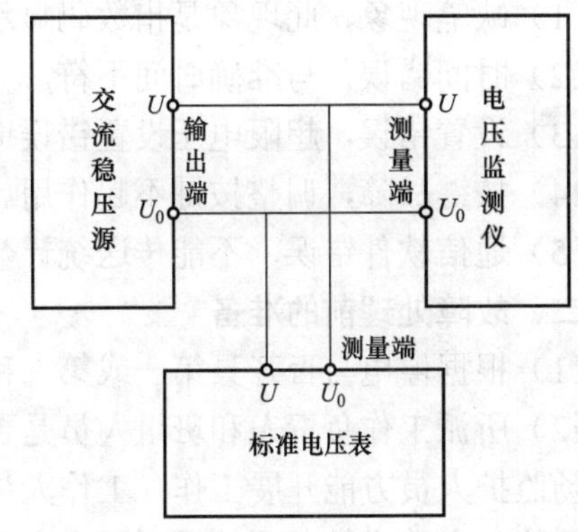

图ZY2100903002-2　比较法接线示意图

（4）按键调整使电压监测仪处于调整状态（调整指示灯亮）。

（5）标准源法，参阅电压监测仪使用说明书中校准设置点，调节标准源输出后，通过操作电压监测仪按键（见电压监测仪使用说明书）完成校准。

（6）比较法，参阅电压监测仪使用说明书中校准设置点，调节交流源输出，使标准电压表显示值为校准设置点值（如95V、105V），通过操作电压监测仪按键（见电压监测仪使用说明书）完成校准。

（7）校准完成后，恢复电压监测仪电压连接线。

（8）与值班员联系，确认电压监测仪工作正常，结束工作票。

五、测试结果分析判断

通过下式判定电压监测仪误差是否合格，误差限见表 ZY2100903002-2。

标准源法

$$\text{电压监测仪等级指数} \geqslant \frac{\text{监测仪显示值}-\text{标准源输出值}}{\text{标准源输出值}} \times 100\%$$

比较法

$$\text{电压监测仪等级指数} \geqslant \frac{\text{监测仪显示值}-\text{标准电压表显示值}}{\text{标准源输出值}} \times 100\%$$

表 ZY2100903002-2　　电压监测仪误差限

电压监测仪等级指数	0.2 级	0.5 级	1.0 级
误差限（%）	±0.2	±0.5	±1.0

【思考与练习】

1. 在电压监测仪不脱离运行状态情况下是否可以现场校准？为什么？
2. 电压监测仪现场测试时应注意哪些事项？

模块 3　电压监测仪的故障处理（ZY2100903003）

【模块描述】本模块介绍电压监测仪的故障处理。通过故障分析、流程介绍和要点归纳，熟悉电压监测仪常见故障的类型和现象及其故障处理前的准备工作，掌握电压监测仪故障处理的工作程序及注意事项。

【正文】

一、常见的故障类型与现象

电压监测仪故障将影响其对电压合格率的统计功能，常见的故障有以下几类：

（1）缺笔现象，此现象是指数码显示有缺笔或断笔现象，如 8 显示为 0，9 显示为 7 等。

（2）时间错误，与准确时间不符。

（3）设置错误，超限电压设置错误造成统计结果有误。

（4）按键故障，调整按键不起作用。

（5）通信软件错误，不能传送统计数据。

二、故障处理前的准备

（1）根据停电与否开具第一或第二种工作票。

（2）所派工作负责人和班组人员是否适当和充足，现场的故障处理工作至少有 1 名工作人员和 1 名现场监护人员方能开展工作，工作人员必须具备必要的电气知识，掌握电测仪表工作原理、本专业作业技能，全体人员必须熟悉《国家电网公司电力安全工作规程》的相关知识，熟悉现场安全作业要求，并经《国家电网公司电力安全工作规程》考试合格。

（3）准备电压监测仪测试设备和必要的工器具。

三、故障处理工作程序

（1）检查电压监测仪显示值有无缺笔、功能指示灯有无异常，如有异常应按 ZY2100903001 模块要求更换电压监测仪。

（2）检查电压监测仪各区段与时间的设置有无差错，如有差错重新设置各区段与时间。

（3）检查软件通信功能，如有必要重新安装通信软件。

（4）确定上述三种情况都正常后，对电压监测仪重新进行校准，参见 ZY2100903002 模块。

（5）故障处理完毕后，清理现场，由值班员确认电压监测仪恢复正常工作，结束工作票。

四、注意事项

（1）电压监测仪各区段和时间的设置可在工作状态下进行。

（2）其他故障处理时应将电压监测仪拆后处理，拆除后应使用备品代替。

（3）拆除前应记录电压监测仪各统计数据，以便恢复后继续数据的累计统计。

【思考与练习】

1. 电压监测仪软件常见故障有哪些？

2. 电压监测仪上下超限点的设置依据是什么？

第八部分

电测计量标准装置的检测与建标

第二十四章 交、直流仪表检定装置的检定、校准、检测

模块 1 直流仪表检定装置的检定、校准、检测（ZY2101001001）

【模块描述】本模块介绍直流仪表检定装置的检定、校准、检测。通过流程介绍和要点归纳，掌握直流仪表检定装置的检定、校准、检测的内容及准备工作、步骤方法、结果处理和注意事项。

【正文】

一、直流仪表检定装置介绍

直流仪表检定装置指能够输出标准直流电压、电流、电阻等电量的直流仪表装置，其结构形式分为表（标准表）源（信号源）分离式和表源一体式两类。表源分离式装置由信号源、标准表、量限扩展装置和辅助电路组成。表源一体式装置将标准表、信号源的功能集成在一个装置中，表源不能分离，具有标准源的性质。

二、检定、校准、检测目的及内容

对任何新的装置，我们都要对其进行首次检定/校准/检测，检定合格后，方可使用。装置在使用中的误差变化会直接影响测量的准确性，为保证其测量的准确、可靠，按照 DL/T 1112—2009《交、直流仪表检验装置检定规程》规定，应在规定的时间周期内，对装置进检定、校准、检测。其主要内容是使用标准仪器对直流仪表检定装置的误差（电压、电流、电阻）进行检定、校准、检测。

三、危险点分析及控制措施

由于装置在检定、校准、检测过程中需要通电进行，安全工作要求主要参照《国家电网公司电力安全工作规程》有关规定执行。这里主要强调，为了防止在检定、校准、检测过程中电流回路开路、电压回路短路或接地，必须认真检查接线；连接导线应有良好绝缘。

四、检定、校准、检测准备工作

1. 环境条件

（1）被检定、校准、检测装置置于参比环境条件中 2h，以消除温度梯度的影响。空气中不含有任何腐蚀性气体。

（2）有关影响量的标准条件和允许偏差见表 ZY2101001001-1。

表 ZY2101001001-1　有关影响量的标准条件和允许偏差

影响量	参比条件	各等级装置参比条件的允许偏差				
		0.01 级	0.02 级	0.05 级	0.1 级	0.2 级
环境温度	20℃	±1℃	±1℃	±2℃	±2℃	±2℃
环境湿度	50%R.H.	±15%	±15%	±20%	±20%	±20%
标准仪器误差限（引用误差）		0.005%	0.01%	0.01%	0.02%	0.05%

2. 标准仪器

（1）标准仪器应具有有效期内的检定证书或校准证书。标准仪器应高于被检定装置 2 个等级。

（2）标准仪器输出（测量）范围应在被检定、校准、检测直流仪表检定装置测量上限（1～

1.25）范围内。标准仪器误差限参见表 ZY2101001001-1。

（3）标准仪器由标准器、辅助设备及环境条件等引起的测量扩展不确定度（k 取 2）应小于被检定、校准、检测直流仪表检定装置最大允许误差的 1/3。

（4）标准仪器应有足够的标度分辨力（或数字位数）。

（5）标准仪器应有良好的屏蔽和接地，以避免外界干扰。

五、检定、校准、检测步骤及方法

1. 外观检查

用目测法检查装置外观。被检定、校准、检测的直流仪表检定装置应无明显影响测量的缺陷。应标有产品型号及名称、出厂编号、准确度等级、制造厂商及生产日期。

2. 显示

（1）显示状态。正确连接被检装置和参考标准，需接地的设备正确接地，按说明书要求通电预热。用目测法检查装置监视仪表的显示值与分辨力。

（2）确定监视仪表示值误差。

1）将电压、电流等参考标准的电流测量回路串联在装置的电流输出回路，电压测量回路并联在装置的电压输出回路，采用比较法确定监视仪表的示值误差。

2）测量在控制量限和常用负载下进行。

3）电压、电流在额定输出的 50%～100%范围内选取 3～5 个测试点。

4）表源一体式装置不需进行此项试验。

5）表源分离式装置配置的监视仪表应与装置的测量范围相适应，监视仪表的误差应符合表 ZY2101001001-2 规定，监视仪表的显示位数符合表 ZY2101001001-3 规定。

模块 1 ZY2101001001

表 ZY2101001001-2　　监视仪表示值的误差限

装置准确度等级	0.01 级	0.02 级	0.05 级	0.1 级	0.2 级
电压（引用误差）	±0.2%	±0.2%	±0.2%	±0.5%	±0.5%
电流（引用误差）	±0.2%	±0.2%	±0.2%	±0.5%	±0.5%

表 ZY2101001001-3　　监 视 仪 表 显 示 位 数

装置准确度等级	0.01 级	0.02 级	0.05 级	0.1 级	0.2 级
电压、电流	5 位	5 位	5 位	4 位	4 位

3. 装置磁场

（1）不接入被检表，电压输出端开路，电流输出端短路，辅助设备和周围电器处于正常状态，在装置输出 10A 和最大电流时分别测量被检表位置的磁场。

（2）用测量误差不超过 10%的磁强计直接测量。

（3）分别测量被检表位置三维方向的磁感应强度分量，取三个分量的方根值作为测量结果。

放置被检表的位置磁感应强度应符合：$I \leqslant 10A$ 时，$B \leqslant 0.0025mT$；$I = 100A$ 时，$B \leqslant 0.025mT$。其中，I 为装置输出的电流，B 为空气中的磁感应强度。10A 和 100A 之间的磁感应强度值可按内插法求得。

4. 绝缘电阻

装置中一般电气部件、回路与不通电的金属外壳之间的绝缘电阻，以及电气回路之间的绝缘电阻，应使用额定电压为 1000V 的绝缘电阻表进行测量。但对于工作电压低于 24V 的电气部件，可使用额定电压不超过 500V 的绝缘电阻表，测得的绝缘电阻应大于 10MΩ。

5. 绝缘强度

进行绝缘强度实验时，应将标准表和不宜进行该项试验的设备断开。在被试电路与金属外壳（地）之间或被试电路之间，平稳地加入试验电压，持续 1 min，被试部件与电路应无击穿现象；试验电压去除后，再次进行绝缘电阻测量，应大于 10MΩ。仅对首次、修理后的被检定、校准、检测装置作此要求。

6. 基本误差

（1）检定点的确定：检定电压、电流时，选择装置的控制量限作为全检量限，均匀选取不少于 10 个检定点（包括满量限点和 1/10 满量限点），其他量限选择最大误差点和满量限点；

（2）直接比较法检定直流电压表的基本误差。

1）按图 ZY2101001001-1 连接设备，被检装置电压输出端与参考标准电压表输入端并联连接。

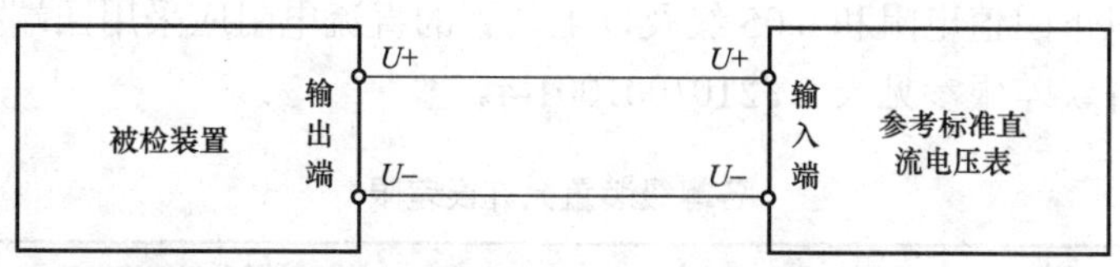

图 ZY2101001001-1　直接比较法检定直流电压基本误差示意图

2）调节装置输出至设定值，读取工作标准表（表源一体式装置为监视仪表）与参考标准电压表的读数值，装置的误差按式（ZY2101001001-1）计算，即

$$\gamma_{Udc}=\frac{U_{dcX}-U_{dcN}}{U_{dcF}}\times100\% \qquad (ZY2101001001\text{-}1)$$

式中 γ_{Udc}——装置输出直流电压的误差，%；

U_{dcX}——装置工作标准表读数值，V；

U_{dcN}——参考标准直流电压表读数值，V；

U_{dcF}——检定点所在量限的上限值，V。

（3）直接比较法检定直流电流的基本误差

1）按图 ZY2101001001-2 连接设备，被检装置电流输出端与参考标准电流表输入端串联连接。

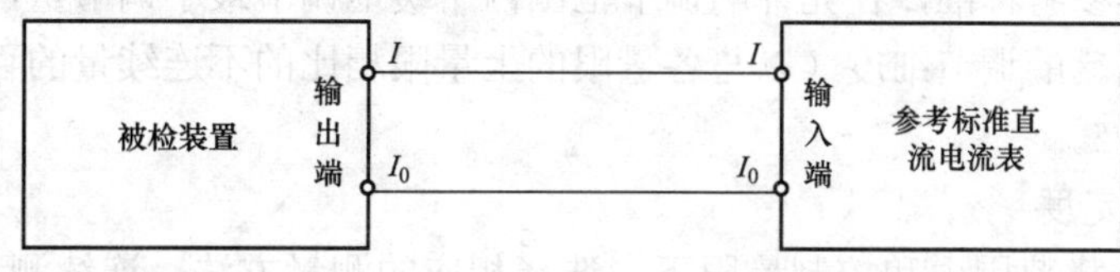

图 ZY2101001001-2　直接比较法检定直流电流基本误差示意图

2）调节装置输出至设定值，读取工作标准表（表源一体式装置为监视仪表）与参考标准电流表的读数值，装置的误差按式（ZY2101001001-2）计算，即

$$\gamma_{Idc}=\frac{I_{dcX}-I_{dcN}}{I_{dcF}}\times100\% \qquad (ZY2101001001\text{-}2)$$

式中 γ_{Idc}——装置输出直流电流的误差，%；

I_{dcX}——装置工作标准表的读数值，A；

I_{dcN}——参考标准直流电流表的数值，A；

I_{dcF}——检定点所在量限的上限值，A。

（4）直流电阻基本误差的检定

1）按图 ZY2101001001-3 连接仪器，用标准直流电阻表或数字多用表量读被检装置设置的输出电阻值。

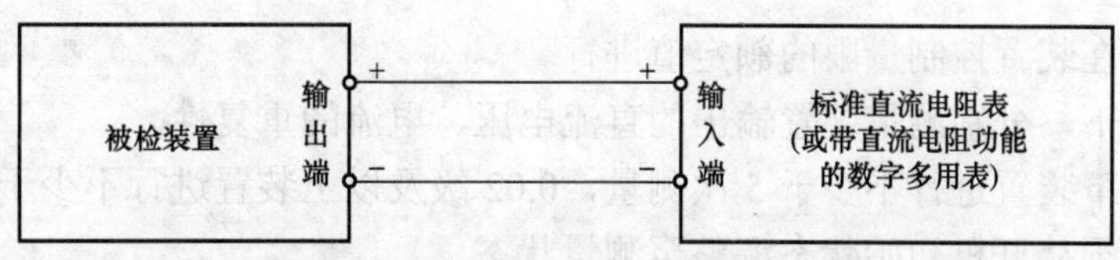

图 ZY2101001001-3　检定直流电阻基本误差示意图

2）调节装置输出直流电阻设置值，读取参考标准直流电阻表的读数值。

3）装置输出直流电阻的误差按式（ZY2101001001-3）计算，即

$$\gamma_R = \frac{R_X - R_N}{R_N} \times 100\% \qquad \text{(ZY2101001001-3)}$$

式中　γ_R——装置输出直流电阻的误差，%；

R_X——装置直流电阻的标称值，Ω；

R_N——参考标准直流电阻表读数值，Ω。

4）检定 100Ω及以下阻值电阻和 0.05 级及以上装置的直流电阻应采用四端接线法。

（5）等级装置允许误差限参见表 ZY2101001001-4。

表 ZY2101001001-4　　各等级装置允许误差限

装置功能	各等级装置允许误差限（引用误差）				
	0.01 级	0.02 级	0.05 级	0.1 级	0.2 级
直流电压、电流	±0.01%	±0.02%	±0.05%	±0.1%	±0.2%
直流电阻	±0.01%	±0.02%	±0.05%	±0.1%	±0.2%

7. 输出调节范围

装置输出范围应与装置的工作量限相适应，在任何量限下装置电压、电流输出均应能平稳连续（或按规定步长）地从 0 调节到 110%的量限值。

8. 输出设定准确度

选择装置控制量限，分别测量电压、电流在各设定点的设定值与实际输出值的差值。表源一体式装置输出电压、电流的设定准确度应符合制造厂的规定值。

9. 输出调节细度

接入电压、电流等参考标准，在允许的调节范围内平缓地调节最小调节量，观察并读取被调节量的不连续量。电压、电流的调节细度（以与各量限的上量限相比的不连续量的百分数来表示）不应超过相应允许误差限的 1/5。

10. 装置的输出稳定度

（1）在常用输出负载范围内和控制量限下，选择相应的测量方法，连续测量时间为 1min，采样值不少于 20 个。按式（ZY2101001001-4）计算装置的 1min 输出稳定度，即

$$1\text{min稳定性} = \frac{\text{输出电压（电流）最大值} - \text{输出电压（电流）最小值}}{\text{输出电压（电流）上限值}} \times 100\% \qquad \text{(ZY2101001001-4)}$$

（2）选择一台稳定的直流源为被测对象，在装置测量范围上、下限附近选择 2 点，再选择几个典型值作为测量点，每年对这些测量点进行定期检测，相邻两年的测量结果之差即为该装置在此阶段的稳定性。

（3）稳定性误差限参见表 ZY2101001001-5。

表 ZY2101001001-5　　装置输出直流电压、直流电流的稳定度

装置准确度等级	0.01 级	0.02 级	0.05 级	0.1 级	0.2 级
稳定度	0.005%	0.01%	0.02%	0.02%	0.05%

11. 装置的重复性

（1）重复性试验在装置控制量限的额定值进行。

（2）在常用负载下，分别测量装置输出的直流电压、电流的重复性。

（3）0.05 级及以下装置进行不少于 5 次测量，0.02 级及以上装置进行不少于 10 次测量。

（4）每次测量必须从开机初始状态调整至测量状态。

（5）按式（ZY2101001001-5）计算实验标准差，即

$$s=\frac{1}{\overline{\gamma}}\sqrt{\frac{\sum_{i=1}^{n}(\gamma_i-\overline{\gamma})^2}{n-1}}\times 100\% \qquad (ZY2101001001-5)$$

式中 s——测量装置的重复性，用百分数表示；

γ_i——第 i 次测量结果，量值单位对应各参量；

$\overline{\gamma}$——各次测量结果 γ_i 的平均值，与 γ_i 相同的量值单位；

n——重复测量的次数。

装置的测量重复性用实验标准差来表示，由试验确定的实验标准差应不超过装置允许误差限的1/5。

12. 直流电压、电流波纹含量

（1）选择装置控制量限，使装置输出额定值的 100%，用真有效值交流数字电压表直接测量装置输出的电压。

（2）检定装置输出交流电流纹波含量时，在电流端接入负载电阻，用真有效值交流数字电压表测量负载电阻的端电压。

（3）纹波含量按式（ZY2101001001-6）计算，误差限参见表 ZY2101001001-6，即

$$纹波含量=\frac{交流电压（电流）分量}{直流电压（电流）}\times 100\% \qquad (ZY2101001001-6)$$

表 ZY2101001001-6　　直流电压、电流纹波含量

装置准确度等级	0.01 级	0.02 级	0.05 级	0.1 级	0.2 级
电压纹波含量	1%	1%	2%	2%	2%
电流纹波含量	1%	1%	2%	2%	2%

六、检定结果的处理

1. 数据处理及分析

（1）检定结果应给出误差值或直接给出输出标准值。

（2）判断装置是否合格以修约后的数据为准；基本误差的修约间距按相应误差限的 1/10 作为修约间距。

（3）全部项目符合要求判定为合格，否则判定为不合格。合格的装置发给检定证书。

（4）不合格的装置发给检定结果通知书，并注明不合格项目。

（5）三相装置检定不合格的，也可根据用户使用情况降级使用，并发给降级后的检定证书；或能符合单相装置要求的发给单相装置的检定证书，并予以注明。

2. 检定、校准证书和检测报告

检定、校准证书和检测报告宜使用标准 A4 型纸。

每份证书应包括下列信息：

（1）标题（“校准证书”或“检测报告”）。

（2）校准、检测实验室（或单位）的名称和地址。

（3）校准证书、检测报告的编号，并在每一页上标注。

（4）校准、检测的日期。

（5）校准、检测参照的规程、规范、标准等。

（6）校准、检测时的环境条件（如温度、湿度等）。

（7）校准证书、检测报告应有校准或检测人员、核验人员、批准人的签字。

（8）校准、检测的结果。

检定、校准证书和检测报告的内页格式（仅供参考）见附录。

七、检定、校准、检测注意事项

（1）接线过程中，严禁电流回路开路、电压回路短路或接地。

（2）测试线连接完毕后，应进行检查，确认无误后，方可进行操作。

【思考与练习】

1. 直流仪表检定装置的检测方法有哪几种？
2. 如何进行直流仪表检定装置重复性测试？
3. 怎样进行直流仪表检定装置的稳定性测量？

附录：检定、校准证书和检测报告的内页格式

检定、校准、检测结果

1. 外观

结论：

2. 结构

结论：

3. 显示

功　能	装置示值	误差值 （或标准值）	显示位数
直流电压			
直流电流			
直流电阻			

结论：

4. 装置的磁场

10A 时：____________________mT，100A 时：____________________mT。

结论：

5. 绝缘电阻

____________________MΩ。

结论：

6. 绝缘强度

试验线路	试验电压	试验结果

结论：

7. 基本误差

a）直流电压

量　　限	装 置 示 值	误差值（或标准值）

结论：

b）直流电流

量　　限	装 置 示 值	误差值（或标准值）

结论：

c）直流电阻

装 置 示 值	标　准　值

结论：

8. 调节范围

功　能	量　　限	调 节 范 围
直流电压		
直流电流		

结论：

9. 调节细度

功　能	量　限	调节细度
直流电压		
直流电流		

结论：

10. 设定准确度

结论：

11. 输出稳定度

功　能	量　限	稳定度
直流电压		
直流电流		

结论：

12. 装置的测量重复性

功　能	测试值	重复性
直流电压		
直流电流		
直流电阻		

结论：

13. 直流电压、电流纹波含量

功　能	测试电压、电流值	纹波含量（%）
电压		
电流		

结论：

检定/校准员：＿＿＿＿＿＿＿＿　　核验员：＿＿＿＿＿＿＿＿

模块 2　交流仪表检定装置的检定、校准、检测（ZY2101001002）

【模块描述】本模块介绍交流仪表检定装置的检定、校准、检测。通过流程介绍和要点归纳，掌握交流仪表检定装置的检定、校准、检测的内容及准备工作、步骤方法、结果处理和注意事项。

【正文】

一、交流仪表检定装置简介

交流仪表检定装置能够输出工频（45～65Hz）电压、电流、有功功率，以及频率、相位、功率因数等电量，其结构形式分为表（标准表）源（信号源）分离式和表源一体式两类。表源分离式装置由信号源、标准表、量限扩展装置和辅助电路组成；表源一体式装置将标准表、信号源的功能集成在一个装置中，表源不能分离，具有标准源的性质。

二、检定、校准、检测目的及内容

对任何新的装置，我们都要对其进行首次检定、校准、检测，检定合格后，方可使用。装置在使用中的误差变化会直接影响测量的准确性，为保证其测量的准确、可靠，按照 DL/T 1112—2009《交、直流仪表检验装置检定规程》规定，应在规定的时间周期内，对装置进行检定、校准、检测，其主要内容是使用标准仪器对交流仪表检定装置的误差（交流电压、电流、有功功率，以及频率、相位、功率因数等）进行检定、校准、检测。

三、危险点分析及控制措施

由于本装置检定、校准、检测过程中需要通电进行，安全工作要求主要参照《国家电网公司电力安全工作规程》有关规定执行。这里主要强调，为了防止在检定、校准、检测过程中电流回路开路、电压回路短路或接地，必须认真检查接线；连接导线应有良好绝缘。

四、检定、校准、检测准备工作

1. 环境条件

（1）将被检定、校准、检测装置置于参比环境条件中，应有足够的时间（通常为 2h），以消除温度梯度的影响，空气中不含有任何腐蚀性气体。

（2）有关影响量的标准条件和允许偏差见表 ZY2101001002-1。

表 ZY2101001002-1　　有关影响量的标准条件和允许偏差

影响量	参比条件	各等级装置参比条件的允许偏差				
		0.01 级	0.02 级	0.05 级	0.1 级	0.2 级
环境温度	20℃	±1℃	±1℃	±2℃	±2℃	±2℃
环境湿度	50%R.H.	±15%	±15%	±20%	±20%	±20%
标准仪器误差限（引用误差）		0.005%	0.01%	0.01%	0.02%	0.05%

2. 标准仪器

（1）标准仪器应具有有效期内的检定证书或校准证书。标准仪器应高于被检定装置 2 个等级。

（2）标准仪器输出（测量）范围应在被检定、校准、检测交流仪表检定装置测量上限（1～1.25）范围内。标准仪器误差限参见表 ZY2101001002-1。

（3）标准仪器由标准器、辅助设备及环境条件等所引起的测量扩展不确定度（k 取 2）应小于被检定、校准、检测交流仪表检定装置最大允许误差的 1/3。

（4）标准仪器应有足够的标度分辨力（或数字位数）。

（5）标准仪器应有良好的屏蔽和接地，以避免外界干扰。

五、检定、校准、检测步骤及方法

1. 外观检查

用目测法检查装置外观。被检定、校准、检测的交流仪表检定装置应无明显影响测量的缺陷，应标有产品型号及名称、出厂编号、准确度等级、制造厂商及生产日期。

2. 显示

（1）显示状态。正确连接被检装置和参考标准，需接地的设备正确接地，按说明书要求通电预热。用目测法检查装置监视仪表的显示值与分辨力。

（2）确定监视仪表示值误差：

1）将电压、电流、功率、频率、相位等参考标准的电流测量回路串联在装置的电流输出回路，电压测量回路并联在装置的电压输出回路，采用比较法确定监视仪表的示值误差。

2）测量在控制量限和常用负载下进行。

3）电压、电流在额定输出的 50%～100%范围内选取 3～5 个测试点，频率在额定频率进行，相位在输出范围内任意选取 3～5 个测试点。

4）表源一体式装置不需进行此项试验。

5）表源分离式装置配置的监视仪表应与装置的测量范围相适应，监视仪表的误差应符合表 ZY2101001002-2 规定，监视仪表的显示位数符合表 ZY2101001002-3 规定。

表 ZY2101001002-2　　监视仪表示值的误差限

装置准确度等级	0.01 级	0.02 级	0.05 级	0.1 级	0.2 级
电压（引用误差）	±0.2%	±0.2%	±0.2%	±0.5%	±0.5%
电流（引用误差）	±0.2%	±0.2%	±0.2%	±0.5%	±0.5%
功率（引用误差）	±0.2%	±0.2%	±0.2%	±0.5%	±0.5%
频率（绝对误差）	±0.1Hz	±0.1Hz	±0.2Hz	±0.2Hz	±0.2Hz
相位（绝对误差）	±0.3°	±0.3°	±0.5°	±0.5°	±0.5°

表 ZY2101001002-3　　监视仪表显示位数

装置准确度等级	0.01 级	0.02 级	0.05 级	0.1 级	0.2 级
电压、电流、功率	5 位	5 位	5 位	4 位	4 位
频率、相位	4 位	4 位	4 位	4 位	4 位

3. 装置磁场

（1）不接入被检表，电压输出端开路，电流输出端短路，辅助设备和周围电器处于正常状态，在装置输出 10A 和最大电流时分别测量被检表位置的磁场。

（2）用测量误差不超过 10%的磁强计直接测量。

（3）分别测量被检表位置三维方向的磁感应强度分量，取 3 个分量的方和根值作为测量结果。

放置被检表的位置磁感应强度应符合：$I \leqslant 10$A 时，$B \leqslant 0.002\,5$mT；$I = 100$A 时，$B \leqslant 0.025$mT。其中，I 为装置输出的电流；B 为空气中的磁感应强度；10A 和 100A 之间的磁感应强度值可按内插法求得。

4. 绝缘电阻

装置中一般电气部件、回路与不通电的金属外壳之间的绝缘电阻，以及电气回路之间的绝缘电阻，应使用额定电压为 1000V 的绝缘电阻表进行测量。但对于工作电压低于 24V 的电气部件，可使用额定电压不超过 500V 的绝缘电阻表，测得的绝缘电阻应大于 10MΩ。

5. 绝缘强度

进行绝缘强度实验时，应将标准表和不宜进行该项试验的设备断开。在被试电路与金属外壳（地）之间或被试电路之间，平稳地加入试验电压，持续 1 min，被试部件与电路应无击穿现象；试验电压去除后、再次进行绝缘电阻测量，应大于 10MΩ。仅对首次、修理后的被检定、校准、检测装置有此项要求。

6. 基本误差

（1）检定点的确定。

1）检定电压、电流时，选择装置的控制量限作为全检量限，均匀选取不少于10个检定点（包括满量限点和1/10满量限点），其他量限选择最大误差点和满量限点。

2）检定交流有功功率时，电压、电流各选择2～3个量限，对其所有组合量限在功率因数1.0和0.5（感性、容性）分别进行，单相、三相四线、三相三线不同的接线方式应分别确定量限组合。

3）检定频率时，在电压控制量限输出额定值，频率在其输出范围内，以50Hz为基准点，均匀选取5～10个检定点。

4）检定相位角时，在控制量限输出电压、电流额定值，相位角检定点在其输出范围内按照30°步进的原则选取。

5）检定功率因数时，在控制量限输出电压、电流额定值，选取1.0、0.5（感性、容性）、0.866（感性、容性）和0作为检定点。

6）三相装置每相均应进行检定。

（2）交流电压基本误差的检定。

1）按图ZY2101001002-1连接设备，参考标准电压表的测量端与被检装置的输出端并联连接。

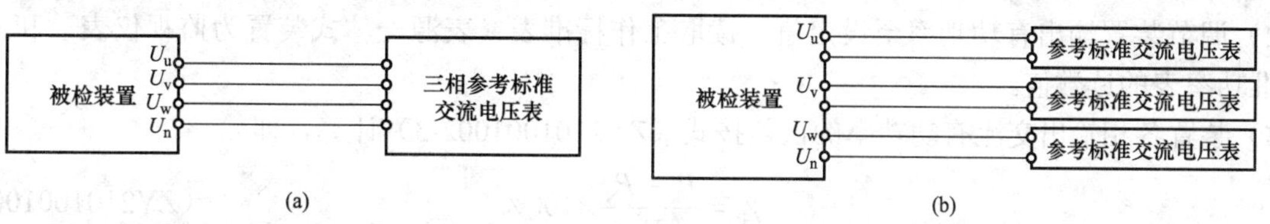

图ZY2101001002-1　直接比较法检定交流电压示意图

2）调节装置输出至设定值，观察工作标准表（表源一体式装置为监视仪表）的读数，同时由交流电压参考标准得到标准电压值。

3）装置输出交流电压的误差按式（ZY2101001002-1）计算，即

$$\gamma_{\mathrm{Uac}}=\frac{U_{\mathrm{acX}}-U_{\mathrm{acN}}}{U_{\mathrm{acF}}}\times 100\% \qquad \text{(ZY2101001002-1)}$$

式中　γ_{Uac}——装置输出交流电压的误差；

U_{acX}——装置工作标准表的读数值，V；

U_{acN}——参考标准交流电压表的数值，V；

U_{acF}——检定点所在量限的上限值，V。

（3）交流电流基本误差的检定。

1）按图ZY2101001002-2连接设备，被检装置电流输出端与参考标准电流端子串联连接。

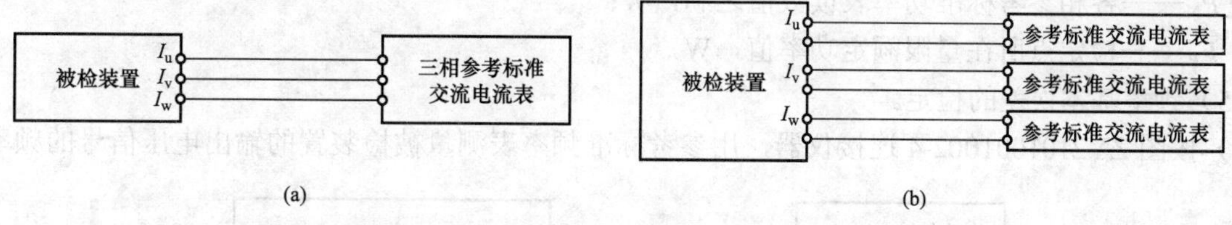

图ZY2101001002-2　直接比较法检定交流电流基本误差示意图

2）调节装置输出至设定值，读取工作标准表（表源一体式装置为监视仪表）和参考标准交流电流表的读数值。

3）装置每相输出交流电流的误差按式（ZY2101001002-2）计算，即

$$\gamma_{\mathrm{Iac}}=\frac{I_{\mathrm{acX}}-I_{\mathrm{acN}}}{I_{\mathrm{acF}}}\times 100\% \qquad \text{(ZY2101001002-2)}$$

式中　γ_{Iac}——装置输出交流电流的误差；

I_{acX}——装置输出交流电流读数值，A；

I_{acN}——交流电流标准值，A；

I_{acF}——检定点所在量限的上限值，A。

（4）交流有功功率基本误差的检定。

1）按图 ZY2101001002-3 连接仪器，被检装置输出电压端与参考标准功率表电压端并接，电流端与参考标准功率表电流端串接。

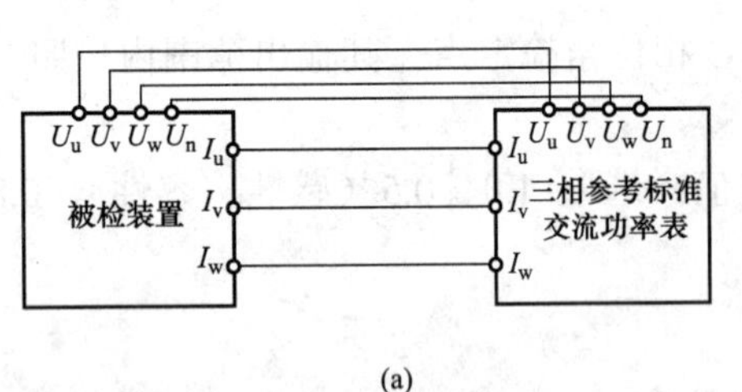

(a)

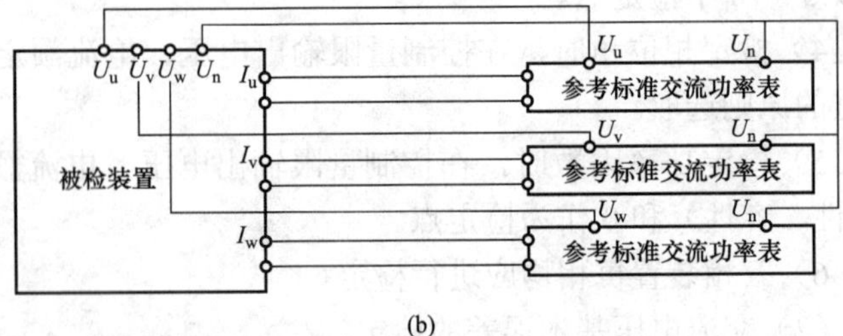

(b)

图 ZY2101001002-3　比较法检定交流有功功率示意图

2）调节装置输出有功功率至设定值，读取工作标准表（表源一体式装置为监视仪表）和三相参考标准功率表的读数值。

3）装置各相输出交流有功功率的误差按式（ZY2101001002-3）计算，即

$$\gamma_P=\frac{P_X-P_N}{F_P}\times 100\% \qquad \text{(ZY2101001002-3)}$$

式中　γ_P——装置输出交流功率的误差；

P_X——装置工作标准表读数值，W；

P_N——参考标准功率表标读数值，W；

F_P——检定点所在量限额定功率值，W。

4）按图 ZY2101001002-3（a）连接仪器法测量三相四线、三相三线有功功率时，误差按式（ZY2101001002-3）计算。

5）按图 ZY2101001002-3（b）连接仪器法测量三相四线、三相三线有功功率时，误差按式（ZY2101001002-4）计算，即

$$\gamma_P=\frac{P_X-\sum P_N}{F_P}\times 100\% \qquad \text{(ZY2101001002-4)}$$

式中　γ_P——装置输出交流功率的误差；

P_X——装置工作标准表读数值，W；

$\sum P_N$——各相参考标准功率表读数值之和，W；

F_P——检定点所在量限额定功率值，W。

（5）频率基本误差的检定。

1）按图 ZY2101001002-4 连接仪器，用参考标准频率表测量被检装置的输出电压信号的频率。

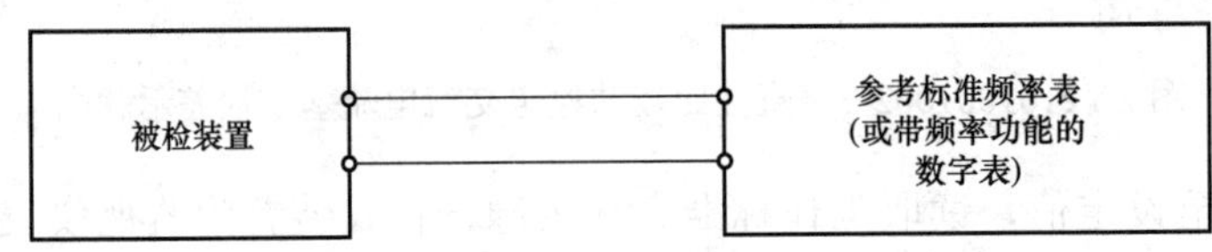

图 ZY2101001002-4　检定频率基本误差示意图

2）调节装置输出交流电压、频率至设定值，读取工作标准频率表和参考标准频率表的读数值。

3）装置输出频率的误差按式（ZY2101001002-5）计算，即

$$\Delta f=f_X-f_N \qquad \text{(ZY2101001002-5)}$$

式中　Δf——装置输出频率的绝对误差，Hz；

模块2　ZY2101001002

f_X——装置工作标准频率表的读数值，Hz；

f_N——参考标准频率表的读数值，Hz。

（6）相位角基本误差的检定。

1）按图 ZY2101001002-5 连接仪器，参考标准相位表测量端与被检装置的输出电压/电流信号端子对应连接。

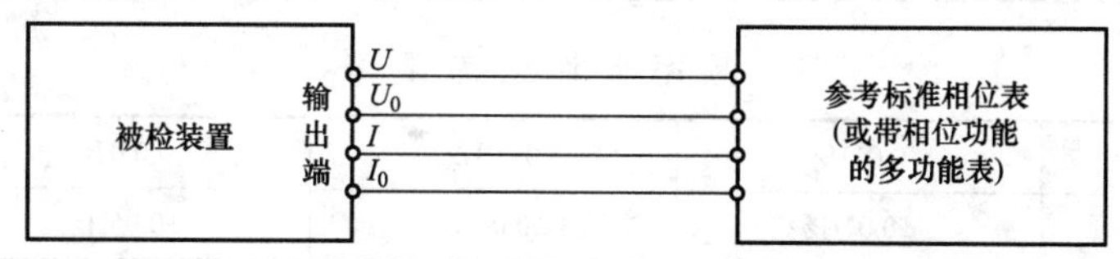

图 ZY2101001002-5　检定相位角基本误差示意图

2）调节装置输出功率、相位角至设定值，读取工作标准相位表和参考标准相位表的读数值。

3）装置输出相位角的误差按式（ZY2101001002-6）、（ZY2101001002-7）计算，即

$$\Delta\varphi = \varphi_X - \varphi_N \quad \text{(ZY2101001002-6)}$$

$$\gamma_\varphi = \frac{\varphi_X - \varphi_N}{\varphi_F} \times 100\% \quad \text{(ZY2101001002-7)}$$

上两式中　$\Delta\varphi$——装置输出相位角的误差，（°）；

φ_X——装置工作标准相位表的读数值，（°）；

φ_N——参考标准相位表的读数值，（°）；

γ_φ——装置输出相位角的误差；

φ_F——相位角误差计算的基准值，90°。

（7）功率因数基本误差的检定。

1）图 ZY2101001002-6 连接仪器，参考标准表的电压端与被检装置电压输出端并接，电流端子与被检装置电流输出端串接。

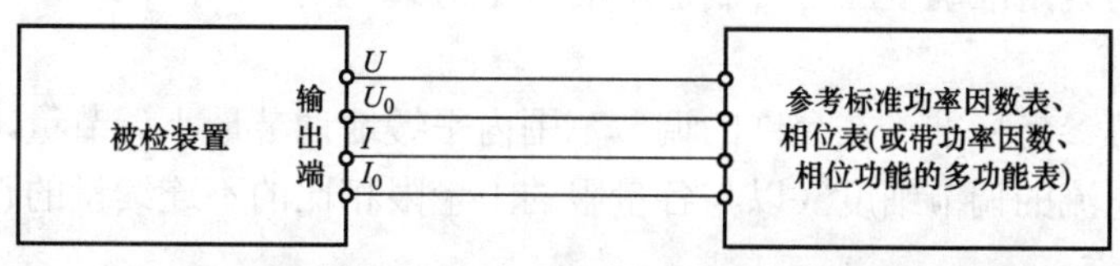

图 ZY2101001002-6　检定功率因数基本误差示意图

2）调节装置输出功率、功率因数至设定值，读取工作标准功率因数表和参考标准功率因数表的读数值。

3）选用参考标准功率因数表检定装置输出功率因数时，误差按式（ZY2101001002-8）计算，即

$$\Delta_{PF} = PF_X - PF_N \quad \text{(ZY2101001002-8)}$$

式中　Δ_{PF}——装置输出功率因数的误差，无量纲；

PF_X——装置工作标准功率因数表的读数值，无量纲；

PF_N——参考标准功率因数表的读数值，无量纲。

4）选用参考标准相位表检定装置输出功率因数时，误差按式（ZY2101001002-9）计算，即

$$\Delta_{PF} = PF_X - \cos\varphi_N \quad \text{(ZY2101001002-9)}$$

式中　Δ_{PF}——装置输出功率因数的误差，无量纲；

PF_X——装置工作标准功率因数表的读数值，无量纲；

φ_N——参考标准功率因数表的读数值，无量纲。

（8）各等级装置允许误差限参见表 ZY2101001002-4～表 ZY2101001002-7。

表 ZY2101001002-4 各等级装置允许误差限

装置功能	各等级装置允许误差限（引用误差）				
	0.01 级	0.02 级	0.05 级	0.1 级	0.2 级
交流电压、电流	±0.01%	±0.02%	±0.05%	±0.1%	±0.2%
交流有功功率	±0.01%	±0.02%	±0.05%	±0.1%	±0.2%

表 ZY2101001002-5 频率允许误差限

装置准确度	0.01Hz	0.02Hz	0.05Hz	0.1Hz
允许误差限	±0.01Hz	±0.02Hz	±0.05Hz	±0.1Hz

表 ZY2101001002-6 相位角允许误差限

装置准确度	0.05°	0.1°	0.2°	0.5°
允许误差限	±0.05°	±0.1°	±0.2°	±0.5°
相当于相对误差限	±0.055%	±0.11%	±0.22%	±0.55%

表 ZY2101001002-7 功率因数允许误差限

装置准确度	±0.05%	±0.1%	±0.2%	±0.5%
允许误差限	±0.05%	±0.1%	±0.2%	±0.5%

7. 输出调节范围

装置输出范围应与装置的工作量限相适应，在任何量限下装置电压、电流输出均应能平稳连续（或按规定步长）地从 0 调节到 110%的量限值。

8. 输出设定准确度

选择装置控制量限，分别测量电压、电流在各设定点的设定值与实际输出值的差值。表源一体式装置输出电压、电流的设定准确度应符合制造厂的规定值。

9. 输出调节细度

接入电压、电流等参考标准，在允许的调节范围内平缓地调节最小调节量，观察并读取被调节量的不连续量。电压、电流的调节细度（以与各量限的上量限相比的不连续量的百分数来表示）不应超过相应允许误差限的 1/5。

10. 相间影响

将装置所有交流量调至额定值的 100%后，在调节范围内缓慢地反复调节某一量，同时观察其他输出量的变化。其允许误差应不超过装置允许误差的 1/10。

11. 相序

选择三相装置的控制量限，在装置指示（或默认）对称状态，采用相序表、向量图或测量相位等方法检查装置实际输出的相序，应与指示一致。

12. 波形失真度

（1）选择装置控制量限，在常用输出负载范围内，用失真度测试仪或谐波分析仪进行测量。

（2）当需要将电流转换成电压或高电压转换成低电压测量时，选用的转换器应为纯阻性负载。

（3）装置在常用输出负荷范围内，输出电压、电流的波形失真度应不超过装置允许误差的 1/10。

13. 装置的输出稳定度

（1）在常用输出负载范围内和控制量限下，选择相应的测量方法，连续测量时间为 1min，采样值不少于 20 个。

（2）测量分别在以下测试点进行：

1）交流电压和交流电流为额定输出的 100%和 50%。

2）测量交流有功功率时，电压电流为额定输出的100%，功率因数为1.0和0.5（感性、容性），分相功率与和相（三相四线和三相三线）功率均需测量。

3）频率为50Hz。

4）相位角为0°、60°和300°。

（3）按式（ZY2101001002-10）计算装置的1min输出稳定度，装置的输出稳定度应至少高于装置准确度一个等级，即

$$1\text{min稳定性}=\frac{\text{输出电压（电流、功率）最大值}-\text{输出电压（电流、功率）最小值}}{\text{输出电压（电流、功率）上限值}}\times 100\%$$

（ZY2101001002-10）

（4）选择一台稳定的交流源为被测对象，在装置测量范围上、下限附近选择2点，再选择几个典型值作为测量点，每年对这些测量点进行定期检测，相邻两年的测量结果之差即为该装置在此阶段的稳定性。

（5）在常用负荷范围内，装置输出的1min稳定度应不超过表ZY2101001002-8～表ZY2101001002-10规定。

表 ZY2101001002-8　　装置输出交流电压、交流电流和交流功率的稳定度

装置准确度等级	0.01 级	0.02 级	0.05 级	0.1 级	0.2 级
稳定度	0.005%	0.01%	0.02%	0.02%	0.05%

表 ZY2101001002-9　　装置输出频率的稳定度

装置准确度	0.01Hz	0.02Hz	0.05Hz	0.1Hz
稳定度	0.005Hz	0.01Hz	0.01Hz	0.02Hz

表 ZY2101001002-10　　装置输出相位的稳定度

装置准确度	0.05°	0.1°	0.2°	0.5°
稳定度	0.02°	0.05°	0.1°	0.2°

14. 装置的三相不对称度

（1）选择装置的常用电压、电流量限。

（2）在额定负荷下，调节装置输出额定三相电压和电流，同时观察监视仪表，直至三相电压和电流调节到最佳状态。

（3）用3台0.1级电压表、电流表或1台0.1级三相多功能表测量装置输出的三相相电压（线电压）和相电流。装置的不对称度按式（ZY2101001002-11）、式（ZY2101001002-12）计算，即

$$\text{电压不对称度}=\frac{\text{相电压（或线电压）}-\text{三相相电压（或线电压）平均值}}{\text{三相相电压（或线电压）平均值}}\times 100\%$$

（ZY2101001002-11）

$$\text{电流不对称度}=\frac{\text{相电流}-\text{三相相电流平均值}}{\text{三相相电流平均值}}\times 100\%$$ （ZY2101001002-12）

（4）在装置输出端同时测量三相相电压和相应电流间的相位角，取相位角之间最大差值作为相间相位不对称度；测量任一相电压（电流）与另一相电压（电流）间的相位角，取其与120°的最大差值作为线间相位不对称度。测量分别在功率因数角0°、60°（感性、容性）和90°（感性、容性）进行。改变相位角后，不允许分别调节相位。

（5）装置应能输出对称的电量，在装置显示（或默认）对称时，实际输出的不对称度应符合表ZY2101001002-11规定。

表 ZY2101001002-11 不对称度允许误差限

装置准确度等级	0.01 级	0.02 级	0.05 级	0.1 级	0.2 级
电压不对称度	±0.3%	±0.3%	±0.5%	±0.5%	±1.0%
电流不对称度	±0.5%	±0.5%	±1.0%	±1.0%	±2.0%
相位不对称度	1°	1°	2°	2°	2°

15. 负荷调整率

（1）选择装置控制量限，在装置电压和电流输出端分别接入可调负载。

（2）使装置每项输出额定交流电压和交流电流，分别调节电压回路和电流回路的负荷从最小至最大，负荷调整率按式（ZY2101001002-13）计算，即

$$\text{负荷调整率} = \frac{\text{空负荷测量值} - \text{满负荷测量值}}{\text{额定值}} \times 100\% \qquad \text{(ZY2101001002-13)}$$

（3）装置输出电压、电流的负荷调整率应不超过表 ZY2101001002-12 的规定。

表 ZY2101001002-12 装置输出的负荷调整率

装置准确度等级	0.01 级	0.02 级	0.05 级	0.1 级	0.2 级
电压负荷调整率	±0.5%	±0.5%	±1%	±1%	±2%
电流负荷调整率	±0.5%	±0.5%	±1%	±1%	±2%

16. 装置的重复性

（1）重复性试验在装置控制量限的额定值进行。

（2）在常用负荷下，分别测量装置输出的交流电压、电流，交流有功功率及频率和相位的重复性。

（3）0.05 级及以下装置进行不少于 5 次测量，0.02 级及以上装置进行不少于 10 次测量。

（4）每次测量必须从开机初始状态调整至测量状态。

（5）按式（ZY2101001002-14）计算标准差，即

$$s = \frac{1}{\overline{\gamma}}\sqrt{\frac{\sum_{i=1}^{n}(\gamma_i - \overline{\gamma})^2}{n-1}} \times 100\% \qquad \text{(ZY2101001002-14)}$$

式中 s——测量装置的重复性，用百分数表示；

γ_i——第 i 次测量结果，量值单位对应各参量；

$\overline{\gamma}$——各次测量结果 γ_i 的平均值，与 γ_i 相同的量值单位；

n——重复测量的次数。

（6）装置的测量重复性用标准差来表征，其标准差应不超过装置允许误差限的 1/5。

六、检定结果的处理

1. 数据处理及分析

（1）检定结果应给出误差值或直接给出输出标准值。

（2）判断装置是否合格以修约后的数据为准；基本误差的修约间距按相应误差限的 1/10 作为修约间距。

（3）全部项目符合要求判定为合格，否则判定为不合格。合格的装置发给检定证书。

（4）不合格的装置发给检定结果通知书，并注明不合格项目。

（5）三相装置检定不合格的，也可根据用户使用情况降级使用，并发给降级后的检定证书；或能符合单相装置要求的发给单相装置的检定证书，并予以注明。

2. 检定、校准证书和检测报告

检定、校准证书和检测报告宜使用标准 A4 型纸。

每份证书应包括下列信息：

（1）标题（“校准证书”或“检测报告”）。

（2）校准、检测实验室（或单位）的名称和地址。

（3）校准证书、检测报告的编号，并在每一页上标注。

（4）校准、检测的日期。

（5）校准、检测参照的规程、规范、标准等。

（6）校准、检测时的环境条件（如温度、湿度等）。

（7）校准证书、检测报告应有校准、检测人员及核验人员、批准人的签字。

（8）校准、检测的结果。

检定、校准证书和检测报告的内页格式（仅供参考）见附录。

七、检定、校准、检测注意事项

（1）接线过程中，严禁电流回路开路、电压回路短路或接地。

（2）测试线连接完毕后，应进行检查，确认无误后，方可进行操作。

【思考与练习】

1. 交流仪表检定装置的检测方法有哪几种？
2. 如何进行交流仪表检定装置重复性测试？
3. 怎样进行交流仪表检定装置的稳定性测量？

附录：检定、校准证书和检测报告的内页格式

检定、校准、检测结果

1. 外观

结论：

2. 结构

结论：

3. 显示

功能	u 相		v 相		w 相		显示位数
	装置示值	误差值（或标准值）	装置示值	误差值（或标准值）	装置示值	误差值（或标准值）	
交流电压							
交流电流							
频率							
相位角							

结论：

4. 装置的磁场

10A 时：____________mT，100A 时：____________mT。

结论：

5. 绝缘电阻

__________________MΩ。

结论：

6. 绝缘强度

试验线路	试验电压	试验结果

结论：

7. 基本误差

交流电压

量限	设定值	u相		v相		w相	
		装置示值	误差值（或标准值）	装置示值	误差值（或标准值）	装置示值	误差值（或标准值）

结论：

交流电流

量限	设定值	u相		v相		w相	
		装置示值	误差值（或标准值）	装置示值	误差值（或标准值）	装置示值	误差值（或标准值）

结论：

频率

输出电压（电流）	装　置　示　值	标　准　值

结论：

交流有功功率

相制

量限	设定电压、电流、功率因数	u 相		v 相		w 相		和相	
		装置示值	误差值（或标准值）	装置示值	误差值（或标准值）	装置示值	误差值（或标准值）	装置示值	误差值（或标准值）

结论：

相位角

设定电压、电流值	设定相位角值	u 相		v 相		w 相	
		装置示值	误差值（或标准值）	装置示值	误差值（或标准值）	装置示值	误差值（或标准值）

结论：

功率因数

设定电压、电流值	设定功率因数值	u 相		v 相		w 相	
		装置示值	误差值（或标准值）	装置示值	误差值（或标准值）	装置示值	误差值（或标准值）

结论：

8. 调节范围

功　能	量　限	调　节　范　围		
		u相	v相	w相
交流电压				
交流电流				
频率				
相位角				

结论：

9. 调节细度

功　能	量　限	调　节　细　度		
		u相	v相	w相
交流电压				
交流电流				
频率				
相位角				

结论：

10. 设定准确度
结论：

11. 相间影响
结论：

12. 相序
结论：

13. 波形失真度

功　能	测试电压、电流值	失　真　度　%		
		u相	v相	w相
电压				
电流				

结论：

14. 输出稳定度

功　能	量　限	稳　定　度			
		u相	v相	w相	和相
交流电压					
交流电流					
交流有功功率					
频率					
相位角					

结论：

15. 负载调整率

功　能	量　限	调　整　率　%		
		u相	v相	w相
交流电压				
交流电流				

结论：

16. 装置的测量重复性

功　能	测　试　值	重　复　性		
		u相	v相	w相
交流电压				
交流电流				
单相有功功率				
三相四线有功功率				
三相三线有功功率				

续表

功能	测试值	重复性		
		u相	v相	w相
频率				
相位角				
功率因数				

结论：

检定/校准员：____________ 核验员：____________

第二十五章 电测量变送器检定装置、交流采样测量装置检定装置的检定、校准、检测

模块1 电测量变送器检定装置的检定、校准、检测（ZY2101002001）

【模块描述】本模块介绍电测量变送器检定装置的检定、校准、检测。通过流程介绍和要点归纳，掌握电测量变送器检定装置的检定、校准、检测的内容及准备工作、步骤方法、结果处理和注意事项。

【正文】

一、电测量变送器检定装置简介

检定电测量变送器时为确定被测量所必须的计量标准器具和辅助设备的总体，称为电测量变送器检定装置。检定装置按其结构形式分为表（标准表）源（信号源）分离式和表源一体式两类。表源分离式装置由信号源、标准表、量限扩展装置和辅助电路组成。表源一体式装置将标准表、信号源的功能集成在一个装置中，表源不能分离，具有标准源的性质。

电测量变送器检定装置由信号源、功率放大器、输出变流变压器、负反馈电路、监视仪表电路、标准表等组成。调频、移相均由数字电路实现。这种装置可进行程控，功能、量程的切换，被测量的调节也可通过键盘进行。有的还可以与计算机通信，进行数据处理，实现自动校验。

二、检定、校准、检测的目的

电测量变送器检定装置为被测变送器提供标准输入信号（如电流、电压、功率、频率、相位等）并测量变送器的输出量（直流电流或电压）。因此，对电测量变送器检定装置进行检测的目的就是检测其提供给变送器的输入信号是否准确、稳定、可靠，同时还检测其对变送器输出电压、电流的测量是否准确。

对电测量变送器检定装置的检测主要包括检定装置的基本误差测试，装置信号源的输出（电流、电压、功率）稳定度测试，输出电流、电压波形失真度和三相不对称度的测试，以及装置的测量重复性的测试等。

三、危险点分析及控制措施

由于本模块检定、校准、检测过程中需要通电进行，安全工作要求主要参照《国家电网公司电力安全工作规程》和被检装置使用说明书对安全操作的有关规定进行。这里要强调，为了防止在检定、校准、检测过程中电流回路开路、电压回路短路或接地，必须认真检查接线；连接导线应有良好绝缘。

四、检定、校准、检测前的准备工作

1. 环境条件

（1）被检装置应在参比环境条件中静置 2h 以上，检测前装置应经过足够的预热（一般不超过 1h）。

（2）有关影响量的参比条件和允许偏差见表 ZY2101002001-1。

表 ZY2101002001-1　　有关影响量的参比条件和允许偏差

影响量	参比条件	允许偏差	
环境温度	20℃	0.05 级及以上	0.1 级及以下
		±1℃	±2℃
相对湿度	50%	±20%	
外磁场	无	0.025mT	

2. 检定、校准、检测标准

测定装置基本误差所用的检测标准应具有相应有效期内的检定证书。对有关电量的测量误差（引用误差）应不超过表 ZY2101002001-2 的规定值。

表 ZY2101002001-2　　检测标准的误差要求

被测电量	被检装置的等级指数			
	0.03	0.05	0.1	0.2
	检测标准对电量的测量误差（%）			
电压、电流、频率、相位角、功率因数	±0.01	±0.02	±0.03	±0.05
有功（无功）功率 $\cos\varphi$（$\sin\varphi$）= 1.0 和 0.5（感性和容性）	±0.01	±0.02	±0.03	±0.05

五、检定、校准、检测步骤及方法

1. 外观检查

装置铭牌上应有装置名称、型号、准确度等级、制造厂名和商标、出厂编号和制造日期等。各指示器、开关、按钮、调节设备、熔断器和连接导线等，均应有简明的符号或文字标示其功能或方向。

2. 电流、电压

检定装置的电流、电压应能分相控制当电压（电流）输出端带额定负荷，调节任一相电流或电压时，引起同一相别的电压或电流变化，或其他相电流和电压的变化应不超过±1%。

3. 频率

频率调节应能在 45～55Hz 范围内平稳、连续地调节。对于频率变送器检定装置，其频率调节细度应不大于装置等级指数的 1/3。对于其他装置，调节细度应不大于 0.1Hz。

4. 相位角

各相电压与电流之间的相位角应能在 0°～360°范围内调节，其调节细度应不大于 10′。对于具有校验相位功能的校验装置，其调节细度应不大于其相位测量误差极限值的 1/3。移相引起的电流、电压的变化应不超过 1.5%。

5. 基本误差测试

（1）在基本量限，选取包括测量范围下限和上限在内的 N 个间距相等的量值作为试验点。对于检定电压、电流变送器的装置，N 应不小于 6；对于检定频率、相位角、功率因数变送器的装置，N 应不小于 11；对于检定有功、无功功率变送器的装置（双向输出），除了按上述原则选取 11 个试验点外，还应选取正向和反向测量范围的中心值作为试验点。在其他量程，选取测量范围上限和与基本量程中出现最大误差的试验点对应的数值作为试验点。

（2）测定基本误差前，装置（含标准表）应经过足够的预热，测定基本误差时，各影响量应保持参比条件；装置输出端应带常用负载；对于检定有功无功功率变送器的装置，除应测定 $\cos\varphi(\sin\varphi)=1$ 时的误差外，还应测定 $\cos\varphi(\sin\varphi)=0.5$（感性和容性）时的误差。

（3）测定装置的基本误差时，可用被检装置对一稳定性良好的变送器的基本误差进行测定；同时用测量误差能满足表 ZY2101002001-2 要求的测试用标准表对装置的输出量进行测量；用测量误差能满足表 ZY2101002001-2 要求的测试用直流数字电压电流表对变送器的输出进行测量。在每一个试验点，记录检定装置标准表示值A_X、测试用标准表示值A_0、装置所用测量变送器输出量的直流数字电压（电流）表示值U_X（I_X）、测试用直流数字电压（电流）表示值U_0（I_0）。检定装置的基本误差按式（ZY2101002001-1）计算，即

$$\gamma=\left(\frac{A_0-A_X}{A_F}+\frac{U_X(I_X)-U_0(I_0)}{U_F(I_F)}\right)\times100\% \qquad \text{(ZY2101002001-1)}$$

式中 A_F——被试变送器被测量的基准值，对于单向输出变送器，等于被测量量程，对于双向和对称输出变送器，等于被测量量程的一半；

$U_F(I_F)$——被试变送器输出量的基准值，对于单向输出变送器，等于被测量量程，对于双向和对称输出变送器，等于被测量量程的一半。

被测量量程等于被测量测量范围上限与下限的差值。对于极性（或符号）可改变的被测量，其量程等于单一极性被测量量程的二倍。例如，对于测量范围为 0°～±60°的相位变送器检定装置，其量程为 120°，而对于测量范围为 0°～60° 的相位变送器检定装置，其量程为 60°。

（4）测定频率、相位角、功率因数变送器检定装置的基本误差时，可用测量误差能满足表 ZY2101002001-2 要求的测试用标准表对被检装置的误差进行测定。在每一个试验点，记录检定装置标准表示值A_X和测试用标准表示值A_0。检定装置的基本误差按式（ZY2101002001-2）计算，即

$$\gamma=\frac{A_X-A_0}{A_F}\times100\% \qquad \text{(ZY2101002001-2)}$$

式中 A_F——被试变送器被测量的基准值，对于单向输出变送器，等于被测量量程，对于双向和对称输出变送器，等于被测量量程的一半。

6. 输出稳定度测试

输出稳定度测量装置 1 分钟内输出电量（电流、电压和功率）的稳定性。

（1）测量交流电压和交流电流为额定输出的 100%和 50%。

（2）测量交流有功和无功功率时，电压电流为额定输出的 100%，功率因数为 1.0 和 0.5（感性），分相功率与合相（三相四线和三相三线）功率均需测量。

（3）用测量重复性好、分辨力较高、采样时间较短的数字式仪表对装置的输出电量进行测量。测试持续时间 60s，采样值不少于 20 个。

（4）按式（ZY2101002001-3）计算装置的 1min 输出稳定度，即

$$1\text{min输出稳定度}=\frac{\text{输出电压（电流、功率）最大值}-\text{输出电压（电流、功率）最小值}}{\text{输出电压（电流、功率）上限值}}\times100\% \qquad \text{(ZY2101002001-3)}$$

7. 波形失真度测试

（1）选择装置控制量限，在常用输出负载范围内，用失真度测试仪或谐波分析仪进行装置输出电压电流的波形失真度测试。对三相装置，相电压和线电压方式的电压波形失真度应分别测定。

（2）当需要将电流转换成电压信号测量时，串接在电流回路的电流、电压转换器应为纯阻性负载。

8. 三相对称度测试

（1）选择装置的电压、电流控制量限，调节装置输出额定三相电压和电流，同时观察监视仪表，直至三相电压和电流调节到最佳状态。

（2）用三台标准电压表、电流表或一台三相多功能表测量装置输出的三相相电压（线电压）和相电流。装置的不对称度按式（ZY2101002001-4）和式（ZY2101002001-5）计算，即

$$\text{电压不对称度}=\frac{\text{相电压（或线电压）}-\text{三相相电压（或线电压）平均值}}{\text{三相相电压（或线电压）平均值}}\times100\% \qquad \text{(ZY2101002001-4)}$$

$$\text{电流不对称度}=\frac{\text{相电流}-\text{三相相电流平均值}}{\text{三相相电流平均值}}\times100\% \qquad \text{(ZY2101002001-5)}$$

（3）在装置输出端同时测量三相相电压和相应电流间的相位角，取相位角之间最大差值作为相间相位不对称度；测量任一相电压（电流）与另一相电压（电流）间的相位角，取其与 120°的最大差值作为线间相位不对称度。测量分别在功率因数角 0°、60°（感性、容性）和 90°（感性、容性）进行。改变相位角后，不允许分相调节相位。

9. 装置的测量重复性测定

装置的测量重复性用实验标准差表征。实验标准差的测定，应在检定装置常用量限的测量范围上限进行。对于有功和无功功率量限，还应在有功和无功功率因数为 0.5（感性）时进行。测定时，用检定装置对稳定性良好的变送器（或仪表）进行不少于 5 次重复测试。每次测试时都要重新启动调节设备和主要开关。按式（ZY2101002001-6）计算实验标准差，即

$$s=\frac{1}{A_{\mathrm{F}}}\sqrt{\frac{\sum_{i=1}^{n}(A_i-\overline{A})^2}{n-1}}\times 100\% \qquad (\text{ZY2101002001-6})$$

式中 s——测量装置的重复性，用百分数表示；

A_i——第 i 次测试时被试变送器输出量的示值；

$\overline{A}$——各次测试结果 A_i 的平均值；

A_{F}——基准值，对于单向输出变送器，等于被测量量程，对于双向和对称输出变送器，等于被测量量程的一半；

n——重复测量的次数。

六、检定、校准、检测结果分析及报告

1. 检测结果评价

被检装置应满足表 ZY2101002001-3 的误差限值要求。

表 ZY2101002001-3 被检装置的误差限值要求

被检装置的等级指数	0.03	0.05	0.1	0.2
被检装置的基本误差限（%）	±0.03	±0.05	±0.1	±0.2
被检装置允许的标准偏差估计值 s（%）	0.005	0.01	0.02	0.05
被检装置电流、电压输出稳定度（%/min）	0.01	0.01	0.02	0.05
被检装置功率输出稳定度（%/min）	0.03	0.05	0.1	0.2
被检装置输出电流、电压波形失真度	±0.5%	±1%	±2%	±2%

三相装置应输出对称的三相电压、电流。每个线电压和相电压与其平均值之差应不大于 1%；各相电流与其平均值之差应不大于 1%；每个相电流与对应相电压之间的相位差之差应不大于 2°。

2. 数据处理及分析

（1）判定基本误差和标准偏差估计值是否合格，应以修约后的数据为准。

（2）当检测标准的基本误差大于被检装置基本误差限的 1/4 时，先用检测标准的已定系统误差修正测试结果，然后进行数据修约。

（3）检定装置的基本误差和标准偏差估计值按表 ZY2101002001-4 规定的修约间隔进行修约。

（4）当装置全部检测项目符合要求时，可继续使用。若有不符合要求的，应分析原因，或维修或更换，并进行再检测，装置全部检测项目符合要求后，方可继续使用。

表 ZY2101002001-4 检定装置的基本误差和标准偏差估计值的修约间隔

修约类别	检定装置的等级指数			
	0.03	0.05	0.1	0.2
	修 约 间 隔			
基本误差（%）	0.002	0.005	0.01	0.02
标准偏差（%）	0.000 5	0.001	0.002	0.005

3. 检定、校准证书、检测报告

每份证书应包括下列信息：

（1）标题（“校准证书”或“检测报告”）。

（2）校准、检测实验室（或单位）的名称和地址。

（3）校准证书、检测报告的编号，并在每一页上标注。

（4）被检装置所属单位的名称和地址。

（5）被检装置的描述（如设备名称、制造厂、出厂编号等）。

（6）校准、检测的日期。

（7）校准、检测参照的规程、规范、标准等。

（8）校准、检测时的环境条件（如温度、湿度等）。

（9）校准证书、检测报告应有校准、检测人员、核验人员、批准人的签字。

（10）校准、检测的结果。

检定、校准证书和检测报告的内页格式（仅供参考）见附录。

七、检定、校准、检测注意事项

（1）对装置基本误差的测量应包括装置输出电量的误差测量和装置对直流电压电流输入的测量误差，再按公式综合计算装置的基本误差。

（2）对于具有多个量程的装置（如 57.7V/100V/220V/380V，5A/1A），选择装置的控制量限作为全检量限（如 100V，5A），其他量限选择最大误差点和满量限点作为检测点。

（3）单相、三相四线、三相三线不同的接线方式应分别确定量限组合。其组合方式一般包括单相和三相四线（220V/5A，220V/1A，57.7V/5A，57.7V/1A）、三相三线（100V/5A，100V/1A，380V/5A，380V/1A）。

（4）接线过程中，严禁电流回路开路、电压回路短路或接地。

（5）测试线连接完毕后，应进行检查，确认无误后，方可进行操作。

【思考与练习】

1. 简述电测量变送器检定装置的主要功能及检测目的。
2. 怎样进行电测量变送器检定装置的输出稳定度测试？
3. 如何测试被检装置的基本误差？

附录：检定、校准证书和检测报告的内页格式

校 准、检 测 结 果

一、基本误差测试

1. u 相功率

频率（Hz）	量限（V/A）	被测功率参数			误　差
		U（V）	$\cos\varphi$	I（A）	

续表

频率（Hz）	量限（V/A）	被测功率参数			误 差
		U（V）	cos*φ*	*I*（A）	
备注：					

2. 三相功率检定

频率（Hz）	量限（V/A）	被测功率参数			误 差
		U（V）	cos*φ*	*I*（A）	
备注：					

3. 交流电压、电流输出检定

量程	被检装置标准表示值 A_X	检测标准表示值 A_0	被检装置对变送器的输出量测试值 U_X（I_X）	检测标准对变送器的输出量测试值 U_0（I_0）	误　差

4. 直流电压、电流输出检定

量程	被检装置标准表示值 A_X	检测标准表示值 A_0	被检装置对变送器的输出量测试值 U_X（I_X）	检测标准对变送器的输出量测试值 U_0（I_0）	误　差

5. 频率检定

频率：		
量　程	被检装置标准表示值（Hz）	检测标准表示值（Hz）

6. 相位检定

相位：		
量　　程	被检装置标准表示值（°）	检测标准表示值（°）

7. 功率因数检定

功率因数：		
量　　程	被检装置标准表示值	检测标准表示值

二、装置的输出稳定度测试

功能	量　　限	1min 输出稳定度			
		u 相	v 相	w 相	三相
电压					
电流					
功率					

三、装置的波形失真度测试

功能	测试电压、电流值	失　真　度（%）		
		u 相	v 相	w 相
电压				
电流				

四、三相装置的对称度测试

功能	量 限	u相	v相	w相	三相平均值	不对称度%
电压						
电流						
相位						

五、装置的测量重复性测试

功 能	测 试 值	重 复 性		
		u相	v相	w相
电 压				
电 流				
单相有功功率				
三相四线有功功率				
三相三线有功功率				
频 率				
相位角				

校准、检测：____（签字）____ 核验：____（签字）____

模块2 交流采样测量装置检定装置的检定、校准、检测（ZY2101002002）

【模块描述】本模块介绍交流采样测量装置检定装置的检定、校准、检测。通过流程介绍和要点归纳，掌握交流采样测量装置检定装置的检定、校准、检测的内容及准备工作、步骤方法、结果处理和注意事项。

【正文】

一、交流采样测量装置检定装置简介

检定交流采样测量装置时为确定被测量所必须的计量标准器具和辅助设备的总体，称为交流采样测量装置检定装置。检定装置按其结构形式分为表（标准表）源（信号源）分离式和表源一体式两类。表源分离式装置由信号源、标准表、量限扩展装置和辅助电路组成。表源一体式装置将标准表、信号源的功能集成在一个装置中，表源不能分离，具有标准源的性质。

交流采样测量装置检定装置由数字信号源、功率放大器、输出变流变压器、负反馈电路、监视仪表电路、数字式标准表等组成。调频、移相均由数字电路实现。这种装置可进行程控，功能、量程的切换，被测量的调节均通过键盘进行。有的还可以与计算机通信，进行数据处理，实现自动校验。

二、检定、校准、检测的目的

交流采样测量装置检定装置的功能是为交流采样装置提供标准输入信号（电流、电压、功率等），从而检定交流采样测量装置对这些标准信号的测量是否准确。因此，对交流采样测量装置检定

装置进行检测的目的就是检测其提供给交流采样测量装置的输入信号是否准确、稳定、可靠。

对交流采样测量装置检定装置的检测主要包括装置标准表的基本误差测试，装置信号源的输出（电流、电压、功率）稳定度测试，输出电流、电压波形失真度和三相不对称度的测试，以及装置的测量重复性的测试等。

三、危险点分析及控制措施

由于本模块检定、校准、检测过程中需要通电进行，安全工作要求主要参照《国家电网公司电力安全工作规程》和被检装置使用说明书对安全操作的有关规定进行。这里主要强调，为了防止在检定、校准、检测过程中电流回路开路、电压回路短路或接地，必须认真检查接线；连接导线应有良好绝缘。

四、检定、校准、检测前的准备工作

1. 环境条件

（1）被检装置应置于参比环境条件中 2h 以上，检测前装置应经过足够的预热（一般不超过 1h）。

（2）有关影响量的参比条件和允许偏差见表 ZY2101002002-1。

表 ZY2101002002-1　　有关影响量的参比条件和允许偏差

影响量	参比条件	允许偏差	
环境温度	20℃	0.05 级及以上	0.1 级及以下
		±1℃	±2℃
相对湿度	50%	±20%	
外磁场	无	0.025mT	

模块 2

ZY2101002002

2. 检定、校准、检测标准

测定装置基本误差所用的检测标准应具有相应有效期内的检定证书。对有关电量的测量误差（引用误差）应不超过表 ZY2101002002-2 的规定值。

表 ZY2101002002-2　　检测标准的误差要求

被测电量	被检装置的等级指数			
	0.02	0.05	0.1	0.2
	检测标准对电量的测量误差（%）			
电压、电流、频率、相位角、功率因数	±0.01	±0.02	±0.03	±0.05
有功（无功）功率 $\cos\varphi$（$\sin\varphi$）= 1.0 和 0.5（感性和容性）	±0.01	±0.02	±0.03	±0.05

五、检定、校准、检测步骤及方法

1. 外观检查

装置铭牌上应有装置名称、型号、准确度等级、制造厂名和商标、出厂编号和制造日期等。各指示器、开关、按钮、调节设备、熔断器和连接导线等，均应有简明的符号或文字标示其功能或方向。

2. 电流、电压

检定装置的电流、电压应能分相控制。当电压（电流）输出端带额定负荷，调节任一相电流或电压时，引起同一相别的电压或电流变化，或其他相电流和电压的变化应不超过±1%。

3. 频率

频率调节应能在 45～55Hz 范围内平稳、连续地调节，调节细度应不大于 0.1Hz。

4. 相位角

各相电压与电流之间的相位角应能在 0°～360°范围内调节，其调节细度应不大于 30″。对于具有校验相位功能的校验装置，其调节细度应不大于其相位测量误差极限值的 1/5。移相引起的电流、电压的变化应不超过 1.5%。

5. 基本误差测试

（1）检测点的确定。

1）检定电压、电流时，选择装置的控制量限作为全检量限，均匀选取不少于 10 个检定点（包括满量限点和 1/10 满量限点），其他量限选择最大误差点和满量限点。

2）检定有功、无功功率时，电压、电流各选择 2～3 个量限，对其所有组合量限在功率因数为 1.0 和 0.5（感性、容性）时分别进行，单相、三相四线、三相三线不同的接线方式应分别确定量限组合。

3）检定频率时，在电压控制量限输出额定值，频率在其输出范围内，以 50Hz 为基准点，均匀选取 5～10 个检定点。

4）检定相位角时，在控制量限输出电压、电流额定值，相位角检定点在其输出范围内按照 30°步进的原则选取。

5）检定功率因数时，在控制量限输出电压、电流额定值，选取 1.0、0.5（感性、容性）、0.866（感性、容性）和 0 作为检定点。

6）三相装置每相均应进行检定。

（2）测定基本误差前，装置（含标准表）应经过足够的预热，测定基本误差时，各影响量应保持参比条件；装置输出端应带常用负荷。

（3）测定装置的基本误差时，用测量误差能满足表 ZY2101002002-2 要求的测试用标准表对被检装置的输出电量进行测量；在每一个试验点，记录检定装置显示值 A_X、测试用标准表示值 A_0、检定装置的基本误差按式（ZY2101002002-1）计算，即

$$\gamma=\frac{A_X-A_0}{A_0}\times 100\% \qquad \text{(ZY2101002002-1)}$$

6. 输出稳定度测试

输出稳定度是测量装置 1min 内输出电量（电流、电压和功率）的稳定性。

（1）测量交流电压和交流电流为额定输出的 100%和 50%。

（2）测量交流有功和无功功率时，电压电流为额定输出的 100%，功率因数为 1.0 和 0.5（感性），分相功率与合相（三相四线和三相三线）功率均需测量。

（3）用测量重复性好、分辨力较高、采样时间较短的数字式仪表对装置的输出电量进行测量。测试持续时间 60s，采样值不少于 20 个。

（4）按式（ZY2101002002-2）计算装置的 1min 输出稳定度，即

$$1\text{min输出稳定度}=\frac{\text{输出电压（电流、功率）最大值}-\text{输出电压（电流、功率）最小值}}{\text{输出电压（电流、功率）上限值}}\times 100\% \qquad \text{(ZY2101002002-2)}$$

7. 波形失真度测试

（1）选择装置控制量限，在常用输出负载范围内，用失真度测试仪或谐波分析仪进行装置输出电压电流的波形失真度测试。对三相装置，相电压和线电压方式的电压波形失真度应分别测定。

（2）当需要将电流转换成电压信号测量时，串接在电流回路的电流、电压转换器应为纯阻性负载。

8. 三相对称度测试

（1）选择装置的电压、电流控制量限，调节装置输出额定三相电压和电流，同时观察监视仪表，直至三相电压和电流调节到最佳状态。

（2）用 3 台标准电压表、电流表或 1 台三相多功能表测量装置输出的三相相电压（线电压）和相电流。装置的不对称度按式（ZY2101002002-3）和式（ZY2101002002-4）计算，即

$$\text{电压不对称度}=\frac{\text{相电压（或线电压）}-\text{三相相电压（或线电压）平均值}}{\text{三相相电压（或线电压）平均值}}\times 100\% \qquad \text{(ZY2101002002-3)}$$

模块2 ZY2101002002

$$电流不对称度=\frac{相电流-三相相电流平均值}{三相相电流平均值}\times100\% \qquad (ZY2101002002\text{-}4)$$

（3）在装置输出端同时测量三相相电压和相应电流间的相位角，取相位角之间最大差值作为相间相位不对称度；测量任一相电压（电流）与另一相电压（电流）间的相位角，取其与 120°的最大差值作为线间相位不对称度。测量分别在功率因数角 0°、60°（感性、容性）和 90°（感性、容性）进行。改变相位角后，不允许分相调节相位。

9. 装置的测量重复性测试

装置的测量重复性用实验标准差表征。

（1）重复性试验在装置控制量限的额定值进行。

（2）在常用负载下，分别测量装置输出的电压、电流，功率及频率和相位的重复性；对于有功和无功功率量限，还应在有功和无功功率因数为 0.5（感性）时进行。

（3）装置应进行不少于 5 次测量。

（4）每次测量必须从开机初始状态调整至测量状态。

按式（ZY2101002002-5）计算实验标准差，即

$$s=\frac{1}{\overline{\gamma}}\sqrt{\frac{\sum_{i=1}^{n}(\gamma_i-\overline{\gamma})^2}{n-1}}\times100\% \qquad (ZY2101002002\text{-}5)$$

式中　s——测量装置的重复性，用百分数表示；

γ_i——第 i 次测量时被检装置未修约的基本误差；

$\overline{\gamma}$——各次测量结果 γ_i 的平均值；

n——重复测量的次数。

六、检定、校准、检测结果分析及报告

1. 检测结果评价

被检装置应满足表 ZY2101002002-3 的误差限值要求。

表 ZY2101002002-3　　被检装置的误差限值要求

被检装置的等级指数	0.02	0.05	0.1	0.2
被检装置允许的测量误差（%）	±0.02	±0.05	±0.1	±0.2
被检装置允许的标准偏差估计值 s（%）	0.005	0.01	0.02	0.05
被检装置电流、电压、功率输出稳定度（%/min）	0.005	0.01	0.02	0.05
被检装置输出电流、电压波形失真度	±0.5%	±1%	±2%	±2%

三相装置应输出对称的三相电压、电流。每个线电压和相电压与其平均值之差应不大于 1%；各相电流与其平均值之差应不大于 1%；每个相电流与对应相电压之间的相位差之差应不大于 2°。

2. 数据处理及分析

（1）判定基本误差和标准偏差估计值是否合格，应以修约后的数据为准。

（2）当检测标准的基本误差大于被检装置基本误差限的 1/4 时，先用检测标准的已定系统误差修正测试结果，然后进行数据修约。

（3）检定装置的基本误差和标准偏差估计值按表 ZY2101002002-4 规定的修约间隔进行修约。

表 ZY2101002002-4　　检定装置的基本误差和标准偏差估计值的修约间隔

修约类别	检定装置的等级指数			
	0.02	0.05	0.1	0.2
	修约间隔			
基本误差（%）	0.002	0.005	0.01	0.02
标准偏差（%）	0.000 5	0.001	0.002	0.005

（4）当装置全部检测项目符合要求时，可继续使用。若有不符合要求的，应分析原因，或维修或更换，并进行再检测，装置全部检测项目符合要求后，方可继续使用。

3. 检定、校准证书和检测报告

每份证书应包括下列信息：

（1）标题（“校准证书”或“检测报告”）。

（2）校准、检测实验室（或单位）的名称和地址。

（3）校准证书、检测报告的编号，并在每一页上标注。

（4）被检装置所属单位的名称和地址。

（5）被检装置的描述（如设备名称、制造厂、出厂编号等）。

（6）校准、检测的日期。

（7）校准、检测参照的规程、规范、标准等。

（8）校准、检测时的环境条件（如温度、湿度等）。

（9）校准证书、检测报告应有校准、检测人员、核验人员、批准人的签字。

（10）校准、检测的结果。

检定、校准证书和检测报告的内页格式（仅供参考）见附录。

七、检定、校准、检测注意事项

（1）对于具有多个量程的装置（如 57.7V/100V/220V/380V，5A/1A），选择装置的控制量限作为全检量限（如 100V，5A），其他量限选择最大误差点和满量限点作为检测点。

（2）单相、三相四线、三相三线不同的接线方式应分别确定量限组合。其组合方式一般包括单相和三相四线（220V/5A，220V/1A，57.7V/5A，57.7V/1A）、三相三线（100V/5A，100V/1A，380V/5A，380V/1A）。

（3）对被检装置输出稳定度和测量重复性的测试点的选择参照基本误差测量点的选择方法进行。

（4）接线过程中，严禁电流回路开路、电压回路短路或接地。

（5）测试线连接完毕后，应进行检查，确认无误后，方可进行操作。

【思考与练习】

1. 简述交流采样测量装置检定装置的主要功能及检测目的。

2. 如何进行交流采样测量装置检定装置的重复性测试？

3. 测量装置基本误差时检定点如何确定？

附录：检定、校准证书和检测报告的内页格式

校 准、检 测 结 果

一、基本误差测试

1. u 相功率、频率

频率（Hz）	量限（V/A）	被测功率参数			引用修正值
		U（V）	cosφ	I（A）	

续表

频率（Hz）	量限（V/A）	被测功率参数			引用修正值
		U（V）	cosφ	I（A）	

频率：

量　程	被检表示值（Hz）	标准表示值（Hz）

备注：

2. 三相功率检定

频率（Hz）	量限（V/A）	被测功率参数			引用修正值
		U（V）	cosφ	I（A）	

续表

频率（Hz）	量限（V/A）	被测功率参数			引用修正值
		U（V）	cosφ	I（A）	
备注：					

3. 交流电压、电流输出检定

量　　程	被检表示值（V）	标准表示值（V）

交流电流输出：

量　　程	被检表示值（A）	标准表示值（A）

模块2 ZY2101002002

续表

量　　程	被检表示值（A）	标准表示值（A）
备注：		

4. 相位检定

相位：		
量　　程	被检表示值（°）	标准表示值（°）

二、装置的输出稳定度测试

1min 输出稳定度

功能	量　限	稳定度			
		u 相	v 相	w 相	三相
电压					
电流					
功率					

三、装置的波形失真度测试

功能	测试电压、电流值	失真度（%）		
		u 相	v 相	w 相
电压				
电流				

四、三相装置的对称度测试

功能	量限	u 相	v 相	w 相	三相平均值	不对称度%
电压						
电流						
相位						

五、装置的测量重复性测试

功能	测试值	重　复　性		
		u 相	v 相	w 相
电压				
电流				
单相有功功率				
三相四线有功功率				
三相三线有功功率				
频率				
相位角				

校准、检测：＿＿＿（签字）＿＿＿　　　　核验：＿＿＿（签字）＿＿＿

第二十六章　直流仪器检定装置的检定、校准、检测

模块1　直流电阻箱检定装置的检定、校准、检测（ZY2101003001）

【模块描述】本模块介绍直流电阻箱检定装置的检定、校准、检测。通过流程介绍和要点归纳，掌握直流电阻箱检定装置的检定、校准、检测的内容及准备工作、步骤方法、结果处理和注意事项。

【正文】

一、直流电阻箱检定装置介绍

由于直流电阻箱示值误差有不同的检定方法，则根据不同的检定方法有不同的检定装置，无论用何种方法、何种装置检定直流电阻箱示值误差，都应该符合一个要求，即在检定电阻箱时，由标准器、检定装置及环境条件等因素所引起的扩展不确定度（$k=3$）应不大于被检等级指数的1/3。

1. 装置简述

（1）直接测量法是用比被检电阻箱高两个准确度等级的电阻测量仪器或装置来测量被检电阻值，被检 R_X 的电阻值的检定结果为

$$R_X=A_X \quad \text{(ZY2101003001-1)}$$

式中　A_X——电阻测量仪器示值。

该方法常用的电阻测量仪器或装置有电桥（需配置指零仪）、电流比较仪、电压比较仪等。

（2）同标称值替代法是用电阻测量（或比较）仪器依次测量标准电阻箱 R_S 和被检电阻箱 R_X 的电阻值，检定结果为

$$R_X=R_S+(A_X-A_S) \quad \text{(ZY2101003001-2)}$$

式中　A_S——测量 R_S 时测量仪器的示值；

A_X——测量 R_X 时测量仪器的示值。

由此可见，该方法所使用的检定装置是由电阻测量（或比较）仪器和比被检电阻箱高两个准确度等级且同标称值的标准电阻箱组成。

（3）数字表的直接测量法就是在检定条件下，当数字欧姆表或数字多用表的欧姆挡测量电阻时带来的扩展不确定度（$k=3$）小于被检等级指数的1/3时，可直接用欧姆表或数字多用表的欧姆挡测量被检电阻箱 R_X 的电阻值，检定结果为

$$R_X=B_X \quad \text{(ZY2101003001-3)}$$

式中　B_X——欧姆表或数字多用表显示读数。

此时电阻箱检定装置就是符合要求的数字电阻表或数字多用表。

（4）数字电压表法是在检定条件下，利用标准电阻、恒流源以及数字电压表通过测量标准电阻和被检电阻箱上的电压，从而确定被检电阻箱的电阻值。在测量装置引入的扩展不确定度（$k=3$）小于被检等级指数的1/3时，便可测得被检电阻箱的值。

此时电阻箱检定装置是由标准电阻、恒流源以及数字电压表组成。

2. 主要技术要求

（1）检定电阻箱时，由标准器、检定装置及环境条件等因素所引起的扩展不确定度（$k=3$）应不

大于被检等级指数的 1/3。

（2）检定电阻箱时作标准用的标准器，其等级指数至少比被检高 2 个准确度等级。

（3）检定装置重复测量的标准偏差应不大于被检等级指数的 1/10（测量次数不少于 10 次）。

（4）检定装置中灵敏度引入的不确定度不得大于被检等级指数的 1/10。

（5）数字电压表法电阻箱检定装置主要技术要求：

1）恒流源引入的不确定度 $u(I)$ 控制在小于扩展测量不确定度 U 的 1/10 ［$u(I)<\frac{1}{10}U$］。

2）标准电阻引入的不确定度 $u(R_N)$ 控制在小于扩展测量不确定度 U 的 1/5 ［$u(R_N)<\frac{1}{5}U$］。

3）数字电压表（以测 100kΩ以上电阻为例）引入的标准测量不确定度 $u(M)$ 控制在小于扩展测量不确定度 U 的 1/4 ［$u(M)<\frac{1}{4}U$］。

二、检定、校准、检测目的及内容

直流电阻箱检定装置用于对直流电阻箱的定期检定、校准，在使用过程中其误差的变化及其装置综合性能的改变都将直接影响测量的准确可靠性，因此，必须定期（一般为 1 年）对直流电阻箱检定装置进行检定、校准、检测，以保证装置的测量数据准确可靠。

上述直流电阻箱检定装置中的标准器及配套设备的检定一般都有相应的检定规程可依据，应按规定进行定期溯源，这里不再叙述。本模块主要介绍直流电阻箱检定装置综合性能的测试，如装置重复性、装置的稳定性等测试内容。

三、危险点分析及控制措施

由于在检定、校准、检测直流电阻箱检定装置的过程中需要通电进行，安全工作要求主要参照《国家电网公司电力安全工作规程》有关规定执行。这里主要强调，检定装置中包含有恒流源时，在恒流源输出工作电流时，严禁输出回路开路，只有将恒流源输出调至零时方可切换回路接线；检定装置中包含有指零仪时，为防止冲击指零仪，测量时，将标准器示值调至与被测示值对应，应按“粗”、“中”、“细”的顺序，分别按下开关，调节标准器测量盘使指零仪指零。

四、检定、校准、检测准备工作

1. 环境条件

（1）将直流电阻箱检定装置放置于参比环境条件中，放置时间至少不低于 2h，以消除温度及温度梯度的影响。装置中的有些设备（如恒流源、数字电压表等）还应根据制造厂或有关标准规程的规定，进行适当的预热。

（2）有关影响量的标准条件和允许偏差。

1）对于可检定 0.01 级直流电阻箱的检定装置，检定时环境条件见表 ZY2101003001-1。

表 ZY2101003001-1　检定时环境条件

影响量	标准条件	允许偏差
环境温度	20℃	±1℃
相对湿度	40%～60%	40%～60%

2）对于可检定 0.1 级直流电阻箱的检定装置，检定时环境条件见表 ZY2101003001-2。

表 ZY2101003001-2　检定时环境条件

影响量	标准条件	允许偏差
环境温度	20℃	±3℃
相对湿度	40%～60%	40%～60%

2. 校准、检测仪器设备

（1）针对不同的直流电阻箱检定装置，选择相适应的校准、检测仪器设备。

（2）校准、检测时所使用的仪器设备工作状态良好，并具有有效期内的检定证书或校准证书。

（3）校准、检测仪器设备的测量范围应与被校准、检测装置的测量范围相适应。

（4）校准、检测仪器设备的准确度等级应与被校准、检测直流电阻箱检定装置的技术指标相适应。

五、检定、校准、检测步骤及方法

1. 外观检查

被校准、检测直流电阻箱检定装置应无明显影响测量的缺陷，其连接线应正确无误。

2. 被测装置预热

装置中的指零仪、恒流源、数字电压表或其他电子类仪器仪表均需通电预热，预热时间应根据制造厂或有关标准规程的相应规定而定。

3. 装置灵敏度的测试（适用时）

选择一台测量范围与被测装置相适应的直流电阻箱作为被测对象，在其测量范围的上、下限进行灵敏度测试。将标准器示值调至与被测电阻箱对应，调节标准器测量盘使指零仪指零，再将被测电阻（或标准器测量盘电阻）改变$\frac{1}{10}a\%$（$a\%$为被检电阻箱等级指数，在此应为装置所检电阻箱的最高等级指数），此时，指零仪的偏转应不小于 1 分格（1 分格不小于 1mm）。

4. 装置重复性测试

选择一台稳定性好的典型的直流电阻箱作为被测对象，并选择合适的测量点，在相同的测量条件下，进行 n 次（一般取 6～10 次）独立重复测量，得到测量结果 y_i（$i=1$，2，…，n），则装置重复性 $s(y_i)$为

$$s(y_i)=\sqrt{\frac{\sum_{i=1}^{n}(y_i-\overline{y})^2}{n-1}} \tag{ZY2101003001-4}$$

式中 $\overline{y}$ ——n 次测量结果的算术平均值；

n ——重复测量次数。

装置重复性 s（y_i）应小于被检电阻箱等级指数的 1/10。

5. 装置的稳定性测量

选择一台稳定性好的直流电阻箱或几只标准电阻（不同阻值）作为被测对象，在装置测量范围上、下限附近选择 2 点，再选择几个典型值作为测量点，每年对这些测量点进行定期测量，相邻两年的测量结果之差即为该装置在此阶段的稳定性。稳定性应小于该装置的最大允许误差。

6. 恒流源稳定度测试（适用时）

（1）电流表法。根据恒流源的技术指标选择一台合适的电流表（应具有足够的分辨率及准确度等级等），将电流表输入端与恒流源输出端正确相接，依次输出恒流源各量程电流值，观察电流表示值在一分钟的最大变化，并将其换算为最大相对变化量即为该恒流源的稳定度，应小于该恒流源规定的稳定度技术指标。

（2）数字电压表法。根据恒流源的技术指标选择一台合适的数字电压表（应具有足够的分辨率及准确度等级等）和温度系数小且阻值合适、稳定的电阻器，将电阻器串联接入恒流源输出端，将数字电压表与电阻器并联相接，分别选择合适的电阻值和电压量程，依次输出恒流源各量程电流值，观察数字电压表示值在一分钟的最大变化，并将其换算为最大相对变化量即为该恒流源的稳定度，应小于该恒流源规定的稳定度技术指标。

一般来说，恒流源不同量程的稳定度技术指标略有差异，但基本都规定在每分钟百万分之几的数量级。

7. 校准、检测结果的验证

选择一台稳定性好的直流电阻箱或合适的几只不同阻值的标准电阻作为被测对象（有上级出具的有效期内的检定、校准证书），在装置测量范围上、下限附近选择 2 点，再选择几个典型值作为测量

点，然后将被校准、检测装置的测量结果 y_{lab} 与高等级（或上级）标准装置测量结果 y_{ref} 进行比较，应满足

$$|y_{lab}-y_{ref}|\leqslant\sqrt{U_{lab}^2-U_{ref}^2} \quad (ZY2101003001\text{-}5)$$

式中　U_{lab}——为被校准、检测装置测量结果的扩展不确定度，包含因子 $k=2$；

U_{ref}——为高等级（或上级）标准装置测量结果的扩展不确定度，包含因子 $k=2$。

8. 结束

校准、检测结束后，被测装置输出复位，开关复位，关闭电源，拆除连接线。

六、校准、检测结果处理及校准证书、检测报告编写

1. 校准、检测结果处理

（1）判断装置是否符合要求应以修约后的数据为准。

（2）各项目检测结果以相应规定值的 1/10 作为修约间距。

（3）当装置全部检测项目符合要求时，可继续使用。若有不符合要求的，应分析原因，或维修或更换，并进行再检测，装置全部检测项目符合要求后，方可继续使用。

2. 校准证书、检测报告编写

校准证书、检测报告的内页格式根据实际情况可参照后面的附录，出具的校准证书、检测报告建议用 A4 纸打印。

校准证书、检测报告应包括下列信息：

（1）标题（“校准证书”或“检测报告”）。

（2）校准、检测实验室（或单位）的名称和地址。

（3）校准证书、检测报告的编号，并在每一页上标注。

（4）直流电阻箱检定装置所属单位的名称和地址。

（5）直流电阻箱检定装置的描述（如配套设备名称、制造厂、出厂编号等）。

（6）校准、检测的日期。

（7）校准、检测参照的规程、规范、标准等。

（8）校准、检测时的环境条件（如温度、湿度等）。

（9）校准证书、检测报告应有校准、检测人员，核验人员，批准人的签字。

（10）校准、检测的结果。

校准证书、检测报告的内页格式（仅供参考）见附录。

七、检定、校准、检测注意事项

（1）在检定、校准、检测直流电阻箱检定装置时，应根据装置构成的不同来确定检定、校准、检测步骤及方法。

（2）在进行装置灵敏度测试时，注意不要冲击指零仪。

（3）在检定、校准、检测过程中，切换恒流源输出电流量程时，应注意须将恒流源输出回零后再进行量程切换。

（4）检定、校准、检测装置前，应对装置的所有连接导线进行检查，确认无误后，方可通电，并进行检定、校准、检测工作。

【思考与练习】

1. 直流电阻箱检定装置只有一种吗？为什么？

2. 如何进行直流电阻箱检定装置重复性测试？

3. 怎样进行直流电阻箱检定装置的稳定性测量？

附录：校准证书、检测报告的内页格式

校准、检测结果

一、装置灵敏度的测试（适用时）

装置测量范围上限（Ω）		$\frac{1}{10}a\%$改变量（Ω）		指零仪偏转格数	
装置测量范围下限（Ω）		$\frac{1}{10}a\%$改变量（Ω）		指零仪偏转格数	

二、装置重复性测试

测试点 / 序号	测量结果（Ω）			
1				
2				
3				
4				
5				
6				
7				
8				
9				
10				
$\overline{R_X}$				
s'				
$s=s'/\overline{R_X}$				

三、装置的稳定性测量

测量点示值（Ω）	被测设备编号	上年度测量结果（Ω）	本年度测量结果（Ω）	相邻两年的测量结果之差（Ω）

四、恒流源稳定度测试（适用时）

输出量程	稳定度

五、校准、检测结果的验证

示值（Ω）	被测编号	本装置测量结果 y_{lab}（Ω）	高等级（或上级）标准装置测量结果 y_{ref}（Ω）	$\mid y_{lab}-y_{ref} \mid$（Ω）	$\mid y_{lab}-y_{ref} \mid$ 相对值

校准、检测：＿＿＿（签字）＿＿＿　　核验：＿＿＿（签字）＿＿＿

模块 2　直流电桥检定装置的检定、校准、检测（ZY2101003002）

【模块描述】本模块介绍直流电桥检定装置的检定、校准、检测。通过流程介绍和要点归纳，掌握直流电桥检定装置的检定、校准、检测的内容及准备工作、步骤方法、结果处理和注意事项。

【正文】

一、直流电桥检定装置介绍

由于直流电桥示值误差有不同的检定方法，则根据不同的检定方法有不同的检定装置，无论用何种方法、何种装置检定直流电桥示值误差，都应该符合一个要求，即在检定直流电桥时，由标准器、辅助设备及环境条件等因素所引起的测量扩展不确定度（$k=3$）应不超过被检电桥允许基本误差的 1/3。

1. 装置简述

（1）整体检定法就是用比被检电桥高两个准确度等级的标准电阻箱的电阻示值去比较被检电桥的示值，从而确定电桥的基本误差。被检电桥示值 R_X 的电阻值的检定结果为

$$R_X = A_X \qquad \text{(ZY2101003002-1)}$$

式中　A_X——直流标准电阻箱示值。

该方法的检定装置主要是由直流标准电阻箱和辅助设备指零仪等组成。

（2）按元件检定是用标准电阻和比较电桥（或直读电桥）采用同标称值替代法，来测量被检电桥每个电阻元件的电阻值，通过一定的公式计算，确定被检电桥的基本误差。该方法所使用的检定装置是由标准电阻（多个不同阻值）、比较电桥（或直读电桥）以及指零仪等组成。

（3）数字电压表法是在检定条件下，利用标准电阻、恒流源以及数字电压表通过测量标准电阻和被检电桥电阻元件上的电压，从而确定被检电桥电阻元件的电阻值。在测量装置引入的扩展不确定度（$k=3$）小于被检等级指数的 1/3 时，便可测得被检电桥电阻元件的值。

此时直流电桥检定装置是由标准电阻、恒流源以及数字电压表组成。

2. 主要技术要求

（1）检定电桥时，由标准器、辅助设备及环境条件等因素所引起的扩展不确定度（$k=3$）应不超过被检电桥允许基本误差的 1/3。

（2）整体法检定电桥时作标准用的标准电阻箱，其准确度等级至少比被检高两个准确度等级。

（3）按元件检定电桥时，标准电阻准确度等级应满足 JJG 125—2004《直流电桥检定规程》的要求；比较测量仪器引起的误差不应超过被检电桥电阻元件允许基本误差的 1/10。

（4）检定装置重复测量的标准偏差应不大于被检等级指数的 1/10（测量次数大于等于 10 次）。

（5）检定装置中灵敏度引起的误差不应超过被检电桥允许误差的 1/10。

二、检定、校准、检测目的及内容

直流电桥检定装置用于对直流电桥的定期检定、校准，在使用过程中其误差的变化及其装置综合性能的改变都将直接影响测量的准确可靠性，因此，必须定期（一般为 1 年）对直流电桥检定装置进

行检定、校准、检测，以保证装置的测量数据准确可靠。

上述直流电桥检定装置中的标准器及配套设备的检定一般都有相应的检定规程可依据，应按规定进行定期溯源，这里不再叙述。本模块主要介绍直流电桥检定装置综合性能的测试，如装置重复性、装置的稳定性等测试内容。

三、危险点分析及控制措施

由于在检定、校准、检测直流电桥检定装置的过程中需要通电进行，安全工作要求主要参照《国家电网公司电力安全工作规程》有关规定执行。这里主要强调，检定装置中包含有恒流源时，在恒流源输出工作电流时，严禁输出回路开路，只有将恒流源输出调至零时方可切换回路接线；检定装置中包含有指零仪时，为防止冲击指零仪，测量时，将标准器示值调至与被测示值对应，应按“粗”、“中”、“细”的顺序，分别按下开关，调节标准器测量盘使指零仪指零。

四、检定、校准、检测准备工作

1. 环境条件

（1）将直流电桥检定装置放置于参比环境条件中，放置时间至少不低于 2h，以消除温度及温度梯度的影响。装置中的有些设备（如恒流源、数字电压表等）还应根据制造厂或有关标准规程的规定，进行适当的预热。

（2）有关影响量的标准条件和允许偏差。

1）对于可检定 0.02 级直流电桥的检定装置，检定时环境条件见表 ZY2101003002-1。

表 ZY2101003002-1　　检定时环境条件

影响量	标准条件	允许偏差
环境温度	20℃	±1℃
相对湿度	40%～60%	40%～60%

2）对于可检定 0.05 级携带型直流电桥的检定装置，检定时环境条件见表 ZY2101003002-2。

表 ZY2101003002-2　　检定时环境条件

影响量	标准条件	允许偏差
环境温度	20℃	±2℃
相对湿度	40%～60%	40%～60%

2. 校准、检测仪器设备

（1）针对不同的直流电桥检定装置，选择相适应的校准、检测仪器设备。

（2）校准、检测时所使用的仪器设备工作状态良好，并具有有效期内的检定证书或校准证书。

（3）校准、检测仪器设备的测量范围应与被校准、检测装置的测量范围相适应。

（4）校准、检测仪器设备的准确度等级应与被校准、检测直流电桥检定装置的技术指标相适应。

五、检定、校准、检测步骤及方法

1. 外观检查

被校准、检测直流电桥检定装置应无明显影响测量的缺陷，其连接线应正确无误。

2. 被测装置预热

装置中的指零仪、恒流源、数字电压表或其他电子类仪器仪表均需通电预热，预热时间应根据制造厂或有关标准规程的相应规定而定。

3. 装置灵敏度的测试（适用时）

选择一台合适的直流电桥作为被测对象，在装置测量范围的上、下限进行灵敏度测试。将比较电桥（或直读电桥）示值调至与被测电桥电阻值对应，调节比较电桥（或直读电桥）测量盘使指零仪指零，再将测量盘电阻改变$\frac{1}{10}a\%$（$a\%$为被检电阻值允许误差），此时指零仪的偏转应不小于 1 分格

模块2 ZY2101003002

（1 分格不小于 1mm）。

4. 装置重复性测试

选择一台稳定性好的典型的直流电桥作为被测对象，并选择合适的测量点，在相同的测量条件下，进行 n 次（一般取 6～10 次）独立重复测量，得到测量结果 y_i（$i=1$，2，…，n），则装置重复性 s（y_i）按式（ZY2101003002-2）计算，即

$$s(y_i)=\sqrt{\frac{\sum_{i=1}^{n}\left(y_i-\overline{y}\right)^2}{n-1}} \qquad \text{（ZY2101003002-2）}$$

式中　$\overline{y}$——n 次测量结果的算术平均值；

n——重复测量次数。

装置重复性 $s(y_i)$应小于被检电桥等级指数的 1/10。

5. 装置的稳定性测量

选择一台稳定性好的直流电桥或几只标准电阻（不同阻值）作为被测对象，在装置测量范围上、下限附近选择 2 点，再选择几个典型值作为测量点，每年对这些测量点进行定期检测，相邻两年的测量结果之差即为该装置在此阶段的稳定性。稳定性应小于该装置的最大允许误差。

6. 恒流源稳定度测试（适用时）

（1）电流表法。根据恒流源的技术指标选择一台合适的电流表（应具有足够的分辨率及准确度等级等），将电流表输入端与恒流源输出端正确相接，依次输出恒流源各量程电流值，观察电流表示值在 1min 的最大变化，并将其换算为最大相对变化量即为该恒流源的稳定度，应小于该恒流源规定的稳定度技术指标。

（2）数字电压表法。根据恒流源的技术指标选择一台合适的数字电压表（应具有足够的分辨率及准确度等级等）和温度系数小且阻值合适、稳定的电阻器，将电阻器串联接入恒流源输出端，将数字电压表与电阻器并联相接，分别选择合适的电阻值和电压量程，依次输出恒流源各量程电流值，观察数字电压表示值在 1min 的最大变化，并将其换算为最大相对变化量即为该恒流源的稳定度，应小于该恒流源规定的稳定度技术指标。

一般来说，恒流源不同量程的稳定度技术指标略有差异，但基本都规定在每分钟百万分之几。

7. 校准、检测结果的验证

选择一台稳定性好的直流电桥或合适的几只不同阻值的标准电阻作为被测对象，在装置测量范围上、下限附近选择 2 点，再选择几个典型值作为测量点，然后将被校准、检测装置的测量结果 y_{lab} 与高等级（或上级）标准装置测量结果 y_{ref} 进行比较，应满足

$$\left|y_{\text{lab}}-y_{\text{ref}}\right|\leqslant\sqrt{U_{\text{lab}}^2-U_{\text{ref}}^2} \qquad \text{（ZY2101003002-3）}$$

式中　U_{lab}——为被校准、检测装置测量结果的扩展不确定度，包含因子 $k=2$；

U_{ref}——为高等级（或上级）标准装置测量结果的扩展不确定度，包含因子 $k=2$。

8. 结束

校准、检测结束后，被测装置输出复位，开关复位，关闭电源，拆除连接线。

六、校准、检测结果处理及校准证书、检测报告编写

1. 校准、检测结果处理

（1）判断装置是否符合要求应以修约后的数据为准。

（2）各项目检测结果以相应规定值的 1/10 作为修约间距。

（3）当装置全部检测项目符合要求时，可继续使用。若有不符合要求的，应分析原因，或维修或更换，并进行再检测，装置全部检测项目符合要求后，方可继续使用。

2. 校准证书、检测报告编写

校准证书、检测报告的内页格式根据实际情况可参照后面的附录，出具的校准证书、检测报告建议用 A4 纸打印。

校准证书、检测报告应包括下列信息：

（1）标题（“校准证书”或“检测报告”）。

（2）校准、检测实验室（或单位）的名称和地址。

（3）校准证书、检测报告的编号，并在每一页上标注。

（4）直流电桥检定装置所属单位的名称和地址。

（5）直流电桥检定装置的描述（如配套设备名称、制造厂、出厂编号等）。

（6）校准、检测的日期。

（7）校准、检测参照的规程、规范、标准等。

（8）校准、检测时的环境条件（如温度、湿度等）。

（9）校准证书、检测报告应有校准、检测人员，核验人员，批准人的签字。

（10）校准、检测的结果。

校准证书、检测报告的内页格式（仅供参考）见附录。

七、检定、校准、检测注意事项

（1）在检定、校准、检测直流电桥检定装置时，应根据装置构成的不同来确定检定、校准、检测步骤及方法。

（2）在进行装置灵敏度测试时，注意不要冲击指零仪。

（3）在检定、校准、检测过程中，切换恒流源输出电流量程时，应注意须将恒流源输出回零后再进行量程切换。

（4）检定、校准、检测装置前，应对装置的所有连接导线进行检查，确认无误后，方可通电，并进行检定、校准、检测工作。

【思考与练习】

1. 如何进行直流电桥检定装置重复性测试？
2. 怎样进行直流电桥检定装置的稳定性测量？

附录：校准证书、检测报告的内页格式

校准、检测结果

一、装置灵敏度的测试（适用时）

装置测量范围上限（Ω）		$\frac{1}{10}a\%$改变量（Ω）		指零仪偏转格数	
装置测量范围下限（Ω）		$\frac{1}{10}a\%$改变量（Ω）		指零仪偏转格数	

二、装置重复性测试

测试点 / 序号	测量结果（Ω）			
1				
2				
3				
4				
5				
6				
7				

续表

测试点 / 序号	测量结果（Ω）			
8				
9				
10				
$\overline{R_X}$				
s'				
$s=s'/\overline{R_X}$				

三、装置的稳定性测量

测量点示值（Ω）	被测设备编号	上年度测量结果（Ω）	本年度测量结果（Ω）	相邻两年的测量结果之差（Ω）

四、恒流源稳定度测试（适用时）

输出量程	稳定度

五、校准、检测结果的验证

示值（Ω）	被测编号	本装置测量结果 y_{lab}（Ω）	高等级（或上级）标准装置测量结果 y_{ref}（Ω）	$\lvert y_{lab}-y_{ref}\rvert$（Ω）	$\lvert y_{lab}-y_{ref}\rvert$ 相对值

校准、检测：________（签字）　　　　核验：________（签字）

第二十七章　电测计量标准的建标

模块1　计量标准的重复性、稳定性考核（ZY2101004001）

【模块描述】本模块介绍计量标准的重复性、稳定性及其考核方法。通过概念解释、方法介绍和举例说明，掌握计量标准的重复性、稳定性的概念及其试验、记录编写、考核的方法与相关要求。

【正文】

一、概述

计量标准是准确度低于计量基准，用于检定或校准其他计量标准或者工作计量器具的计量器具，它处于国家量值传递（溯源）体系的中间环节，起承上启下的作用。因此，计量标准在使用前必须依照 JJF 1033—2008《计量标准考核规范》的要求，进行各项技术准备，使计量标准符合规范的要求并通过考核。下面主要介绍计量标准的重复性、稳定性考核的内容。

二、计量标准的重复性考核

1. 计量标准的重复性

计量标准的重复性即在相同测量条件下，重复测量同一被测量，计量标准提供相近示值的能力。计量标准的重复性通常用测量结果的分散性来定量表示，即用单次测量结果 y_i 的实验标准差 $s(y_i)$来表示。计量标准的重复性通常是检定或校准结果的一个不确定度来源。

新建计量标准应当进行重复性试验，并提供试验的数据；已建计量标准，至少每年进行一次重复性试验，测得的重复性应满足检定或校准结果的测量不确定度的要求。

在计量标准考核中，计量标准的重复性是指在重复性条件（这些条件包括测量程序、人员、仪器、环境等方面）下用该计量标准测量一常规的被测对象时，所得到的测量结果的一致性。为保证在尽量相同的条件下进行测量必须在尽量短的时间内完成重复性测量。

2. 重复性的试验方法

在重复性条件下，用计量标准对常规的被检定或被校准对象进行 n 次独立重复测量，若得到的测量结果为 $y_i(i=1，2，\cdots，n)$，则其重复性 $s(y_i)$ 按式（ZY2101004001-1）计算，即

$$s(y_i)=\sqrt{\frac{\sum_{i=1}^{n}(y_i-\bar{y})^2}{n-1}} \qquad \text{（ZY2101004001-1）}$$

式中　$\bar{y}$——n 次测量结果的算术平均值；

　　n——重复测量次数，n 应尽可能大，一般应不少于 10 次。

重复性试验结果也会受被测对象不稳定的影响，所以在进行计量标准的重复性试验时，选择的测量对象应为常规的被检定或被校准计量器具，而不是本身重复性和稳定性都是最佳的被检定或被校准计量器具，这样评定得到的不确定度可以用于大多数的检定或校准结果。

3. 计量标准的重复性考核要求

对于新建计量标准，只要按照要求进行重复性试验，并提供试验的重复性数据即可；对于已建计量标准，至少每年进行一次重复性试验，如果重复性试验结果不大于新建计量标准时的重复性，则重复性符合要求；如果重复性试验结果大于新建计量标准时的重复性时，应按照新的重复性结果重新进行检定或校准结果的测量不确定度评定，并判断检定或校准结果的测量不确定度是否满足被检定或校准对象的需要。

4.《计量标准的重复性试验记录》参考格式及填写说明

（1）《计量标准的重复性试验记录》参考格式见表 ZY2101004001-1。申请考核单位原则上应当按照本参考格式填写。如果本参考格式不适用，申请计量标准考核单位可以自行设计《计量标准的重复性试验记录》格式，但是不应少于参考格式规定的内容。

表 ZY2101004001-1　　计量标准的重复性试验记录

＿＿＿＿＿＿＿＿的重复性试验记录

试验时间 / 测量值（　） / 测量次数	年 月 日	年 月 日	年 月 日	年 月 日	年 月 日
试验条件					
1					
2					
3					
4					
5					
6					
7					
8					
9					
10					
$s(y_i)=\sqrt{\dfrac{\sum_{i=1}^{n}(y_i-\bar{y})^2}{n-1}}$					
结　论					
备　注					
试验人员					

（2）《计量标准的重复性试验记录》参考格式填写说明如下：

1）在表上方“＿＿＿＿＿＿的重复性试验记录”栏目中的横线上方填写计量标准名称。

2）“试验时间”是指进行重复性试验的日期，每年至少一次。

3）“测量值”是指进行重复性试验时测得的单次测量结果。

4）“试验条件”填写选用的被测对象以及试验时的环境条件和试验方法。

5）“结论”是指是否符合对检定或校准结果的测量不确定度的要求。

6）“备注”栏填写重复性试验需要附加说明的问题。

7）“试验人员”栏须为试验人员的签名。

《计量标准的重复性试验记录》填写实例见表 ZY2101004001-2。

表 ZY2101004001-2　　直流电阻箱检定装置的重复性试验记录

试验时间 / 测量值（Ω） / 测量次数	2008 年 10 月 22 日	年 月 日	年 月 日	年 月 日	年 月 日
试验条件	20℃，55%				
1	1000.053				
2	1000.052				
3	1000.053				
4	1000.054				

模块1　ZY2101004001

续表

测量次数 \ 测量值（Ω） \ 试验时间	2008年10月22日	年 月 日	年 月 日	年 月 日	年 月 日
5	1000.051				
6	1000.052				
7	1000.055				
8	1000.057				
9	1000.053				
10	1000.057				
$s(y_i)=\sqrt{\frac{\sum_{i=1}^{n}(y_i-\bar{y})^2}{n-1}}$	0.002 1Ω				
结　论	符合要求				
备　注	/				
试验人员	×××				

三、计量标准的稳定性考核

1. 计量标准的稳定性

计量标准的稳定性是指计量标准保持其计量特性随时间恒定的能力。因此计量标准的稳定性与所考虑的时间段的长短有关。计量标准通常由计量标准器和配套设备所组成，因此一般说来计量标准的稳定性应包括计量标准器的稳定性和配套设备的稳定性。

在计量标准考核中，计量标准的稳定性是指用该计量标准在规定的时间间隔内测量稳定的被测对象时，所得到的测量结果的一致性。因此所得到的稳定性测量结果中包括了被测对象对测量结果的影响。为使该影响尽可能小，必须选择一量值稳定的核查标准作为测量对象。

新建计量标准一般应当经过半年以上的稳定性考核，证明其所复现的量值稳定可靠后，方能申请计量标准考核；已建计量标准应当保存历年的稳定性考核记录，以证明其计量特性的持续稳定。

2. 计量标准稳定性的考核方法

对于新建计量标准，每隔一段时间（大于 1 个月），用该计量标准对核查标准进行一组 n 次的重复测量，取其算术平均值作为该组的测量结果。共观测 m 组（$m\geq 4$）。取 m 个测量结果中的最大值和最小值之差，作为新建计量标准在该时间段内的稳定性。

对于已建计量标准，每年用被考核的计量标准对核查标准进行一组 n 次的重复测量，取其算术平均值作为测量结果。以相邻两年的测量结果之差作为该时间段内计量标准的稳定性。

若计量标准在使用中采用标称值或示值（即不加修正值使用），则测得的稳定性应小于计量标准的最大允许误差的绝对值；如加修正值使用，则测得的稳定性应小于该修正值的扩展不确定度（U，$k=2$ 或 U_{95}）。

3. 核查标准的选择

在计量标准稳定性的测量过程中还不可避免地会引入被测对象对稳定性测量的影响，为使这一影响尽可能地小，必须选择一稳定的测量对象来作为稳定性测量的核查标准。核查标准的选择大体上可以按下述几种情况分别处理：

（1）被检定或被校准的对象是实物量具。

在这种情况下可以选择一性能比较稳定的实物量具作为核查标准。

（2）计量标准仅由实物量具组成，而被检定或被校准的对象为非实物量具的测量仪器。

实物量具通常可以直接用来检定或校准非实物量具的测量仪器，并且实物量具的稳定性通常远优于非实物量具的测量仪器，因此在这种情况下可以不必进行稳定性考核。但需画出计量标准器所提供的标准量值随时间变化的曲线，即计量标准器稳定性曲线图。

（3）计量标准器和被检定或被校准的对象均为非实物量具的测量仪器。

如果存在合适的比较稳定的对应于该参数的实物量具，可以用它作为核查标准来进行计量标准的稳定性考核。如果对于该被测参数来说，不存在可以作为核查标准的实物量具，可以不作稳定性考核。

4.《计量标准的稳定性考核记录》参考格式及填写说明

（1）《计量标准的稳定性考核记录》参考格式见表 ZY2101004001-3。申请考核单位原则上应当按照本参考格式填写。如果本参考格式不适用，申请考核单位可以自行设计《计量标准的稳定性考核记录》格式，但是不应少于参考格式规定的内容。

表 ZY2101004001-3　　计量标准的稳定性考核记录

________________的稳定性考核记录

考核时间 / 测量值（　） / 测量次数	年 月 日	年 月 日	年 月 日	年 月 日	年 月 日
核查标准					
1					
2					
3					
4					
5					
6					
7					
8					
9					
10					
$\overline{y}_i$					
变化量 $\lvert\overline{y}_i-\overline{y}_{i-1}\rvert$					
允许变化量					
结　论					
考核人员					

（2）《计量标准的稳定性考核记录》参考格式的填写说明如下：

1）在表上方“__________的稳定性考核记录”栏目中的横线填写计量标准名称。

2）“考核时间”是指进行稳定性考核时的日期，每年至少一次。

3）“测量值”是指进行稳定性考核时测得的单次测量结果。

4）“核查标准”填写核查标准的名称及其主要计量特性。

5）变化量是指本次测量结果和上次测量结果之差。

6）“允许变化量”是指本文第三、2.条所规定的控制限。

7）“结论”栏：如果变化量不大于允许变化量，填写“符合”，如果变化量大于允许变化量，填写“不符合”。

8）“考核人员”栏须为考核人员的签名。

《计量标准的稳定性试验记录》填写实例见表 ZY2101004001-4。

表 ZY2101004001-4　　直流电桥检定装置的稳定性考核记录

测量值（Ω）＼考核时间 测量次数	2008 年 5 月 26 日	2009 年 5 月 26 日	年 月　日	年 月　日	年 月　日
核查标准	名称：直流电桥　型号：××××　等级：0.05 级　编号：×××				
1	100.011	100.013			
2	100.014	100.015			
3	100.010	100.012			
4	100.012	100.014			
5	100.011	100.016			
6	100.013	100.015			
7	100.015	100.014			
8	100.017	100.015			
9	100.014	100.017			
10	100.010	100.016			
$\overline{y}_i$	100.012 7	100.014 7			
变化量 $\lvert\overline{y}_i-\overline{y}_{i-1}\rvert$	/	0.002Ω			
允许变化量	0.01Ω	0.01Ω			
结　论	/	符合要求			
考核人员	×××	×××			

【思考与练习】

1. 简述计量标准重复性的试验方法。
2. 何谓计量标准的稳定性？简述计量标准稳定性的考核方法。

模块 2　测量不确定度的评定与验证（ZY2101004002）

【模块描述】本模块介绍测量不确定度的评定与验证的方法。通过概念解释、方法介绍和举例说明，掌握测量不确定度的基本概念及其评定与验证的方法和步骤。

【正文】

一、概述

本文所说的“测量不确定度”是指在计量检定规程或技术规范规定的条件下，用该计量标准对常规的被检定（或校准）对象，进行检定（或校准）时所得结果的不确定度。因此，在该不确定度中应包含被测对象和环境条件对测量结果的影响。

对于不同量程或不同测量点，其测量结果的不确定度不同时，如果各测量点的不确定度评定方法差别不大，允许仅给出典型测量点的不确定度评定过程。

对于可以测量多种参数的计量标准，应分别给出各主要参数的测量不确定度评定过程。

检定或校准结果的验证是指对用该计量标准得到的检定或校准结果的可信程度进行实验验证。也就是说通过将测量结果与参考值相比较来验证所得到的测量结果是否在合理范围之内。由于验证的结论与测量不确定度有关，因此验证的结论在某种程度上同时也说明了所给的检定或校准结果的不确定度是否合理。

二、测量不确定度的评定

（一）测量不确定度的评定方法与步骤

1. 测量不确定度的评定方法

测量不确定度的评定方法应依据 JJF 1059—1999《测量不确定度评定与表示》的规定。

寻找不确定度来源时，可从测量仪器、测量环境、测量人员、测量方法、被测量等方面全面考虑，应做到不遗漏、不重复，特别应考虑对结果影响大的不确定度来源。遗漏会使测量结果的不确定度过小，重复会使测量结果的不确定度过大。

测量中可能导致不确定度的来源一般有：

（1）被测量的定义不完整。

（2）测量方法不理想。

（3）取样的代表性不够，即被测样本不能代表所定义的被测量。

（4）对测量过程受环境影响的认识不恰如其分或对环境的测量与控制不完善。

（5）对模拟式仪器的读数存在人为偏移。

（6）测量仪器的计量性能（如灵敏度、鉴别力阈、分辨力、死区及稳定性等）的局限性。

（7）测量标准或标准物质的不确定度。

（8）引用的数据或其他参量的不确定度。

（9）测量方法和测量程序的近似和假设。

（10）在相同条件下被测量在重复观测中的变化。

测量不确定度的评定方法可归纳为 A、B 两类。不确定度的 A 类评定即用对观测列进行统计分析的方法，来评定标准不确定度；不确定度的 B 类评定即用不同于对观测列进行统计分析的方法，来评定标准不确定度。

如果相关国际组织已经制定了该计量标准所涉及领域的测量不确定度评定指南，则测量不确定度评定也可以依据这些指南进行（在这些指南的适用范围内）。

2. 测量不确定度的评定步骤

（1）明确被测量，必要时给出被测量的定义及测量过程的简单描述。

（2）列出所有影响测量不确定度的影响量（即输入量 x_i），并给出用以评定测量不确定度的数学模型。

（3）评定各输入量的标准不确定度 $u(x_i)$，并通过灵敏系数 c_i 进而给出与各输入量对应的不确定度分量 $u_i(y)=|c_i|u(x_i)$。

（4）计算合成标准不确定度 $u_c(y)$，计算时应考虑各输入量之间是否存在值得考虑的相关性，对于非线性数学模型则应考虑是否存在值得考虑的高阶项。

（5）列出不确定度分量的汇总表，表中应给出每一个不确定度分量的详细信息。

（6）对被测量的分布进行估计，并根据分布和所要求的置信概率 p 确定包含因子 k_p。

（7）在无法确定被测量 y 的分布时，或该测量领域有规定时，也可以直接取包含因子 $k=2$。

（8）由合成标准不确定度 $u_c(y)$ 和包含因子 k 或 k_p 的乘积，分别得到扩展不确定度 U 或 U_p。

（9）给出测量不确定度的最后陈述，其中应给出关于扩展不确定度的足够信息。利用这些信息，至少应该使用户能从所给的扩展不确定度重新导出检定或校准结果的合成标准不确定度。

（二）测量不确定度评定举例

直流电阻箱检定、校准结果测量不确定度评定

用直流电阻箱检定装置对直流电阻箱（××型 0.01 级、No：×××××）$\times10^4\Omega$ 盘第一点和$\times10^{-3}\Omega$盘第一点进行检定或校准。

1. 设备选用

采用恒流源数字电压表法对所选点进行检定或校准。

2. 数学模型

$$R_X=R_N U_X/U_N$$

式中　R_X——被检直流标准电阻的实际值，Ω；

R_N——直流标准电阻实际值，Ω；

U_X——数字电压表测量被检标准电阻的电压值，V；

U_N——数字电压表测量标准电阻的电压值，V。

3. A 类不确定度 u_A

（1）A 类不确定度来源如下：

1）连接导线电阻、开关接触电阻引入的影响。

2）温度变化引入的影响。

3）泄漏电流引入的影响。

（2）s 值。在相同条件下，短时间内对所选点进行十次重复独立的测量，经公式计算得到 s 值，见表 ZY2101004002-1。

表 ZY2101004002-1　　s 值

序号＼测量点	测量结果（Ω）	
	$10^4\Omega$	$10^{-3}\Omega$
1	9999.585 3	0.001 000 023 47
2	9999.596 3	0.001 000 028 47
3	9999.581 5	0.001 000 030 13
4	9999.590 0	0.001 000 036 80
5	9999.596 6	0.001 000 033 46
6	9999.586 9	0.001 000 033 46
7	9999.572 5	0.001 000 043 92
8	9999.601 7	0.001 000 038 92
9	9999.587 7	0.001 000 033 93
10	9999.599 3	0.001 000 037 26
$\bar{x}$	9999.589 8	0.001 000 033 98
s	0.009 0	5.8×10^{-9}
$s'=s/\bar{x}$	0.90×10^{-6}（s_1'）	5.8×10^{-6}（s_2'）

则 $u_{A1}=s_1'(\bar{x})=0.90\times10^{-6}$，$u_{A2}=s_2'(\bar{x})=5.8\times10^{-6}$。

4. B 类不确定度（见表 ZY2101004002-2）

表 ZY2101004002-2　　B 类不确定度

序号	不确定度来源	误差限 b_j		分布系数 k_j	灵敏系数 c_j	$u_j=c_jb_j/k_j$	
		$10^4\Omega$	$10^{-3}\Omega$			$10^4\Omega$	$10^{-3}\Omega$
1	标准电阻年变化误差	10×10^{-6}	20×10^{-6}	$\sqrt{3}$	1	$10/\sqrt{3}\times10^{-6}$	$20/\sqrt{3}\times10^{-6}$
2	标准电阻传递误差	5×10^{-6}	10×10^{-6}	3	1	$5/3\times10^{-6}$	$10/3\times10^{-6}$
3	内附标准电阻引入误差	5×10^{-6}	/	$\sqrt{3}$	1	$5/\sqrt{3}\times10^{-6}$	/
4	纳伏表测量电压引入误差	4×10^{-6}	4×10^{-6}	$\sqrt{3}$	1	$4/\sqrt{3}\times10^{-6}$	$4/\sqrt{3}\times10^{-6}$
5	恒流源输出电流短期稳定度	8×10^{-6}	10×10^{-6}	$\sqrt{3}$	1	$8/\sqrt{3}\times10^{-6}$	$10/\sqrt{3}\times10^{-6}$

5. 合成不确定度 u

考虑各分量不相关，则：

$$u_1=\sqrt{u_{A1}^2+\sum(c_ju_j)^2}=8.5\times10^{-6}$$

$$u_2=\sqrt{u_{A2}^2+\sum(c_ju_j)^2}=14.7\times10^{-6}$$

若分量相关，应考虑在公式中加入协方差项。

6. 扩展不确定度 U

$$U=ku\text{（取包含因子 }k=2\text{）}$$

则，$\times10^4\Omega$盘第一点测量结果为 9999.59Ω，$U_1=2\times8.5\times10^{-6}=1.7\times10^{-5}$；$\times10^{-3}\Omega$盘第一点测量结果为 0.001 000 034Ω，$U_2=2\times14.7\times10^{-6}=3.0\times10^{-5}$。

三、检定或校准结果的验证

检定或校准结果的验证是指对给出的检定或校准结果的可信程度进行实验验证。由于验证的结论与测量不确定度有关，因此验证的结论在某种程度上同时也说明了所给出的检定或校准结果的不确定度是否合理。

（一）检定或校准结果的验证方法

检定或校准结果的验证一般应通过更高一级的计量标准采用传递比较法进行验证，传递比较法是具有溯源性的，因此检定或校准结果的验证原则上应采用传递比较法，只有在无法找到更高一级的计量标准或不可能采用传递比较法的情况下才允许采用比对法进行检定或校准结果的验证，也即可以通过具有相同准确度等级的实验室之间的比对来验证检定或校准结果的合理性。

1. 传递比较法

用被考核的计量标准测量一稳定的被测对象，然后将该被测对象用另一更高级的计量标准进行测量。若用被考核计量标准和高一级计量标准进行测量时的扩展不确定度（U_{95} 或 $k=2$ 时的 U，下同）分别为 U_{lab} 和 U_{ref}，它们的测量结果分别为 y_{lab} 和 y_{ref}，在两者的包含因子近似相等的前提下应满足

$$|y_{lab}-y_{ref}|\leqslant\sqrt{U_{lab}^2+U_{ref}^2} \qquad \text{（ZY2101004002-1）}$$

当 $U_{ref}\leqslant\dfrac{U_{lab}}{3}$ 成立时，可忽略 U_{ref} 的影响，此时上式成为

$$|y_{lab}-y_{ref}|\leqslant U_{lab} \qquad \text{（ZY2101004002-2）}$$

对于某些计量标准，其检定规程规定其扩展不确定度对应于 99%的置信概率，此时所给出的扩展不确定度所对应的 k 值与 2 相差较大。在进行判断时，应将其换算到对应于 $k=2$ 时的扩展不确定度。由于经换算后的扩展不确定度变小，即其判断标准将比不换算更严格。

2. 比对法

如果不可能采用传递比较法时，可采用多个实验室之间的比对。假定各实验室的计量标准具有相同准确度等级，此时采用各实验室所得到的测量结果的平均值作为被测量的最佳估计值。

当各实验室的测量不确定度不同时，原则上应采用加权平均值作为被测量的最佳估计值，其权重与测量不确定度有关。但由于各实验室在评定测量不确定度时所掌握的尺度不可能完全相同，故仍采用算术平均值 $\bar{y}$ 作为参考值。

若被考核实验室的测量结果为 y_{lab}，其测量不确定度为 U_{lab}，在被考核实验室测量结果的方差比较接近于各实验室的平均方差，以及各实验室的包含因子均相同的条件下，应满足

$$|y_{lab}-\bar{y}|\leqslant\sqrt{\frac{n-1}{n}}U_{lab} \qquad \text{（ZY2101004002-3）}$$

（二）检定或校准结果的验证举例

为验证直流电阻箱检定装置的测量不确定度，可以选用稳定性好的并经高等级（或上级）检定、校准的二等标准电阻 $10^4\Omega$（No：××××）和 $10^{-3}\Omega$（No：××××）（证书号：××××××××）作为被测对象，将本装置测量结果 y_{lab} 与高等级（或上级）标准装置测量结果 y_{ref} 进行比较，应满足

$$|y_{lab}-y_{ref}|\leqslant\sqrt{U_{lab}^2-U_{ref}^2}$$

式中　U_{lab} ——本装置测量结果的扩展不确定度，包含因子 $k=2$；

　　　U_{ref} ——高等级（或上级）标准装置测量结果的扩展不确定度，包含因子 $k=2$。

由表 ZY2101004002-3 中验证数据可知，验证结果满足公式$|y_{lab}-y_{ref}|\leqslant\sqrt{U_{lab}^2+U_{ref}^2}$，符合要求。

表 ZY2101004002-3 验 证 数 据

示值（Ω）	被测编号	本装置测量结果 y_{lab}（Ω）及 U_{lab}	高等级（或上级）标准装置测量结果 y_{ref}（Ω）U_{ref}	$\|y_{lab}-y_{ref}\|$（Ω）	$\|y_{lab}-y_{ref}\|$ 相对值
10^4	××××	10 000.59 17×10^{-6}	10 000.61 5×10^{-6}	0.02	2×10^{-6}
10^{-3}	××××	0.001 000 000 28×10^{-6}	0.001 000 003 10×10^{-6}	3×10^{-9}	3×10^{-6}

注 环境条件：温度 20℃，湿度 65%。

【思考与练习】

1. 掌握测量不确定度的评定方法与步骤，试对某计量标准的测量不确定度进行评定。
2. 简述检定或校准结果的验证方法，一般应选用哪种验证方法？为什么？

模块 3 建标技术报告的编写（ZY2101004003）

【模块描述】本模块介绍建标时所需《计量标准技术报告》的式样及编（填）写要求等内容。通过要点介绍、举例说明，掌握《计量标准技术报告》编（填）写的要点和方法。

【正文】

一、概述

对于新建计量标准，应当撰写《计量标准技术报告》，报告内容应当完整、正确。《计量标准技术报告》全面反映了计量标准的技术状况。《计量标准技术报告》编写的好坏反映了申请考核单位在该项目上的人员水平。建立计量标准后，如果计量标准器及主要配套设备、环境条件及设施等发生重大变化而引起计量标准主要计量特性发生变化时，应当重新修订《计量标准技术报告》。

二、《计量标准技术报告》格式

计量标准建标应当使用 JJF 1033—2008《计量标准考核规范》统一规定的格式，并按规定的要求填写。《计量标准技术报告》格式是属于强制采用的建标用表。《计量标准技术报告》格式参见《计量标准技术报告》填写举例。

三、《计量标准技术报告》的编（填）写要点和要求

《计量标准技术报告》由申请建标考核单位填写，计量标准考核合格后由申请考核单位存档。

《计量标准技术报告》一般使用 A4 复印纸，采用计算机打印，如果用墨水笔填写，要求字迹工整清晰。

《计量标准技术报告》的填写要点和要求如下：

（一）封面和目录

1. “计量标准名称”

按 JJF 1022—1991《计量标准命名规范》规定的原则确定计量标准名称。该名称应与《计量标准考核（复查）申请书》中的名称相一致。

2. “计量标准负责人”

填写所建计量标准负责人的姓名。

3. “建标单位名称（公章）”

填写建立计量标准单位的全称并加盖公章。该单位名称应与《计量标准考核（复查）申请书》中申请考核单位的名称和公章中名称完全一致。

4. “填写日期”

填写编写《计量标准技术报告》的日期。如果是重新修订，应注明第一次填写日期和本次修订日期。

5. “目录”

目录一共 12 项内容，应在每项括号内注明在《计量标准技术报告》中的页码。

（二）技术报告内容

1. “建立计量标准的目的”

简要叙述建立计量标准的目的、意义，简要分析建立计量标准的社会经济效益以及建立计量标准的传递对象及范围。

2. “计量标准的工作原理及其组成”

用文字、框图或图表简要叙述该计量标准的基本组成以及开展量值传递时采用的检定或校准方法。计量标准的工作原理及其组成应符合所建计量标准的国家计量检定系统表和国家计量检定规程或技术规范的规定。

3. “计量标准器及主要配套设备”

计量标准器是指计量标准在量值传递中对量值有主要贡献的那些计量设备。主要配套设备是指除计量标准器以外的对测量结果的不确定度有明显影响的其他设备。

其中“名称”和“型号”两栏分别填写各计量标准器及主要配套设备的名称型号。

“测量范围”栏填写各计量标准器及主要配套设备的量值或量值范围。对于可以测量多种参数的计量标准应该分别给出每一个参数的测量范围和量值。

“不确定度或准确度等级或最大允许误差”栏填写相应计量标准器及主要配套设备的不确定度或准确度等级或最大允许误差。具体采用何种参数表示应根据具体情况确定。填写时必须用符号明确注明所给参数的含义。

最大允许误差用符号 MPE 表示，其数值一般应带“±”号，可以写为“MPE：±0.05A”，“MPE：±0.01mV”。

准确度等级一般以该计量标准所满足的等别或级别表示，可以按各专业约定填写，例如：可以写为“2 等”，“0.1 级”。

本栏中的不确定度，是指用该计量标准器及主要配套设备检定或校准被测对象时，该计量标准器及主要配套设备在测量结果中所引入的不确定度分量。其中不应包括由被测对象、测量方法以及环境条件等对测量结果的影响。

当填写不确定度时，可以根据该领域的习惯和方便的原则，用标准不确定度或扩展不确定度来表示。标准不确定度用符号 u 表示；扩展不确定度有两种表示方式，分别用 U 和 U_P 表示。当用扩展不确定度表示时，应同时注明所取包含因子 k 的数值。不确定度数值前不带“±”号，也不得用小于符号表示。

当包含因子 k 的数值是根据被测量 y 的分布，并由规定的置信概率 P 计算得到时，扩展不确定度用符号 U_P 表示。具体地说，当规定的置信概率 P 分别为 0.95 或 0.99 时，分别用符号 U_{95} 或 U_{99} 表示。当包含因子 k 的数值是直接取定（在绝大多数情况下取 $k = 2$），而不是根据被测量 y 的分布计算得到时，扩展不确定度用符号 U 表示。

在填写本栏目时，应根据具体情况的不同填写不同的参数。

（1）计量标准简单地由单台仪表或量具组成。

1）若检定或校准中直接采用该仪表或量具的示值或标称值，即不加修正值使用，则填写该仪表或量具的最大允许误差。

2）若在检定或校准中，该仪表或量具需要加修正值使用，即采用其实际值，则填写该修正值的不确定度。

3）若该仪表或量具有准确度等别和（或）级别的规定，则也可以填写该仪表或量具的等别和（或）级别。

（2）计量标准由多台仪表或测量设备组成的一套系统，则在原则上可以将计量标准分成计量标准器和比较器两部分。

1）若可以分辨这两部分各自对测量结果的影响，则按上面的原则分别填写这两部分的有关参数

（不确定度或准确度等级或最大允许误差）。当比较器由多种设备构成时，则填写这些设备的合成不确定度。

2）若无法分辨这两部分各自对测量结果的影响，则直接填写上述两部分的合成不确定度。

无论采用何种方法来表示，均应明确用符号表明所提供数据的含义。对于可以测量多种参数的计量标准，应分别给出每种参数的测量不确定度或准确度等级或最大允许误差。

若对于不同测量点或不同测量范围，计量标准具有不同的测量不确定度时，则应分段给出其不确定度，以每一分段中的最大不确定度表示。如有可能，最好能给出测量不确定度随测量点变化的公式。

若对于不同的分度值，计量标准的不确定度不同时，应分别给出对应于每一分度值的不确定度。

"制造厂及出厂编号"栏分别填写各计量标准器及主要配套设备铭牌上标明的制造厂及出厂编号。

"检定或校准机构"栏填写各计量标准器及主要配套设备溯源单位的名称。

"检定周期或复校间隔"栏填写各计量标准器及主要配套设备的检定周期或复校间隔，例如 1 年、半年。

4."计量标准的主要技术指标"

明确给出整套计量标准的量值或量值范围、分辨力或最小分度值、不确定度或准确度等级或最大允许误差以及其他必要的技术指标。

对于可以测量多种参数的计量标准，必须给出对应于每种参数的主要技术指标。

若对于不同测量点，计量标准的不确定度（或最大允许误差）不同时，建议用公式表示不确定度（或最大允许误差）与测量点的关系。如无法给出其公式，则分段给出其不确定度（或最大允许误差）。对于每一个分段，以该段中最大的不确定度（或最大允许误差）表示。

若对于不同的分度值具有不同的测量不确定度时，也应当分别给出。

5."环境条件"

在环境条件中应填写的项目可以分为以下三类：

（1）在计量检定规程或技术规范中提出具体要求，并且对检定或校准结果及其测量不确定度有显著影响的环境项目。

（2）在计量检定规程或技术规范中未提具体要求，但对检定或校准结果及其测量不确定度有显著影响的环境项目。

（3）在计量检定规程或技术规范中未提出具体要求，但对检定或校准结果及其测量不确定度的影响不大的环境项目。

对第一类项目，在"要求"栏内填写计量检定规程或技术规范对该环境项目规定必须达到的具体要求。对第二类项目，"要求"栏按"检定或校准结果的测量不确定度评定"栏中对该环境项目所提的要求填写。对第三类项目，"要求"栏可以不填。

"实际情况"栏填写使用计量标准的环境条件所能达到的实际情况。

"结论"栏是指是否符合计量检定规程或技术规范的要求，或是否符合"检定或校准结果的测量不确定度评定"栏中对该项目所提的要求。视情况分别填写"合格"或"不合格"。对第三类项目"结论"栏可以不填。

6."计量标准的量值溯源和传递框图"

根据与所建计量标准相应的国家计量检定系统表，画出该计量标准的量值溯源和传递框图。要求画出该计量标准溯源到上一级计量标准和传递到下一级计量器具的量值溯源和传递框图。

7."计量标准的重复性试验"

本栏应该列出重复性试验的全部数据，建议用表格的形式反映重复性试验数据处理过程，并判断其重复性是否符合要求。具体做法参见"ZY2101004001 计量标准的重复性、稳定性考核"模块。

8."计量标准的稳定性考核"

本栏应该列出计量标准稳定性考核的全部数据，建议用表格的形式反映稳定性考核的数据处理过程，并判断其稳定性是否符合要求。具体做法参见“ZY2101004001 计量标准的重复性、稳定性考核”模块。

9.“检定或校准结果的测量不确定度评定”

本栏应详细给出测量不确定度的评定过程。

当对于不同量程或不同测量点，其测量结果的不确定度不同时，如果各测量点的不确定度评定方法差别不大，允许仅给出典型测量点的不确定度评定过程。

对于可以测量多种参数的计量标准，应分别给出各主要参数的测量不确定度评定过程。

具体做法参见“测量不确定度的评定与验证”模块。

10.“检定或校准结果的验证”

检定或校准结果的验证方法可以分为传递比较法和比对法两类。传递比较法是具有溯源性的，而比对法并不具有溯源性，因此检定或校准结果的验证原则上应采用传递比较法，只有在不可能采用传递比较法的情况下才允许采用比对法进行检定或校准结果的验证，并且参加比对的实验室应尽可能多。具体做法参见“测量不确定度的评定与验证”模块。

11.“结论”

经过分析和实验验证，对所建计量标准是否符合国家计量检定系统表和计量检定规程或技术规范、是否具有相应的测量能力、是否能够开展相应的检定及校准项目、是否满足 JJF 1033—2008《计量标准考核规范》要求等方面给出总的评价。

12.“附加说明”

填写认为有必要指出的其他附加说明。

《计量标准技术报告》填写实例见本模块附录。

【思考与练习】

1.《计量标准技术报告》包含了哪些内容？

2. 理解《计量标准技术报告》中各项内容的含义，按要求正确填写一份《计量标准技术报告》。

附录:《计量标准技术报告》填写实例

计量标准技术报告

计　量　标　准　名　称　直流电阻箱检定装置

计 量 标 准 负 责 人　×××

建标单位名称（公章）　×××××××××

填　　写　　日　　期　2009年5月

目　　录

一、建立计量标准的目的
二、计量标准的工作原理及其组成
本标准由二等直流标准电阻、纳伏表和恒流源等系统组件组成，根据 JJG 982—2003《直流电阻箱检定规程》，采用恒流源数字电压表法对被检电阻箱进行检定，其原理如下图所示。 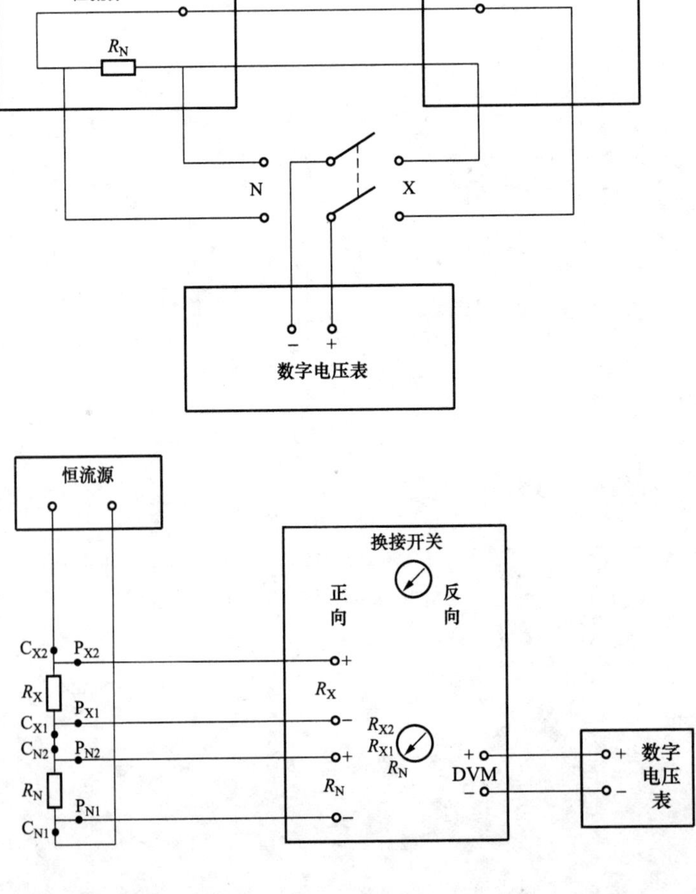

三、计量标准器及主要配套设备

	名　称	型号	测量范围	不确定度或准确度等级或最大允许误差	制造厂及出厂编号	检定或校准机构	检定周期或复校间隔
计量标准器	直流标准电阻	×××	10^{-3}～10^{5}Ω	二等	××××厂（9只标准电阻编号）	××××××	1年
主要配套设备	纳伏表	××××	10mV～100V	±2.7×10^{-5}	××公司 ×××××××	××××××	1年
	智能检定系统	××××	0.01～100mA	稳定度：（5～8）×10^{-6}/1min	××公司 ×××××××	××××××	1年
	高精密恒流源	××××	1～10A	稳定度：（8～10）×10^{-6}/1min	××公司 ×××××××	××××××	1年

四、计量标准的主要技术指标

1. 装置测量范围：

（10^{-4}～10^{5}）Ω

2. 直流标准电阻等级：

二等

3. 恒流源输出量程：

0.01mA，0.1mA，1mA，10mA，100mA，1A，10A

4. 恒流源稳定度：

（5～10）×10^{-6}/1min

五、环境条件

序 号	项 目	要 求	实际情况	结 论
1	温 度	(20±0.5)℃	(20±0.5)℃	符合要求
2	湿 度	40%～70%	40%～70%	符合要求
3	防 尘	防尘	防尘良好	符合要求
4	防 震	防震	无震动	符合要求
5	外磁场	无	无	符合要求
6				

六、计量标准的量值溯源和传递框图

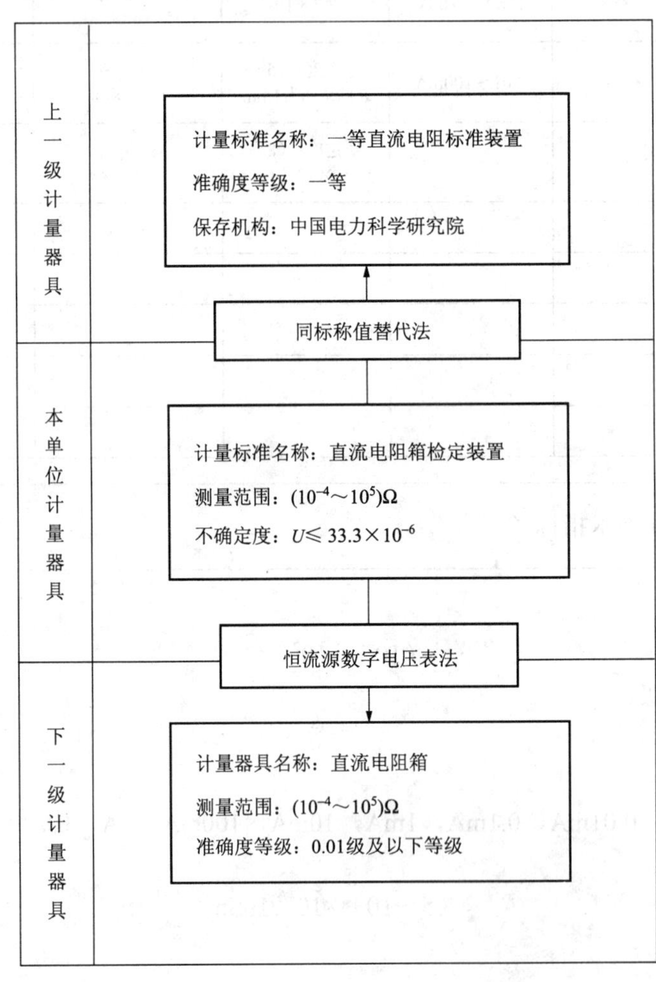

七、计量标准的重复性试验

在装置正常工作的条件下，选用一台直流电阻箱（No：××××）$\times10^{4}\Omega$和$\times10^{-3}\Omega$测量盘的第一点作为被测，采用恒流源数字电压表法对被检电阻箱在短时间内进行十次重复独立的测量（应在相同条件下连续做，每次测量应重新接线）。

序　号 \ 测量点	测　量　结　果（Ω）	
	$10^4\Omega$	$10^{-3}\Omega$
1	10 000.538 2	0.000 999 996 18
2	10 000.531 1	0.000 999 994 99
3	10 000.538 3	0.000 999 991 97
4	10 000.541 1	0.000 999 993 13
5	10 000.532 7	0.000 999 997 38
6	10 000.533 0	0.000 999 993 56
7	10 000.530 5	0.000 999 996 08
8	10 000.536 2	0.000 999 998 63
9	10 000.540 9	0.000 999 998 00
10	10 000.539 3	0.000 999 994 76
$\overline{x}$	10 000.536 1	0.000 999 995 468
s	0.004 0	2.2×10^{-9}
$s'=s/\overline{x}$	0.40×10^{-6}	2.2×10^{-6}

重复性计算公式：

$$s(x_i)=\sqrt{\frac{\sum_{i=1}^{n}(x_i-\overline{x})^2}{n-1}}$$

八、计量标准的稳定性考核

选一稳定性好的 0.01 级直流电阻箱（或二等标准电阻），型号××××（No：××××）作为核查标准。在 $10^{-3}\Omega$、1Ω、10Ω和 $10^4\Omega$四个测量点对本装置进行稳定性考核。每隔一段时间（大于一个月），用该计量标准对核查标准进行一组 n 次的重复测量（$n=5\sim10$），取其平均值作为该组的测量结果，共测 m 组（$m\geqslant4$），取 m 个测量结果中最大值和最小值之差，作为计量标准在该段时间内的稳定性。测量结果如下：

测试时间 \ 测试点	测 量 结 果（Ω）			
	$10^{-3}\Omega$	1Ω	10Ω	$10^4\Omega$
2008.06.19	$0.999\,993\,96\times10^{-3}$	1.000 047 59	9.999 794 0	10 000.519 4
2008.07.28	$0.999\,997\,30\times10^{-3}$	1.000 047 35	9.999 792 2	10 000.529 8
2008.09.08	$0.999\,998\,12\times10^{-3}$	1.000 047 97	9.999 795 6	10 000.533 0
2008.10.18	$0.999\,997\,79\times10^{-3}$	1.000 046 87	9.999 794 7	10 000.540 3
最大值–最小值（Ω）	0.42×10^{-8}	0.11×10^{-5}	0.034×10^{-4}	0.021
最大允许误差值（Ω）	2×10^{-8}	1×10^{-5}	1×10^{-4}	0.1

根据 JJF 1033—2008《计量标准考核规范》规定计量标准稳定性应小于该计量标准的最大允许误差的绝对值。由上述数据可知，计量标准稳定性符合要求。

九、检定或校准结果的测量不确定度评定

用本计量标准对直流电阻箱（××型 0.01 级、No：×××××）$\times10^4\Omega$盘第一点和$\times10^{-3}\Omega$盘第一点进行检定或校准。

1. 采用恒流源数字电压表法对所选点进行检定。

2. 数学模型：

$$R_X = R_N U_X / U_N$$

式中 R_X——被检直流标准电阻的实际值，Ω；

R_N——直流标准电阻实际值，Ω；

U_X——数字电压表测量被检标准电阻的电压值，V；

U_N——数字电压表测量标准电阻的电压值，V。

3. A类不确定度 u_A：

（1）A类不确定度来源：

1）连接导线电阻、开关接触电阻引入的误差。

2）温度变化引入的误差。

3）泄漏电流引入的误差。

（2）s 值。在相同条件下，短时间内对所选点进行十次重复独立的测量，经公式计算得到 s 值。

测量点 / 序号	测量结果（Ω）	
	$10^4\Omega$	$10^{-3}\Omega$
1	9999.585 3	0.001 000 023 47
2	9999.596 3	0.001 000 028 47
3	9999.581 5	0.001 000 030 13
4	9999.590 0	0.001 000 036 80
5	9999.596 6	0.001 000 033 46
6	9999.586 9	0.001 000 033 46
7	9999.572 5	0.001 000 043 92
8	9999.601 7	0.001 000 038 92
9	9999.587 7	0.001 000 033 93
10	9999.599 3	0.001 000 037 26
$\overline{x}$	9999.589 8	0.001 000 033 98
s	0.009 0	5.8×10^{-9}
$s'=s/\overline{x}$	0.90×10^{-6}（s_1'）	5.8×10^{-6}（s_2'）

则 $u_{A1}=s_1'(\overline{x})=0.90\times10^{-6}$，$u_{A2}=s_2'(\overline{x})=5.8\times10^{-6}$。

4. B类不确定度。

序号	不确定度来源	误差限 b_j		分布系数 k_j	灵敏系数 c_j	$U_j=c_jb_j/k_j$	
		$10^4\Omega$	$10^{-3}\Omega$			$10^4\Omega$	$10^{-3}\Omega$
1	标准电阻年变化误差	10×10^{-6}	20×10^{-6}	$\sqrt{3}$	1	$10/\sqrt{3}\times10^{-6}$	$20/\sqrt{3}\times10^{-6}$
2	标准电阻传递误差	5×10^{-6}	10×10^{-6}	3	1	$5/3\times10^{-6}$	$10/3\times10^{-6}$
3	内附标准电阻引入误差	5×10^{-6}	/	$\sqrt{3}$	/	$5/\sqrt{3}\times10^{-6}$	/
4	纳伏表测量电压引入误差	4×10^{-6}	4×10^{-6}	$\sqrt{3}$	1	$4/\sqrt{3}\times10^{-6}$	$4/\sqrt{3}\times10^{-6}$
5	恒流源输出电流短期稳定度	8×10^{-6}	10×10^{-6}	$\sqrt{3}$	1	$8/\sqrt{3}\times10^{-6}$	$10/\sqrt{3}\times10^{-6}$

5. 合成不确定度 u。考虑各分量不相关，则：

$$u_1=\sqrt{u_{A1}^2+\sum(c_ju_j)^2}=8.5\times10^{-6}$$

$$u_2=\sqrt{u_{A2}^2+\sum(c_ju_j)^2}=14.7\times10^{-6}$$

6. 扩展不确定度 U。

$$U=ku\text{（取包含因子 }k=2\text{）}$$

则

$$U_1=2\times8.5\times10^{-6}=1.7\times10^{-5}\text{（}\times10^4\Omega\text{ 盘）}$$

$$U_2=2\times14.7\times10^{-6}=3.0\times10^{-5}\text{（}\times10^{-3}\Omega\text{ 盘）}$$

十、检定或校准结果的验证

为验证本装置的测量不确定度，选用稳定性好的并经高等级（或上级）检定/校准的二等标准电阻 $10^4\Omega$（No：××××）和 $10^{-3}\Omega$（No：××××）（证书号：××××××××）作为被测对象，将本装置测量结果 y_{lab} 与高等级（或上级）标准装置测量结果 y_{ref} 进行比较，应满足下式：

$$|y_{lab}-y_{ref}|\leqslant\sqrt{U_{lab}^2+U_{ref}^2}$$

式中 U_{lab}——为本装置测量结果的扩展不确定度，包含因子 $k=2$；

U_{ref}——为高等级（或上级）标准装置测量结果的扩展不确定度，包含因子 $k=2$。

示值（Ω）	被测编号	本装置测量结果 y_{lab}（Ω）及 U_{lab}	高等级（或上级）标准装置测量结果 y_{ref}（Ω） U_{ref}	$\vert y_{lab}-y_{ref}\vert$（Ω）	$\vert y_{lab}-y_{ref}\vert$ 相对值
10^4	××××	10 000.59 17×10^{-6}	10 000.61 5×10^{-6}	0.02	2×10^{-6}
10^{-3}	××××	0.001 000 000 28×10^{-6}	0.001 000 003 10×10^{-6}	3×10^{-9}	3×10^{-6}

注 环境条件：温度 20℃，湿度 65%。

由上述验证数据可知，验证结果满足公式 $|y_{lab}-y_{ref}|\leqslant\sqrt{U_{lab}^2-U_{ref}^2}$，符合要求。

十一、结论

经过分析和实验验证，该直流电阻箱检定装置符合国家计量检定系统表和 JJG 982—2003《直流电阻箱》检定规程和 JJG 1033—2008《计量标准考核规范》的要求。可建立该直流电阻箱检定装置，并开展××级及以下直流电阻箱的检定、校准工作。

十二、附加说明

模块3 ZY2101004003

模块4 其他建标相关资料的编写（ZY2101004004）

【模块描述】本模块介绍建标相关资料的式样及编（填）写说明等内容。通过要点介绍、举例说明，熟悉计量标准的技术档案文件集的内容，掌握《计量标准考核（复查）申请书》、《计量标准履历书》编（填）写的要点和方法。

【正文】

一、计量标准建标技术档案简介

对每项计量标准应当建立一个文件集，在文件集目录中应当注明各种文件保存的地点和方式。所有文件均应现行有效，并规定合理的保存期限。申请考核单位应当保证文件的完整性、真实性、正确性。

对于新建计量标准的技术档案文件主要包含有以下内容：

（1）计量标准考核（复查）申请书。

（2）计量标准技术报告。

（3）计量标准的重复性试验记录。

（4）计量标准的稳定性考核记录。

（5）计量标准更换申报表（如果适用）。

（6）计量标准封存（或撤销）申报表。

（7）计量标准履历书。

（8）计量检定规程或技术规范。

（9）计量标准操作程序。

（10）计量标准器及主要配套设备的检定或校准证书。

（11）检定或校准人员的资格证明。

（12）实验室的相关管理制度。

（13）开展检定或校准工作的原始记录及相应的检定或校准证书副本。

（14）可以证明计量标准具有相应测量能力的其他技术资料。

二、《计量标准考核（复查）申请书》

计量标准建标应当使用 JJF 1033—2008《计量标准考核规范》统一规定的格式，并按规定的要求填写。《计量标准考核（复查）申请书》格式是属于强制采用的建标用表。《计量标准考核（复查）申请书》格式参见《计量标准考核（复查）申请书》举例。

《计量标准考核（复查）申请书》由申请建标考核单位填写。《计量标准考核（复查）申请书》一般使用 A4 复印纸，采用计算机打印，如果用墨水笔填写，要求字迹工整清晰。

《计量标准考核（复查）申请书》的填写要点和具体要求如下：

（一）封面

1.“[ ] 量标 证字第 号”

《计量标准考核证书》的编号，新建计量标准申请考核时不必填写，待考核合格后，根据主持考核部门签发的《计量标准考核证书》填写《计量标准考核证书》的编号。

2.“计量标准名称”和“计量标准代码”

按 JJF 1022—1991《计量标准命名规范》的规定查取计量标准名称和代码。《计量标准命名规范》中没有的，可按该规范规定的命名原则进行命名。

3.“申请考核单位”和“组织机构代码”

分别填写申请计量标准考核或复查单位的全称和该单位组织机构代码。申请考核单位的全称应与本申请书“申请考核单位意见”栏内所盖公章中的单位名称完全一致。

4.“单位地址”和“邮政编码”

分别填写申请计量标准考核或复查单位的具体地址，以及所在地区的邮政编码。

5. "联系人"和"联系电话"

联系人可以是该单位分管计量标准的负责人，也可以同时填写所建计量标准的具体负责人。联系电话应是联系人的办公电话号码或者手机号码，并同时注明所在地区的长途区位号码。

6. " 年 月 日"

填写申请计量标准考核或复查单位提出计量标准考核或复查申请时的时间。该时间应当与"申请考核单位意见"一栏内的时间完全一致。

（二）申请书内容

1. "计量标准名称"

与本申请书封面的"计量标准名称"栏的填法一致。

2. "计量标准考核证书号"

申请新建计量标准时不必填写，申请计量标准复查时应填写原《计量标准考核证书》的编号，并与本申请书封面的"[ ] 量标 证字第 号"填法一致。

3. "存放地点"

填写该计量标准存放部门的名称，存放地点所在的地址、楼号和房间号。

4. "计量标准总价值（万元）"

填写该计量标准的计量标准器和配套设备原值的总和，单位为万元，数字一般精确到小数点后两位。该总价应当和《计量标准履历书》中"总价值（万元）"相一致。

5. "计量标准类别"

需要考核的计量标准，按其类别分为社会公用计量标准，部门最高计量标准和企事业单位最高计量标准三类。经过质量技术监督部门授权的，属于计量授权。此处应当根据该计量标准的情况在对应的"□"内打"√"。

6. "前两次复查时间和方式"

填写该计量标准前两次复查时间和方式。如果是新建计量标准则不填；如果是第一次复查，则填新建计量标准考核时的时间、方式；如果是第二次复查，则填新建计量标准考核时和第一次复查的时间、方式。如果是第三次及三次以上复查，则填前两次复查时间和方式。考核方式分为书面审查和现场考评，请在对应的"□"内打"√"

7. "测量范围"

填写该计量标准的量值或量值范围。对于可以测量多种参数的计量标准应该分别给出每一个参数的测量范围和量值。

8. "不确定度或准确度等级或最大允许误差"

根据具体情况可以填写不确定度或准确度等级或最大允许误差。具体采用何种参数表示应根据具体情况确定，或遵从本行业的规定或约定俗成。填写时必须用符号明确注明所给参数的含义。

最大允许误差用符号 MPE 表示，其数值一般应带"±"号，例如，可以写为"MPE：±0.05A"，"MPE：±0.01mV"。

准确度等级一般以该计量标准所满足的等别或级别表示，可以按各专业约定填写，例如：可以写为"2 等"，"0.1 级"。

本栏中的不确定度，是指用该计量标准检定或校准被测对象时，该计量标准在测量结果中所引入的不确定度分量。其中不应包括由被测对象、测量方法以及环境条件等对测量结果的影响。例如，由环境效应导致的被测对象的不稳定，或由于被测对象和计量标准之间的失配而对测量结果的影响。

当填写不确定度时，可以根据该领域的习惯和方便的原则，用标准不确定度或扩展不确定度来表示。标准不确定度用符号 u 表示；扩展不确定度有两种表示方式，分别用 U 和 U_p 表示。当用扩展不确定度表示时，应同时注明所取包含因子 k 的数值。不确定度数值前不带"±"号，也不得用小于符号表示。

当包含因子 k 的数值是根据被测量 y 的分布，并由规定的置信概率 p 计算得到时，扩展不确定度用符号 U_p 表示。具体地说，当规定的置信概率 p 分别为 0.95 或 0.99 时，分别用符号 U_{95} 或 U_{99} 表

模块4 ZY2101004004

示。当包含因子 k 的数值是直接取定（在绝大多数情况下取 $k = 2$），而不是根据被测量 y 的分布计算得到时，扩展不确定度用符号 U 表示。

在填写本栏目时，应根据具体情况的不同填写不同的参数。

（1）计量标准简单地由单台仪表或量具组成。

1）若检定或校准中直接采用该仪表或量具的示值或标称值，即不加修正值使用，则填写该仪表或量具的最大允许误差；

2）若在检定或校准中，该仪表或量具需要加修正值使用，即采用其实际值，则填写该修正值的不确定度；

3）若该仪表或量具有准确度等别和（或）级别的规定，则也可以填写该仪表或量具的等别和（或）级别。

（2）计量标准由多台仪表或测量设备组成的一套系统，则在原则上可以将计量标准分成计量标准器和比较器两部分。

1）若可以分辨这两部分各自对测量结果的影响，则按上面的原则分别填写这两部分的有关参数（不确定度或准确度等级或最大允许误差）。当比较器由多种设备构成时，则填写这些设备的合成不确定度。

2）若无法分辨这两部分各自对测量结果的影响，则直接填写上述两部分的合成不确定度。

无论采用何种方法来表示，均应明确用符号表明所提供数据的含义。对于可以测量多种参数的计量标准，应分别给出每种参数的测量不确定度或准确度等级或最大允许误差。

若对于不同测量点或不同测量范围，计量标准具有不同的测量不确定度时，则应分段给出其不确定度，以每一分段中的最大不确定度表示。如有可能，最好能给出测量不确定度随测量点变化的公式。

若对于不同的分度值，计量标准的不确定度不同时，应分别给出对应于每一分度值的不确定度。

9.“计量标准器”和“主要配套设备”

计量标准器是指计量标准在量值传递中对量值有主要贡献的那些计量设备。主要配套设备是指除计量标准器以外的对测量结果的不确定度有影响的其他设备。

其中“名称”和“型号”两栏分别填写各计量标准器及主要配套设备的名称和型号。

“测量范围”栏填写各计量标准器及主要配套设备的量值或量值范围。对于可以测量多种参数的计量标准应该分别给出每一个参数的测量范围和量值。

“不确定度或准确度等级或最大允许误差”栏填写相应计量标准器及主要配套设备的不确定度或准确度等级或最大允许误差。填写要求与本文上述第（8）条相同。

“制造厂及出厂编号”栏分别填写各计量标准器及主要配套设备铭牌上标明的制造厂及出厂编号。

“检定周期或复校间隔”栏填写各计量标准器及主要配套设备的检定周期或复校间隔，例如 1 年、半年。

“末次检定或校准日期”栏填写各计量标准器及主要配套设备最近一次的检定或校准日期。

“检定或校准机构及证书号”栏填写各计量标准器及主要配套设备溯源单位的名称及检定或校准证书编号。

10.“环境条件及设施”

（1）本栏的填写内容应与《计量标准技术报告》中的相应栏目一致。

（2）在设施中填写在计量检定规程或技术规范中提出具体要求，并且对检定或校准结果及其测量不确定度有影响的设施和监控设备。在“项目”栏内填写计量检定规程或技术规范规定的设施和监控设备名称，在“要求”栏内填写计量检定规程或技术规范对该设施和监控设备规定必须达到的具体要求。“实际情况”栏填写设施和监控设备的名称、型号和所能达到的实际情况，并应与《计量标准履历书》中相关内容一致。“结论”栏是指是否符合计量检定规程或技术规范的要求。对该项目所提的要求，视情况分别填写“合格”或“不合格”。

11.“检定或校准人员”

分别填写使用该计量标准进行检定或校准工作的持证计量检定或校准人员的情况。每项计量标准应有不少于两名的持证计量检定或校准人员。“姓名”、“性别”、“年龄”、“从事本项目年限”、“文化程度”等栏目按实际情况填写；“核准的检定或校准项目”应填写检定或校准人员所取得的相应的检定或校准项目。“资格证书名称及注册编号”可以填写《计量检定员证》的编号，也可以填写《注册计量师资格证书》的编号以及《注册计量师注册证》编号。“发证机关”填写颁发这些证件的机构简称。

12.“文件集登记”

对表中所列 18 种文件是否具备，分别按情况填写“是”或“否”，写“否”应在“备注”中说明原因。

13.“拟开展的检定及校准项目”

本栏目是指计量标准拟开展的检定或校准项目。“名称”栏填写被检或被校计量器具名称（如果只能开展校准，必须在被检或被校计量器具名称（或参数）注明“校准”字样）。“测量范围”栏填写被检或被校计量器具的量值或量值范围。“不确定度或准确度等级或最大允许误差”栏填写用该计量标准对被检计量器具或被校准对象进行测量时所能达到的测量不确定度或准确度等级或最大允许误差。填写要求与本文上述第（8）条相同。

“所依据的计量检定规程或技术规范的代号及名称”栏填写开展计量检定所依据的计量检定规程以及开展校准所依据的计量检定规程或技术规范的代号及名称。填写时先写计量检定规程或技术规范的代号，再写名称的全称。例如，JJG 124—2005《电流表、电压表、功率表及电阻表检定规程》，JJG 982—2003《直流电阻箱检定规程》。若涉及多个计量检定规程或技术规范时，则应全部分别予以列出。此处应当填写被检或被校计量器具（或参数）的计量检定规程或技术规范，而不是计量标准器或主要配套设备的计量检定规程或技术规范。

14.“申请考核单位意见”

申请考核单位的负责人（即主管领导）签署意见并签名和加盖公章。

15.“申请考核单位主管部门意见”

申请考核单位的主管部门在本栏目签署意见。如申请建立部门最高计量标准，则应在意见中明确写明“同意建立本部门最高计量标准”并加盖公章。如企业申请本单位最高计量标准考核，企业的主管部门应在本栏目签署“同意该企业建立最高计量标准，请予考核”并加盖公章。

《计量标准考核（复查）申请书》填写实例见本模块附录一。

三、《计量标准履历书》

JJF 1033—2008《计量标准考核规范》中给出的《计量标准履历书》格式属于推荐采用，申请计量标准考核单位原则上应当按照本参考格式填写。对于某些计量标准，如果本参考格式不适用，申请计量标准考核单位可以自行设计《计量标准履历书》格式，但其包含的内容不应少于本参考格式规定的内容。《计量标准履历书》参考格式见《计量标准履历书》举例。

（一）封面和目录

1.“计量标准名称”

该名称应与《计量标准考核（复查）申请书》中的名称相一致。

2.“计量标准代码”

按 JJF 1022—1991《计量标准命名规范》的规定取得的计量标准代码。该代码应与《计量标准考核（复查）申请书》中的代码相一致。

3.“计量标准考核证书号”

新建计量标准申请考核时不必填写，待考核合格后，根据主持考核部门签发的《计量标准考核证书》填写证书编号。

4.“建立日期　　年　　月　　日”

填写计量标准的筹建日期。

5.“目录”

目录一共11项内容，应在每项（ ）内注明在《计量标准履历书》中的页码。

（二）《计量标准履历书》内容

1.“计量标准基本情况记载”

“计量标准名称”、“测量范围”、“不确定度或准确度等级或最大允许误差”及“存放地点”填写同《计量标准考核（复查）申请书》的相关栏目。

“总价值（万元）”填写该计量标准的计量标准器和配套设备原值的总和，单位为万元，数字一般精确到小数点后两位。

“启用日期”填写该计量标准正式投入使用的日期。

“建立计量标准情况记录”填写该计量标准筹建的基本情况，包括什么情况提出建立，建立的过程（计量标准器、配套设备及设施购置、安装、送检，人员培训，环境条件，管理制度建立等方面的情况）。

“验收情况”填写该计量标准的计量标准器、配套设备及设施整体验收情况，并要求验收人签名。验收一般由计量标准器、配套设备及设施购买部门（例如：申请考核单位的设备部）和使用部门共同验收，通过验收后，移交给计量标准负责人。

2.“计量标准器、配套设备及设施登记”

该处不仅要登记计量标准器及主要配套设备的信息，还要登记设施及其他监控设备的信息。“名称”、“型号”、“测量范围”、“不确定度或准确度等级或最大允许误差”、“制造厂及出厂编号”的填写同《计量标准考核（复查）申请书》的相关内容。“价值（元）”填写该计量标准器、配套设备或者设施的原值，所有计量标准器及配套设备的价值之和等于“计量标准基本情况记载”中的“总价值（万元）”。

3.“计量标准考核（复查）记录”

“计量标准名称”与《计量标准考核（复查）申请书》中的名称相一致。

“考核日期”填写该计量标准历次考核或者复查的具体日期。

“考评单位”填写历次承担该计量标准考评的单位。

“考核方式”填写“书面审查”或者“现场考评”。

“考核结论”填写“合格”或者“不合格”。

“考评员姓名”填写承担该计量标准历次考核的考评员姓名。

“计量标准考核证书有效期”填写该计量标准本次考核的证书有效期。例如：2008年9月6日～2012年9月5日。

4.“计量标准器稳定性考核图表”

根据计量标准器的实际情况可以选择“计量标准器稳定性考核记录表”和“计量标准器稳定性曲线图”中的一种或两种均可。对于可以测量多种参数的计量标准，每一种参数均要给出其“计量标准器稳定性曲线图”和（或）“计量标准器稳定性考核记录表”。

5.“计量标准器及主要配套设备量值溯源记录”

“计量标准器及主要配套设备名称”栏填写各计量标准器或主要配套设备名称。

“检定或校准日期”栏填写各计量标准器或主要配套设备该次检定或校准日期。

“检定周期或校准间隔”栏填写各计量标准器或主要配套设备检定周期或校准间隔，例如：1年、半年等。

“检定或校准机构名称”栏填写各计量标准器或主要配套设备溯源单位的名称。

“结论”栏填写各计量标准器或主要配套设备的检定或校准的结论。对于检定，填写“合格”、“不合格”或“符合×等”、“符合×级”；对于校准，填写是否符合要求。

“检定或校准证书号”栏填写各计量标准器或主要配套设备的检定或校准证书号。

6.“计量标准器及配套设备修理记录”

“修理对象”栏填写修理的计量标准器或配套设备的名称、规格、型号和出厂编号。

“修理日期”栏填写修理计量标准器或配套设备的日期。

“修理原因”栏填写计量标准器或配套设备的故障情况。

“修理情况”栏填写计量标准器或配套设备修理时的情况。

“修理结论”栏填写计量标准器或配套设备修理后能否满足计量标准的要求。

“经手人签字”栏由经手人签字。

7.“计量标准器及配套设备更换登记”

计量标准器或主要配套设备发生任何更换，均应进行登记。

“更换前计量器具名称、型号和出厂编号”栏填写更换前的计量标准器或配套设备的名称、型号和出厂编号。

“更换后计量器具名称、型号和出厂编号”栏填写更换后的计量标准器或配套设备铭牌上的名称、型号和出厂编号。

“更换原因”栏填写计量标准器或配套设备的更换原因。

“更换日期”栏填写计量标准器或配套设备的更换日期。

“经手人签字”栏由经手人签字。

“批准部门或批准人及日期”由建立计量标准单位内主管计量标准部门或其负责人签字批准更换，并注明签字日期。

8.“计量检定规程或技术规范（更换）登记”

在《计量标准履历书》应当登记开展检定或校准所依据的计量检定规程或技术规范，如果所依据的计量检定规程或技术规范发生更换，也应当在《计量标准履历书》中予以记载。

新建计量标准仅填写“现行的计量检定规程或技术规范代号及名称”栏。此后，每当规程或规范发生更换时“现行的计量检定规程或技术规范代号及名称”栏填写替换后的新规程或规范；“原计量检定规程或技术规范代号及名称”栏填写被替换的原规程或规范。同时填写“更换日期”和“主要的变化内容”两栏目。

9.“检定或校准人员（更换）登记”

在岗的全部检定或校准人员的有关信息应在“检定或校准人员（更换）登记”表中予以记载，填写除“离岗日期”以外的其他所有栏目。当检定或校准人员离岗时，填写“离岗日期”栏。

10.“计量标准负责人（更换）登记”

在《计量标准履历书》中应当记载计量标准负责人的信息。填写“负责人姓名”、“接收日期”、“交接记事”、“交接人签字及日期”四栏目。其中“负责人”是指新上任的负责人；而“交接人”是指将卸任的负责人。

11.“计量标准使用记录”

使用计量标准时应当填写“计量标准使用记录”。

“计量标准使用记录”可以单独印制使用。

当计量标准使用频繁时，可以每隔一段合理的时间记录一次。

《计量标准履历书》填写实例见本模块附录二。

四、《计量标准更换申报表》格式及填写说明

（一）《计量标准更换申报表》格式

《计量标准更换申报表》格式是 JJF 1033—2008《计量标准考核规范》统一规定的属于强制采用的建标用表，《计量标准更换申报表》格式参见附录三。

（二）《计量标准更换申报表》填写说明

计量标准发生更换时，申请考核单位应当填写《计量标准更换申报表》一式两份报主持考核的部门。

《计量标准更换申报表》用计算机打印或墨水笔填写，要求字迹工整清晰。

申报时应当附上更换后计量标准器及主要配套设备有效的检定或校准证书复印件一份，对于重复性和稳定性有要求的计量标准，还应当提供计量标准重复性试验和稳定性考核记录复印件一份。

1."计量标准名称"和"代码"

按《计量标准考核证书》中的名称和代码填写。

2."测量范围"

填写该计量标准的量值或量值范围。

本栏的填写内容应与《量标准考核证书》中的相应栏目一致。

3."不确定度或准确度等级或最大允许误差"

根据情况可以填写不确定度、准确度等级或最大允许误差。必须用符号明确注明所给参数的含义。

本栏的填写内容应与《计量标准考核证书》中的相应栏目一致。

4."计量标准考核证书号"

填写由主持考核部门签发的《计量标准考核证书》的证书编号。

5."计量标准考核证书有效期"

填写由主持考核部门签发的《计量标准考核证书》的有效期。

6."计量标准器及主要配套设备更换登记"

"更换前"填写被更换的设备,"更换后"填写新更换的设备。若同时更换一种以上的标准器或主要配套设备,"更换前"和"更换后"的填写次序应一一对应。

"名称"栏填写更换前和更换后的计量标准器或主要配套设备的名称。

"型号"栏填写更换前和更换后的计量标准器或主要配套设备的型号。

"测量范围"栏填写更换前和更换后的计量标准器或主要配套设备的量值或量值范围。

"不确定度或准确度等级或最大允许误差"栏可以根据情况填写不确定度或准确度等级或最大允许误差。必须用符号明确注明所填写参数的含义。

"制造厂及出厂编号"栏填写更换前和更换后的计量标准器或主要配套设备的铭牌上的制造厂及出厂编号。

"检定或校准机构及证书号"栏填写更换前和更换后的计量标准器或主要配套设备的检定或校准机构及证书号。

7."计量标准的其他更换及更换原因"

填写计量标准的其他更换及更换原因,其他更换包括所依据的计量检定规程或技术规范发生实质性变化、申请考核单位名称发生变更等,更换原因是指发生更换的主要理由。例如:原计量标准器或主要配套设备送检不合格,需要更换。

8."更换后测量范围、不确定度或准确度等级或最大允许误差,以及开展检定或校准项目的变化情况"

填写更换后上述参数的变化情况。

9."申请单位意见"

由申请考核单位的主管领导签署意见并加盖公章。

10."主持考核的部门意见"

由主持考核的部门签署意见并加盖公章。

五、《计量标准封存(或撤销)申报表》格式及填写说明

(一)《计量标准封存(或撤销)申报表》格式

《计量标准封存(或撤销)申报表》格式是 JJF 1033—2008《计量标准考核规范》统一规定的属于强制采用的建标用表,《计量标准封存(或撤销)申报表》格式参见附录四。

(二)《计量标准封存(或撤销)申报表》填写说明

已建计量标准需要封存或撤销时,申请考核单位应当填写《计量标准封存(或撤销)申报表》一式两份报主持考核的部门。

《计量标准封存(或撤销)申报表》用计算机打印或墨水笔填写,要求字迹工整清晰。

1."计量标准名称"和"代码"

《计量标准考核证书》中的名称和代码填写。

2.“测量范围”

填写该计量标准的量值或量值范围。

本栏的填写内容应与《计量标准考核证书》中的相应栏目一致。

3.“不确定度或准确度等级或最大允许误差”

根据情况可以填写不确定度或准确度等级或最大允许误差。必须用符号明确注明所给参数的含义。

本栏的填写内容应与《计量标准考核（复查）申请书》中的相应栏目一致。

4.“计量标准考核证书号”

填写由主持单位签发的《计量标准考核证书》的证书编号。

5.“计量标准考核证书有效期”

填写由主持单位签发的《计量标准考核证书》的有效期。

6.“申请类型”

按具体情况分别选择“封存”或“撤销”。

7.“封存（或撤销）原因”

填写计量标准被封存（或撤销）的具体原因。如需具体说明，可写在“情况说明”后。

8.“申请停用时间”

填写计量标准封存的起止日期。

9.“申请考核单位意见”

由申请考核单位的主管领导签署意见并加盖公章。

10.“主管部门意见”

由申请考核单位的主管部门签署意见并加盖公章。

11.“主持考核的部门意见”

由主持考核的部门签署意见并加盖公章。

【思考与练习】

1. 新建计量标准的技术档案文件主要有哪些？

2.《计量标准考核（复查）申请书》的“不确定度或准确度等级或最大允许误差”栏应如何填写？

3. 试按要求正确填写一份《计量标准考核（复查）申请书》。

4. 了解《计量标准履历书》及其他相关表格的填写要求，试按要求正确填写一份《计量标准履历书》。

附录一：《计量标准考核（复查）申请书》填写实例

计量标准考核（复查）申请书

[　　　]　　　量标　　　证字第　　　　　号

计量标准名称＿＿直流电阻箱检定装置＿＿

计量标准代码＿＿15513600＿＿

申请考核单位＿＿×××××＿＿

组织机构代码＿＿×××××＿＿

单　位　地　址＿＿×××××＿＿

邮　政　编　码＿＿××××××＿＿

联　系　人＿＿×××＿＿

联　系　电　话＿＿区号—×××××××＿＿

2009年×月×日

说　　明

1. 根据《中华人民共和国计量法》的有关规定，凡建立社会公用计量标准或部门、企、事业最高计量标准，需经有关质量技术监督部门主持考核合格后方可使用。

2.《计量标准考核（复查）申请书》一般使用 A4 复印纸，采用计算机打印，如果用墨水笔填写，要求字迹工整清晰。

3. 申请新建计量标准考核，申请考核单位应当提供以下资料：

（1）《计量标准考核（复查）申请书》原件和电子版各一份。

（2）《计量标准技术报告》原件一份。

（3）计量标准器及主要配套设备有效的检定或校准证书复印件一套。

（4）开展检定或校准项目的原始记录及相应的模拟检定或校准证书复印件两套。

（5）检定或校准人员资格证明复印件一套。

（6）可以证明计量标准具有相应测量能力的其他技术资料。

（7）如采用计量检定规程或国家计量校准规范以外的技术规范，应当提供技术规范和相应的证明文件复印件一套。

4. 申请计量标准复查考核，申请考核单位应提供以下资料：

（1）《计量标准考核（复查）申请书》原件和电子版各一份。

（2）《计量标准考核证书》原件一份。

（3）《计量标准技术报告》原件一份。

（4）《计量标准考核证书》有效期内计量标准器及主要配套设备的连续、有效的检定或校准证书复印件一套。

（5）随机抽取的该计量标准近期开展检定或校准工作的原始记录及相应的检定或校准证书复印件两套。

（6）《计量标准考核证书》有效期内连续的《计量标准重复性试验记录》复印件一套。

（7）《计量标准考核证书》有效期内连续的《计量标准稳定性考核记录》复印件一套。

（8）检定或校准人员资格证明复印件一套。

（9）计量标准更换申报表（如果适用）复印件一份。

（10）计量标准封存（或撤销）申报表（如果适用）复印件一份。

（11）可以证明计量标准具有相应测量能力的其他技术资料。

注：只有申请复查考核时才填写计量标准考核证书号、复查时间和方式。

计量标准名称	直流电阻箱检定装置	计量标准考核证书号	（首次申请不填）
存放地点	××××实验室	计量标准总价值（万元）	××
计量标准类别	□ 社会公用 □ 计量授权	☑ 部门最高 □ 计量授权	□ 企事业最高 □ 计量授权
前两次复查时间和方式	年 月 日 □ 书面审查 □ 现场考评	年 月 日 □ 书面审查 □ 现场考评	
测量范围	0～10^6Ω		
不确定度或准确度等级或最大允许误差	0.02 级		

	名 称	型 号	测量范围	不确定度或准确度等级或最大允许误差	制造厂及出厂编号	检定周期或复校间隔	末次检定或校准日期	检定或校准机构及证书号
计量标准器	直流单双电桥	QJ36	0～10^6Ω	0.02 级	××××厂 ××××	1 年	×年×月×日	××（检定或校准机构） ×××××××
主要配套设备	直流检流计	AZ19	±30μV～±30mV	5 级	××××厂 ××××	1 年	×年×月×日	××（检定或校准机构） ×××××××

环境条件及设施	序 号	项 目	要 求	实 际 情 况	结 论
	1	温度	（20±3）℃	（20±3）℃	符合要求
	2	湿度	40%～70%	40%～70%	符合要求
	3	以下空白			
	4				
	5				
	6				
	7				
	8				

检定或校准人员	姓 名	性别	年龄	从事本项目年限	文化程度	核准的检定或校准项目	资格证书名称及注册编号	发证机关
	×××	女	××	10 年	大专	直流仪器	检定员证 ××××	××××单位
	×××	男	××	8 年	大专	直流仪器	检定员证 ××××	××××单位
	以下空白							

续表

	序号	名称	是否具备	备注
文件集登记	1	计量标准考核证书（如果适用）	是	
	2	社会公用计量标准证书（如果适用）		首次无
	3	计量标准考核（复查）申请书	是	
	4	计量标准技术报告	是	
	5	计量标准的重复性试验记录		首次无
	6	计量标准的稳定性考核记录		首次无
	7	计量标准更换申报表（如果适用）		首次无
	8	计量标准封存（或撤销）申报表（如果适用）		首次无
	9	计量标准履历书	是	
	10	国家计量检定系统表（如果适用）	是	
	11	计量检定规程或技术规范	是	
	12	计量标准操作程序	是	
	13	计量标准器及主要配套设备使用说明书（如果适用）	是	
	14	计量标准器及主要配套设备的检定证书或校准证书	是	
	15	检定或校准人员的资格证明	是	
	16	实验室的相关管理制度	是	
	16.1	实验室岗位管理制度	是	
	16.2	计量标准使用维护管理制度	是	
	16.3	量值溯源管理制度	是	
	16.4	环境条件及设施管理制度	是	
	16.5	计量检定规程或技术规范管理制度	是	
	16.6	原始记录及证书管理制度	是	
	16.7	事故报告管理制度	是	
	16.8	计量标准文件集管理制度	是	
	17	开展检定或校准工作的原始记录及相应的检定或校准证书副本	是	
	18	可以证明计量标准具有相应测量能力的其他技术资料	是	

续表

	名 称	测量范围	不确定度或准确度等级或最大允许误差	所依据的计量检定规程或技术规范的代号及名称
开展的检定或校准项目	直流电阻箱	$0 \sim 10^6\Omega$	0.1 级及以下	JJG 982—2003 直流电阻箱检定规程

申请考核单位意见	负责人签字：（公章） 年 月 日
申请考核单位主管部门意见	（公章） 年 月 日
主持考核（复查）质量技术监督部门意 见	（公章） 年 月 日
组织考核（复查）质量技术监督部门意 见	（公章） 年 月 日

附录二：《计量标准履历书》填写实例

计量标准履历书

计　量　标　准　名　称　直流电阻箱检定装置

计　量　标　准　代　码　15513600

计量标准考核证书号　×××××××

建立日期：2009年×月×日

目 录

一、计量标准基本情况记载

<table>
<tr><td>计量标准器名称</td><td colspan="3">直流电阻箱检定装置</td></tr>
<tr><td>测量范围</td><td colspan="3">0～$10^6\Omega$</td></tr>
<tr><td>不确定度
或准确度等级
或最大允许误差</td><td colspan="3">0.02 级</td></tr>
<tr><td>存放地点</td><td>×××实验室</td><td>总价值（万元）</td><td>×.××</td></tr>
<tr><td>启用日期</td><td colspan="3">2009 年×月×日</td></tr>
<tr><td colspan="4">建立计量标准情况记录：</td></tr>
<tr><td colspan="4">验收情况：

验收人：×××
2009 年×月×日</td></tr>
</table>

二、计量标准器、配套设备及设施登记

	名 称	型　号	测量范围	不确定度或准确度等级或最大允许误差	制造厂及出厂编号	价值（元）	备 注
计量标准器	直流单双电桥	QJ36	$0\sim10^6\Omega$	0.02 级	××××厂 ××××	×××××	
	以下空白						
配套设备	直流检流计	AZ19	±30μV～±30mV	5 级	××××厂 ××××	××××	
	以下空白						
设施							

三、计量标准考核（复查）记录

计量标准名　称	直流电阻箱检定装置					
考核日期	考评单位	考核方式	考核结论	考评员姓名	计量标准考核证书有效期	备 注
2009.×.×	×××××	书面审查	合格	×××	2009 年×月×日～2012 年×月×–1 日	

四、计量标准器稳定性考核图表

计量标准器稳定性考核记录

计量标准器名称及编号	名义值	允许变化量	上级法定计量机构检定数据或自我比对数据							
			2008 年 3 月	2009 年 3 月	变化量	结论	年月	年月	变化量	结论
直流单双电桥 ×××××	×10^3Ω盘第一点	±0.05Ω	1000.02Ω	1000.03Ω	0.01Ω	合格				
	×10^2Ω盘第一点	±0.005Ω	100.005Ω	100.003Ω	−0.002Ω	合格				

计量标准器稳定性曲线图

注 每一个参数画一张稳定性曲线图。

五、计量标准器及主要配套设备量值溯源记录

计量标准器及主要配套设备名称	检定或校准日期	检定周期或校准间隔	检定或校准机构名称	结论	检定或校准证书号	备 注
直流单双电桥	2008.3.18	1年	××××××	合格	××××××	
直流检流计	2008.3.18	1年	××××××	合格	××××××	
直流单双电桥	2009.3.17	1年	××××××	合格	××××××	
直流检流计	2009.3.17	1年	××××××	合格	××××××	

六、计量标准器及配套设备修理记录

修理对象	修理日期	修理原因	修理情况	修理结论	经手人签字

七、计量标准器及配套设备更换登记

更换前计量器具名称、型号及出厂编号	更换后计量器具名称、型号及出厂编号	更换原因	更换日期	经手人签字	批准部门或批准人及日期

八、计量检定规程或技术规范（更换）登记

现行的计量检定规程或技术规范代号及名称	原计量检定规程或技术规范代号及名称	变更日期	主要的变化内容
JJG 982—2003 直流电阻箱检定规程			

九、检定或校准人员（更换）登记

姓名	性别	文化程度	资格证书名　称	资格证书编　号	核准的检定或校准项目	上岗日期	离岗日期
×××	女	大专	检定员证	××××	直流仪器	2008.5	
×××	男	大专	检定员证	××××	直流仪器	2008.6	

十、计量标准负责人（更换）记录

负责人姓名	接收日期	交 接 记 事	交接人签字及日期
×××	2009年×月×日		

十一、计量标准器使用记录

使用日期	使用前情况	使用后情况	使用人签名	备　注
2009.3.26	完好正常	完好正常	×××	
2009.04.08	完好正常	完好正常	×××	

注　1. 该表格可以单独印制使用。

2. 当计量标准使用频繁时，可以每隔一段合理的时间间隔记录一次。

附录三：《计量标准更换申报表》格式

计量标准更换申报表

<table>
<tr><td colspan="3">计量标准名称</td><td></td><td>代 码</td><td colspan="2"></td></tr>
<tr><td colspan="3">测量范围</td><td colspan="4"></td></tr>
<tr><td colspan="3">不确定度或准确度
等级或最大允许误差</td><td colspan="4"></td></tr>
<tr><td colspan="3">计量标准考核证书号</td><td></td><td>计量标准
考核证书有效期</td><td colspan="2"></td></tr>
<tr><td colspan="7">计 量 标 准 器 及 主 要 配 套 设 备 更 换 登 记</td></tr>
<tr><td rowspan="4">更换前</td><td>名 称</td><td>型 号</td><td>测量范围</td><td>不确定度
或准确度等级
或最大允许误差</td><td>制造厂及
出厂编号</td><td>检定或校
准机构及
证书号</td></tr>
<tr><td></td><td></td><td></td><td></td><td></td><td></td></tr>
<tr><td></td><td></td><td></td><td></td><td></td><td></td></tr>
<tr><td></td><td></td><td></td><td></td><td></td><td></td></tr>
<tr><td rowspan="3">更换后</td><td></td><td></td><td></td><td></td><td></td><td></td></tr>
<tr><td></td><td></td><td></td><td></td><td></td><td></td></tr>
<tr><td></td><td></td><td></td><td></td><td></td><td></td></tr>
<tr><td colspan="7">计量标准的其他更换及更换原因：</td></tr>
<tr><td colspan="7">更换后测量范围、不确定度或准确度等级或最大允许误差，以及开展检定或校准项目的变化情况：</td></tr>
<tr><td colspan="7">申请单位意见：

负责人签字：　　（公章）
年　月　日</td></tr>
<tr><td colspan="7">主持考核的部门意见：

（公章）
年　月　日</td></tr>
</table>

注　1. 计量标准发生更换时申请单位应当填写《计量标准更换申报表》一式两份报主持考核的部门。

2.《计量标准更换申报表》用计算机打印或墨水笔填写，要求字迹工整清晰。

3. 申报时应当附上更换后计量标准器及主要配套设备有效的检定或校准证书复印件一份，对重复性和稳定性有要求的计量标准，还应当提供计量标准重复性试验和稳定性考核记录复印件一份。

附录四:《计量标准封存(或撤销)申报表》格式

计量标准封存(或撤销)申报表

<table>
<tr><td>计量标准名称</td><td></td><td>代 码</td><td></td></tr>
<tr><td>测量范围</td><td colspan="3"></td></tr>
<tr><td>不确定度或准确度
等级或最大允许误差</td><td colspan="3"></td></tr>
<tr><td>计量标准
考核证书号</td><td></td><td>计量标准
考核证书有效期</td><td></td></tr>
<tr><td>申请类型</td><td colspan="3">☐ 封存　　☐ 撤销</td></tr>
<tr><td>封存或撤销原因</td><td colspan="3">☐ 计量标准器或主要配套设备出现问题　☐ 技术改造
☐ 搬迁　☐ 无量传工作　☐ 其他
情况说明:</td></tr>
<tr><td>申请停用时间</td><td colspan="3">年　月　日——　年　月　日</td></tr>
<tr><td>申请考核
单位意见</td><td colspan="3">负责人签字:　(公章)
年　月　日</td></tr>
<tr><td>主管部门
意　见</td><td colspan="3">(公章)
年　月　日</td></tr>
<tr><td>主持考核的
部门意见</td><td colspan="3">(公章)
年　月　日</td></tr>
</table>

注 1. 计量标准需要封存或撤销时,申请考核单位应当填写《计量标准封存(或撤销)申报表》一式两份报主持考核的部门。

2.《计量标准封存(或撤销)申报表》用计算机打印或墨水笔填写,要求字迹工整清晰。

第九部分

计量标准考核

第二十八章　计量标准考核规范

模块1　计量标准的建立及相关基本概念（ZY2100201001）

【模块描述】本模块介绍计量标准的建立及相关基本概念。通过概念解释、要点归纳和流程介绍，了解建立计量标准的目的和相关基本概念，掌握计量标准考核的基本原则和内容，熟悉计量标准建立的程序。

【正文】

一、建立计量标准的目的

建立计量标准是保证使用的计量器具的计量结果在规定的误差范围内一致，其出具的数据准确可靠，从而保证计量的量值准确统一。

二、建立计量标准的相关基本概念

1. 计量标准考核

上级计量标准考核部门对计量标准测量能力的评定和开展量值传递资格的确认，是对其用于开展计量检定或校准，进行量值传递资格的计量认证。计量标准考核不仅是计量监督的一项基本内容，还是实施《中华人民共和国计量法》的重要技术基础。

2. 计量标准的不确定度

在检定或校准结果的测量不确定度中，由计量标准（包含计量标准器及配套设备）所引入的不确定度分量。它与溯源方式有关，如果通过检定方式进行溯源，则可由计量标准的最大允许误差得到，如果通过校准方式进行溯源，则由校准证书得到。

3. 计量标准的准确度等级

符合一定的计量要求，并使误差保持在规定极限以内的计量标准的等别或级别。准确度是一个定性的概念，不能定量使用。例如，准确度等级为 0.2 级，不能表示为准确度等级为 0.2%。

4. 计量标准的最大允许误差

对给定的计量标准，由规范、规程、仪器说明书等文件所给出的允许的误差极限值。最大允许误差的数值一般应带“±”号。

5. 计量标准的测量重复性

在相同的测量条件下，重复测量同一被测量，计量标准提供相近示值的能力。在计量标准考核中，要求对一常规的被测对象进行测量，这样所得的结果可以用于大多数的检定或校准结果。被测对象的不稳定会影响到重复性测量结果，当其稳定性较差，所得结果大于常规时，应重新进行测量结果的不确定度评定。

6. 计量标准的测量稳定性

计量标准保持其计量特性随时间恒定的能力。

三、计量标准考核的基本原则

（1）计量标准考核工作必须执行 JJF 1033—2008《计量标准考核规范》。

（2）计量标准考核坚持（按照 JJF 1033—2008《计量标准考核规范》规定的 6 方面共 30 项内容）逐项考评。

（3）实行考评员考评制度。

四、计量标准的考核内容

1. 计量标准器及其配套设备

（1）计量标准不仅包括硬件部分，也包括用于测量和数据处理的各种软件。

（2）计量标准设备的配置基本原则是科学合理、完整齐全。

（3）计量标准设备既要满足开展检定或校准或检测工作，又把握合理性价比。

（4）计量标准的量值应溯源至国家计量基准，计量标准器及配套设备的检定证书或校准证书必须连续、有效。

（5）计量标准的主要计量特性包括测量范围、不确定度或准确度等级或最大允许误差、重复性、稳定性、灵敏度、分辨力等，必须符合相应计量检定或技术规范的规定。

2. 管理制度

建立并执行下列管理制度，以保持计量标准的正常运行。

（1）实验室岗位管理制度。

（2）计量标准使用维护管理制度。

（3）量值溯源管理制度。

（4）环境条件及设施管理制度。

（5）计量检定规程或技术规范管理制度。

（6）原始记录及证书管理制度。

（7）事故报告管理制度。

（8）计量标准文件集管理制度。

3. 环境条件

温度、湿度、洁净度、振动、电磁干扰、辐射、照明、供电等环境条件应满足计量检定或技术规范的要求，并对温度、湿度等参数进行监测和记录；对工作场所内互不相容的区域进行有效隔离，防止相互影响。

4. 人员

有能够履行职责的计量标准负责人，应熟悉计量标准的组成，结构原理和主要计量特性，掌握相应计量检定规程或技术规范以及计量标准的使用，维护和溯源等规定，具备对检定或校准结果进行测量不确定度评定的能力。负责计量标准的日常使用管理，维护，量值溯源，文件集的更新等。

五、计量标准建立的程序

1. 策划与购置

（1）环境条件和专业人员符合计量标准考核要求。

（2）根据需要科学合理配置计量标准器及配套设备（包括必要的计算机及软件）。

（3）计量标准器及主要配套设备进行有效溯源，并取得合格、有效的检定或校准证书。

（4）计量标准应当经过试运行，并考察计量标准的重复性和稳定性。

2. 技术准备

（1）完成《计量标准考核申请书》的填写。

（2）完成《计量标准技术报告》的填写。其中计量标准的重复性试验和稳定性考核、检定或校准结果的测量不确定度评定以及检定或校准结果的验证等内容的填写应当符合 JJF 1033—2008《计量标准考核规范》的相关要求。

3. 申请

依据《计量标准考核办法》的有关规定向上级主持计量标准考核的部门提出考核（复查）申请。

【思考与练习】

1. 简述计量标准考核的基本原则。

2. 简述计量标准建立的考核内容。

模块2 计量标准考核所需要的基本资料（ZY2100201002）

【模块描述】本模块介绍计量标准考核所需要的基本资料。通过要点归纳，熟悉计量标准考核所需的基本资料及其相关要素的编写方法和要求。

【正文】

一、计量标准考核

计量标准考核是指上级计量标准考核部门对计量标准测量能力的评定和开展量值传递资格的确认。按照 JJF 1033—2008《计量标准考核规范》规定，计量标准考评主要为六个方面的内容：计量标准器及配套设备、计量标准的主要计量特性、环境条件及设施、人员、文件集、计量标准测量能力的确认。

二、申请计量标准考核要求提供的资料

（1）《计量标准考核申请书》原件和电子版各一份。

（2）《计量标准技术报告》原件一份。

（3）计量标准器及主要配套设备有效的检定或校准证书复印件一套。

（4）开展检定或校准项目的原始记录及相应的模拟检定或校准证书复印件两套。

（5）检定或校准人员资格证明复印件一套。

（6）可以证明计量标准具有相应测试能力的其他技术资料：

1）如采用计量检定规程或国家计量校准规范以外的技术规范，应当提供技术规范和相应的文件复印件一套。

2）在《计量标准技术报告》的“计量标准的重复性试验”和“计量标准的稳定性考核”中应当提供《计量标准重复性试验记录》和《计量标准稳定性考核记录》。

三、计量标准考核相关资料的编写

（1）《计量标准考核申请书》的填写与说明。

（2）《计量标准技术报告》的填写与说明。

（3）《计量标准履历书》的填写与说明。

（4）《计量标准重复性试验记录》的填写与说明。

（5）《计量标准稳定性考核记录》的填写与说明。

（6）《计量标准考核报告》的填写与说明。

（7）《计量标准考核证书》的填写与说明。

【思考与练习】

1. 申请计量标准考核需要提供哪些资料？

2. 计量标准考核需要编写哪些资料？

第十部分

质量管理

第二十九章 测量设备与过程控制

模块1 质量管理的基本要求（ZY2100501001）

【模块描述】本模块介绍质量管理的基本知识。通过掌握质量管理的基本概念和要求、相关术语和定义，熟悉现代管理理论的八项质量管理原则；通过对管理职责和管理程序的了解，掌握质量管理系统活动。

【正文】

一、质量管理的基本概念和要求

质量管理是指“确定质量方针、目标和职责并在质量体系中通过诸如质量策划、质量控制、质量保证和质量改进使其实施的全部管理职能的所有活动”。可做如下解释：

（1）质量管理是一个组织全部管理的重要组成部分，它的职能是制定并实施质量方针、质量目标和质量职责。

（2）质量管理是以质量体系为依托，通过质量策划、质量控制、质量保证和质量改进等活动发挥其职能。这四项活动是质量管理工作的四大支柱。

（3）质量管理是有计划、有系统的活动，为了实现质量管理，需要建立质量管理体系。

（4）质量管理必须由最高管理者领导，质量目标和职责按级分解，各级管理者对目标的实现负有责任。质量管理的实施涉及组织中的所有成员。

质量管理是组织围绕着使产品质量能满足不断更新的质量要求，而开展的策划、组织、计划、实施、检查和监督、审核等所有管理活动。它是组织各级职能部门领导的职责，由最高领导负全责，调动与质量有关的所有人员的积极性，共同做好本职工作，才能完成质量管理任务。

“质量”是“顾客”对“产品”、“过程”或“体系”进行评价的主要指标，评价的依据是“要求”，如果满足要求，则“顾客满意”，否则“顾客不满意”。而“质量要求”是具体反映一组固有“特性”（例如性能指标、可靠性指标，速度、时间、安全性指标、服务态度等），以便能进行衡量。任何产品（或过程、体系）都客观存在一组固有特性，只有能满足质量要求的，才是质量好的产品，才能使“顾客满意”。组织规定“质量要求”时，要考虑“顾客”、“供方”和其他“相关方”（例如员工、社会等）的需求或期望，以使它们的利益得到满足，并使自身获得经济效益。为了达到这个目的，组织的最高领导者需采用“系统（体系）”的方式进行管理，实施并保持持续改进其业绩的“管理体系”，可使组织获得成功，也就是建立“质量管理体系”。

二、相关术语和定义

1. 管理

管理（management）指挥和控制组织的协调的活动。

注：在英语中，术语“management”有时指人，即具有领导和控制组织的职责和权限的一个人或一组人。

2. 质量

一组固有特性满足要求的程度。

3. 要求

明示的、通常隐含的或必须履行的需求或期望。

4. 顾客满意

顾客对其要求已被满足的程度的感受。

5. 体系

相互关联、相互作用的一组要素。

6. 管理体系

建立方针和目标并实现这些目标的体系。

7. 质量管理体系

在质量方面指挥和控制组织的管理体系。

8. 组织

职责、权限和相互关系得到安排的一组人员及设施。

示例：公司、集团、商行、企事业单位、研究机构、慈善机构、代理商、社团或上述组织的部分或组合。

9. 过程

一组将输入转化为输出的相互关联或相互作用的活动。

10. 产品

过程的结果。

11. 持续改进

增强满足要求的能力的循环活动。

三、现代管理理论的八项质量管理原则

八项质量管理原则是在总结质量管理实践的基础上用高度概括、易于理解的语言所表述的质量管理的最基本、最通用的一般规律，成为质量管理的理论基础。是管理者有效地实施质量管理工作必须遵循的原则。

1. 以顾客为关注焦点

组织依存于顾客。因此，组织应当理解顾客当前和未来的需求，满足顾客要求并争取超越顾客期望。

顾客的要求包括产品技术，产品标准、技术规范的要求，合同要求，以及法律和法规对产品的安全性和公平性要求，也包括组织的协作者对组织的要求、组织内部各部门之间模拟市场时的相互要求等。

2. 领导作用

在组织的质量管理活动中，领导者起着关键作用。领导者应当确定本组织的方针、目标，创造一个实施方针和目标的环境，例如建立适宜高效的质量管理体系以确保方针、目标和相应管理体系的协调和统一。为达成方针和目标，领导者应当营造员工能充分参与的氛围。此外在领导方式上，最高管理者还要做到透明、务实和以身作则。

3. 全员参与

人是管理活动的主体，也是管理活动的客体。人的积极性、主观能动性、创造性的充分发挥，人的素质的全面发展和提高，既是有效管理的基本前提，也是有效管理应达到的效果之一。全员参与的核心是调动人的积极性，当每个人的才干得到充分发挥并能实现创新和持续改进时，组织将会获得最大收益。

4. 过程方法

任何将所接收的输入转化为输出的活动都可视为过程。组织为了能有效地运作，必须识别并管理许多相互关联的过程。系统的识别并管理组织所采用的过程以及过程的相互作用，称之为“过程方法”。

将活动和相关的资源作为过程进行管理，实际上可以引入系统的管理概念和方法。进而研究它们之间的相互关系以及相互间的影响，找出规律，实施有效的控制，从而确保可高效地获得预期的结果。

过程方法的目的是获得持续改进的动态循环，并使组织的总体业绩得到显著的提高。过程方法通过识别组织内的关键过程加以实施和管理并不断进行持续改进来达到顾客满意。

采用过程方法的好处是由于基于每个过程考虑具体的要求，所以资源的投入、管理的方式和要求、测量方法和改进活动都能互相有机地结合并做出恰当的考虑与安排，从而可以有效地使用资源，降低成本，缩短周期。通过控制活动能获得可预测、具有一致性的改进结果，特别是可使组织关注并掌握按先后次序改进的机会。

5. 管理的系统方法

与过程方法紧密相关的另一个重要的质量管理原则是管理的系统方法，它明确了将相互关联的过程作为系统加以识别、理解和管理，有助于组织提高实现目标的有效性和效率。在质量管理中采用系统方法，就是要把质量管理体系作为一个大系统，对组成质量管理体系的各个过程加以识别、理解和管理，以达到实现质量方针和质量目标。

管理的系统方法和过程方法研究的对象都与过程相关，均着重于关注顾客，并通过识别组织内的关键过程，以及随后对其展开的持续改进来增强顾客满意；目的都是为了促进过程和体系的改进以提高有效性和效率。过程方法侧重于研究单个的过程，即过程的输入、输出、活动人所需的资源，以及过程和其相关过程的关系，而管理的系统方法侧重于研究若干个过程乃至过程网络组成的体系，以及体系运作有效地实现组织的总目标。显然，过程方法是管理的系统方法的基础。管理的系统方法是将相关的各个有效运行的过程构筑成一个有效运行的体系，从而高效地实现组织的总目标。

6. 持续改进

事物是在不断发展的，都会经历一个由不完善到完善，直至更新的过程。人们对过程的结果的要求也在不断地变化和提高，例如对测量的质量水平的要求。这种发展和要求都会促使体系变革或改进。因此，组织应建立一种适应机制，使其能适应外界环境的这种变化要求，使组织增强适应能力并提高竞争力，改进整体业绩，让所有的相关方都满意。这种机制就是持续改进。组织的存在就决定了这种需求和持续改进的存在，因此持续改进是一个永恒的目标。

持续改进是增强满足的能力的循环活动。持续改进的对象可以是体系、过程、产品等。持续改进可作为过程进行管理。在对该过程的管理活动中应重点关注改进的目标及改进的有效性和效率。

7. 基于事实的决策方法

成功的结果取决于活动实施之前的精心策划和正确的决策。决策是一个行动之前选择最佳行动方案的过程。

决策作为过程就应有信息或数据输入。决策过程的输出即决策方案是否理想，取决于输入的信息和数据以及决策活动本身的水平。决策方案的水平也决定其结果的成功与否。当输入的信息和数据足够且可靠，也就是能准确地反映事实，则为决策方案奠定了重要的基础。而决策过程中的活动应包括一些必不可少的逻辑活动。例如为决策的活动制定目标，确定需要解决的问题，实现目标应进行的活动，决策形成的方案的可行性的评估等。这里包括了决策逻辑思维方法，即依据数据和信息进行逻辑分析的方法；采用统计技术是一种有效的数学工具，依照这一过程形成的决策方案应是可行或最佳的，是一种有效的决策，这也被认为是基于事实的有效决策方法。其优点在于，决策是理智的，增强了依据事实证实过去决策的有效性的能力，也增强了评估、挑战和改变判断和决策的能力。

决策是组织中各级领导的职责之一。正确的决策需要领导者用科学的态度，以事实或正确的信息为基础，通过合乎逻辑的分析，作出正确的决策。

8. 与供方互利的关系

任何一个组织都有供方或合作伙伴。供方或合作伙伴所提供的材料、零部件或服务对组织的最终产品有着重要的影响。供方或合作伙伴提供的高质量的产品将使组织为顾客提供高质量的产品提供保证，最终确保顾客满意。所以，组织与供方或合作伙伴是互相依存的。与供方的良好合作交流将最终促使组织与供方或合作伙伴均增强创造价值的能力，优化成本的资源，对市场或顾客的要求联合起来作出灵活快速的反应并最终使双方都获得效益。

四、管理职责

每个组织存在的一个重要目的都是为了“实现、保持并改进组织的总体业绩和能力”。而全面质量管理就是以质量为中心，全员参与为基础，通过让顾客满意和本组织所有成员及社会受益为目的的成功管理途径。

管理职责是指质量管理和设计、实施质量管理体系的全部职责。质量管理是由组织的最高管理负领导职责，各级管理者负有相应职责的一系列活动。

1. 最高管理者在质量管理中承担的职责和任务

（1）向组织传达满足顾客和法律法规要求的重要性。

（2）确保质量目标的制定。

（3）进行管理评审。

（4）确保资源的获得。

2. 最高管理者通过下列活动实现领导作用

（1）建立各职能部门，任命部门负责人，规定其职责和权限。

（2）及时传达满足顾客和法律法规要求的重要性，树立以顾客为关注焦点的思想，实现持续改进。

（3）结合实际组织制定质量管理体系的质量目标，为实施和改进质量管理体系负责。

（4）实施内部沟通，组织全员参与。

（5）确保质量策划的实施，确保“过程方法”得到有效应用。

（6）按计划规定的时间间隔评审质量管理体系，以确保其体系持续的适宜性、充分性和有效性。根据管理评审的结果对质量管理体系乃至质量目标作出战略决策并提出改进措施。

（7）确保获得与建立和改进质量管理体系有关的资源，在人力、物力、财力资源上给予足够的配备。

3. 各级管理者在质量管理中承担的职责和任务

（1）识别质量管理体系中所需过程，确保对过程的顺序和相互作用进行设计，从而有效和高效地达到预期结果。

（2）确保对过程输入、活动和输出作出明确规定并予以控制。

（3）对输入和输出进行监视，以便验证各过程是相互联系的，并有效和高效地运行。

（4）确定过程需要的资源和信息及提供者。

（5）确定对过程的能力和输出结果的测量准则和方法。

（6）对每个过程进行管理，以实现过程目标。

（7）对风险进行识别和管理，并把握业绩改进的机会。

（8）相关方的需求和期望。

五、管理程序

利用八项质量管理原则中“过程方法”这一基本原则来实现对质量管理工作中的策划、实施、检查和改进等活动进行的过程管理。称之为 PDCA（策划—实施—检查—处置）方法，可用于质量管理过程，简述如下：

P——策划，根据顾客要求和组织的方针，为提供结果建立必要的目标和过程。

D——实施，实施过程。

C——检查，根据方针、目标和产品要求，对过程和产品进行监视和测量，并报告结果。

A——处置，采取措施，以持续改进过程业绩。

PDCA 循环如图 ZY2100501001-1 所示。

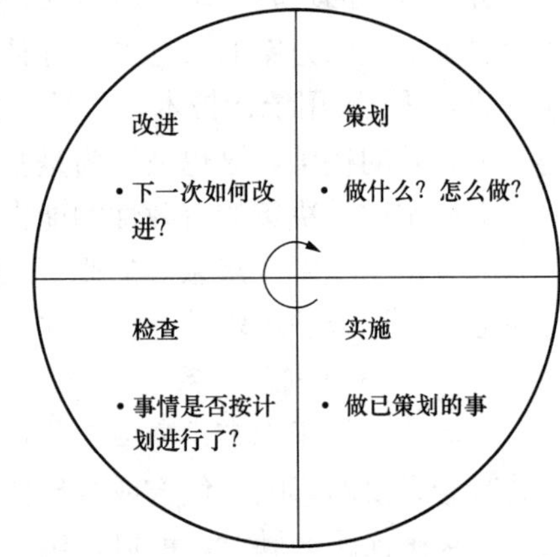

图 ZY2100501001-1　PDCA 循环

【思考与练习】

1. 质量管理工作必须遵循的原则是什么？

2. 为什么在质量管理活动中，领导者起关键作用？

模块 2　测量设备的日常维护和管理（ZY2100501002）

【模块描述】本模块介绍测量设备的日常维护和管理，通过概念解释、流程介绍和要点归纳，熟悉测量设备及其计量要求，掌握测量设备计量确认的概念、过程方法和编写过程记录的要求，掌握测量设备的日常维护和管理要求。

【正文】

一、测量设备包含的内容和要求

测量设备也称为计量器具、计量设备等，测量设备包含的内容有：

（1）一般测量设备，即工作计量器具。

（2）基准测量设备和标准测量设备，即计量基准和工作标准器。

（3）测量用辅助装置，如测量用各种转换装置，稳压电源以及对加工产品的量值有影响的工装、膜具、胎具和定位器等。

（4）检验装置和测验装置，包括各种理化分析仪器和标准物质。

（5）检定装置和校准装置。

（6）测量软件和测量专用计算机。

（7）监视装置和记录装置，如连续测温用的监视和记录装置。

总之，只要是能够用以直接或间接测出被测对象量值的，都称之为测量设备。

测量设备的计量要求，如，最大允许误差、量程、标称范围、稳定度、准确度、准确度等级、示值误差、引用误差、分辨率等。这些要求通常是由顾客、组织和法律法规的要求来确定。而顾客、组织和法律法规的要求往往是在产品标准、规范、合同中找到的。

二、测量设备的计量确认

1. 计量确认的概念

计量确认的定义是：为确保测量设备符合预期使用要求所需的一组操作。

（1）计量确认通常包括校准和验证、各种必需的调整或维修及随后的再校准、与设备预期使用的计量要求相比较以及所要求的封印和标签。

（2）只有测量设备已被证实适合于预期使用要求并形成文件，计量确认才算完成。

（3）预期使用要求包括测量范围、分辨率、最大允许误差等。

（4）计量要求通常与产品要求不同，并不在产品要求中规定。

计量确认就是指对测量设备进行的校准、调整、修理、验证、封印和标签等一系列活动，也包括检定、比对等工作。它的目的是为了保证测量设备能处于满足使用需要状态而进行的活动。由于所有测量设备在使用中随时间的变化都会发生偏移，不可能总保持在某一个误差内，为了使它们保持原有误差，必须在使用一定时间后对它们进行校准，调试或修理，再校准、加封缄和标志等，通过这些活动，使测量设备在相当长的一段时间内保持满足使用要求的准确度。

计量确认是保证测量设备准确可靠的管理要求，是针对测量设备的要求及其实施进行的活动。

2. 计量确认的过程方法

把计量确认看成一个过程，有助于提高和保证计量确认结果的有效性。例如，校准是计量确认的一个方面，如果只注意校准结果，不注意校准过程，当发现校准结果有误时，再去重新寻找问题，重新校准，就已造成了人力、物力的浪费；如果从校准一开始就注重每一个操作过程，把校准当成一个过程认真对待，发现问题及早纠正，不要等到最终结果出来以后再回头寻找问题，就可以减少人力、物力、财力的浪费。这就体现了过程方法的优越性。如图 ZY2100501002-1 所示。

从图中可以看出计量确认过程中包括许多小的过程。

（1）测量设备的校准、检定过程。其输入是被校测量设备和上一等级标准器。输出是校准、检定状态的标识。活动是校准、检定，即被校测量设备与上一等级标准器的比较。资源是人员、方法、环境条件等。

（2）导出计量要求的过程。其输入是顾客要求，输出是计量要求。活动是查找顾客要求（合同中找出），或从产品标准、技术要求中找出，或从生产过程控制文件中找出，或从其他法律规定、规范、规程或文件中找出。

（3）验证过程。验证过程有两个输入，一个是计量要求，一个是测量设备的计量特性。其输出是验证证书，或不能验证，或不符合计量要求的验证结论。其活动是将计量要求与计量特性进行比较。其资源是比较人员、资料等。这个过程一般不需要测量设备等硬件。

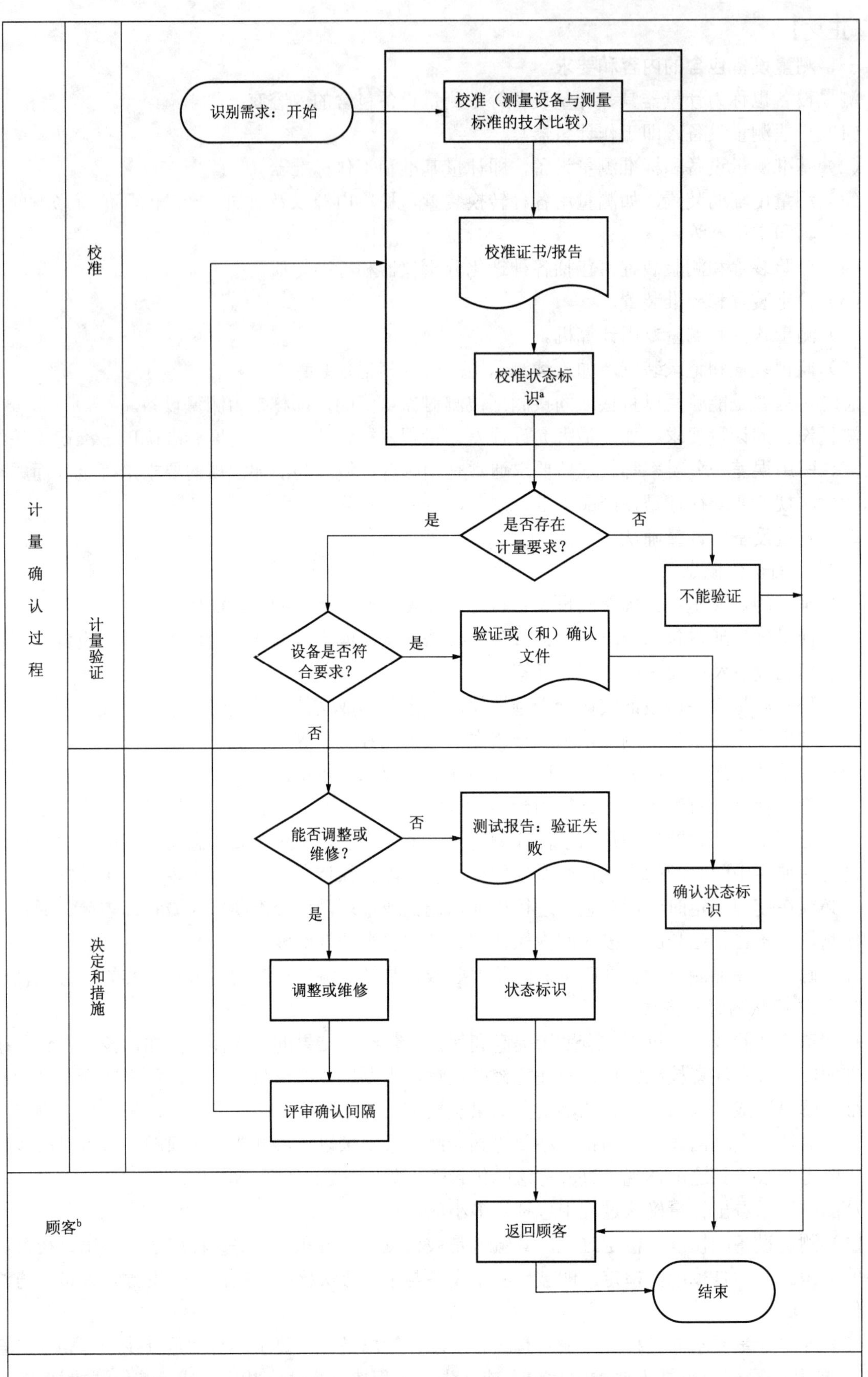

a. 校准标识和（或）标签可用计量确认标识代替。

b. 接受产品的组织或个人（例如：消费者、委托人、最终使用者、零售商、受益者和采购方）。顾客可以是组织内部的或外部的（见GB/T 19000—2000中的3.3.5）。

图 ZY2100501002-1 测量设备计量确认过程

（4）调整或维修过程。如果校准、检定结果不能符合计量要求，该测量设备还要经过调整或维修过程。调整或维修过程的输入是验证过程的一种输出，不符合计量要求的验证结论。其输出是调整或维修报告。活动是调整或维修的设备、设施、人员、方法等。

（5）再校准、检定（或称复核）过程。输入是调整或维修后的测量设备及其报告。输出是再校准、检定状态的证书和标识。活动是校准、检定以及校准、检定前对校准间隔的评审。资源是再校准、检定用的测量标准装置、人员、规范、规程等。

（6）确认状态标识的标注过程。确认状态标识共有两种：一种是合格标识，另一种是确认失效标识（无法维修或调整）。该过程的输入是验证、确认文件，或验证失败记录。输出是确认合格标识，或确认失效标识。活动是领取标识，张贴或挂在测量设备上。资源是人员、登记等文件。

由以上 6 个过程（至少 4 个过程）构成了一个完整的计量确认过程。因此，计量确认过程不能理解为单一的校准过程。

3. 计量确认间隔

测量仪器经过一段时间，就需要重新校准，重新确认。相隔两次确认之间的时间间隔称为确认间隔。计量确认间隔可理解为测量设备的校准间隔或测量设备的检定周期，校准间隔可由使用部门根据测量设备校准的历史数据和测量设备计量性能，特别是测量设备预期的使用要求来确定，也可参照相关的国家计量检定规程的规定。校准间隔可由使用部门根据以上要求自主确定，也可根据变化的情况自主调整。

测量设备的检定周期是国家计量检定规程对不同种类测量设备规定的检定间隔，即对计量确认间隔作出的统一规定。强制检定的测量设备必须严格遵守。

4. 设备调整控制

在被计量确认的测量设备中，有些测量设备上具有影响其计量性能的可调部件应进行封印，或者用其他方式进行保护，防止未经授权的使用人员随后改动。

不是所有测量设备都有调整控制要求，测量设备调整控制主要适用于贸易结算和安全防护用的某些测量设备，如商用衡器、电能表、水表、加油机、出租车计价器和某些安全防护用的压力表。这类测量设备的可调部件或可调部位一般可用铅封进行封印，还有像电阻箱、电流表、功率表，某些电桥和电位差计可用蜡封或漆封进行封印。

某些可由使用人员调整的可调部件，如零位调整器，有些调整装置出厂以后不允许调整的，在出厂时就以明显的标识进行了密封（如红头螺钉），不属于封印管理的范围。封印的调整控制应做到，若未经授权改变或调整封印，封印即自行破坏或产生明显的破坏痕迹。

5. 计量确认过程记录

计量确认过程记录的作用是为了证明每台测量设备是否满足规定的计量要求。

一般情况下，记录应包括以下信息：

（1）设备的制造商、型号、系列号等的描述和唯一性标识。

（2）完成计量确认的日期。

（3）计量确认的结果。

（4）规定的确认间隔。

（5）计量确认程序（或校准规范、检定规程）的标识。

（6）设定的最大允许误差。

（7）相关的环境条件和必要的修正说明。

（8）用于校准的计量标准所包含的不确定度。

（9）维护，如调整、修理和修改等的详细情况。

（10）使用限制。

（11）执行计量确认人员的标识。

（12）负责记录正确性人员的标识。

（13）校准、检定证书或报告以及相关文件的唯一性标识（如证书的编号等）。

（14）校准结果的溯源性证据。

（15）预期使用的计量要求。

（16）调整、修理或修改前（要求时）、后的校准、检定结果。

三、测量设备的日常维护和管理

（1）建立测量设备一览表，明确保管责任人。一览表的内容应包括，测量设备的名称、型号规格、准确度等级、测量范围、生产厂家、出厂编号、使用地点、状态（指合格、准用、停用等）、有效期、溯源单位等。

（2）按照国家计量管理的要求，建立从购置、验收、校准、检定、使用、维护、修理、运输、更新、降级到报废等方面的管理制度和控制程序，保证测量设备满足预期的使用要求，进而保证计量数据的公正性和准确性。

（3）对测量设备进行有效的控制，确保测量结果有效，即测量结果准确、可靠，可溯源。必要时，通常是指当法律法规要求时、当测量结果对产品实现过程有影响以及对测量结果准确度有一定要求时，应对测量设备进行如下控制：

1）测量设备所测的量值，能溯源到国际或国家标准（也称国际计量基准和国家计量基准）的测量标准时（也称计量标准）就应该按照规定的时间间隔或在使用前用测量标准对其进行校准或检定。当不存在上述标准时，应采用有关各方都明确规定并约定承认的参考标准进行校准或检定，并记录其依据。

2）为使测量设备进入正常的使用状态，有时需要进行调整，当使用者被允许可以进行使用前的调整和使用中必要的调整时，可对其进行这种操作。最常见的是零位调整。放大比例调整和满刻度值调整。

3）经检定、校准后的测量设备应加上相应的状态标识，表明其所处的状态是合格、不合格、准用、限用、禁用等，对合格、准用、限用测量设备标识中应注明有效期的终止日期；对不合格、禁用的设备应注明施加标识的日期；以免超期使用或误用。

4）防止可能使测量结果失效的调整，应按规定的要求调整或采取其他预防措施。

5）采取有效的防护措施，提供适宜的贮存条件。防止在搬运、维护和贮存期间测量设备的损坏和失效。

6）发现测量设备不符合要求，如失效或损坏，应对以往测量结果的有效性进行评价和记录。同时对该设备采取措施，如重新检定、校准、调整、维修、降级或报废等。对已确定测量结果由疑问的产品追回重新测量，对已交付给顾客的产品发出通知并进一步作出各种适合顾客要求的妥善处理。

7）保存检定证书、校准证书（或校准报告、校准曲线等），验证报告（验证记录）及有关记录。

8）对用于有规定要求的监视和测量中的计算机软件，在初次使用前应对该软件是否具备满足预期用途的能力进行确认，必要时进行再确认。

（4）按相关规定存放测量设备，应监视和记录使用地点的环境条件（温度、湿度、防尘、防震、电磁干扰等）及其变化，并加以控制以满足测量的要求。

（5）建立完整的测量设备档案，档案的信息要尽可能全，一般包括如下内容：

1）使用说明书。

2）出厂合格证。

3）最近两个连续周期的检定、校准、测试证书。

4）维修记录。

5）其他相关信息。

【思考与练习】

1. 如何确定计量确认间隔？

2. 什么是完整的计量确认过程？

3. 测量设备的日常维护工作有哪些？

模块3　测量过程的控制（ZY2100501003）

【模块描述】本模块介绍测量过程的控制。通过概念介绍、流程讲解和要点归纳，掌握测量过程的概念、策划、识别、设计以及确定测量过程的规范、测定测量过程不确定度、测量过程的有效确认、测量过程的实施和控制、测量过程的记录等内容。

【正文】

一、测量过程的概念

1. 测量过程是指确定“量值”的一组操作

量值是指由一个数乘以测量单位所表示的特定量的大小。例如 5.35m 或 534cm、15kg、10s、–40℃等。

在此类活动中除了数字的统计活动以外，大部分都是确定量值的活动，都可以称为“测量”和“测量过程”。

测量过程往往是需要使用测量设备来确定量值的。因此，如果没有使用测量设备而统计或算出来的，一般可以被认为不属于测量；凡使用了测量设备的，一般可以认为是属于确定量值的测量。当然，测量设备也包括一些软件。

2. 测量过程采用了“过程方法”

测量过程是把测量当作一个完整的过程看待，这一过程从分析测量的依据、测量设备的溯源性和校准开始，通过必要的验证和计量人员保证，符合要求的工作场所和工作条件等，才能获得准确可靠的测试结果。

二、测量过程的实现

（一）测量过程的策划

为了对测量过程实施有效的管理，确保测量的结果满足规定的计量要求，应对测量过程进行策划，如图 ZY2100501003-1 所示。通过策划，明确实现测量过程的各个阶段和测量过程的组织管理；明确测量过程规范的要求和测量过程应识别和考虑的影响量；明确应覆盖的测量过程和控制程度等。

1. 确定测量过程的组成阶段

测量过程包括测量过程的设计、测量不确定度的分析、测量过程的确认、测量过程的实施和测量过程的控制等几个阶段组成。

2. 确定测量过程的组织管理要求

明确测量过程的阶段和任务后，根据任务的要求明确分工、职责、权限和相互之间的接口。

3. 确定纳入体系管理的测量过程和控制程度

根据顾客、组织和法律法规的要求，确定为确保满足这些要求所需要的测量过程清单；分析这些测量的复杂程度和因为测量结果的不正确可能产生的风险，确定对不同的测量过程所需要采取的不同程度的控制方法。

（1）高度的测量过程控制包括关键性的测量系统、复杂的测量系统、保证生产安全的测量，以及由于测量结果不正确会引起后续的昂贵代价的测量。

（2）非关键的简单测量，如用手动量具测量机械零件，低级别的过程控制用对测量设备的一般控制程序就足够了。

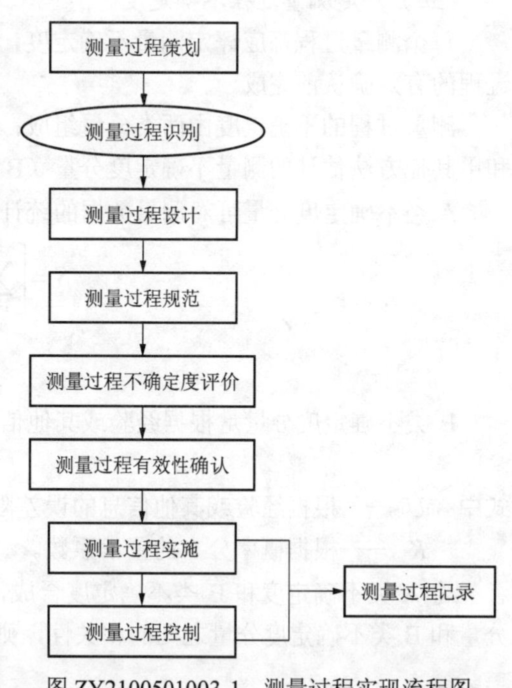

图 ZY2100501003-1　测量过程实现流程图

（二）测量过程的识别

1. 识别现有过程及作用

每个部门应识别本部门有哪些测量过程，顾客是谁、顾客的要求是什么，过程的输入、输出及活动是什么，过程的资源有哪些，过程的顺序和接口，过程的责任部门和相关部门过程的职责和权限，影响测量的关键因素，过程的特性和监视要求。通过现状的调查，用过程方法来识别过程，并明确过程在体系中的地位和作用。

2. 过程的分析

应对现有过程进行分析，过程是否满足了顾客要求，过程的目标，过程构架及其业绩和能力，过程的效率，即过程成本风险和利益，过程是否增值，过程的有效性，过程文件的适用性，过程接口的合理性及可操作性，过程资源信息是否得到保证、过程监视和数据分析控制的有效性，通过过程分析对比，要找出过程中存在的问题，从而对现有测量过程进行评价，需要哪些改进和提高。

（三）测量过程的设计

测量过程应设计成能防止出现错误的测量结果，并确保能迅速检测出存在的问题和及时采取纠正措施，在测量过程的设计中关键是要根据计量要求识别和确定测量过程的要素。过程要素主要包括：

（1）测量设备。规定进行测量所需要的测量设备和测量软件，以及测量过程对测量设备的计量要求。

（2）环境条件。规定进行测量所需要的环境条件，以及由于环境条件变化所需要进行的修正。

（3）测量方法。规定测量方法、测量步骤和测量结果的报告方式。

（4）操作人员。规定执行测量人员的资格和所要求的技能。

（四）确定测量过程的规范

测量过程规范是实施测量过程的技术文件，明确测量过程规范应包括的基本内容以及在制定规范时应识别和考虑的影响测量过程的各类影响量，这是对测量过程的技术要求。

测量过程规范应包括以下内容：

（1）测量的参数及允许的测量不确定度。

（2）测量的频次。

（3）测量设备及标识。

（4）测量程序。

（5）测量软件。

（6）环境条件。

（7）操作者能力。

（8）其他影响测量结果可靠性的因素。

测量过程规范的形式可以参考有关作业指导书的内容。

（五）评定测量过程不确定度

每个测量过程都应评定测量不确定度，并记录测量不确定度的评价。测量不确定度分析应在测量过程的有效确认前完成。

测量过程的不确定度由两类分量组成：可用统计方法估计的测量不确定度分量（A 类不确定度）和用其他方法估计的测量不确定度分量（B 类不确定度）

A 类不确定度分量可对测量数据的统计进行估计，用平均值的标准差 u_A 来表征

$$S=\left[\sum_{i=1}^{n}(X_i-\bar{X})^2/(n-1)\right]^{1/2}$$

$$u_A=\frac{S}{\sqrt{n}}$$

B 类不确定度分量是根据经验或其他信息进行估计，可用假设的近似标准偏差 u 表征

$$u_B=U/K$$

式中 U ——根据经验或其他信息的误差限；

K ——根据概率分布的置信系数。

将 A 类不确定度和 B 类不确定度合成，可得出合成标准不确定度 u_C。如果不考虑 A 类不确定度分量和 B 类不确定度分量之间的相关性，则可得出

$$u_C=\sqrt{u_A^2+u_B^2}$$

（六）测量过程的有效确认

1. 有效确认的概念

通过提供测量过程能够满足预期使用要求的客观证据，如通过评定测量过程的不确定度，对测量过程已经满足规定的预期使用要求的有效确认活动。

2. 有效确认的时机

对测量过程的有效确认应该在完成了测量不确定度的评定之后，在测量过程投入使用之前进行。

3. 有效确认的方法

（1）与其他已经确认过程的结果进行比较。

（2）与其他测量方法的结果进行比较。

（3）通过对测量过程的性能特性进行评定和连续分析。

4. 有效性确认的参加人员

有效性确认工作应有明确测量过程预期使用要求的测量过程设计人员和测量过程的使用人员参加。如顾客有要求，则应有顾客或其代表参与，顾客的参与将确保测量过程满足顾客的要求。

5. 有效确认结果记录以后及后续跟踪措施

有效确认结果应保持记录，例如有效确认报告。

如果在确认中发现问题，不能满足其预期的使用要求，应采取适当的措施解决，同时应予以记录。

（七）测量过程的实施和控制

测量过程的实现就是测量。

1. 在受控条件下进行测量

测量过程应在满足计量要求而设计的受控条件下实现。受控条件包括：

（1）使用经计量确认合格的测量设备。具体要求是：

1）测量设备应有经过计量确认合格的状态标识。

2）测量设备应在规定的确认间隔之内。

3）测量设备的封印或保护完好。

4）使用过程功能正常，没有发生误操作或损坏、过载情况。

（2）应用经确认有效的测量程序。具体要求是：

1）测量程序是经过审核批准的正式文件。

2）测量文件应有明显的标识。

3）使用的测量程序是现行有效的版本。

4）测量的方法和测量的范围按程序文件规定的要求执行。

（3）获得所要求的信息资料。具体要求是：

1）具有与测量设备计量确认状态有关的信息，包括任何限制使用和特定要求。

2）具有与测量环境要求有关的信息，包括任何因环境条件变化而需要进行的修正。

3）具有与操作有关的技术资料或使用说明书。

4）测量的软件等。

（4）保持所要求的环境条件。具体要求是：

1）测量过程的环境条件应符合测量程序规定的要求。

2）如果测量程序有要求，应按规定的要求监视和记录环境条件。

3）如果测量程序有要求，应根据环境条件对测量结果进行修正。

（5）使用具备能力的人员。具体要求是：

1）测量过程的操作人员应经过培训具备相应的知识和技能，并经过考核批准后上岗从事测量工作。

2）操作人员应严格按照测量过程程序的规定实施测量。

（6）合适的结果报告方式。具体要求是：

1）结果报告的格式应符合测量程序规定的要求。

2）结果报告的内容应全面、准确、客观。

3）结果报告应在测量工作中完成。

4）只有经授权的人员才能允许生产、修改、出具报告。

2. 测量过程的控制要求

（1）对测量过程实施控制的意义。对测量过程实施控制的目的是为了充分保证测量过程是在要求的不确定度限值之内进行，以防止出现错误的测量结果，而且通过实施监视能确保迅速地检测出存在的问题和及时地采取纠正措施。

（2）对测量过程实施控制的主要方法。

1）简单控制方法。利用相同或不相同的方法进行重复测量；对保留的物品进行再测量；分析一个物品不同特性结果的相关性；对测量过程中使用的测量设备进行抽样检查；对测量过程的环境条件进行监测；对测量人员的工作实施监督检查等。

2）复杂的控制方法。利用核查标准和控制图，采用统计技术，对测量过程的全部要素按规定的程序和时间间隔实施测量过程控制。

3）无论是简单的控制或者是复杂的控制都应制定控制程序，并按照规定的程序和时间间隔进行，控制的结果和采取的纠正措施应形成文件，以证明测量过程持续地满足文件的要求。

（3）测量过程控制方法选择的原则。控制方法和控制限的选择要与不符合规定的要求引起的风险相称。例如，高级别的测量过程控制对那些包含有严格要求的或复杂环节的测量过程，对保证生产安全的测量过程及由于测量结果的不正确会在造成重大经济损失的测量来说是合适的。而对于一些非关键零部件的简单测量，最简单的过程控制就足够了。

（八）测量过程的记录

测量过程应形成完整、准确和真实的测试记录，并按规定的要求保存记录以证明测量过程符合规定的要求。

1. 测量过程记录内容

（1）执行的测量过程的完整的描述，包括所用的全部要素（例如操作者、测量设备、核查标准）和相关的操作条件。

（2）从测量过程控制系统获得的有关数据，包括有关测量不确定度信息。

（3）根据测量过程控制数据的结果而采取的措施。

（4）进行测量过程控制活动的日期。

（5）有关测量过程验证文件的标识。

（6）负责提供记录信息的人员标识。

（7）人员的能力，包括测量过程要求的能力和实际具备的能力。

2. 测量过程记录的管理

（1）只有被授权的人员才允许产生、修改、出具和删改记录。

（2）应按照记录管理程序的规定管理记录，以确保记录的标识、储存、保护、检索和处置。

（3）按规定的保存期限保存记录。

【思考与练习】

1. 测量过程的实现有哪些主要活动？

2. 测量过程的受控条件是什么？

3. 如何实施测量过程控制？

模块4 质量管理相关文件的编制（ZY2100501004）

【模块描述】本模块介绍质量管理体系文件的基本要求、总体结构、编制原则、编写格式以及对编写人员的要求等内容。通过要点归纳、实例说明，掌握编制质量管理相关文件的方法。

【正文】

一、基本要求

质量管理体系文件是描述质量管理体系的一整套文件。它应满足质量管理体系有效运行的需要，是开展各项质量活动、评价质量管理体系的依据。质量管理体系文件包括质量手册、程序文件、作业指导书、质量记录（表格、报告、记录）等。质量管理体系文件的形式和内容通常与组织中的过程或使用的质量管理标准的结构保持一致。组织出于自身的需要也可以采用其他的形式和内容。

二、文件的结构

质量管理体系文件的结构可以采用自上而下的纵向结构。这种文件结构有利于文件的发放、保持以及对文件的理解。图 ZY2100501004-1 给出了典型的纵向体系文件结构。纵向文件结构的采用取决于组织的具体情况。

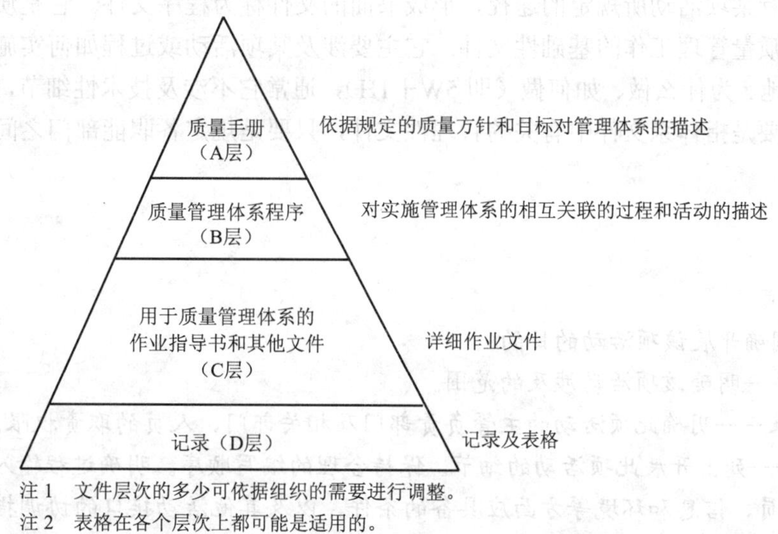

注1 文件层次的多少可依据组织的需要进行调整。

注2 表格在各个层次上都可能是适用的。

图 ZY2100501004-1 典型的管理体系文件结构

三、文件的编制原则

编制质量管理体系文件通常有以下几种方法：

（1）自上而下进行。即先编制手册、然后编制程序文件和作业文件，这种方法先确定大纲，层层分解，系统性强，条理行性强，相互接口好。

（2）自下而上的进行。即先完成作业文件，再编制程序文件和质量手册，这种方法先打好基础，然后归纳，逐步上升。

（3）从中间向两头发展。即先制定程序文件，然后编制质量手册，作业文件。

实践证明，编制体系文件可分为两个阶段进行。即先制定质量目标、质量手册和程序文件，这二者同步进行，因为有密切的内在联系，第二阶段再编制作业文件和有关记录表格。文件的编制要结合组织的具体情况来确定。

四、文件的编制格式

（一）质量手册的编制

管理体系的质量手册章节最好与使用的管理标准的顺序相一致。例如：质量手册的章节内容（以 GB/T 19001—2000 标准为例）如下：

封面

目录

前言

质量手册发布令

1 范围

2 引用标准、术语和定义

3　质量方针目标

4　质量管理体系

4.1　总要求

4.2　文件要求

5　管理职责

6　资源管理

7　产品实现

8　测量、分析和改进

附录　适用的记录目录清单

（二）程序文件的编制

程序是指为进行某项活动所规定的途径，形成书面的文件称为程序文件。它是质量手册的支持性文件，是组织开展质量管理工作的基础性文件。它主要涉及某项活动或过程如何实施管理，谁来做、做什么、何时、何地、为什么做、如何做（即 5W＋1H），通常它不涉及技术性细节，所以标准所指形成文件的程序，主要是指体系文件中有关的管理性文件，只要是规定各职能部门之间的相关职能和完成活动所需的途径。

1. 基本结构

封面

文件会签批准页

1）目的——明确开展该项活动的目的。

2）适用范围——明确该项活动涉及的范围。

3）职责和权限——明确此项活动的主管负责部门及相关部门、人员的职责权限。

4）工作程序——列出开展此项活动的细节。保持合理的编写顺序。明确过程输入、输出和活动内容，包括物资、人员、信息和环境等方面应具备的条件，以及其他活动接口的协调措施。明确过程要求、程序及控制方法，过程控制程序可用流程图描述，所需的资源信息，过程的监视和测量，过程有效性及改进。

5）相关、支持性文件——列出本程序所引用的有关程序文件、质量作业指导文件，附上文件名称和编号。

6）适用记录——列出本程序所需使用的记录表格，附上表格名称和编号。

2. 内容

文件编号和标题

文件会签批准页

1）目的

2）适用范围

3）术语定义

4）职责

5）活动的描述（工作程序）

6）相关/支持性文件

7）记录表格和报告

3. 举例说明

纠正措施控制程序

编号：CX8.4　生效日期：2005 年 5 月 18 日　修订：0　编制：×××　批准：×××

A.1　目的

对检定、校准和检测活动中出现的不合格工作或不期望发生情况的原因进行分析、处理，并采取必要的纠正措施，防止不合格再次发生，特制定本程序。

A.2　适用范围

适用于本公司出现的各种不合格工作及不期望发生情况的处理和纠正。

A.3　术语定义

纠正措施——为消除已发现的不合格或其他不期望情况的原因所采取的措施。

A.4　职责

A.4.1　×××负责人负责批准对不合格或偏离要求、程序工作的处理意见与纠正措施，并组织实施。

A.4.2　技术负责人负责组织对检定、校准和检测中出现的意外事故进行核查和分析，对不合格工作、偏离所造成的不良影响组织善后处理，并提出纠正措施。

A.4.3　质量负责人负责对提出的处理意见和纠正措施进行跟踪、验证纠正措施的实施。

A.4.4　检定、校准和检测人员应如实向×××负责人陈述发生不合格工作、偏离的实际情况，并填写相应的记录文件。

A.5　工作程序

A.5.1　意外事故的处理

A.5.1.1　当出现仪器设备或设施损坏时，当事人应采取措施、保护现场，并及时向×××公司负责人报告，做好现场损坏事实的记录。

A.5.1.2　当出现或发现被检样品损坏或丢失时，当事人应立即向×××负责人报告，采取必要的补救措施，做好现场损坏、丢失事实的记录。

A.5.1.3　当检定、校准和检测中出现停电、停水、停气等影响检定、校准和检测的故障时，检定、校准和检测人员应首先对仪器设备和被检样品实施保护措施，防止仪器设备和样品的损坏，同时做好记录，并报×××负责人。

A.5.2　纠正措施信息的来源

A.5.2.1　不合格报告；

A.5.2.2　内部审核报告；

A.5.2.3　管理评审报告；

A.5.2.4　检定、校准和检测结果质量报告；

A.5.2.5　测量过程记录

A.5.2.6　顾客的抱怨；

A.5.2.7　顾客调查和反馈的信息，以及员工的工作报告和建议等。

A.5.3　纠正措施的提出

A.5.3.1　当发现或怀疑检定、校准和检测活动出现严重不合格或偏离时，×××负责人应及时发出“纠正和预防措施报告”，并组织有关人员分析产生不合格或偏离的原因，提出纠正措施，确保消除产生不合格或偏离的原因。

A.5.3.2　对于一般的不合格或偏离，质量负责人应在 2 个工作日内发出“纠正和预防措施报告”，并组织有关人员分析产生不合格或偏离的原因，提出纠正措施，确保消除产生不合格或偏离的原因。

A.5.3.3　×××负责人针对性地组织质量管理体系相关部分的审核，查找质量管理体系的缺陷，由质量负责人发出“纠正和预防措施报告”，提出质量管理体系的改进和纠正措施并跟踪实施。

A.5.4　纠正措施的批准

纠正措施必须经过×××负责人批准实施。批准人应在“纠正和预防措施报告”上签名。

A.5.5　纠正措施的选择和实施

A.5.5.1　当发现或怀疑由于仪器设备、监测设施出现失控或分包方出现检测、校准失误时，×××负责人应立即提出善后弥补措施，并亲自组织重新检定、校准和检测。

A.5.5.2　由于样品损坏而影响检定、校准和检测或检定、校准和检测结果的事实，应由技术负责人组织查证，分析样品损坏的原因，经与顾客协商后，重取样品进行检定、校准和检测。

A.5.5.3 当检定、校准和检测报告出现不合格时，应执行《证书和报告的意见和解释程序》。

A.5.5.4 对检定、校准和检测过程中出现的诸如停电、停水能源供给中断而造成的影响，当事人应做好保护仪器设备和样品的善后工作，并记录全部观察到的现象和发生时间，在确定没有造成任何影响时，当恢复电源供给后继续检定、校准和检测。如认为或怀疑已对检定、校准和检测结果构成了不良影响时，应向技术负责人报告可能或已经受到的影响。

A.5.5.5 当确认已经造成损失时，技术负责人应组织有关检定、校准和检测人员提出善后处理方案并实施。

A.5.5.6 在纠正措施的实施中，处理由于中心原因给顾客造成的不可挽回的损失，应由中心负责人与顾客进行协商，达成共识，承担有关经济赔偿责任。

A.5.6 特殊审核

当严重不合格或偏离对检定、校准和检测工作产生危害时，×××负责人应组织对相关活动区域迅速进行审核。特殊审核常在纠正措施实施并确定了纠正措施的有效性之后进行。

A.5.7 纠正措施的验证监控

A.5.7.1 纠正措施实施完成后，有关的人员应在"纠正和预防措施报告"上记录完成情况并签名。质量负责人应对纠正措施的结果进行监控，确保纠正措施的有效性。

A.5.7.2 质量负责人负责跟踪验证。当主要实施过程和结果符合纠正措施要求，质量负责人应在"纠正和预防措施报告"上填写验证结果并签名，纠正措施才能关闭。

A.5.7.3 纠正措施经过验证有效时，报×××负责人做永久性更改。若无效时应进一步分析原因，重新制定纠正措施。

A.5.8 质量负责人负责建立实施纠正措施所引出的所有记录，并由文档管理员保存。重大纠正措施的相关记录应作为下次管理评审的输入。

A.5.9 由纠正措施引起的对质量管理体系文件的任何更改，执行《文件控制管理程序》。

A.6 相关/支持性文件

A.6.1 《不合格品控制程序》

A.6.2 《质量管理体系内部审核程序》

A.7 记录

A.7.1 纠正、预防措施报告单

（三）作业指导书的编制

作业指导书是体系文件中数量最多的基础性文件，分为管理性作业指导书，如为贯彻实施质量方针、目标、手册、程序文件，为有效策划、运行和控制过程所需要进一步充实的管理体系文件；技术性作业指导书，如针对生产技术对测量的要求，在产品设计和开发、生产操作、生产设备使用及维护中对测量的技术要求，以及测量设备的使用和维护，安全保障和产品质量检验等对测量的规定和要求而制定的一些操作细则。作业指导书有时也称为操作程序、实施细则等。

（1）结构和格式如下：

1）作业指导书应包括标题和唯一性标识。

2）活动的描述。

3）目的、范围和引用程序文件。

4）评审、批准和修订。

5）记录。

6）变更的标识。

（2）举例说明如下：

器具消毒的作业指导书（引自国际标准 ISO/TR 10013）

B.1 器具消毒的作业指导书

编号：Ttv2.6 日期：1997 年 9 月 15 日 修订：0

B.2　一次性器具

将一次性器具放在特殊的容器中。应按废物处理规定销毁器具。

B.3　高温消毒类器具

B.3.1　用一次性纸巾消除表面污渍。

B.3.2　将器具放入10%的氯气溶液中。溶液应一个星期更换一次。

B.3.3　将器具浸泡至少2h。

B.3.4　将器具取出、刷洗干净，刷洗时带防护手套。

B.3.5　擦干器具。

B.3.6　检查器具是否完好，损坏的器具送维修部门。

B.3.7　将器具放入袋中消毒：

——将器具放入耐热袋中；

——将器具的尖锐部分用纱网保护起来；

——抓住口袋边缘，抖动几次，收紧袋口；

——使用耐热胶带封口；

——标记日期并加贴高温消毒标签；

——将口袋放入蒸汽烤箱内，温度180℃，持续30min。

经消毒的器具放在封口的袋中妥善保存，在一个月内可供使用。

B.3.8　将器具放入金属容器中消毒：

——将耐热纱布放在容器底部以保护器具；

——将器具放在容器底部；

——在金属容器上加贴高温消毒标签；

——将金属容器加热到180℃，持续30min。

两个金属容器一天一换，轮流使用。

B.4　其他器具（如耳镜）

在氯气溶液中放置2h后取出擦干。

（四）记录的编制

记录要规范化，涉及表格形式应统一规格和格式要求，每一表格要进行唯一性编号，记录表格形式和栏目具有实用性，内容完整，填写方便。

记录的编制有以下结构：

（1）名称。

（2）编号。

（3）记录表格栏目。

（4）记录人员。

（5）记录时间。

【思考与练习】

1. 编制某一活动的作业指导书。

2. 编制某一活动的程序文件。

模块5　质量管理相关文件、记录的管理（ZY2100501005）

【模块描述】本模块介绍质量管理相关文件、记录的管理。通过要点归纳，掌握质量管理文件的修改与完善、批准与发布以及管理文件和记录的控制、质量管理活动记录的管理要求。

【正文】

一、文件的修改与完善

质量管理文件在贯彻实施过程中，即使编制得很好，事先经过严格审查和认真修改过的文件，通过体系的实际运行，也不可能保证文件不修改。体系文件的修改必须按文件更改的提出、实施、评审、控制和纳入程序进行。文件更改的过程应执行与制定文件相同的评审和批准过程。

二、文件的批准与发布

质量管理文件在发布使用前必须经过授权人员审查批准，以确保文件是充分地和适宜的。批准人应亲自签字，不得以盖章或他人代签等代用方式表示批准。

文件复印、分发和领用应办理签收手续，并将这些文件作为受控文件妥善保管。

质量管理体系文件的发布是动员全体有关员工贯彻实施标准的机会。因此，最好召开文件发布会，形成领导重视，全员参与的声势。通过标语、板报、广播等多种形式宣传贯彻国际标准，实现质量管理与国际惯例接轨的重要性。也可以采用现场提问，分发简便的有奖考卷和知识竞赛等多种方式检查有关员工对质量管理体系文件的学习情况和理解程度。

三、管理文件和记录的控制

1. 质量管理文件的控制

文件控制是指对文件的编制、评审、批准、发放、使用、更改、再次批准、标识、回收和作废等全过程的管理。质量管理文件应得到以下控制：

（1）质量管理文件发布前得到授权人批准或确认，确保文件规定的要求是充分的，规定的措施、方法和步骤是适宜的。

（2）质量管理文件在执行过程中应适时进行评审，如发现文件不适用或需要补充或修改时允许进行变更，但必须经过原批准人员或其授权人重新批准。

（3）质量管理文件经过修改，在修改过的文件上可采用版本号、换页等方式表明文件现行修订状态，防止误用。

（4）与体系有关的使用现场，应能得到现行有效的质量管理文件，确保得到贯彻实施。

（5）必要保留的作废的文件（如作参考用的国家计量检定规程），应进行适当标识，防止误用。

（6）质量管理文件应有唯一性标识，该标识包括发布日期和（或）修订标识、页码、总页数和发布机构。

（7）确保外来文件，特别是标准规范、规程得到识别和控制，防止误用作废标准。

2. 记录的控制

应建立和维持记录的标识、收集、编目、存档、储存、保护、检索、保存期限和处置的程序。

（1）记录应清晰明了，内容完整，并按所记录的产品和项目进行标示（记录的名称及其代码）。

（2）记录应便于存取，并储存和保管在具有防止损坏、变质和丢失等适宜的环境中。应规定记录的保存期。

（3）记录的借阅须经有关人员批准同意后方可允许，并进行借阅登记。

（4）记录过了保存期经审查和批准后可以销毁，并进行记录处置的登记，在监督下进行销毁。

四、质量管理活动记录的要求

1. 记录的分类

对所完成的活动或达到的结果提供客观证据的文件称为记录。记录是一种特殊类型的文件，这种特殊性表现在当记录尚未填写时，一张空白的表格仍属一般文件，一旦填写完毕就起到了提供完成活动的证据的作用，这时就转变为记录的范畴。记录在质量管理活动分为两大类：一类是技术性记录，包括校准与检定证书、校准报告、测试报告、校准与检定记录、测试记录、质量控制记录及产品检验报告等；另一类是质量体系记录，包括内部审核报告、管理评审报告、质量监督记录等各种表格记录。

2. 记录的要求

记录是对各项质量活动进行的客观陈述，也是满足质量要求的客观证据，是可追溯（踪）性的依据，是采取预防措施和纠正措施的依据。因此记录应包括足够的信息，必要时可使实验复现。记录是书面的，也可储存在任何媒体上；记录应保存适当足够的时间（对保存期限应分类作出明确规定）；记录应及时和真实，内容正确完整、清晰、客观，能准确识别；记录一经形成不能修改，必须修改时，应采用“杠改法”，更改后的记录填在原记录附近，并有更改人签字。电子存储记录更改也必须遵循上述更改原则，以免原始数据丢失和改动。记录应安全保管，并为客户保密。

3. 文件和记录的管理

（1）确定文件和记录制定、实施、修改、审核和维护的归口管理部门，明确其职责和权限。

（2）指定专人负责文件和记录的接收、发放和登记。

（3）定期对文件和记录的控制活动进行监督检查。

【思考与练习】

1. 质量管理活动的记录有哪些？

2. 如何对记录进行控制？

模块 6　质量体系相关要素的内审工作（ZY2100501006）

【模块描述】本模块介绍质量体系相关要素的内审工作。通过步骤介绍、要点归纳和举例说明，掌握质量管理体系相关要素内部审核的要求、步骤及方法。

【正文】

一、内部审核

内部审核，有时称第一方审核，用于组织内部根据预定的日程表和程序，定期地对质量管理体系活动进行的审核，以验证其体系运行的符合性和有效性。内审的对象是管理体系的各个要素，包括检定、校准和检测活动。审核应由经过培训和具备资格的人员来执行，只要资源允许，审核人员应独立于被审核活动。

二、内部审核的要求

（1）应把审核作为一种经常性工作，按照受审核区域及活动的状况和重要程度，并根据以往审核结果策划年度审核计划和方案，确定审核范围、频次和方法。

（2）内审每年不少于一次，特殊情况可追加审核。特殊情况指如下情形：

1）发生重大质量事故或客户申诉。

2）质量管理体系发生重大变化，如机构调整、隶属关系改变、重大人事调整、检定、校准、检测业务范围改变等。

3）即将进行外部审核之时。

（3）内审审核计划内容包括：审核准则、范围、目的；审核组成员及分工；受审核部门与审核内容；首次、末次会议时间安排，以及审核日程安排等。

（4）确定经过培训、具备相应资格、能力的内审员。

三、内部审核步骤

（一）审核准备

质量管理体系内部审核准备阶段的主要工作有：编制审核计划、组织审核人员、审阅相关文件、编制检查表等。

（二）审核实施

内部审核实施的具体步骤归纳如下：

——首次会议。

——现场审核的方法、方式。

——现场调查取证。

——确定不符合项，编写不符合报告。

——汇总分析审核发现。

——末次会议。

——编写内部审核报告。

——纠正措施的跟踪验证。

1. 召开首次会议

审核组长主持召开首次会议，宣布审核组成员；说明审核目的、范围及宣布审核计划；建立审核组与受审核部门的正式联系。首次会议应签到做好记录。

2. 现场审核

现场审核的主要任务是调查取证，即通过面谈、查阅文件和记录、观察所涉及领域的活动和现场情况、考核等方式收集质量管理体系符合或不符合的客观证据。

（1）审核方式。常用的审核方式有以下几种：

1）按体系要素逐项审核。这种审核方式是按依据标准的每一要求，对质量管理体系各要素的实际运作进行审核。按要素审核要采用过程方法、从该要素涉及的过程识别、展开、实施和控制进行仔细的检查。按要素审核方式的特点是：目标集中，便于按体系要素涉及的过程进行符合性、适宜性和有效性评价。

2）按部门审核。按部门审核是外部审核和内部审核最常采用的方式。这种审核方式是到一个部门就把该部门涉及的各个要素一次审核清楚，最后再按要素把各个部门审核的结果加以汇总分析后得出总结论。其特点是：审核效率高；节省在部门之间往返的时间，审核思路比较清晰，可以避免不必要的重复审核。

3）顺向审核。顺向审核是采用从上到下，从头到尾的审核方式，抓住一个环节彻底查清。例如内部审核员可以从测量设备台账中抽取某一台测量设备，从填写检定委托书开始，检查测量设备检定原始记录，检定时测量数据的汇总处理，测量不确定度的计算和评定、检定证书的填写和审核签字，检定后标识的粘贴，测量设备的发放领用，测量设备使用人员的培训，测量设备使用的环境条件直到测量设备给出测量结果的记录和处理等。从中可以发现不少有关的问题。

4）逆向审核。是指反顺序进行的一种审核。通常是在体系运行的结果中找出某一感兴趣的问题，针对这一问题逆向进行追溯。例如，从现场使用的测量设备有无检定或校准合格标识，测量设备是否在检定或校准有效期内，使用测量设备人员的资格与所处的环境条件，使用测量设备的操作步骤，再查看该测量设备的登记台账，从台账追溯该台测量设备的原始检定记录，检定数据的处理，测量不确定度评定、检定员的资格，使用的规程、规范等，从中也可以发现不少问题。

（2）审核方法。内部审核实施的现场审核方法和外部审核一样，现场审核的方法是抽样。由于现场审核时间非常有限，而可供作为审核证据众多，因此，在现场审核过程中审核员只能从众多的审核证据中抽取少量有限样本作为对质量管理体系评价的依据和证据。现场审核抽样的原则可概括为：“合理抽样、分层抽样、均衡抽样、亲自抽样”。

1）合理抽样。是指内审员在对受审核方进行现场审核时抽取的样本应具有代表性和典型性。抽取的样本能基本上代表或反映受审核方体系运行的实际状况。同时，抽取的样本应有足够的数量。在内部审核过程中，抽取的样本数一般控制在3～12个样本。例如，抽样对象是记录最好选择在3～12张记录之间。

2）分层抽样。为了确保抽样具有代表性和典型性，应从不同的母体中抽取样本。例如，从要查证的一年记录中按照第一季度、第二季度、第三季度和第四季度分别抽取1～2张记录；或从一个季度中从每个月抽取1～2张记录；或从一个月中按上旬、中旬、下旬抽取1张记录。

3）均衡抽样。在对质量管理体系有关的职能部门进行内部审核过程中，重点部门和一般相关部门抽取的样本可能不同，有多有少。但是各个部门都应抽到，保持样本量的大体平衡。

4）亲自抽样。为了确保抽样具有代表性，抽取样本的真实性，内部审核员在检查相关记录的过程中应坚持亲自抽样，并保证抽样的随机性。而不得碍于情面让受审方挑选样本供审核。

（3）审核策略。现场审核策略与审核方式、方法有关。不同的审核策略可收到不同的效果。现场审核策略体现内部审核员的总体审核思路。

1）审核员着重从正面进行“合格性审核”，尽量收集体系符合标准及证实体系运行有效性的证据同时发现不符合标准，证实体系运行失效存在的问题。

2）另一种审核策略是着重从反面进行“不合格审核，尽量收集体系不符合标准，证实体系运行失效的证据。这种审核策略会增加受审核方人员的逆反心理，使对方有意掩盖或回避问题，但体系存在的问题能查深查透。

第二种审核策略常被内部审核员所利用。内部审核的目的着重要发现体系不符合认证标准所存在的问题，以便不断进行改正，便于以后能顺利通过第三方外部认证机构的审核。内部审核员在现场审核过程中不同的审核方式、不同的审核策略可以综合交替使用，其目的是收集到足够的审核发现，以便对体系进行客观评价。

（4）审核控制。内审是由审核组长负责进行的，要使审核顺利地按预期安排完成，审核组长必须对现场审核的全过程进行控制，包括如下内容：

1）审核计划的控制。

2）审核进度的控制。

3）审核气氛的控制。

4）审核活动客观性的控制。

5）审核结果的控制。

3. 现场调查取证

审核证据是指："与审核准则有关的并且能够证实的记录、事实陈述或其他信息。"现场取证就是要收集和获得证明符合或不符合体系标准的审核证据。

审核组在审核过程中发现体系的不符合项，要开具不符合项报告。而不符合项报告要以客观事实为依据，任何偏听偏信、主观猜测、缺乏证据的判断都不能成立。因此对每一不符合项都应进行取证。必要时还需当场进行验证。取证一般围绕三个方面进行：一是证明某书面程序不符合某质量管理体系要素要求；二是证明某项活动没有按质量管理体系程序去做；三是证明某项活动没达到预定的效果。取证常用的方法有：

（1）抽样取证。随机抽取一定数量的文件、记录或实物，通过统计分析，证明不符合项的严重性。

（2）系统取证。针对某一共性要求，如文件控制，对各个相关部门进行系统取证，证明不符合项的系统性。

（3）陈述笔录。从对质量活动负有责任的人员的谈话记录中抽取需要作为证据的内容，填写在专门的记录纸上，请当事人或见证人签字。

（4）复印取证。将文件、资料和记录的原件复印后作为证据。复印应清楚或注明原件的标识和编号，以便需要时可找到原件查证。

（5）照相取证。利用摄影、摄像等手段将不符合现象拍摄下来作为证据。应注明时间、地点和摄制人姓名。

（6）其他。审核员在专门的记录纸上记下亲眼所见的情况，证据的标识、编号、并请当事人或陪同人签字确认等。

4. 确定不符合项，编写不符合报告

（1）确定不符合项。内审人员在现场审核收集客观证据后，对这些客观证据进行归纳分析，与相关标准、文件相对照，确定不符合项，从而提出不符合报告。不符合项可分为以下三类：

1）体系性不符合。质量体系文件与有关法律法规、技术标准、规程、规范、体系标准、合同等要求不符合。

2）实施性不符合。质量活动不符合体系文件的规定。

3）效果性不符合。体系文件执行不够认真或文件规定不够科学或偶然因素，导致体系运行未达到预期效果。

按照不符合可能造成的后果，不符合项还可分为重要不符合项和次要不符合项。

1）重要不符合项。凡对质量管理体系有效运行或对检定、校准、检测结果有重要影响的不符合项为重要不符合项。如：

——体系文件存在重大缺陷。

——质量管理体系某一要素出现系统性失效。

——关键工作过程失控。

——实际运作严重偏离质量管理体系文件要求。

——对标准、文件、测试方法、规程、规范理解偏差造成错误操作。

——同样的问题在多次审核中发现。

2）次要不符合项。对质量体系有效运行或对检定、校准、检测结果有轻微影响的，个别、偶然出现的不符合项为次要不符合项。如：

——某些程序在某个环节上不符合要求。

——个别的、孤立的、偶然的人为差错。

（2）提出不符合项。在确定了不符合项后，内审员要提出不符合项，即编写不符合项报告。内审员在编写不符合项报告时，关键在不符合事实的描述，其要求是：

1）文字严谨、准确，报告陈述的观察事实具体。

2）清楚说明违背了什么要求，必要时指明不符合标准或程序中哪一条、那一款。

（3）认可不符合项。内审员应将审核过程中发现的不符合项与受审方充分沟通，以达成共识，开具的不符合项报告应由受审核方进行确认。

（4）举例说明如下：

不 符 合 项 报 告

编号：×××

受审核部门：××××××	审核时间：××年××月××日
不符合事实陈述： 在××试验室，一台使用的××标准装置的稳压电源，编号：345，未粘贴状态标识。 不符合××标准、质量手册或程序文件：质量手册 条款号：6.4.5 不符合类型或性质：系统、实施、效果；主要、次要√ 审核员：××× ××年××月××日	
受审核方签字： 年 月 日	
纠正措施： 预计完成日期： 负责人： 年 月 日 审核员： 年 月 日	
纠正措施完成情况： 负责人： 年 月 日	
纠正措施的验证： 检查人签字： 年 月 日	

5. 汇总分析审核发现

有了若干份不符合项报告，还要对审核的观察结果作一次汇总分析。对观察结果的描述要准确清晰，事实清楚。

（1）从发现的不符合项的总数分析，其中体系性不符合、实施性不符合、效果性不符合各有多少。不符合项还可按照产生不符合的责任部门和所涉及要素形成不符合项分布表，以便直观地反映不符合项的分布情况。即可分析体系中的薄弱部门，又可分析体系中的薄弱要素。

（2）与前次或历次内审不符合项总数及构成比较，来判断质量体系是否有所改进，以及纠正措施是否达到预期的目的。

（3）汇总分析可综合评价体系中各部门质量活动优缺点。

6. 末次会议

末次会议标志着现场审核已基本结束。末次会议的主要目的是向受审核方说明审核情况，宣布审核结果，报告审核组的结论，宣读不符合项报告和观察项报告，提出对纠正措施要求及完成的期限。末次会议由审核组长主持，审核组成员、质量负责人及受审核部门负责人（首次会议参加人员）应参加。末次会议应签到，做好记录归档保存。

（三）编制审核报告

审核报告是说明审核结果的正式文件，由审核组长或指定的人员负责编制。审核报告应如实地反映本次体系审核的方法、审核过程情况、观察结果和审核结论。审核报告由审核组长签发，审核组长对审核报告的准确性、完整性负责。

审核报告包括如下内容：

（1）审核目的、范围、依据和日期。

（2）审核组的成员及受审方名单。

（3）内部审核综述。

（4）审核中发现的主要问题摘要（具体不符合项的数量、严重程度及不符合项分布表）。

（5）管理体系运行有效性的结论性意见及整改建议。

（6）审核报告分发范围。

内部审核报告应作为长期保存的文件归档，并作为管理评审的重要输入。

（四）纠正措施的跟踪验证

纠正措施的跟踪验证是内部管理体系审核的重要部分，无论是重要不符合项，还是次要不符合项，都必须由受审核方制定纠正措施并加以实施，由内审小组进行跟踪验证，形成闭环，才算完成一次完整的内部管理体系审核。

根据不符合项的性质或程度，可采用如下的纠正措施的跟踪验证方式：

（1）对受审核方再次组织部分要素的现场审核以检验纠正措施的效果。

（2）审查提交的纠正措施实施记录。

（3）在下次审核时一并验证纠正措施的实施情况。

经过验证后，内审员应对纠正措施的实施情况和效果进行准确的评价，并填入“不符合项报告”中。如果经验证纠正措施未达到预期的目的，则应要求受审核方重新分析原因，重新制定适宜的纠正措施，并在实施后再次验证其有效性。

【思考与练习】

1. 现场审核对客观证据有什么要求？

2. 为什么要进行纠正措施的跟踪验证？

第十一部分

新知识、新工艺、新技术的推广应用

第三十章 新知识、新工艺、新技术

模块 1 电测仪表技术的发展前景（ZY2100601001）

【模块描述】本模块介绍电测仪表技术的发展前景。通过分类介绍和要点归纳，了解电测仪表从模拟式向数字式仪表发展，单一测量功能向多功能、智能化发展的情况以及国内外最新产品和研究成果。

【正文】

一、电测仪表的发展过程

电测量指示仪表已有二百多年的发展史，其结构和工作原理大都建立在经典电工学原理上，制造工艺目前已达到相当完善的程度。随着电子技术和微处理器技术的迅速发展，特别是大规模集成电路及计算机技术的应用，使电测仪表在原理、功能、测量准确度以及自动化水平等方面发生了根本的变化。

1. 模拟式仪表

如沿用至今的动圈式电压表、电流表、功率表、万用表等。这类仪表不管其原理和结构如何，都有一个共同的特征，都是根据直接采集到的电气模拟量，通过电磁场的相互作用，将产生的力矩作用于动圈；最终以指针、光标等的运动来显示测量结果。由于电测量指示仪表具有结构简单、稳定可靠、价格低廉、易于维修和适宜于大批生产等一系列优点，所以至今仍广泛地占领着电工测量领域。

2. 数字式仪表

如数字电压表、数字功率表、数字相位计、数字电阻表、数字频率计、数字多用表以及数字标准源等，均为数字式仪表。数字仪表是将模拟信号转化为数字信号进行测量或控制，利用模拟/数字变换器（A/D），数字/模拟转换器（D/A）和十进制数码显示技术是其最明显的特征标志。数字式仪表给人以直观的感觉，响应时间、测量速度和测量准确度也比模拟式仪表提高了很多，它把电子技术、计算机技术、自动化技术和精密电测量技术密切地结合在一起，成为测量仪表领域中的一个独立分支。随着科学技术的发展，数字式仪表从早期的单一测量功能的直流数字电压表、数字电阻表，已发展到可以直接测量交、直流电压、电流、功率、频率、相位或其他电参量的数字多用表。相对于电测量指示仪表，数字式仪表具有体积小、灵敏度高、输入阻抗大、频率范围宽、测量速度快、显示清晰直观、操作方便、能实现自动化测量并能进行数据通信等诸多优点，因此数字式仪表的产品种类正在不断增多，测量水平正在不断提高，应用范围越来越广阔。

3. 智能仪表

智能仪表实质上是在数字仪表测量技术的基础上利用“微处理器”强大的软件和硬件功能，实现诸如数据分析、逻辑判断、函数运算、程序控制、记忆存储等多种功能。它不但能够解决传统仪表不能解决或难以解决的问题，而且借助现代化通信技术，可以组成智能化测控系统，实现自动化检测、遥信、遥控、客户与主站互动等人工智能工作，是电测仪表发展的最新阶段。

二、电测仪表的新产品和新成果

1. 高准确度的自校准（测试）系统

该系统一般由高准确度的数字多用表/标准源与 PC 机组成，具有自动校准（测试）；自动切换测量量程；自动补偿或修正测量结果；自动分析、处理数据，记录、存储测量数据；自动打印校准证书或测试报告；给出测量不确定度评定报告等功能。全部操作运行都是由设定程序控制或人机对话控制。不仅自动化程度大大提高，还极大提高了仪表的准确性和可靠性。

2. 个人智能化仪表

将各类测量仪表的硬件模版化或模块化，采用内插入或外插入的方式与 PC 机进行连接。利用 PC

机强大的软件和硬件功能，实现对各种测量过程的控制。

3. 数字化变电站的智能化仪表系统

智能化仪表系统是数字化变电站的主要表征。此类系统在超或特高压变电站的应用效果尤为显著，通过光电互感器对一次高压部分的取样，并将取样信号转换为数字信号，再由光纤通过专用的通道接口传递给计算机系统，实现对测量信号的分析、计算、判断、记录显示和处理；并能传输和实现远方控制，以及控制结果的反馈等功能，是建设坚强智能电网的最重要基础部分。

【思考与练习】

1. 模拟式电测仪表与数字式仪表有哪些不同？
2. 智能化仪表有哪些先进的地方？

模块 2　电测仪表新工艺、新技术的应用（ZY2100601002）

【模块描述】本模块介绍电测仪表新工艺、新技术的应用。通过原理介绍，熟悉数字仪表和智能化仪表的工作原理以及功能、特点。

【正文】

一、数字仪表的发展

传统的电气测量方法是建立在经典电工学原理上的，虽然有结构简单、稳定可靠、造价低等诸多优点，但仍存在操作不便捷，测量准确度难以提高等局限性。随着现代科学技术的飞跃发展，对电气测量工作提出了越来越高的要求，同时现代科学创造的许多新工艺和新技术、新型元器件也促进了电测仪表的创新和发展。

模拟式电测仪表都是根据采集到的被测电气量，通过电磁场的相互作用，将产生的力矩作用在表头（动圈）上，通过指针/光标等的运动来显示电气量的大小和方向。而数字式仪表则是对采集到的电气模拟量，进行 A/D 变换成为数字量，从而进行分析、计算和处理，最后以十进制数字自动显示测量的结果。可以看出，数字式仪表的测量准确度主要由两部分来决定的，一部分是采样和 A/D 变换，另一部分是数据的分析计算。高速、多点的采样技术和多位 A/D 转换器可以不断提高采样的真实、可靠性，多位 A/D 转换器可以不断提高模/数变换的准确度；而计算的高速和程序化以及大规模集成化电路，可以保证数据最终测量结果的正确性。数字化仪表不是单一地追求某一元件、某一环节的完善，而把注意力放在从采样到最后输出测量结果的整个测量过程的有效控制上，追求最后测量结果的正确性。与模拟式仪表相比，数字式仪表，不仅操作灵活、方便，测量准确度大大提高，测量范围得到扩展，更是提高了测量的自动化水平。所以问世以来发展迅猛，应用广泛。

二、智能化仪表的发展

智能化仪表是在数字式仪表的基础上发展起来的。利用现代通信技术，将测量的数据交由微机处理，利用微型计算机强大的硬件和软件功能，对测量的数据进行分析、校准（检测）、计算、记录、存储、显示、输出等。另外还可以按程序发出执行或控制的命令或开关信号。也可以组成一系列测量控制系统，进行遥测、遥信、遥控等。其基本结构如图 ZY2100601002-1 所示。

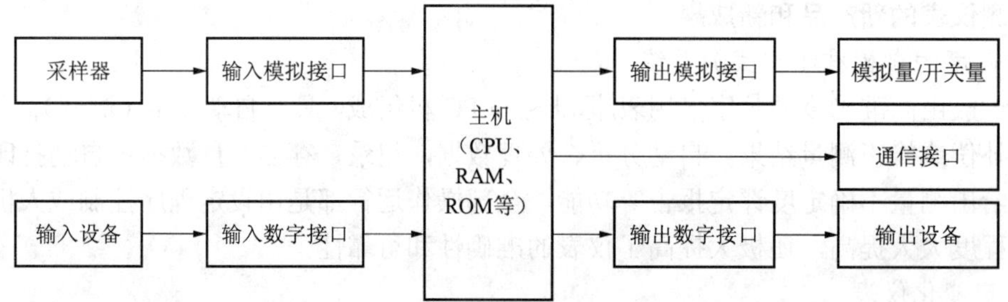

图 ZY2100601002-1　智能仪表硬件结构框图

主机电路由微型计算机（其中包括微处理器 CPU、程序存储器 ROM、数据存储器 RAM 及扩展电路组成。模拟输入/输出接口分别包含 A/D 或 D/A 转换器，保证输入/输出的畅通。智能化仪表不仅具有程序控制/人机对话等自动校准（测试）功能，大大提高了仪表测量的可靠性和准确度，还具有强大的记忆存储功能，能组成较复杂的系统，实现客/主互动，完成许多人工智能化工作；极大地提高了电气测量和控制的自动化水平，代表了电测仪表的现代水平和今后发展的方向，应用前景十分广阔。

【思考与练习】

1. 为什么说智能化仪表是电测仪表发展的方向？
2. 数字式仪表在测量原理上有什么改进？

第十二部分

电测仪表规程、规范

第三十一章　电测量指示仪表检定规程

模块1　电测量指示仪表的技术要求、检定条件、检定项目（TYBZ03901001）

【模块描述】本模块包含电测量指示仪表检定的技术要求、检定条件、检定项目。通过相关规程要点归纳、介绍，熟悉电测量指示仪表检定的相关要求。

【正文】

SD 110—1983《电测量指示仪表检验规程》适用于在电力系统中使用的各类直流和交流工频指示仪表，包括各种电流表、电压表、功率表、万用电表、相位表、功率因数表、频率表、兆欧表、接地电阻表和钳形表的检定。

由于模拟指示的电流表、电压表、功率表和电阻表有新的检定规程 JJG 124—2005《电流表、电压表、功率表及电阻表》，其检定的技术要求、检定条件、检定项目可参照模块 TYBZ03902001。模拟指示的兆欧表有新的检定规程 JJG 622—1997《绝缘电阻表（兆欧表）检定规程》，其检定的技术要求、检定条件、检定项目可参照模块 TYBZ03905001。接地电阻表（包括模拟指示类型）有新的检定规程 JJG 366—2004《接地电阻表检定规程》，其检定的技术要求、检定条件、检定项目可参照模块 TYBZ03906001。万用表和钳形表的电流、电压、功率、电阻量限可参照 JJG 124—2005《电流表、电压表、功率表及电阻表》。本模块主要介绍模拟指示的相位表、功率因数表、频率表检定的技术要求、检定条件、检定项目。

一、技术要求

技术要求包括外观、位置影响、基本误差、升降变差、偏离零位、相位表的电流影响。

1. 外观

（1）仪表的铭牌或外壳上应有以下主要标志：仪表名称、型号、系别符号、准确度等级、制造年月或出厂编号、制造厂名、制造标准号、正常工作位置以及其他保证其正确使用的信息。

（2）仪表的端钮和转换开关上应有用途标志。

（3）从外表看，零部件完整，无松动，无裂缝，无明显残缺或污损。轻摇仪表时，内部无撞击声。

（4）向左右两方向旋动机械调零器，指示器应转动灵活，左右对称。

（5）指针不应弯曲，与标度盘表面间的距离要适当。

（6）检查有无封印，外壳密封是否良好。

2. 位置影响

在标度尺的几何中心附近和上量限附近两个分度线上进行。对于比率表和无零位标度尺仪表，应在额定负载下进行。按表 TYBZ03901001-1 规定的角度使被检仪表自工作位置向前后左右四个方向倾斜。在倾斜位置时被检仪表的指示值与规定工作位置时的指示值之差，应不超过表 TYBZ03901001-2 的规定。

表 TYBZ03901001-1　　指示值限值

准确度等级	0.5～1.0 级	1.5～5.0 级
仪表类别	倾斜角度	
可携带式仪表	20°	30°
安装式仪表	30°	45°

3. 基本误差

仪表的基本误差在标度尺测量范围内（有效范围）所有分度线上，不应超过表 TYBZ03901001-2 规定的最大允许误差。

表 TYBZ03901001-2　　基本误差极限值

准确度等级	0.1	0.2	0.5	1.0	1.5	2.5	5.0
最大允许误差（%）	±0.1	±0.2	±0.5	±1.0	±1.5	±2.5	±5.0

仪表的基本误差以 γ 引用误差表示，按式（TYBZ03901001-1）计算，即

$$\gamma=\frac{X-X_0}{X_N}\times 100\% \qquad \text{(TYBZ03901001-1)}$$

式中 X——被检表的指示值；

X_0——被测量的实际值；

X_N——引用值。

4. 升降变差

能耐受机械力作用的仪表、仪表正面部分最大尺寸小于 75mm 的可携带式仪表、正面部分最大尺寸小于 40mm 的安装式仪表，其指示值的升降变差不应超过表 TYBZ03901001-2 规定值的 1.5 倍。其他仪表的升降变差不应超过表 TYBZ03901001-2 的规定值。

仪表的升降变差 γ 按式（TYBZ03901001-2）计算，即

$$\gamma=\frac{|X_{01}-X_{02}|}{X_N}\times 100\% \qquad \text{(TYBZ03901001-2)}$$

式中 X_{01}——被测量上升的实际值；

X_{02}——被测量下降的实际值；

X_N——引用值。

5. 相位表的电流影响

当通过相位表的电流为额定电流值的 40%～100%时，相位表的误差应满足表 TYBZ03901001-2 的要求。为此，除在额定电流下对各带数字的分度线进行检验外，还应在额定电流为 40%的条件下对始点、中点和终点分度线进行检定。

二、检定条件

1. 检定环境条件

（1）对准确度等级优于或等于 0.2 级的仪表，环境温度应为（20±2）℃，环境相对湿度应为（40～60）%；对准确度等级等于或劣于 0.5 级的仪表，环境温度应为（20±5）℃，环境相对湿度应为（40～80）%。

（2）检定场所除地磁场外应无其他强外磁场。

2. 检定装置

（1）检定装置应满足 DL/T 1112—2009《交、直流仪表检验装置检定规程》的有关规定。

（2）电源在 30s 内的相位、功率因数、频率的变化率应不超过被检表最大允许误差的 1/10。

（3）检定装置（包括标准表在内）的综合误差与被检表的基本误差之比宜为 1:5，最低要求为 1:3。

三、检定项目

周期性的检定项目包括外观检查、基本误差、升降变差、位置影响、相位表的电流影响；首次检定或修理后的检定还包括绝缘电阻测量、介电强度试验。

【思考与练习】

1. 电测量指示仪表的技术要求包括哪几个方面？

2. 电测量指示仪表的检定项目有哪些？

模块 2　电测量指示仪表检定方法、检定结果的处理（TYBZ03901002）

【模块描述】本模块包含电测量指示仪表检定的方法、检定结果的处理。通过相关规程要点归纳、介绍，熟悉电测量指示仪表检定的方法和步骤。

【正文】

SD 110—1983《电测量指示仪表检验规程》适用于在电力系统中使用的各类直流和交流工频指示仪表，包括各种电流表、电压表、功率表、万用电表、相位表、功率因数表、频率表、兆欧表、接地电阻表和钳形表的检定。

由于模拟指示的电流表、电压表、功率表和电阻表有新的检定规程 JJG 124—2005《电流表、电压表、功率表及电阻表》，其检定方法、检定结果的处理和检定周期可参照模块 TYBZ03901002。模拟指示的兆欧表有新的检定规程 JJG 622—1997《绝缘电阻表（兆欧表）检定规程》，其检定方法、检定结果的处理和检定周期可参照模块 TYBZ03905002。接地电阻表（包括模拟指示类型）有新的检定规程 JJG 366—2004《接地电阻表检定规程》，其检定方法、检定结果的处理和检定周期可参照模块 TYBZ03906002。万用电表和钳形表的电流、电压、功率、电阻量限可参照 JJG 124—2005《电流表、电压表、功率表及电阻表》。本模块主要介绍模拟指示的相位表、功率因数表、频率表检定方法、检定结果的处理和检定周期。

一、检定方法

1. 外观检查

外观应符合模块 TYBZ03901001 中技术要求第 1 条的规定。

2. 基本误差

（1）对准确度等级优于或等于 0.2 级的仪表，每个检定点应读数两次，第一次平稳地上升，第二次平稳地下降，取其平均值作为检验结果。其余仪表可读数一次。

（2）凡公用一个标度尺的多量程仪表，只对其中某个量程（称全检量程）的测量范围内带数字的分度线进行检定，而对其余量程（称非全检量程）只检量程上限和可以判定最大误差的分度线。

（3）对全检量程内带有数字分度线的点进行检定，采用比较法。对每一检定点，记录标准表的读数为 X_0，被检表的读数为 X，按式（TYBZ03901001-1）计算基本误差。

3. 升降变差

检定升降变差时，首先使被检表指示器在一个方向平稳地上升到标度尺某一个带有数字的分度线上，读取该点在上升时的实际值 X_{01}，然后再使被检表指示器平稳地下降到标度尺的同一个分度线上，读取该点在下降时的实际值 X_{02}，两次读取的实际值之差除以引用值即为升降变差。升降变差按式（TYBZ03901001-2）计算。升降变差的检定可与基本误差的检定同时进行。

4. 相位表（功率因数表）的电流影响

在额定电流下，按基本误差和升降变差的检定方法对测量范围内带数字的分度线进行检定，并按式（TYBZ03901001-1）计算基本误差。再调节电流为 40%额定值的条件下对始点、中点和终点分度线进行基本误差检定。

二、检定结果处理

（1）找出仪表示值和与各次测量实际值之间的最大差值除以引用值，作为仪表的最大基本误差。

（2）找出被检表某一量程各分度线上升与下降两次测量结果的差值中最大的一个除以引用值，作为仪表的最大升降变差。

（3）计算被检表每一数字分度线的修正值时，所依据的实际值，是该分度线上两次测量所得实际值的平均值。

（4）被检表的最大基本误差和实际值或修正值的数据都要先计算后修约。

（5）仪表最大基本误差，最大升降变差的数据修约要采用四舍六入偶数法则。对准确度等级优于或等于 0.2 级的仪表，保留小数位数两位（去掉百分号后的小数部分），第三位修约；准确度等级劣于或等于 0.5 级的仪表，保留小数位数一位，第二位修约；修约间隔按表 TYBZ03901002-1 确定。对于以电角度绝对值表示的相位表，化整后的最小单位允许以分表示。

表 TYBZ03901002-1　　修 约 间 隔

仪表标度尺（格）	10	30	50	60	75	100	120	150	300	450
仪表准确度等级	修约间隔									
0.1	0.002	0.005	0.01	0.01	0.01	0.02	0.02	0.02	0.05	0.1
0.2	0.005	0.01	0.02	0.02	0.02	0.05	0.05	0.05	0.1	0.2
0.5	0.01	0.02	0.05	0.05	0.05	0.1	0.1	0.1	0.2	0.5

（6）判断仪表是否超过允许误差时，应以确定的最大基本误差和最大升降变差修约后的数据为依据。

（7）对全部检定项目都符合要求的仪表，判断为合格。

（8）准确度等级优于或等于 0.5 级的仪表检定周期一般为 1 年。其余仪表检定周期一般不超过 2 年。

可携带式仪表（包括台表）的检验，每年至少一次，常用的仪表每半年至少一次。经两次以上检验，证明质量好的仪表，可以延长检验期一倍。

【思考与练习】

1. 简述电测量指示仪表基本误差的检定方法。
2. 简述相位表（功率因数表）的电流影响检定方法。

第三十二章　电流表、电压表、功率表和电阻表检定规程

模块 1　电流表、电压表、功率表和电阻表的技术要求、检定条件、检定项目（TYBZ03902001）

【模块描述】本模块包含电流表、电压表、功率表和电阻表检定的技术要求、检定条件、检定项目。通过相关规程要点归纳、介绍，熟悉检定的相关要求。

【正文】

JJG 124—2005《电流表、电压表、功率表及电阻表》适用于直接作用模拟指示直流和交流（频率40Hz～10kHz）电流表、电压表、功率表及电阻表（电阻 1Ω～1MΩ）以及测量电流、电压及电阻的万用表的检定。

本规程不适用于自动记录式仪表、数字式仪表、电子式仪表、平均值电压表、峰值电压表、泄漏电流表、三相功率表及电压高于600V的静电电压表的检定。

一、技术要求

技术要求包括外观、绝缘电阻、介电强度、阻尼、基本误差、偏离零位、位置影响、功率因数影响。

1. 外观

仪表的铭牌或外壳上应有以下主要标志：产品名称、型号、出厂编号、制造厂名、CMC 标志以及其他保证其正确使用的信息。

2. 绝缘电阻

仪表的所有线路与参考试验地之间，施加500V直流电压测得的绝缘电阻应不低于5MΩ。

3. 介电强度

仪表的所有线路与参考试验地之间，应能承受 1min 工频正弦交流电压试验，无击穿或飞弧。试验电压应根据仪表线路的标称电压，按表 TYBZ03902001-1 选定。

功率表的电流线路和电压线路之间应进行介电强度试验，试验电压为标称电压的2倍，但不低于500V。

表 TYBZ03902001-1　　试验电压

测量线路的标称电压（线路绝缘电压）（V）	绝缘标志（星号内的数字）（kV）	试验电压（有效值）（kV）	测量线路的标称电压（线路绝缘电压）（V）	绝缘标志（星号内的数字）（kV）	试验电压（有效值）（kV）
50	无数字	0.5	1000	3	3
250	1.5	1.5	2000	5	5
650	2	2	3000	7	7

4. 阻尼

除具有延长响应时间的仪表和国家标准中另有规定外，仪表的阻尼应满足下列要求。

（1）过冲。对全偏转角小于180°的仪表，其过冲不得超过标度尺长度的20%，其他仪表不得超过25%。

（2）响应时间。除制造厂和用户之间另有协议外，对仪表突然施加能使其指示器最终指示在标度尺长 2/3 处的被测量，在4s之后的任何时间其指示器偏离最终静止位置不得超过标度尺长度的1.5%。

5. 准确度等级

准确度等级及最大允许误差（引用误差）见表 TYBZ03902001-2。

表 TYBZ03902001-2 准确度等级及最大允许误差要求

准确度等级	0.1	0.2	0.5	1.0	1.5	2.0	2.5	5.0	10	20
最大允许误差（%）	±0.1	±0.2	±0.5	±1.0	±1.5	±2.0	±2.5	±5.0	±10	±20

6. 基本误差

（1）仪表的基本误差在标度尺测量范围内（有效范围）所有分度线上，不应超过表 TYBZ03902001-2 规定的最大允许误差。仪表的基本误差 γ 以引用误差表示，按式（TYBZ03902001-1）计算，即

$$\gamma=\frac{X-X_0}{X_N}\times 100\% \quad \text{（TYBZ03902001-1）}$$

式中 X ——被检定、校准、检测电流表的指示值；

X_0——被测量的实际值；

X_N——引用值。

（2）仪表的升降变差 γ 不应超过最大允许误差的绝对值，按式（TYBZ03902001-2）计算，即

$$\gamma=\frac{|X_{01}-X_{02}|}{X_N}\times 100\% \quad \text{（TYBZ03902001-2）}$$

式中 X_{01}——被测量上升的实际值；

X_{02}——被测量下降的实际值；

X_N——引用值。

7. 偏离零位

对在标度尺上有零分度线的仪表，应进行断电回零试验。

（1）在仪表测量范围上限通电 30s，迅速减小被测量至零，断电 15s 内，用标度尺长度的百分数表示，指示器偏离零分度线不应超过最大允许误差的 50%。

（2）对功率表还应进行只有电压线路通电，指示器偏离零分度线的试验，其改变量不应超过最大允许误差的 100%。

（3）对电阻表偏离零位没有要求。

8. 位置影响

对没有装水准器且有位置标志的仪表，将其自标准位置向任意方向倾斜 5°或规定值，对无位置标志的仪表应倾斜 90°（即水平或垂直位置），其误差改变量前者不应超过最大允许误差的 50%，后者不应超过 100%。

模拟式电流表、电压表、功率表及电阻表的工作位置向任一方向倾斜 5°，其指示值的改变不应超过基本误差极限值的 50%。

9. 功率因数影响

应在超前和滞后两种状态下试验，由此引起的仪表误差的改变量不应超过最大允许误差的 100%。

二、检定条件

1. 检定环境条件

（1）对准确度等级优于或等于 0.2 级时，环境温度应为（20±2）℃，环境相对湿度应为（40～60）%；对准确度等级等于或劣于 0.5 级时，环境温度应为（20±5）℃，环境相对湿度应为（40～80）%。

（2）检定场所除地磁场外应无其他强外磁场。

2. 检定装置

检定仪表时，由标准器、辅助设备及环境条件等所引起的测量扩展不确定度（k 取 2）应小于被检表最大允许误差的 1/3。

电源在 30s 内的稳定度应不低于被检表最大允许误差的 1/10。

调节器应保证由零调至被检表上限，且平稳而连续调至仪表的任何一个分度线，调节细度应不低于被检表最大允许误差的1/10。

标准装置应有良好的屏蔽和接地，以避免外界干扰。

三、检定项目

周期性的检定项目包括外观检查、基本误差、升降变差、偏离零位；首次检定或修理后的检定还包括位置影响、功率因数影响、阻尼、绝缘电阻测量、介电强度试验。

【思考与练习】

1. 电流表、电压表、功率表及电阻表的检定条件主要包括哪几个方面？

2. 电流表、电压表、功率表及电阻表的检定项目有哪些？

模块2　电流表、电压表、功率表和电阻表检定方法、检定结果的处理（TYBZ03902002）

【模块描述】本模块包含电流表、电压表、功率表和电阻表检定的方法、检定结果的处理。通过相关规程要点归纳、介绍，熟悉相关仪表检定的方法和步骤。

【正文】

JJG 124—2005《电流表、电压表、功率表及电阻表》适用于直接作用模拟指示直流和交流（频率40Hz～10kHz）电流表、电压表、功率表及电阻表（电阻 1Ω～1MΩ）以及测量电流、电压及电阻的万用表的检定。

本规程不适用于自动记录式仪表、数字式仪表、电子式仪表、平均值电压表、峰值电压表、泄漏电流表、三相功率表及电压高于600V的静电电压表的检定。

一、检定方法

1. 外观检查

外观应符合模块TYBZ03902001中技术要求第1条的规定。

2. 绝缘电阻测量

在被检电流表、电压表、功率表及电阻表的所有测量端与外壳的参考“地”之间加500V直流电压，绝缘电阻值不应小于5MΩ。

3. 介电强度测试

在被检电流表、电压表、功率表及电阻表的所有测量端与外壳的参考“地”之间加频率为50Hz实用正弦波的交流电压，试验电压应平稳地从零上升到500V，在此阶段应不出现明显的瞬变现象。保持1min，然后平稳地下降到零。试验中不应出现击穿或飞弧现象。（仅针对首次、修理后的被检定、校准、检测电流表、电压表、功率表及电阻表）

4. 基本误差检定

（1）根据被检表的功能、准确度等级、量程及频率应分别检定其基本误差。对准确度等级劣于或等于0.5的仪表，每个检定点应读数两次，其余仪表可读数一次。

（2）凡公用一个标度尺的多量程仪表，只对其中某个量程（称全检量程）的测量范围内带数字的分度线进行检定，而对其余量程（称非全检量程）只检量程上限和可以判定最大误差的分度线。

（3）用数字表作为标准表检定电流表、电压表、功率表基本误差时对标准表的要求见表TYBZ03902002-1。

表TYBZ03902002-1　　标准表基本误差要求

被检表准确度等级	0.1	0.2	0.5
被检表测量上限时数字表实际误差	±0.02%	±0.05%	±0.1%
标准电阻的准确度等级	0.01	0.01	0.02

（4）用标准源作为标准检定电流表、电压表、功率表基本误差时对标准源的要求见表TYBZ03902002-2。

表 TYBZ03902002-2 对标准源的要求

被检表准确度等级	0.1	0.2	0.5
标准源允许误差	±0.02%	±0.05%	±0.1%
标准源稳定度	0.01%	0.02%	0.05%
标准源输出频率允许误差	±0.02%	±0.05%	±0.05%
标准源输出相位允许误差	±0.02°	±0.03°	±0.05°
被检表上限时标准源的读数位数	不少于6位	不少于5位	不少于5位

（5）用标准电阻箱检定电阻表。当电阻表最小量程为 $R\times1$（Ω）时，一般取 $R\times10$（Ω）为全检量程，其余为非全检量程。

（6）对全检量程内带有数字分度线的点进行检定，采用比较法。对每一检定点，记录标准表的读数为 X_0，被检表的读数为 X，按式（TYBZ03902001-1）计算基本误差。

5. 升降变差

检定升降变差时，首先使被检表指示器在一个方向平稳地上升到标度尺某一个带有数字的分度线上，读取该点的实际值 X_{01}，然后再使被检表指示器平稳地下降到标度尺的同一个分度线上，读取该点的实际值 X_{02}，两次读取的实际值之差除以引用值即为升降变差。升降变差按公式 TYBZ03902001-2 计算。升降变差的检定可与基本误差的检定同时进行。

6. 偏离零位

（1）对于电流表、电压表及功率表应在全检量程检定基本误差之后进行。测量标度尺长度 B_{SL}，调节被测量至测量上限，停 30s 后，缓慢地减小被测量至零并切断电源，15s 内读取指示器对零分度线的偏离值 B_0。偏离零位 δ 按式（TYBZ03902002-1）计算，即

$$\delta=\left(\frac{B_0}{B_{SL}}\right)\times100\% \qquad \text{(TYBZ03902002-1)}$$

（2）对功率表还要在检定全检量程基本误差之前，对电压线路加额定电压，将电流回路断开，读取指示器对零分度线的偏离值。

二、检定结果处理

（1）找出仪表示值和与各次测量实际值之间的最大差值除以引用值，作为仪表的最大基本误差。

（2）找出被检表某一量程各分度线上升与下降两次测量结果的差值中最大的一个除以引用值，作为仪表的最大升降变差。

（3）计算被检表每一数字分度线的修正值时，所依据的实际值，是该分度线上两次测量所得实际值的平均值。

（4）被检表的最大基本误差和实际值或修正值的数据都要先计算后修约。

（5）仪表最大基本误差，最大升降变差的数据修约要采用四舍六入偶数法则。对准确度等级优于或等于 0.2 的仪表，保留小数位数两位（去掉百分号后的小数部分），第三位修约；准确度等级劣于或等于 0.5 的仪表，保留小数位数一位，第二位修约；修约间隔按表 TYBZ03902002-3 确定。

表 TYBZ03902002-3 修约间隔

仪表标度尺（格）	10	30	50	60	75	100	120	150	300	450
仪表准确度等级	修约间隔									
0.1	0.002	0.005	0.01	0.01	0.01	0.02	0.02	0.02	0.05	0.1
0.2	0.005	0.01	0.02	0.02	0.02	0.05	0.05	0.05	0.1	0.2
0.5	0.01	0.02	0.05	0.05	0.05	0.1	0.1	0.1	0.2	0.5

（6）判断仪表是否超过允许误差时，应以确定的最大基本误差和最大升降变差修约后的数据为依据。

（7）对全部检定项目都符合要求的仪表，判断为合格。

（8）准确度等级优于或等于 0.5 的仪表检定周期一般为 1 年。其余仪表检定周期一般不超过 2 年。

【思考与练习】

1. 用标准源作为标准检定电流表、电压表、功率表基本误差时对标准源有何要求？

2. 对功率表如何进行偏离零位检查？

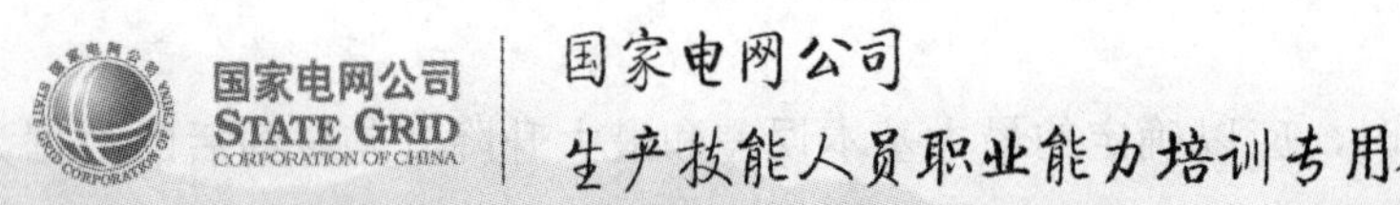

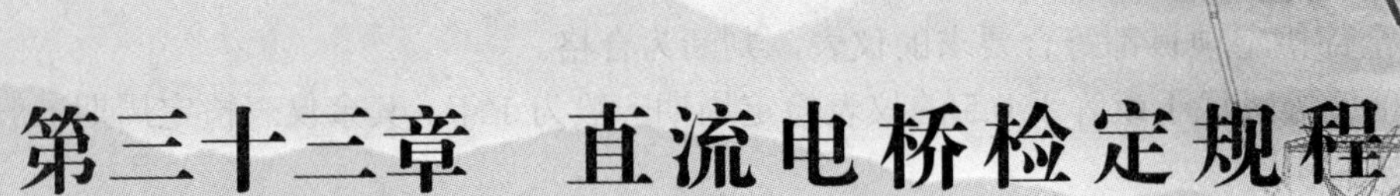

第三十三章 直流电桥检定规程

模块1 直流电桥的技术要求、检定条件、检定项目（TYBZ03903001）

【模块描述】本模块包含直流电桥检定的技术要求、检定条件、检定项目。通过相关规程要点归纳、介绍，熟悉直流电桥检定的相关要求。

【正文】

JJG 125—2004《直流电桥检定规程》适用于电阻测量上限小于 $10^8\Omega$，准确度等级等于或劣于 0.005 级的电阻型直流电桥的检定。

一、技术要求

1. 通用技术要求

通用技术要求包括外观、铭牌及线路检查、绝缘电阻、介电强度试验等三项。对电桥面板及铭牌应包含的内容提出了具体的要求，且电桥线路不应有断路或短路现象，对绝缘电阻、介电强度试验作出相应的规定。

2. 计量性能要求

规程包含 0.005、0.01、0.02、0.05、0.1、0.2、0.5、1.0、2.0 九个准确度等级的电桥，对各等级电桥的基本误差和绝缘电阻对整体误差的影响作出了规定。对于携带型电桥，对其内附指零仪的结构、灵敏度、阻尼时间等提出了要求。

二、检定条件

1. 环境条件

电桥应在 JJG 125—2004《直流电桥检定规程》表 2 规定的环境条件下进行检定。

2. 检定装置

（1）检定电桥时，由标准器、辅助设备及环境条件等所引起的测量扩展不确定度应不超过被检电桥允许基本误差的 1/3。

（2）整体法检定电桥时，作为标准用的标准电阻箱准确度等级应高于被检电桥两个等级，满足 JJG 125—2004《直流电桥检定规程》表 3 的要求；并且标准电阻箱的读数位数应满足 JJG 125—2004《直流电桥检定规程》表 6 规定的数据修约的要求。

（3）按元件检定电桥时，各桥臂电阻元件的允许误差、测量误差、选用标准电阻准确度等级应满足 JJG 125—2004《直流电桥检定规程》表 4 的要求。该方法适用于优于或等于 0.05 级的实验室型电桥的检定。

（4）按元件检定的电桥，采用替代法或置换法检定时，测量仪器引起的误差不应超过被检电阻元件允许误差的 1/10。

（5）检定电桥时，指零仪灵敏度阀引起的误差不应超过允许误差的 1/10。

（6）检定装置的残余电势、开关接触电阻变差、连接导线电阻、绝缘电阻引起的泄漏及静电等因素所引起的误差，都不应超过允许误差的 1/20。

3. 绝缘电阻测试仪器

采用直流电压值为 500V 的 10 级绝缘电阻表。

4. 介电强度试验所用耐压试验仪

要求耐压试验仪准确度等级为 5 级，试验仪输出电压的调节应连续、平稳。

三、检定项目

（1）外观及线路检查。

（2）绝缘电阻检定（首次检定或修理后必做）。

（3）绝缘电阻对整体误差影响。

（4）介电强度试验（首次检定或修理后必做）。

（5）内附指零仪灵敏度、阻尼时间、零位漂移及指针抖动。

（6）基本误差。

【思考与练习】

1. 直流电桥的检定条件包括哪几个方面？

2. 直流电桥的检定项目有哪些？

模块 2　直流电桥检定方法、检定结果的处理（TYBZ03903002）

【模块描述】本模块包含直流电桥检定的方法、检定结果的处理。通过相关规程要点归纳、介绍，熟悉直流电桥检定的方法和步骤。

【正文】

JJG 125—2004《直流电桥检定规程》适用于电阻测量上限小于 $10^8\Omega$，准确度等级等于或劣于 0.005 级的电阻型直流电桥的检定。检定前，被检电桥应在使用环境条件下放置不少于 24h，在检定环境条件下放置不小于 2h。

一、检定方法介绍

（一）外观及线路检查

检定电桥的第一步就是进行外观及线路检查，若此项不符合要求，可直接判为不合格。

用目测的方法检查，电桥上的端钮是否有明显的使用标志，电桥面板及铭牌上的信息应齐全；同时还应检查电桥外露部件及插销接触状况。

用电阻表（或万用表电阻档）检查电桥内部电阻元件，不应有开路或短路现象，电桥实际线路和铭牌线路（或使用说明书上的线路）相符合。对于有内附指零仪的电桥，应检查其调零机构是否正常。

（二）绝缘电阻测量

选取直流电压值为 500V 的 10 级绝缘电阻表，测量电桥线路对与线路无电气连接的任意点之间的绝缘电阻，绝缘电阻表上数据的读取应在电压施加后 1～2min 之间进行，阻值应不小于 20MΩ。

（三）绝缘电阻对整体误差影响的检定

将被检电桥外壳接地，在被检电桥测量端，接上阻值等于电桥准确度等级的有效量程中测量上限值的电阻，调节测量盘使电桥平衡，指零仪的灵敏度不低于 10 格/（$c\%R_x$）。随后另取一根接地线分别接到被检电桥各接线端钮（不允许接地的端钮除外），观察指零仪偏转所引起的变差，若不大于被检电桥允许基本误差的 1/10 即为合格。

（四）介电强度试验

按检定条件要求选取耐压试验仪，将被检电桥所有接线端钮用裸铜线连接在一起，与参考接地端之间进行介电强度试验，试验电压应符合 JJG 125—2004《直流电桥检定规程》表 1 的要求，应无击穿或飞弧现象。

（五）内附指零仪试验

1. 灵敏度试验

在电桥测量端接上阻值为各有效量程的基准值的电阻器，调节测量盘使电桥平衡，当改变电桥测

量盘的 c%时（c 为被检电桥的准确度等级），内附指零仪的偏转不小于 2 分格（1 分格不小于 1mm）。

2. 阻尼时间

在电桥规定的使用电压及有效量程内，电桥测量端接入与该量程上限值等值的电阻，当电桥平衡时，改变电桥测量盘（或被测电阻）使内附指零仪的指针偏转至满度，切断电桥供电电源，测量指针从满度回到离零位线不大于 1mm 的时间，对单臂电桥或双臂电桥时间应不超过 4s；对单双两用电桥时间应不超过 6s。

3. 电子放大式内附指零仪的零位漂移及指针抖动

对于电子放大式内附指零仪，在接通其供电电源后，应进行预热（对于准确度等级劣于或等于 0.2 级的电桥，内附指零仪预热时间不应超过 5min；其余等级电桥的内附指零仪预热时间不应超过 15min），调节指零仪指零，过 10min 指针漂移应不大于 1 格，过 4h 指针漂移应不大于 5 格；同时观察指针，用肉眼应不易看出（一般不大于 0.3mm）抖动。

（六）基本误差的检定

基本误差的检定方法一般分为整体检定、半整体检定、按元件检定三种。本模块主要介绍常用的整体检定、按元件检定两种方法。

1. 整体检定

整体检定法一般适用于对携带型电桥的检定。按检定条件要求选取标准电阻箱，确定被检电桥的全检量程及其它量程的检定。

（1）全检量程的确定及检定。全检量程为对所有测量盘示值均需一一检定的量程。

1）确定全检量程的原则。保证被检电桥第一个测量盘加入工作，其示值由 1 至 10 时的各个电阻测量值均应在该电桥的有效量程内，并使标准电阻箱具有足够的读数位数。

2）全检量程的检定。检定前，先将标准电阻箱及被检电桥所有步进盘从头到尾来回转动数次，使其接触良好，再将标准电阻箱作为 R_x 接入被检电桥的测量端（参看规程图 1 或图 2），调节标准电阻箱的步进盘使电桥平衡，将标准电阻箱的示值与被检电桥的所有测量盘的全部示值相比较，另外，对具有滑线盘的电桥仪检定有数字标记的刻度点。

（2）其他量程的检定。其他量程的检定仅限于通过检定求出该量程与全检量程的量程系数比。方法是在被检电桥的第一个测量盘内选取三个示值（其中一个示值必须是该量程的基准值，其余两个应在基准值附近），同样用标准电阻箱的示值去比较，求出该示值的实际值，用下式计算量程系数比 M，即

$$M=\frac{1}{3}\left(\frac{n_1'}{n_1}+\frac{n_2'}{n_2}+\frac{n_3'}{n_3}\right) \qquad \text{(TYBZ03903002-1)}$$

式中 M ——被检电桥某一量程对全检量程的量程系数比；

n_1，n_2，n_3 ——被检电桥第一个测量盘在全检量程时所检得的实际值；

n_1'，n_2'，n_3' ——被检电桥第一个测量盘在欲求量程系数比的量程下，所检得的实际值。

上述三个比值互相之差以相对误差表示时，不应超过 $\frac{1}{3}c$%。若超过，则必须找出原因后重检，或对该量程进行全检。若标准电阻箱的准确度等级优于被检电桥 10 倍，可允许只检定基准值一个点，并据此求出其量程系数比。对于 0.1 级及以下的电桥，如不需给出数据，则在对其他量程检定时，只要检定第一个测量盘在全检量程结果中具有最大正、负相对误差两个点，看其是否超差，而不必求出其量程系数比。

2. 按元件检定

根据标准装置的设备条件，参照 JJG 125—2004《直流电桥检定规程》附录 A～附录 D 中介绍的测量电桥电阻元件的方法，或其他符合该规程 7.1.2.1 要求的测量方法，求出被检电桥单个元件的电阻值。

（1）测量盘电阻元件及测量盘 R_0 电阻的测量。测量盘电阻元件可以单个测量，也可以累计测量，选择的原则是：

1）根据 JJG 125—2004《直流电桥检定规程》表 4 的规定，选用相应准确度等级的标准电阻及测

量用仪器，测量各测量盘的累计电阻值。如电阻元件允许误差不小于 0.1%，可用 0.02 级电桥直接测量其累计电阻值。

2）若被检电桥测量盘结构上允许按单个电阻元件测量，则可利用同标称值的标准电阻，通过标准电阻测量仪器采用替代法进行测量。

3）如果由于缺少相应准确度等级的电阻测量仪器以致无法直接累计测量，且被检电桥结构上又不允许按单个电阻元件进行测量时，则可采用同标称值标准电阻，通过直流电阻电桥置换法进行测量（也可用比较电桥或直读电桥进行测量）。

4）测量盘 R_0 电阻可用 0.1 级四端式电桥（即双臂电桥）直接测量；也可用 0.1 级的数字式电阻测试仪（含 20mΩ 量程）进行测量。重复测量三次，每次测量前将各测量盘来回转动数次，取三次测量结果的平均值作为测量盘的 R_0 电阻值（R_0 电阻为电桥测量盘示值均为零时，所测得的电阻值）。

5）检定数据必须计算每个测量盘电阻的累计值（或累计修正值）。除最后一个测量盘外，上述累计值都不应包括 R_0 电阻，R_0 电阻加在最后一个测量盘的每一个示值上。

（2）量程变换器电阻的测量

根据 JJG 125—2004《直流电桥检定规程》表 4 的规定，当有相应等级的电阻测量仪器时，可以直接进行测量；或用同标称值标准电阻通过标准电阻测量仪器，采用替代法进行测量。

二、检定结果的处理

（一）检定结果处理

（1）计算测量结果的数据，求出被检电桥示值的修正值或实际值，必要时应引入标准量具或测量仪器的修正值。

（2）检定数据修约时应采用四舍六入及偶数法则，修约到允许误差的 1/10。按元件检定数据修约见 JJG 125—2004《直流电桥检定规程》表 4；整体检定数据修约见 JJG 125—2004《直流电桥检定规程》表 6。判断电桥是否合格，一律以修约后的数据为准。

（3）所有检定项目合格时，判定该电桥合格，出具检定证书；若有一项不合格则判为不合格，出具检定结果通知书，并注明不合格情况。检定证书或结果通知书上是否给出数据规定如下：0.005 级、0.01 级、0.02 级、0.05 级给出数据；0.1 级及以下不考核稳定性，一般不给出数据。

（4）初次送检电桥检定合格的，出具检定证书，但不予定级，并在检定证书上注明："基本误差合格，年稳定度未经考察暂不定级"。

（5）经连续两年检定且合格的电桥，按下列三种情况处理：

1）其年稳定度优于或等于允许基本误差的 1/2 者，出具检定证书并定级。

2）其年稳定度劣于允许基本误差的 1/2，但优于允许基本误差时，出具检定证书并定级，检定周期缩短为半年。

3）其年稳定度劣于允许基本误差时，出具检定证书，但不予定级，并在检定证书上注明："年稳定度大于允许基本误差，不予定级"。

（6）考核电桥年稳定度时，采用整体检定的电桥，测量盘与量程系数比分别考核；采用按元件检定的电桥以元件电阻来考核。

（7）被检电桥进行后续检定后，检定结果不合格，根据用户申请，允许降一级使用，但在降到下一级时，必须全部符合该级别的各项技术要求，同时仍可出具检定证书，并在检定证书上注明该电桥已降到的等级。

（二）检定周期

直流电桥的检定周期一般不超过 1 年。

【思考与练习】

1. 电桥基本误差的检定方法主要有几种？并简述这几种检定方法。
2. 对于内附指零仪主要做哪些测试？并简述方法。

第三十四章　直流电阻箱检定规程

模块1　直流电阻箱的技术要求、检定条件、检定项目（TYBZ03904001）

【模块描述】本模块包含直流电阻箱检定的技术要求、检定条件、检定项目。通过相关规程要点归纳、介绍，熟悉直流电阻箱检定的相关要求。

【正文】

JJG 982—2003《直流电阻箱检定规程》适用于准确度等级在0.002～10级、电阻值范围在$10^{-3}\Omega$～$10^{7}\Omega$、线路绝缘电压不大于650V的直流电阻箱的检定。

一、技术要求

1. 通用技术要求

通用技术要求包括外观及铭牌、绝缘电阻、工频耐压试验、直流电阻箱影响量的要求等四项。对电阻箱面板及铭牌应包含的内容提出了具体的要求，对绝缘电阻、工频耐压试验、影响量的要求作出相应的规定。

2. 计量性能要求

直流电阻箱中各十进电阻盘的准确度等级从0.002～10级共分为十二个等级，规程对各等级十进电阻盘的示值最大允许误差及年稳定性作了规定，且仅对0.01级及以上的十进电阻盘考核其年稳定性。另外，对于直流电阻箱残余电阻的误差、开关变差等提出了要求。

二、检定条件

1. 检定的环境条件

确定电阻箱十进盘电阻示值误差时应在JJG 982—2003《直流电阻箱检定规程》表3规定的环境条件下进行。

2. 检定装置

（1）检定电阻箱时，由标准器、检定装置及环境条件等因素所引起的扩展不确定度（k=3）应不大于被检电阻箱等级指数的1/3。

（2）检定电阻箱时作为标准用的标准器，其等级指数至少应符合JJG 982—2003《直流电阻箱检定规程》表4的规定。

（3）检定装置重复测量的标准偏差应不大于被检电阻箱等级指数的1/10，测量次数大于等于10次。

（4）检定时由连接电阻、寄生电势、绝缘泄漏、静电感应、电磁干扰等诸因素引入的不确定度一般不大于被检电阻箱等级指数的1/20。

（5）检定装置中灵敏度引入的不确定度不得大于被检电阻箱等级指数的1/10。

3. 绝缘电阻测试仪器

使用不低于10级的500V绝缘电阻表或高阻计测量直流电阻箱绝缘电阻。

4. 工频耐压测试仪

使用基本误差不大于5%的工频耐压测试仪进行电阻箱的工频耐压试验。

三、检定项目

（1）外观及线路检查。

（2）绝缘电阻检测。

（3）工频耐压试验（首次检定时做）。

（4）残余电阻的检定。

（5）开关变差的检定。

（6）示值误差的检定。

【思考与练习】

1. 直流电阻箱的检定条件包括哪几个方面？

2. 直流电阻箱的检定项目有哪些？

模块 2　直流电阻箱检定方法、检定结果的处理（TYBZ03904002）

【模块描述】本模块包含直流电阻箱检定的方法、检定结果的处理。通过相关规程要点归纳、介绍，熟悉直流电阻箱检定的方法和步骤。

【正文】

JJG 982—2003《直流电阻箱检定规程》适用于准确度等级在0.002级～10级、电阻值范围在$10^{-3}\Omega$～$10^{7}\Omega$、线路绝缘电压不大于650V的直流电阻箱的检定。检定前，直流电阻箱必须在检定环境条件下稳定24小时。

一、检定方法介绍

1. 外观及线路检查

检定电阻箱的第一步就是进行外观及线路检查，若此项不符合要求，可直接判为不合格。

用目测的方法检查电阻箱的外观应完好，面板及铭牌上的信息应符合要求；同时还应检查电阻箱端钮及十进盘开关接触状况。

用电阻表或万用表电阻档对电阻箱各十进盘电阻进行初步测量，检查其电阻是否有断路或短路现象。

2. 绝缘电阻检测

选取不低于10级的500V绝缘电阻表或高阻计，测量电阻箱的电路和与电路无电气连接的任何其他外部金属部件间的绝缘电阻。对所含十进电阻盘等级均为0.05级～10级的电阻箱，其阻值不应小于100MΩ；对含有0.01级、0.02级及以上十进电阻盘且电阻值小于等于$10^{5}\Omega$的电阻箱，其阻值不应小于500MΩ；对其他的电阻箱，其阻值为电阻箱最大电阻标称值的一百万倍，但不得小于500MΩ。

3. 工频耐压试验

按检定条件要求选取耐压试验仪，在被检电阻箱的线路与其所有与线路无电气连接的外露导电部件或将被检电阻箱包起来的金属箔（金属箔与线路之间应有20mm的间隔）之间，应能承受频率为45～65Hz、电压为2kV的实际正弦交流电压历时1min的试验，应无击穿或飞弧现象。

4. 残余电阻的检定

直流电阻箱残余电阻的检定采用比末盘准确度等级高两个等级，分辨力不大于0.1mΩ的毫欧计或双电桥或其他能满足要求的计量器具测量。

测量前应将每个十进电阻盘在最大范围间来回转动不少于三次，并使示值置于零位或各盘最末位。

测量应重复进行三次，取三次测量结果的平均值作为测量结果，并应符合规程要求。

5. 开关变差的检定

用分辨力不大于0.1mΩ的低电阻表、双电桥或其他能满足要求的计量器具按以下步骤测量：

（1）测量前将每个十进电阻盘在最大范围间来回转动不少于三次后，使末盘开关示值置1或对无零位挡的电阻箱将无零位十进电阻盘示值置末位，其他十进盘示值置零，测量并记录此时电阻值M_0。

（2）来回转动第一个十进盘后，使示值重置零位，其他各十进盘不动，测量并记录此时电阻值M_1。则第一个十进盘开关电阻变差为

$$\Delta_1 = M_0 - M_1$$

（3）依次对每个十进盘按上述方法进行测量得 M_i，则第 i 个十进电阻盘开关电阻变差为

$$\Delta_i = M_{i-1} - M_i$$

取以上多个十进盘最大的开关电阻变差值作为该电阻箱的开关电阻变差值，应符合规程要求。

6. 示值误差的检定

示值误差的检定是在检定环境条件下进行，根据被检等级指数、标称值，可采用直接测量法、同标称值替代法以及数字表法等多种检定方法。

（1）直接测量法。当用比被检高两个准确度等级的电阻测量仪器或装置来测量被检电阻值时，可采用直接测量法，被检 R_X 的电阻值的检定结果为

$$R_X = A_X$$

式中 A_X——电阻测量仪器示值。

常用的电阻测量仪器或装置有电桥、电流比较仪、电压比较仪等。

（2）同标称值替代法。当电阻测量仪器或装置达不到比被检 R_X 准确度等级高两个等级，而又有与被检 R_X 同标称值的、比被检高两个准确度等级的标准电阻箱 R_S 时，被检电阻箱电阻值的检定可采用同标称值传递法，最常用的同标称值传递法是替代法。替代法是用电阻测量（或比较）仪器依次测量标准电阻箱 R_S 和被检电阻箱 R_X 的电阻值，检定结果为

$$R_X = R_S + (A_X - A_S)$$

式中 A_S ——测量 R_S 时测量仪器的示值；

A_X ——测量 R_X 时测量仪器的示值。

（3）数字表法

1）数字表的直接测量法。在检定条件下，当数字欧姆表或数字多用表的欧姆档测量电阻时带来的扩展不确定度（k=3）小于被检等级指数的 1/3 时，可直接用欧姆表或数字多用表的欧姆档测量被检电阻箱 R_X 的电阻值，检定结果为

$$R_X = B_X$$

式中 B_X——欧姆表或数字多用表的欧姆档显示读数。

2）数字电压表法。在检定条件下，利用标准电阻、恒流源及数字电压表通过测量标准电阻和被检电阻箱上的电压，从而确定被检电阻箱的电阻值。测量原理和方法参见 JJG 982—2003《直流电阻箱检定规程》附录 A。

二、检定结果的处理

1. 检定结果处理

（1）检定数据按数字修约规范要求的四舍五入及偶数法则修约到各十进盘等级指数的 1/10 位。

（2）残余电阻的数据修约到 0.1mΩ。

（3）绝缘电阻、工频耐压试验及开关电阻变差可不给出检定数据，只判断合格与否。

（4）定级。根据规程的项目进行检定，按以下原则处理：

1）含有 0.01 级或以上级别电阻盘的电阻箱，全部检定项目合格，有上年检定证书且相应级别的年稳定性合格者可予以定级并出具检定证书。无上年检定证书或首次检定者，出具检定证书但不定级并注明“年稳定性未考核暂不定级”。

2）其余电阻箱，全部检定项目合格者可予定级并出具检定证书。

3）电阻箱各十进盘分别定相应的等级。

4）原等级不合格者，允许降一级使用，但必须满足所定等级的全部技术要求。

（5）检定证书或检定结果通知书。

1）对 JJG 982—2003《直流电阻箱检定规程》表 5 所列检定项目中的必检项目全部合格者出具检定证书；凡有一项不合格者，出具检定结果通知书，并在检定结果通知书上注明不合格原因。

2）证书应给出检定数据、测量不确定度、检定时的温度、相对湿度及结论。所含十进电阻盘级别

均在 0.1 级或以下级别的电阻箱一般可只给结论，不给出数据。

（6）修理后的电阻箱的检定按首次检定处理。

2. 检定周期

电阻箱的检定周期一般不超过 1 年。

【思考与练习】

1. 电阻箱示值误差的检定方法主要有几种？并简述这几种检定方法。
2. 简述绝缘电阻的检测方法及要求。
3. 简述残余电阻的检定方法及要求。

第三十五章　绝缘电阻表检定规程

模块 1　绝缘电阻表的技术要求、检定条件、检定项目（TYBZ03905001）

【模块描述】本模块包含绝缘电阻表检定的技术要求、检定条件、检定项目。通过相关规程要点归纳、介绍，熟悉绝缘电阻表检定的相关要求。

【正文】

本模块介绍测量绝缘电阻的直接作用模拟指示的绝缘电阻表和电子式绝缘电阻表的检定技术要求、检定条件、检定项目。涉及标准有 JJG 622—1997《绝缘电阻表（兆欧表）检定规程》、JJG 1005—2005《电子式绝缘电阻表》。

一、模拟指示式绝缘电阻表的技术要求、检定条件、检定项目

（一）技术要求

1. 规格

（1）绝缘电阻表按额定电压分为 50，100，250，500，1000，2000，2500，5000，10 000V 9 种。

（2）绝缘电阻表按准确度等级分为 1.0，2.0，5.0，10.0，20.0 共 5 级。

（3）绝缘电阻表检定环境的参考温度为 23℃。

2. 基本误差

（1）绝缘电阻表的基本误差按式（TYBZ03905001-1）进行计算。在标度尺测量范围（有效范围）内，每条选定分度线的基本误差极限值应不超过表 TYBZ03905001-1 的规定，即

$$E=\left(\frac{B_{\mathrm{P}}-B_{\mathrm{R}}}{A_{\mathrm{F}}}\right)\times 100\% \qquad \text{（TYBZ03905001-1）}$$

式中　B_{P}——绝缘电阻表指示器标称值；

B_{R}——标准高压高阻箱示值；

A_{F}——基准值。

（2）对非线性标尺的绝缘电阻表的基准值规定为测量指示值。

（3）对非线性标尺的绝缘电阻表的量程划分为三个区段（Ⅰ，Ⅱ，Ⅲ），如图 TYBZ03905001-1 所示。

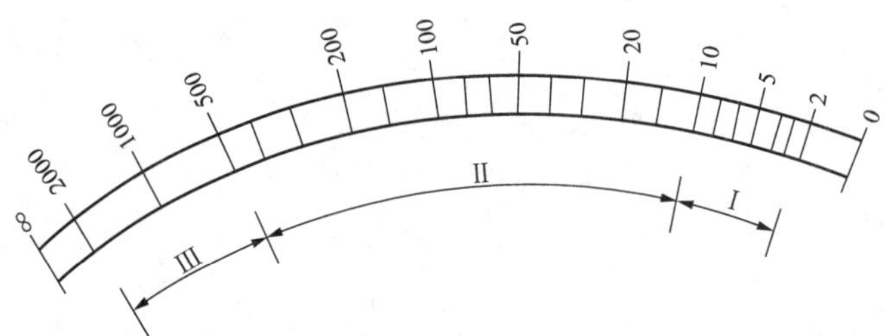

图 TYBZ03905001-1　绝缘电阻表量程区段

（4）Ⅱ区段长度由厂家提出，但不得小于标尺全长的 50%。Ⅰ区段为起始刻度点到Ⅱ区段起始点，Ⅲ区段为Ⅱ区段终点到最大有效量程点。

（5）Ⅱ区段为高准确度区，Ⅰ和Ⅲ区段为低准确度区。表 TYBZ03905001-1 为绝缘电阻表准确度

等级与各区段允许误差限值的关系。

表 TYBZ03905001-1　　绝缘电阻表准确度等级与各区段允许误差限值的关系

绝缘电阻表准确度等级		1.0	2.0	5.0	10.0	20.0
允许误差限值（%）	Ⅱ区段	±1.0	±2.0	±5.0	±10.0	±20.0
	Ⅰ，Ⅲ区段	±2.0	±5.0	10.0	±20.0	±50.0

3. 绝缘电阻

绝缘电阻表的测量线路与外壳之间的绝缘电阻在标准条件下，当额定电压小于或等于 1kV 时，应高于 20MΩ；当额定电压大于 1kV 时，应高于 30MΩ。

4. 倾斜影响

绝缘电阻表的工作位置向任一方向倾斜 5°，其指示值的改变不应超过基本误差极限值的 50%。

5. 端钮电压及其稳定性

（1）绝缘电阻表在开路时端钮电压称开路电压，其应在额定电压的 90%～110%范围内。

（2）绝缘电阻表开路电压的峰值与有效值之比应不大于 1.5。

（3）绝缘电阻表测量端钮接入电阻等于中值电阻时，端钮电压称中值电压。中值电压应不低于绝缘电阻表额定电压的 90%。

（4）在 1min 内绝缘电阻表开路电压最大指示值与最小指示值之差应不大于绝缘电阻表额定电压值的 5%。

6. 绝缘强度

（1）由交流电网作供电电源的绝缘电阻表，其供电电源电路与外壳之间的绝缘应能耐受频率为 50Hz，2kV 交流电压，历时 1min。

（2）绝缘电阻表的输出最大电流为 10mA（直流或脉动电流峰值）以下时，测量电路与外壳之间应能耐受频率为 50Hz 正弦波、畸变系数不超过 5%交流电压历时 1min。其试验电压见表 TYBZ03905001-2。试验装置容量见表 TYBZ03905001-3。

表 TYBZ03905001-2　绝缘电阻表试验电压

额定电压（V）	试验电压（有效值，kV） 环境温度：（5～40）℃ 相对湿度：30%～80%
500	1
＞500～2500	CU
＞2500～10 000	$0.9CU$

注　U—绝缘电阻表的额定电压值，kV；
C—绝缘电阻表端钮峰值电压与有效电压值之比。

表 TYBZ03905001-3　绝缘电阻表试验装置容量

试验电压（kV）	0.5～3	≥3
试验装置容量（kVA）	＞0.25	＞0.5

（3）绝缘电阻表输出电流大于 10mA（直流或脉动电流峰值）时，其试验电压见 GB 6783—1986 第 6.5.3 项。

7. 屏蔽装置

上量限 500MΩ以上的绝缘电阻表，应有防止测量电路泄漏电流影响的屏蔽装置和独立的引出端钮，当接地端钮和屏蔽端钮及线路端钮和屏蔽端钮，各接入电阻值等于绝缘电阻表测量回路串联电阻值 R_i 100 倍的电阻时，仪表应能满足其准确度等级。

（二）检定条件

1. 检定环境条件

（1）绝缘电阻表检定时温度为（23±5）℃，相对湿度小于 80%。

（2）仪表和附件的温度应与周围空气温度相同。

（3）检定场所除地磁场外应无其他强外磁场。

（4）电网供电电压允许偏差±5%，频率允许偏差±1%。

2. 检定用设备包括：标准高压高阻箱、恒定转速驱动装置、整流器、电容器、电压表及交流耐压试验装置（参见 JJG 622—1997 规程的“五、检定方法”有关技术要求）。

3. 所有检定用的计量器具应具备有效的检定合格证书。

4. 被检绝缘电阻表应能正常工作，附件齐全。

（三）检定项目

绝缘电阻表的检定项目包括：外观检查、初步试验、基本误差检定、端钮电压及其稳定性测量、倾斜影响试验、绝缘电阻测量、绝缘强度检验、屏蔽装置作用检查。

二、电子式绝缘电阻表的技术要求、检定条件、检定项目

（一）技术要求

技术要求包括外观标志、基本误差、中值电压和跌落电压、工频耐压和绝缘电阻等。

1. 规格

（1）电子式绝缘电阻表按额定电压分为 9 种：50，100，250，500，1000， 2000，2500，5000，10 000V。

（2）电子式绝缘电阻表按准确度等级分为 6 级：0.5，1.0，2.0，5.0，10.0，20.0。

2. 基本误差

电子式绝缘电阻表准确度等级和允许误差的关系如表 TYBZ03905001-4 所示。

表 TYBZ03905001-4 电子式绝缘电阻表准确度等级和允许误差关系

准确度等级	0.5	1.0	2.0	5.0	10	20
允许误差（%）	±0.5	±1.0	±2.0	±5.0	±10	±20

电子式绝缘电阻表线路端子 L 和接地端子 E 的额定电压和允许误差的关系如表 TYBZ03905001-5 所示。

表 TYBZ03905001-5 电子式绝缘电阻表额定电压和允许误差关系

额定电压（V）	50	100	250	500	1000	2500	5000	10 000
允许误差（%）	±10	±10	±10	+20，−10	+20，−10	+20，−10	+20，−10	+20，−10

3. 中值电压和跌落电压

指针式表的中心分度电阻值一般为量程上限值的 2%～2.5%。中值电压应不低于额定电压的 90%。

数字式表的跌落电阻值应在基本量程上限值的 1%以内。跌落电压应不低于额定电压的 90%。

4. 绝缘电阻

电子式绝缘电阻表的测量线路与外壳之间的绝缘电阻应不小于 50MΩ。

5. 绝缘强度

额定电压 1kV 及以下的电子式绝缘电阻表，电源电路与外壳之间的绝缘应能耐受频率为 50Hz，2kV 交流电压，历时 1min。无击穿或闪络。额定电压 2.5kV 及以上的电子式绝缘电阻表，电源电路与外壳之间的绝缘应能耐受频率为 50Hz，3kV 交流电压，历时 1min。无击穿或闪络。

（二）检定条件

1. 检定环境条件

（1）电子式绝缘电阻表检定时温度为（23±5）℃，相对湿度 45%～75%。

（2）检定场所除地磁场外应无其他强外磁场。

2. 检定用标准器包括：标准高压高阻箱、标准电压表。

（1）高压高阻标准器的允许误差绝对值应小于被检允许误差绝对值的 1/4。量程应能覆盖被检量

程的上限值，步进值应小于被检表的分辨力。线路端子 L 的连接导线应为高绝缘性能的带金属屏蔽层的专用导线。

（2）用于检定被检表测量端子电压的标准电压表的准确度等级应不低于 1.5 级。

3. 工作电源条件

工作电源采用交流供电时，电网供电电压允许偏差±10%，频率允许偏差±1%。

（三）检定项目

周期性的检定项目包括：外观和显示能力检查、示值误差检定、开路测量电压、中值电压和跌落电压测试、绝缘电阻测量等。首次检定时还需进行绝缘强度测试。

【思考与练习】

1. 简述绝缘电阻表的的技术要求有哪些？
2. 简述绝缘电阻表的检定项目有哪些？

模块 2　绝缘电阻表检定方法、检定结果的处理（TYBZ03905002）

【模块描述】本模块包含绝缘电阻表检定的方法、检定结果的处理。通过相关规程要点归纳、介绍，熟悉绝缘电阻表检定的方法和步骤。

【正文】

本模块介绍测量绝缘电阻的直接作用模拟指示的绝缘电阻表和电子式绝缘电阻表的检定方法、检定结果的处理和检定周期。涉及标准有 JJG 622—1997《绝缘电阻表（兆欧表）检定规程》、JJG 1005—2005《电子式绝缘电阻表》。

一、模拟指示式绝缘电阻表的检定方法、检定结果的处理和检定周期

（一）检定方法

1. 外观检查

（1）绝缘电阻表应有保证该表正确使用的必要标志。

（2）从外表看，零部件完整，无松动，无裂缝，无明显残缺或污损。当倾斜或轻摇仪表时，内部无撞击声。

（3）对有机械调零器的绝缘电阻表向左右两方向转动机械调零器时，指示器应转动灵活，左右对称，指针不应弯曲，与标度盘表面的距离要适当。

2. 初步试验

（1）首先在被检绝缘电阻表测量端钮（L，E）开路情况下，接通电源或摇动发电机摇柄，指针应指在∞的位置，不得偏离标度线的中心位置±1mm。若有无穷大调节旋钮，则应能调节到∞分度线，且有余量。

（2）将绝缘电阻表线路端钮和接地端钮短接，指针应指在零分度线上，不得偏离标度线的中心位置±1mm。

（3）对于没有零分度线的绝缘电阻表，应接以起点电阻进行检验。

3. 基本误差检定

（1）检定时基本条件如下：

1）手柄转速应在额定转速120^{+5}_{-2} r/min（或150^{+5}_{-2} r/min）范围内。

2）连接导线应有良好绝缘，可采用硬导线悬空连接或高压聚四氟乙烯导线连接。

3）使用设备包括标准高压高阻箱及恒定转速驱动装置。

4）标准高压高阻箱允许误差限值，应不超过绝缘电阻表允许误差限值的 1/4。绝缘电阻表准确度及使用的标准高压高阻箱准确度见表 TYBZ03905002-1。

表 TYBZ03905002-1 绝缘电阻表准确度及使用的标准高压高阻箱准确度

绝缘电阻表准确度（10^{-2}）	1.0	2.0	5.0	10.0	20.0
标准高阻箱准确度（10^{-2}）	0.2	0.5	1.0	2.0	5.0

5）标准高压高阻箱的调节细度，应小于被检绝缘电阻表分度线指示值与 a / 2000 的乘积，其中 a 为被检绝缘电阻表准确度等级指数。

6）标准高压高阻箱应有单独的泄漏屏蔽端钮和接地端钮。当用欧姆表对标准高压高阻箱进行测量时，应无明显不稳定及短路或开路现象。

7）绝缘电阻表进行基本误差检定时，其标准除采用标准高压高阻箱外，也可采用满足检定基准条件要求的数值可变的其他电阻器。

8）标准高压高阻箱应在绝缘电阻表额定电压下检定，检定电压变化 10%时，高压高阻箱的附加误差不大于误差限值的 1/10。

（2）绝缘电阻表进行基本误差检定时，由标准高压高阻箱，检定辅助设备及环境条件所引起的检定总不确定度（$k=2$），不应超过绝缘电阻表允许误差限值的 1/3。测定基本误差应在接入标准高压高阻箱条件下对每个带有数字的分度线一一进行检定（按图 TYBZ03905002-1 接线）。

（3）要求。标尺工作部分的所有分度线应满足表 TYBZ03905002-1 要求。

（4）误差计算。按式（TYBZ03905001-1）进行误差计算。

4. 端钮电压及其稳定性测量

（1）测量回路及元件参数如图 TYBZ03905002-2 所示。

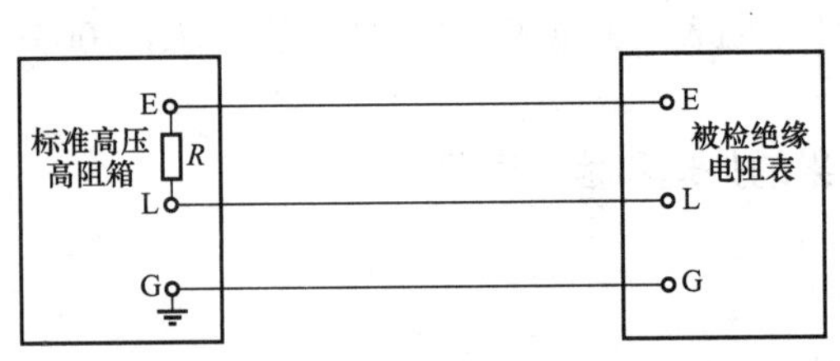

图 TYBZ03905002-1 绝缘电阻表基本误差检定接线图

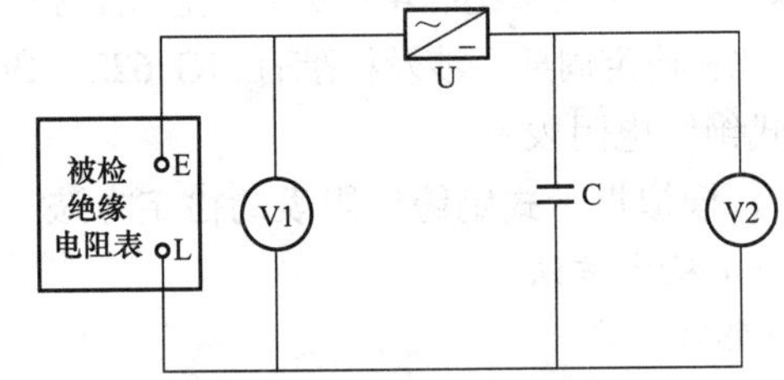

图 TYBZ03905002-2 绝缘电阻表端钮电压有效值与峰值测量回路

图中：U 为整流器，其反向耐压不小于被检表额定电压的 1.5 倍；C 为电容器，其能耐受的电压应不小于被检表额定电压的 1.5 倍，且电容器的电容量应不小于 0.01μF，但不得大于 0.5μF。电容器的绝缘电阻必须大于被检绝缘电阻表的上量限；V1 为电压表，指示电压有效值；V2 为电压表，指示电压峰值。

（2）测量绝缘电阻表端钮电压在 L、E 两端钮间进行，手摇发电机转速在 120^{+5}_{-2} r/min（或 150^{+5}_{-2} r/min）内，V1、V2 电压表可采用静电电压表，或输入电阻不小于被检绝缘电阻表中值电阻 20 倍的电压表，其准确度不低于 1.5 级。

（3）绝缘电阻表在开路状态进行测量时，即指针指向∞时，其端钮电压的峰值、有效值的测量按图 TYBZ03905002-2 进行。

（4）测量绝缘电阻表在接入中值电阻时的端钮电压，按图 TYBZ03905002-2 进行，在图 TYBZ03905002-2 中被检绝缘电阻表 L、E 两端并联上相应的中值电阻值的电阻器。

5. 倾斜影响的检验

（1）将仪表置于所标志的位置。

（2）在参考条件下，按检定方法第 3 条在Ⅱ区段测量范围上限、下限及中值三分度线上进行检测，记录每分度线的实际电阻（B_S）。

（3）仪表向前倾斜 5°，对有机械调零器的应调节零位，按第（2）款进行检测，记录每分度线的实际电阻（B_W）。

（4）仪表向后倾斜 5°，对有机械调零器的应调节零位，按第（2）款进行检测，记录每分度线的实际电阻（B_X）。

（5）仪表向左倾斜 5°，对有机械调零器的应调节零位，按第（2）款进行检测，记录每分度线的实际电阻（B_Y）。

（6）仪表向右倾斜 5°，对有机械调零器的应调节零位，按第（2）款进行检测，记录每分度线的实际电阻（B_Z）。

（7）对于每一选定的分度线，由于位置引起的以百分数表示的改变量的绝对值，应取第（2）款和对（3）～（6）款测定值的最大偏差，计算见式（TYBZ03905002-1），即

$$E_W=\left|\frac{B_S-B_W}{A_F}\right|\times 100\%$$

$$E_X=\left|\frac{B_S-B_X}{A_F}\right|\times 100\%$$

（TYBZ03905002-1）

$$E_Y=\left|\frac{B_S-B_Y}{A_F}\right|\times 100\%$$

$$E_Z=\left|\frac{B_S-B_Z}{A_F}\right|\times 100\%$$

式中　A_F——基准值。

6. 绝缘电阻测量

（1）测量被检绝缘电阻表的绝缘电阻时，所选用的绝缘电阻表的额定电压一般应与被试绝缘电阻表电压等级一致，但不得低于 500V。

（2）将被检绝缘电阻表 L、E、G 三端短路，用一已检定的绝缘电阻表测被检绝缘电阻表 L、E、G 短路处与外壳金属部位之间的绝缘电阻值。

7. 绝缘强度试验

（1）进行绝缘电阻表电源电路与外壳之间绝缘强度试验时，应把测量电路的所有端钮与外壳相接。绝缘电阻表进行测量电路与外壳之间绝缘强度试验时，应使电源电路与外壳相接。

（2）试验电压应平稳地上升到表 TYBZ03905001-2 规定值，在此阶段应不出现明显的瞬变现象。保持 1min，然后平稳地下降到零。

（3）在施加电压试验时间内，没有异常响声，电流不突然增加，没有出现击穿或飞弧，说明绝缘电阻表通过绝缘强度试验。

8. 屏蔽装置作用的检查

（1）检查屏蔽装置作用时，按图 TYBZ03905002-3 接线，分别在接地端钮 E 和屏蔽端钮 G 之间（见 JJG 622—1997《绝缘电阻表（兆欧表）检定规程》附录 1）及线路端钮 L 和屏蔽端钮 G 之间，各接入一个电阻值等于绝缘电阻表电流回路串联电阻 R_i 100 倍的电阻值，在Ⅱ区段测量范围上限、下限及中值三分度线上进行检测，记录每分度线的实际电阻（B_B）。

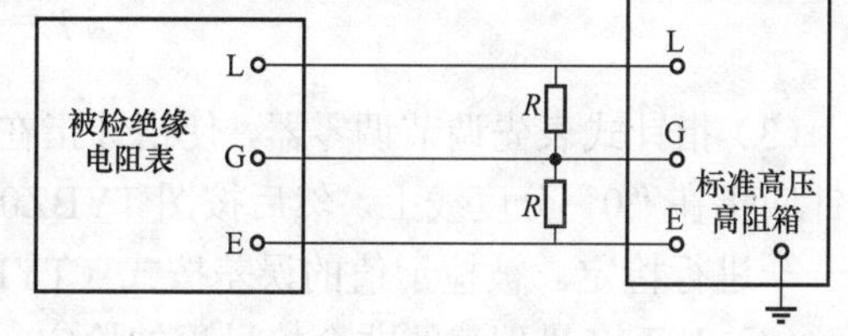

图 TYBZ03905002-3　检查屏蔽装置作用的接线图

（2）按式（TYBZ03905002-2）进行计算，即

$$E_B=\frac{B_P-B_B}{A_F}\times 100\% \qquad \text{（TYBZ03905002-2）}$$

式中　B_P——指示值。

其中，E_B 应满足表 TYBZ03905001-1 要求。

（二）检定结果处理

（1）检定证书中一般不出具检定数据，检定数据应记入检定原始记录，并至少保留 1 年时间。

（2）找出绝缘电阻表所检各点的示值与测量的实际值之间的最大差值，按式（TYBZ03905002-1）

模块2 TYBZ03905002

进行计算，其结果为绝缘电阻表所检区段的最大基本误差。

（3）被检绝缘电阻表的最大基本误差的计算数据，应按规则进行修约，修约间隔为允许误差限值的 1/10。判断绝缘电阻表是否超过允许误差限值时，应以修约后的数据为依据。

（4）被检绝缘电阻表各项要求均符合本规程中相应项目的要求时，该表检定合格，否则为检定不合格。

（5）检定合格的绝缘电阻表发给检定证书；检定不合格的绝缘电阻表发给检定结果通知书，并说明不合格的原因。如基本误差超差，但能符合低一级的技术要求时，允许降一级使用。

（6）绝缘电阻表检定后加检定标记。

（7）绝缘电阻表的检定周期不得超过 2 年。

二、电子式绝缘电阻表的检定方法、检定结果的处理和检定周期

（一）检定方法

1. 外观和显示能力检查

（1）从外表看，零部件完整，无松动，无裂缝，无明显残缺或污损。

（2）表的面板或表盘上应有如下标志：制造单位或商标；产品名称；型号；计量单位和数字；计量器具制造许可证标志和编号；准确度等级；出厂编号；测量端子标志和警示标志；开关、按键功能标志；工作电池监视标志。装电池的部分应有电池极性标志。

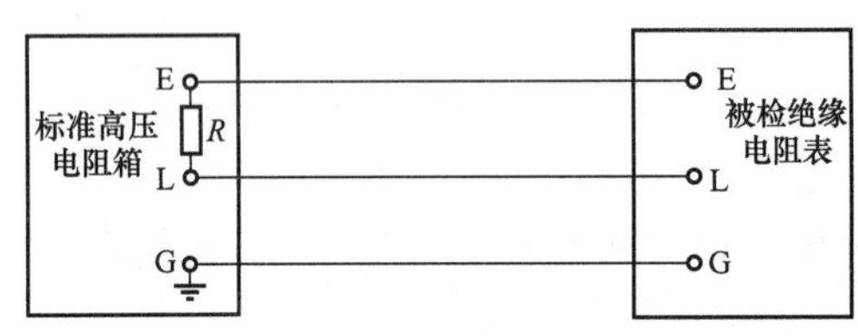

图 TYBZ03905002-4 示值误差检定接线图

（3）对数字式表按图 TYBZ03905002-4 接线进行显示部分和分辨力检查。调节高压高阻标准器给出一串连续调节的电阻值，观察被检表相应的变化，数字显示部分不应有重叠和缺划现象；分辨力应满足产品说明书的要求。

2. 示值误差检定

（1）采用标准电阻器法，按图 TYBZ03905002-4 接线。

（2）数字式表通常在被检量程内均匀的选取 10 个检定点，并应包括下限和上限的接近值。对于分区段给出准确度等级的数字式表则应在高准确度区段均匀选取 10 个检定点，在其他区段各选取 3 个检定点。调节高压高阻标准器的电阻值为 R_N，被检表的电阻值为 R_X，被检表的示值按式（TYBZ03905002-3）或式（TYBZ03905002-4）计算，即

$$\delta = R_X - R_N \qquad \text{(TYBZ03905002-3)}$$

$$\gamma = \frac{R_X - R_N}{R_N} \times 100\% \qquad \text{(TYBZ03905002-4)}$$

（3）指针式表先调节调零器，使指针指在“∞”分度线上，再将线路端子 L 和接地端子短路连接，指针应指在“0”分度线上。然后按图 TYBZ03905002-4 接线，调节高压高阻标准器，对带数字的分度线一一进行检定。被检示值的误差按式（TYBZ03905002-3）或式（TYBZ03905002-4）计算。

（4）对于多量程表的非全检量程的检定，至少选取 5 个检定点，包括对应全检量程的最大误差点，高准确度区段的起点和最大点即可。

3. 开路电压测量

测量回路参见图 TYBZ03905002-5。在开关 S 断开的状态下，高压电压表测得的电压值为被检表开路电压。

4. 中值电压和跌落电压测试

（1）指针式表中值电压的测量按图 TYBZ03905002-5 接线，将开关 S 接通，调节高压高阻标准器，指针式表的指示值处于几何中心位置最近的带刻度值的刻度线时，测量端子 L 和 E 间的电压为中值电压。中值电压应不低于额定电压的 90%。

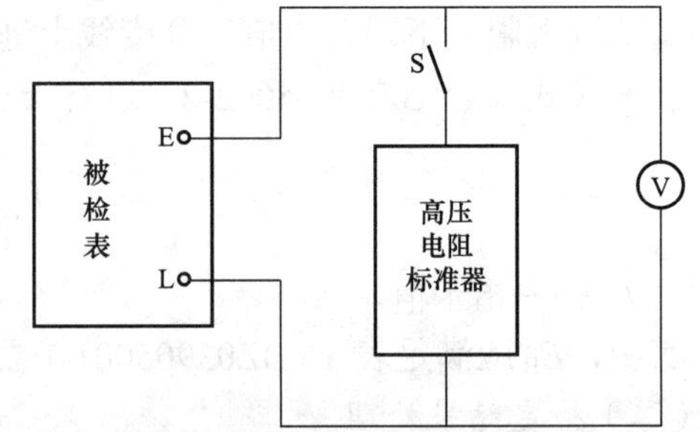

图 TYBZ03905002-5 电子式绝缘电阻表开路电压测量回路

（2）数字式表跌落电压的测量按图 TYBZ03905002-5 接线，将开关 S 接通，调节高压高阻标准器至被检表的跌落电阻值，跌落电阻值由制造厂提供，测量端子 L 和 E 间的电压为跌落电压。跌落电压应不低于额定电压的 90%。

5. 绝缘电阻测量

将被检电子式绝缘电阻表“L、E”端短接后接至绝缘电阻表地 L 端，被检表的外壳接绝缘电阻表的 E 端，测得的绝缘电阻值应不小于 50MΩ。

6. 绝缘强度试验

（1）将被检电子式绝缘电阻表“L、E”端短接，在该端与外壳间施加测试电压。

（2）试验电压应平稳的上升到规定值，在此阶段应不出现明显的瞬变现象。保持 1min，然后平稳地下降到零。

（3）在施加电压试验时间内，没有异常响声，电流不突然增加， 没有出现击穿或飞弧，说明电子式绝缘电阻表通过绝缘强度试验。

（二）检定结果处理

（1）检定证书中一般不出具检定数据，检定数据应记入检定原始记录，并至少保留 1 年时间。

（2）被检电子式绝缘电阻表的最大基本误差的计算数据，应按规则进行修约，修约间隔为允许误差限值的 1/10。判断电子式绝缘电阻表是否超过允许误差限值时，应以修约后的数据为依据。

（3）被检电子式绝缘电阻表各项要求均符合本规程中相应项目的要求时，该表检定合格，否则为检定不合格。

（4）检定合格的电子式绝缘电阻表发给检定证书；检定不合格的电子式绝缘电阻表发给检定结果通知书，并说明不合格的原因。如基本误差超差，但能符合低一级的技术要求时，允许降一级使用。

（5）电子式绝缘电阻表的检定周期不得超过 1 年。

【思考与练习】

1. 简述泄漏电流对误差的影响。
2. 如何进行屏蔽装置作用的检查？

第三十六章 接地电阻表检定规程

模块 1 接地电阻表的技术要求、检定条件、检定项目（TYBZ03906001）

【模块描述】本模块包含接地电阻表检定的技术要求、检定条件、检定项目。通过相关规程要点归纳、介绍，熟悉接地电阻表检定的相关要求。

【正文】

JJG 366—2004《接地电阻表检定规程》适用于数字式和模拟式接地电阻表（包括新制造的、使用中的及修理后的接地电阻表）的检定。

一、技术要求

技术要求包括外观、绝缘电阻、介电强度、示值误差、准确度等级、位置影响、辅助接地电阻的影响、地电压的影响。

1. 外观

接地电阻表的铭牌或外壳上应有以下主要标志：产品名称、型号、出厂编号、制造厂名、CMC 标志、准确度等级、正常工作位置、电阻测量范围、介电强度试验电压、接线端钮上应有 E（被测接地电阻电极）、P（电位电极）、C（辅助电极）符号。

2. 绝缘电阻

测量端钮与金属外壳之间在 500V 电压下的绝缘电阻应不小于 20MΩ。

3. 介电强度

测量端钮与金属外壳之间，应能承受工频正弦交流电压 500V，1min 试验，无击穿或飞弧。

4. 示值误差

（1）模拟式接地电阻表的示值误差 E 按式（TYBZ03906001-1）进行计算，即

$$E = \frac{R_X - R_N}{R_M} \times 100\% \qquad \text{(TYBZ03906001-1)}$$

式中 R_X——接地电阻表指示值；

R_N——标准值；

R_M——接地电阻表满刻度值。

（2）数字式接地电阻表的示值误差 E 按式（TYBZ03906001-2）进行计算，即

$$E = \pm\left(a\% + b\%\frac{R_M}{R_X}\right) \qquad \text{(TYBZ03906001-2)}$$

式中 a——与读数有关的误差系数；

b——与满刻度有关的误差系数。

5. 准确度

准确度等级分为 1、2、5 级。各准确度等级的最大允许误差见表 TYBZ03906001-1。

表 TYBZ03906001-1 准确度等级及最大允许误差要求

准确度等级	1	2	5
最大允许误差	±1%	±2%	±5%

6. 位置影响

模拟式接地电阻表的工作位置向任一方向倾斜 5°，其指示值的改变量不应超过基本误差极限值的 50%。

7. 辅助接地电阻的影响

辅助接地电阻由 500Ω改变至表 TYBZ03906001-2 的规定值时，示值误差的改变量不应超过表 TYBZ03906001-2 的规定值。

表 TYBZ03906001-2　　辅助接地电阻影响的要求

辅助接地电阻（Ω）	0	1000	2000	5000
允许改变量（%）	*c*	*c*	*c*	2*c*

注　*c* 为被检接地电阻表准确度等级。

8. 地电压的影响

当接地电阻表的测量端分别施加 2V、5V 工频等效地电压时，引起被检表示值的改变量不应超过表 TYBZ03906001-3 的规定值。

表 TYBZ03906001-3　　地电压影响的要求

等效地电压（V）	2	5
允许改变量（%）	*c*	2*c*

注　地电压的影响，只适用于对地电压影响有要求的接地电阻表。

二、检定条件

1. 检定环境条件

（1）环境温度应为（20±5）℃，环境相对湿度应为（40～75）%。

（2）被检定、校准、检测接地电阻表置于参比环境条件中，应有足够的时间（通常为 2h），以消除温度梯度的影响。

2. 检定装置

（1）标准装置应具有有效期内的检定证书或校准证书。

（2）标准装置的量程应能覆盖被检接地电阻表的量程，其允许电流应大于被检接地电阻表的工作电流，其调节细度不低于被检接地电阻表最大允许误差的 1/10。

（3）标准装置允许误差限值应不超过被检接地电阻表最大允许误差的 1/4。

（4）标准装置由标准器、辅助设备及环境条件等所引起的测量扩展不确定度（*k* 取 2）应小于被检电流表最大允许误差的 1/3。

（5）辅助电阻值最大允许误差不超过±5%。

（6）标准装置应有良好的屏蔽和接地，以避免外界干扰。

三、检定项目

接地电阻表的检定项目包括：外观检查、绝缘电阻测量、介电强度测试、示值误差检定、位置影响试验、辅助接地电阻影响、地电压影响。

【思考与练习】

1. 简述接地电阻表的技术要求。

2. 简述接地电阻表的检定项目。

模块 2　接地电阻表检定方法、检定结果的处理（TYBZ03906002）

【模块描述】本模块包含接地电阻表检定的方法、检定结果的处理。通过相关规程要点归纳、介绍，熟悉接地电阻表检定的方法和步骤。

【正文】

JJG 366—2004《接地电阻表检定规程》适用于数字式和模拟式接地电阻表（包括新制造的、使用中的及修理后的接地电阻表）的检定。

一、检定方法

1. 外观检查

接地电阻表应无明显影响测量的缺陷。

2. 绝缘电阻测量

在被检接地电阻表的所有测量端与外壳的参考“地”之间加 500V 直流电压，绝缘电阻值不应小于 20MΩ。

3. 介电强度测试

在被检接地电阻表的所有测量端与外壳的参考“地”之间加频率为 50Hz 实用正弦波的交流电压，试验电压应平稳地从零上升到 500V，在此阶段应不出现明显的瞬变现象。保持 1min，然后平稳地下降到零。试验中不应出现击穿或飞弧现象（仅针对首次、修理后的被检定、校准、检测接地电阻表）。

4. 示值误差检定

当测量接地电阻表的示值大于 10Ω时，检定时的接线如图 TYBZ03906002-1 所示；当测量接地电阻表的示值小于等于 10Ω时，检定时的接线如图 TYBZ03906002-2 所示。

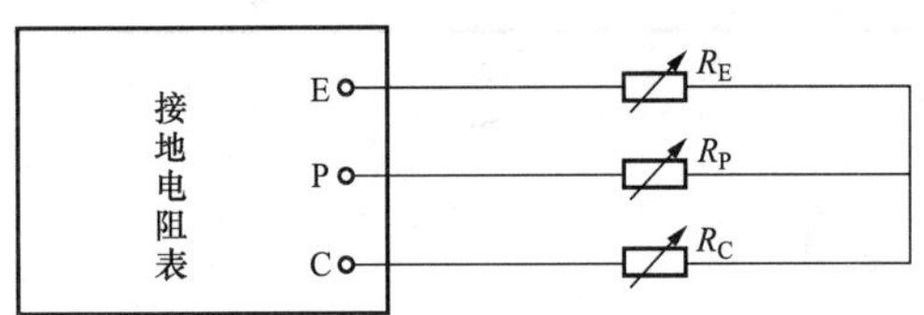

图 TYBZ03906002-1 R_X>10Ω时的原理接线图

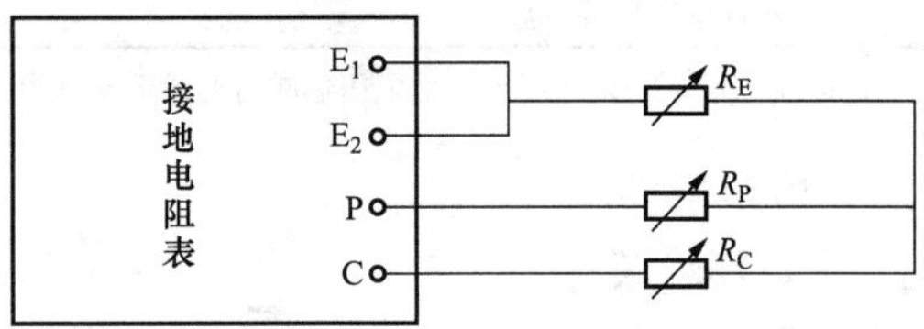

图 TYBZ03906002-2 R_X≤10Ω时的原理接线图

（1）模拟式接地电阻表检定时，调节标准电阻器 R_E，使接地电阻表上的指针指示在带有数字标记的分度线上，此时标准电阻箱示值即为被检接地电阻表的实际值。

（2）数字式接地电阻表检定时，按选取的检定点调节标准电阻器 R_E 至 R_N，记下仪表的显示读数值为 R_X。此时标准电阻箱示值即为被检接地电阻表的实际值。按式（TYBZ03906001-1）和式（TYBZ03906001-2）进行误差计算。

5. 位置影响的检验

将被检模拟接地电阻表前、后、左、右各倾斜 5°，在每个量程的测量上限各检定一次，此时的检定结果与正常位置检定结果之差应不超过最大允许误差的 50%。

6. 辅助接地电阻影响试验

在检定接地电阻表最低电阻量程上限时，将辅助接地电阻 R_P、R_C 分别置于 0Ω、1000Ω、2000Ω、5000Ω各检定一次，检定结果与辅助接地电阻为 500Ω时的检定值之差应不超过表 TYBZ03906001-2 的规定。

7. 地电压影响试验

只适用于对地电压影响有要求的接地电阻表。

二、检定结果处理

（1）检定数据应进行修约化整处理并出具检定、校准证书或检测报告。原始记录填写应用签字笔或钢笔书写，不得任意修改。

（2）对 2 级以下的接地电阻表，检定证书或检定结果通知书上可以不给出检定数据。

（3）接地电阻表的检定周期一般不得超过 1 年。

【思考与练习】

1. 如何进行位置影响试验？

2. 如何进行辅助接地电阻影响试验？

第三十七章　电测量变送器、交流采样测量装置检定规程

模块 1　电测量变送器的技术要求、检定条件、检定项目（TYBZ03907001）

【模块描述】本模块包含电测量变送器检定的技术要求、检定条件、检定项目。通过相关规程要点归纳、介绍，熟悉电测量变送器检定的相关要求。

【正文】

JJG（电力）01—1994《电测量变送器》适用于在电力系统中应用的将交流电量转换为直流模拟量或数字信号的变送器和功率总加器的检定。

一、技术要求

技术要求包括外观标志、基本误差、改变量、工频耐压和绝缘电阻、输出纹波含量和响应时间等。

1. 基本误差

变送器在参比条件下工作时，其输出信号的基本误差应不超过表 TYBZ03907001-1 给出的基本误差极限值。

表 TYBZ03907001-1　电测量变送器基本误差极限值

等级指数	0.1	0.2	0.5	1.0	1.5
误差极限	±0.1%	±0.2%	±0.5%	±1.0%	±1.5%

2. 改变量

改变量包括环境温度、电压、电流、频率、波形、输出负载、外磁场等。

3. 输出纹波含量

输出纹波含量（峰—峰值）应不超过正向输出范围的 2C%，C 是变送器的等级指数。

4. 响应时间

响应时间应不大于 400ms。

二、检定条件

检定条件中主要对影响量、检定装置提出了要求。

（1）影响量的要求。影响量包括环境温度、湿度、电压、电流、频率、波形、输出负载、外磁场等，检定三相电测量变送器时，三相电压、电流对称度应满足要求。

（2）检定装置要求。包括测量误差、输出稳定度、测量重复性、波形失真度、监视仪表等要求。对检定装置的要求见表 TYBZ03907001-2。

表 TYBZ03907001-2　检定装置的要求

被检电测量变送器等级指数	0.1	0.2	0.5	1.0
检定装置的等级指数	0.03	0.05	0.1	0.2
检定装置的基本误差限（%）	±0.03	±0.05	±0.1	±0.2
检定装置允许的标准偏差估计值 S（%）	0.005	0.01	0.02	0.05

续表

检定装置电流、电压输出稳定度（%/min）	0.01	0.01	0.02	0.05
检定装置功率输出稳定度（%/min）	0.03	0.05	0.1	0.2
检定装置输出电流、电压波形失真度	±0.5%	±1%	±2%	±2%

三、检定项目

周期性的检定项目包括外观检查、绝缘电阻测定、基本误差的测定、输出纹波含量的测量。对新安装和修理后的电测量变送器，根据需要选作下列项目：工频耐压试验、响应时间的测定、改变量的测定。

【思考与练习】

1. 简述电测量变送器的技术要求。

2. 对电测量变送器的检定装置有何要求？

模块 2 电测量变送器检定方法、检定结果的处理（TYBZ03907002）

【模块描述】本模块包含电测量变送器检定方法、检定结果的处理。通过相关规程要点归纳、介绍，熟悉电测量变送器检定的方法和步骤。

【正文】

JJG（电力）01—1994《电测量变送器》适用于在电力系统中应用的将交流电量转换为直流模拟量或数字信号的变送器和功率总加器的检定。

一、检定方法

1. 外观检查

电测量变送器的外壳上应有下述标志：制造厂名或商标、产品型号和名称、序号或日期、等级、被测量的种类和线路数、被测量的较低和较高标称值、输出电流电压和负载范围、试验电压、辅助电源、接线端钮标记。外观应无裂缝和明显的损伤。

2. 绝缘电阻测定

在输入线路和辅助线路与参考接地点之间测量绝缘电阻，测量在施加500V直流电压后1min进行。

3. 基本误差测定

（1）检定电测量变送器基本误差时，检定点按等分原则选取。电压、电流变送器选取6个点，频率、相位角和功率因数变送器选取9个点，有功、无功功率变送器选取13个点。

（2）在每一个试验点，施加激励使标准表读数等于其标称值，记录输出回路直流电压表读数 U_X 或直流毫安表读数 I_X。

（3）按式（TYBZ03907002-1）或式（TYBZ03907002-2）计算基本误差，即

$$E=\frac{U_X-U_S}{U_F}\times100\% \tag{TYBZ03907002-1}$$

$$E=\frac{I_X-I_S}{I_F}\times100\% \tag{TYBZ03907002-2}$$

式中 U_S、U_F——输出电压标准值和输出电压基准值，V；

I_S、I_F——输出电流标准值和输出电流基准值，mA；

对于单向输出的变送器，基准值按式（TYBZ03907002-3）确定，即

$$U_F=U_H-U_L \text{ 和 } I_F=I_H-I_L \tag{TYBZ03907002-3}$$

式中 U_F、U_H、U_L——输出电压基准值、输出电压的较高和较低标称值，V；

I_F、I_H、I_L——输出电压基准值、输出电压的较高和较低标称值，mA；

对于双向输出的电测量变送器，基准值按式（TYBZ03907002-4）确定，即

$$U_F=(U_H-U_L)/2 \text{ 和 } I_F=(I_H-I_L)/2 \tag{TYBZ03907002-4}$$

4. 输出纹波含量的测定

用示波器交流档测量输出电压和输出电流，直接读出纹波含量（峰—峰值）。

二、检定结果处理

检定的结果应做修约化整处理并出具检定证书。原始记录填写应用签字笔或钢笔书写，不得任意修改。

1. 修约间隔的确定

（1）对电测量变送器的输出值和绝对误差进行修约时，有效数字位数由修约间隔确定。修约间隔 ΔA 应等于或接近于按下式计算出的数值

$$\Delta A = CA_F \times 10^{-3}$$

式中　C ——变送器的等级指数；

A_F ——变送器的基准值。

（2）对变送器的基本误差进行修约时，修约间隔 ΔA 应按变送器基本误差的 1/10 选取。按下式计算，即

$$\Delta A = 0.1C\%$$

式中　C——变送器的等级指数。

2. 检定周期

电力系统主要测量点所使用的电测量变送器以及其他有重要用途的变送器每年至少检定一次；其他用途的电测量变送器每三年至少检定一次。

【思考与练习】

1. 如何进行电测量变送器基本误差测量？
2. 修约间隔如何确定？

模块 3　交流采样测量装置的技术要求、校验条件、校验项目（TYBZ03907003）

【模块描述】本模块包含交流采样测量装置校验的技术要求、校验条件、校验项目。通过相关规程要点归纳、介绍，熟悉交流采样测量装置校验的相关要求。

【正文】

交流采样测量装置校验规范适用于在电力系统中应用的交流采样测量装置的校验。

一、技术要求

技术要求包括外观标志、基本误差、改变量、工频耐压和绝缘电阻等。

1. 基本误差

交流采样测量装置在参比条件下工作时，其基本误差应不超过表 TYBZ03907003-1 给出的基本误差极限值。

表 TYBZ03907003-1　　交流采样测量装置基本误差极限值

等级指数	0.1	0.2	0.5	1.0
误差极限	±0.1%	±0.2%	±0.5%	±1.0%

2. 改变量

改变量包括环境温度、电压、电流、频率、功率因数、谐波含量等。

3. 绝缘电阻

用 500V 绝缘电阻表测量时大于 5MΩ。

4. 介电强度

施加 2kV 电压 1min，无击穿与闪络。

二、校验条件

校验条件中主要对影响量、校验装置提出了要求。

（1）影响量的要求。影响量包括环境温度、湿度、电压、电流、频率、波形、外磁场等，校验三相电量交流采样测量装置时，三相电压、电流对称度应满足要求。

（2）校验装置要求。包括测量误差、输出稳定度、测量重复性、波形失真度、监视仪表等要求。对校验装置的要求见表 TYBZ03907003-2。

表 TYBZ03907003-2　　校验装置的要求

被校验交流采样测量装置等级指数	0.1	0.2	0.5	1.0
校验装置的等级指数	0.02	0.05	0.1	0.2
校验装置的基本误差限（%）	±0.02	±0.05	±0.1	±0.2
校验装置允许的标准偏差估计值 s（%）	0.005	0.01	0.02	0.05
校验装置电流、电压、功率输出稳定度（%/min）	0.005	0.01	0.02	0.05
校验装置输出电流、电压波形失真度	±0.5%	±1%	±2%	±2%

三、校验项目

周期性的校验项目包括外观检查、绝缘电阻测定、基本误差的测定。对投运前的交流采样测量装置，需根据需要选作下列项目：工频耐压试验、改变量的测定。

【思考与练习】

1. 简述交流采样测量装置的技术要求。

2. 对交流采样测量装置的校验装置有何要求？

模块 4　交流采样测量装置校验方法、校验结果的处理（TYBZ03907004）

【模块描述】本模块包含交流采样测量装置的校验方法、校验结果的处理。通过相关规程要点归纳、介绍，熟悉交流采样测量装置校验的方法和步骤。

【正文】

交流采样测量装置校验规范适用于在电力系统中应用的交流采样测量装置的校验。

一、校验方法

1. 外观检查

交流采样测量装置的外壳上应有下述标志：制造厂名或商标、产品型号和名称、序号或日期、等级值、被测量的种类和线路数、被测量的范围、试验电压、辅助电源值、接线端钮标记。外观应无裂缝和明显的损伤。

2. 绝缘电阻测定

在输入线路和辅助线路与参考接地点之间测量绝缘电阻，测量在施加 500V 直流电压后 1min 进行。

3. 基本误差测定

（1）校验交流采样测量装置基本误差时，校验点选取如下:

1）电压校验点，0，40%，80%，100%，120%的标称电压。

2）电流校验点，0，20%，40%，60%，80%，100%，120%的标称电流。

3）功率校验点，在施加标称电压值条件下，$\cos\phi$=1（$\sin\phi$=1），电流变化点为 0，20%，40%，60%，80%，100%，120%的标称电流；$\cos\phi$=0.5L（$\sin\phi$=0.5L），电流变化点为 40%，100%的标称电

流；$\cos\phi$=0.5C（$\sin\phi$=0.5C），电流变化点为40%，100%的标称电流。

4）频率校验点，50Hz，（50±0.5）Hz，（50±1）Hz，（50±2）Hz。

5）功率因数校验点，1，0.866L，0.5L，0.866C，0.5C。

（2）在每一个试验点，采用标准装置的输出标准值与被校验交流采样测量装置的测量值直接比较的方法进行，交流采样测量值应读取上传数据口厂站端读数，当不具备条件时可读取交流采样测量装置的显示值。

（3）按式（TYBZ03907004-1）计算基本误差γ，即

$$\gamma=\frac{A_x-A_i}{A_F}\times 100\% \qquad \text{(TYBZ03907004-1)}$$

其中　A_x——交流采样测量装置测量值；

A_i——标准值；

A_F——基准值。

对于单向输出的交流采样测量装置，基准值按式（TYBZ03907004-2）确定，即

$$A_F=A_H-A_L \qquad \text{(TYBZ03907004-2)}$$

式中　A_F、A_H、A_L——输出基准值、输出的较高和较低标称值。

对于双向输出的交流采样测量装置，基准值按式（TYBZ03907004-3）确定，即

$$A_F=(A_H-A_L)/2 \qquad \text{(TYBZ03907004-3)}$$

二、校验结果处理

校验的结果应进行修约化整处理并出具校验证书。原始记录填写应用签字笔或钢笔书写，不得任意修改。

（1）修约间隔见表TYBZ03907004-1。

表TYBZ03907004-1　　基本误差修约间隔

等级指数	0.1	0.2	0.5	1.0
修约间隔（%）	0.01	0.02	0.05	0.1

（2）校验周期。用于重要测量点的交流采样测量装置以及其他有重要用途的交流采样测量装置每年至少校验一次；其他用途的交流采样测量装置每三年至少校验一次。

【思考与练习】

1. 如何进行交流采样测量装置基本误差的测量？
2. 交流采样测量装置外观检查包括哪些方面？

国家电网公司
生产技能人员职业能力培训专用教材

第三十八章　交、直流仪表检验装置检定规程

模块 1　交、直流仪表检验装置的技术要求、检定条件、检定项目（TYBZ03908001）

【模块描述】本模块包括交、直流仪表检验装置检定的技术要求、检定条件、检定项目。通过相关规程要点归纳、介绍，熟悉交、直流仪表检验装置检定的相关要求。

【正文】DL/T 1112—2009《交、直流仪表检验装置检定规程》适用于能够输出直流电压、电流、电阻和工频（45～65Hz）电压、电流、有功功率以及频率、相位、功率因数等电量的交流、直流检验装置的首次检定、后续检定和使用中检验。

一、技术要求

1. 外观

检验装置应明确标注以下信息：

（1）产品名称及型号。

（2）出厂编号（或设备编号）。

（3）辅助电源的额定电压和额定频率。

（4）准确度等级及对应的测量范围（或量限）。

（5）制造厂商及生产日期。

2. 结构

（1）检验装置应设有接地端钮，并标明接地符号，接地端钮应与可接触的金属外壳有可靠的电气连接。

（2）检验装置的开关、旋钮、按键和接口等控制和调节机构应有明确的功能标志。

（3）表源分离式检验装置，标准表及其他配套仪表应有固定的工作位置。

3. 显示

（1）表源分离式检验装置配置的监视仪表应与装置的测量范围相适应。

（2）监视仪表的误差应符合表 TYBZ03908001-1 规定。

表 TYBZ03908001-1　　监视仪表示值的误差限

检验装置准确度等级	0.01 级	0.02 级	0.05 级	0.1 级	0.2 级
电压（引用误差）	±0.2%	±0.2%	±0.2%	±0.5%	±0.5%
电流（引用误差）	±0.2%	±0.2%	±0.2%	±0.5%	±0.5%
功率（引用误差）	±0.2%	±0.2%	±0.2%	±0.5%	±0.5%
频率（绝对误差）	±0.1Hz	±0.1Hz	±0.2Hz	±0.2Hz	±0.2Hz
相位（绝对误差）	±0.3°	±0.3°	±0.5°	±0.5°	±0.5°

（3）监视仪表的显示位数应不低于表 TYBZ03908001-2 要求，且小数点浮动。

表 TYBZ03908001-2　　监视仪表显示位数

检验装置准确度等级	0.01 级	0.02 级	0.05 级	0.1 级	0.2 级
电压、电流、功率	5 位	5 位	5 位	4 位	4 位
频率、相位	4 位	4 位	4 位	4 位	4 位

（4）表源一体式装置内置的标准表可同时作为监视仪表，不需另配监视仪表。

4. 检验装置的磁场

放置被检表的位置磁感应强度应符合如下要求：I≤10A 时，B≤0.002 5mT；I=100A 时；B≤0.025mT。

其中，I 为装置输出的电流，B 为空气中的磁感应强度。10A 和 100A 之间的磁感应强度值可按内插法求得。

5. 绝缘电阻

检验装置的各输出电路、辅助电源与不通电的外露金属部件之间，以及输出电压电路与电流电路之间的绝缘电阻不应低于 10MΩ。

6. 绝缘强度

检验装置的试验线路应能承受 50Hz 正弦波、有效值 2kV 的电压，历时 1min。标称线路电压低于 50V 的辅助电路，试验电压为 500V。试验电压施加于：

（1）装置的电源输入电路与不通电的外露金属部件之间。

（2）装置的输出电压、输出电流电路与不通电的外露金属部件之间。

（3）装置的电源输入电路与装置的输出电路之间。

（4）装置的输出电压电路与输出电流电路之间。

二、计量性能要求

1. 基本误差

在表 TYBZ03908001-14 规定的参比条件下，各等级装置的误差应符合表 TYBZ03908001-3～6 规定。

表 TYBZ03908001-3　　各等级检验装置允许误差限

装置功能	各等级检验装置允许误差限（引用误差）				
	0.01 级	0.02 级	0.05 级	0.1 级	0.2 级
直流电压、电流	±0.01%	±0.02%	±0.05%	±0.1%	±0.2%
交流电压、电流	±0.01%	±0.02%	±0.05%	±0.1%	±0.2%
交流有功功率	±0.01%	±0.02%	±0.05%	±0.1%	±0.2%
直流电阻	±0.01%	±0.02%	±0.05%	±0.1%	±0.2%

表 TYBZ03908001-4　　频率允许误差限

装置准确度	0.01Hz	0.02Hz	0.05Hz	0.1Hz
允许误差限	±0.01Hz	±0.02Hz	±0.05Hz	±0.1Hz

表 TYBZ03908001-5　　相位角允许误差限

装置准确度	0.05°	0.1°	0.2°	0.5°
允许误差限	±0.05°	±0.1°	±0.2°	±0.5°
相当于相对误差限	±0.055%	±0.11%	±0.22%	±0.55%

表 TYBZ03908001-6　　功率因数允许误差限

装置准确度	±0.05%	±0.1%	±0.2%	±0.5%
允许误差限	±0.05%	±0.1%	±0.2%	±0.5%

2. 输出调节范围

检验装置输出范围应与装置的工作量限相适应，在任何量限下装置电压、电流输出均应能平稳连续（或按规定步长）地从0调节到110%的量限值，相位、频率应能平稳地调节到所需值。

3. 输出调节细度

电压、电流的调节细度（以与各量限的上量限相比的不连续量的百分数来表示）不应超过相应允许误差限的1/5。频率、相位的调节细度不应超过相应允许误差限的1/5。

4. 输出设定准确度

表源一体式检验装置输出电压、电流、频率和相位幅值的设定准确度应符合制造厂的规定值。

5. 相间影响

调节三相装置的电压、电流和相位（功率因数）任一电量时，其他电量的改变应不超过规定的误差范围。

6. 相序

三相检验装置输出的三相电压、电流相序应正确。

7. 输出稳定度

在常用负载范围内，检验装置输出的1min稳定度应不超过表TYBZ03908001-7～9规定；

表TYBZ03908001-7　　检验装置输出交直流电压、交直流电流和交流功率的稳定度

检验装置准确度等级	0.01级	0.02级	0.05级	0.1级	0.2级
稳定度	0.005%	0.01%	0.02%	0.02%	0.05%

表TYBZ03908001-8　　检验装置输出频率的稳定度

检验装置准确度	0.01Hz	0.02Hz	0.05Hz	0.1Hz
稳定度	0.005Hz	0.01Hz	0.01Hz	0.02Hz

表TYBZ03908001-9　　检验装置输出相位的稳定度

检验装置准确度	0.05°	0.1°	0.2°	0.5°
稳定度	0.02°	0.05°	0.1°	0.2°

8. 三相不对称度

三相检验装置应能输出对称的电量，在装置显示（或默认）对称时，实际输出的不对称度应符合表TYBZ03908001-10规定。

表TYBZ03908001-10　　三相检验装置输出的不对称度允许误差限

检验装置准确度等级	0.01级	0.02级	0.05级	0.1级	0.2级
电压不对称度	±0.3%	±0.3%	±0.5%	±0.5%	±1.0%
电流不对称度	±0.5%	±0.5%	±1.0%	±1.0%	±2.0%
相位不对称度	1°	1°	2°	2°	2°

9. 波形失真度

检验装置在常用输出负载范围内，输出电压、电流的波形失真度应不超过表TYBZ03908001-13规定。

10. 负载调整率

检验装置输出电压、电流的负载调整率应不超过表TYBZ03908001-11的规定。

表TYBZ03908001-11　　检验装置输出的负载调整率

检验装置准确度等级	0.01级	0.02级	0.05级	0.1级	0.2级
电压负载调整率	±0.5%	±0.5%	±1%	±1%	±2%
电流负载调整率	±0.5%	±0.5%	±1%	±1%	±2%

11. 检验装置的测量重复性

检验装置的测量重复性用实验标准差来表征，由试验确定的实验标准差应不超过装置允许误差限

模块1

TYBZ03908001

的 1/5。

12. 直流电压、电流纹波含量

检验装置输出直流电压、电流的纹波含量应不超过表 TYBZ03908001-12 规定。

表 TYBZ03908001-12　　直流电压、电流纹波含量

检验装置准确度等级	0.01 级	0.02 级	0.05 级	0.1 级	0.2 级
电压纹波含量	1%	1%	2%	2%	2%
电流纹波含量	1%	1%	2%	2%	2%

13. 标准表

（1）检验装置配套使用的标准表（以下简称工作标准表）应固定使用，其允许误差限应符合表 TYBZ03908001-3～6 规定；

（2）三相检验装置各相使用的工作标准表应具有相同的型式及量限；

（3）工作标准表应具有有效期内的检定证书或校准证书。

14. 互感器

当工作标准表的测量范围不能满足检验装置输出要求时，装置须配置标准互感器（以下简称工作标准互感器）。

（1）工作标准互感器应固定使用，三相检验装置各相使用的工作电压（电流）互感器应具有相同的型式及量限，其准确度等级应不低于表 TYBZ03908001-13 规定；

表 TYBZ03908001-13　　工作标准互感器的准确度等级

检验装置准确度等级	0.01 级	0.02 级	0.05 级	0.1 级	0.2 级
标准互感器准确度等级	0.001 级	0.002 级	0.005 级	0.01 级	0.02 级

（2）工作标准互感器量限应与装置的测量范围相适应，工作标准表的工作量限应与工作标准互感器的量限相适应。

（3）工作标准互感器应具有有效期内的检定证书或校准证书。

三、检定条件

1. 检定检验装置时参比条件及其允许偏差

检定各级检验装置时的参比条件及其允许偏差不应超过表 TYBZ03908001-14 规定。

表 TYBZ03908001-14　　检定检验装置时参比条件及其允许偏差

影响量	参比条件	各等级检验装置参比条件的允许偏差				
		0.01 级	0.02 级	0.05 级	0.1 级	0.2 级
环境温度	20℃	±1℃	±1℃	±2℃	±2℃	±2℃
环境湿度	50%R.H.	±15%	±15%	±20%	±20%	±20%
工作位置	制造商规定位置	按制造商规定				
测量电路电压	参比电压	±0.2%	±0.2%	±0.2%	±0.5%	±1%
测量电路电流	规定电流	±0.5%	±0.5%	±1%	±1%	±1%
测量电路波形	正弦波无失真	±0.5%	±0.5%	±1%	±2%	±2%
测量电路频率	参比频率	±0.2%	±0.2%	±0.5%	±0.5%	±0.5%
测量电路相位角	规定的相位角	0.3°	0.3°	0.5°	0.5°	1°
外磁场	0mT	0.000 5mT				
相序	正相序	正相序				
辅助电源电压	额定值	±10%				
辅助电源频率	额定值	±1%				

2. 检定用标准设备

（1）检定检验装置时使用的标准设备（以下简称参考标准）各功能的允许误差限应符合表TYBZ03908001-15～17规定。

表 TYBZ03908001-15　　交直流电压、交直流电流和交流功率参考标准允许误差

装置准确度等级	0.01级	0.02级	0.05级	0.1级	0.2级
误差限（引用误差）	0.005%	0.01%	0.01%	0.02%	0.05%

表 TYBZ03908001-16　　参考频率标准允许误差

装置准确度等级	0.01Hz	0.02Hz	0.05Hz	0.1Hz
误差限（绝对误差）	0.002 Hz	0.005 Hz	0.01 Hz	0.02 Hz

表 TYBZ03908001-17　　参考相位标准允许误差

装置准确度等级	±0.05%	±0.1%	±0.2%	±0.5%
误差限（绝对误差）	±0.02%	±0.03%	±0.05%	±0.1%
相当于相位角允许误差限	0.018°	0.027°	0.045°	0.090°

（2）参考标准设备应具有有效期内的检定证书或校准证书。

四、检定项目

检验装置检定项目见表TYBZ03908001-18。

表 TYBZ03908001-18　　检定项目一览表

序号	检定项目	首次检定	后续检定		使用中检验
			周期检定	修理后检定	
1	外观	+	+	+	−
2	结构	+	−	−	−
3	显示	+	+	−	−
4	装置的磁场	+	−	−	−
5	绝缘电阻	+	+	+	−
6	绝缘强度	+	−	+	−
7	基本误差	+	+	+	+
8	调节范围	+	−	+	−
9	输出调节细度	+	−	+	−
10	设定准确度	+	−	+	−
11	相间影响	+	−	+	−
12	相序	+	−	+	−
13	输出稳定度	+	+	+	+
14	三相不对称度	+	+	+	−
15	波形失真度	+	+	+	−
16	负载调整率	+	−	+	−
17	装置的测量重复性	+	+	+	+
18	直流纹波系数	+	−	+	−

注 “+”表示检定；“−”表示不检定。

【思考与练习】

1. 交、直流检验装置的检定条件有哪些？

2. 交、直流检验装置的检定项目主要包括有哪些？

模块2　交、直流仪表检验装置检定方法、检定结果的处理（TYBZ03908002）

【模块描述】本模块包括交、直流仪表检验装置的检定方法、检定结果的处理。通过相关规程要点归纳、介绍，熟悉交、直流仪表检验装置的检定方法和步骤。

【正文】

DL/T1112—2009《交、直流仪表检验装置检定规程》适用于能够输出直流电压、电流、电阻和工频（45Hz～65Hz）电压、电流、有功功率以及频率、相位、功率因数等电量的交流、直流检验装置的首次检定、后续检定和使用中检定。

一、检定方法

（一）外观

用目测法检查检验装置外观。

（二）结构

用目测和手感的方法检查检验装置的标志和结构。

（三）显示

1. 显示状态

正确连接被检装置和参考标准，需接地的设备正确接地，按说明书要求通电预热。用目测法检查装置监视仪表的显示值与分辨力。

2. 确定监视仪表示值误差

（1）将电压、电流、功率、频率、相位等参考标准的电流测量回路串联在检验装置的电流输出回路，电压测量回路并联在检验装置的电压输出回路，采用比较法确定监视仪表的示值误差。

（2）测量在控制量限和常用负载下进行。

（3）电压、电流在额定输出的 50%～100%范围内选取 3～5 个测试点，频率在额定频率进行，相位在输出范围内任意选取 3～5 个测试点。

（4）表源一体式装置不需进行此项试验。

（四）检验装置磁场

（1）不接入被检表，电压输出端开路，电路输出端短路，辅助设备和周围电器处于正常状态，在检验装置输出 10A 和最大电流时分别测量被检表位置的磁场。

（2）用测量误差不超过 10%的磁强计直接测量。

（3）分别测量被检表位置三维方向的磁感应强度分量，取三个分量的方和根值作为测量结果。

（五）绝缘电阻

选用额定电压为 1kV 的绝缘电阻表，按要求测量检验装置的绝缘电阻值，工作电压低于 50V 的电气部件选用额定电压为 500V 的绝缘电阻表，测量结果应不低于 10MΩ。

（六）绝缘强度

按照规定进行绝缘强度试验（表源分离式装置应将配置的标准器等与线路断开），应无击穿现象。

（七）基本误差

1. 检定点的确定

（1）检定电压、电流时，选择检验装置的控制量限作为全检量限，均匀选取不少于 10 个检定点（包括满量限点和 1/10 满量限点），其他量限选择最大误差点和满量限点。

（2）检定交流有功功率时，电压、电流各选择 2～3 个量限，对其所有组合量限在功率因数 1.0 和

0.5（感性、容性）分别进行，单相、三相四线、三相三线不同的接线方式应分别确定量限组合。

（3）检定频率时，在电压控制量限输出额定值，频率在其输出范围内，以 50Hz 为基准点，均匀选取 5～10 个检定点。

（4）检定相位角时，在控制量限输出电压、电流额定值，相位角检定点在其输出范围内按照 30°步进的原则选取。

（5）检定功率因数时，在控制量限输出电压、电流额定值，选取 1.0、0.5（感性、容性）、0.866（感性、容性）和 0 做为检定点。

（6）三相检验装置每相均应进行检定。

2. 直流电压基本误差的检定（用直接比较法检定直流电压的基本误差）

（1）按图 TYBZ03908002-1 连接设备。

（2）调节检验装置输出至设定值，读取工作标准表（表源一体式装置为监视仪表）与参考标准电压表的读数值，装置的误差按式（TYBZ03908002-1）计算，即

$$\gamma_{U\text{dc}}=\frac{U_{\text{dcX}}-U_{\text{dcN}}}{U_{\text{dcF}}}\times 100\% \qquad \text{(TYBZ03908002-1)}$$

式中 $\gamma_{U\text{dc}}$ ——装置输出直流电压的误差，%；

U_{dcX} ——装置工作标准表读数值，V；

U_{dcN} ——参考标准直流电压表读数值，V；

U_{dcF} ——检定点所在量限的上限值，V。

3. 直流电流基本误差的检定

（1）直接比较法。

1）按图 TYBZ03908002-2 连接设备。

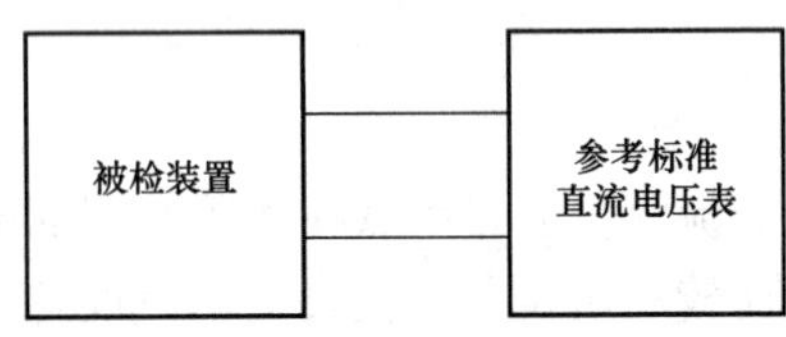

图 TYBZ03908002-1 直接比较法检定直流电压基本误差示意图

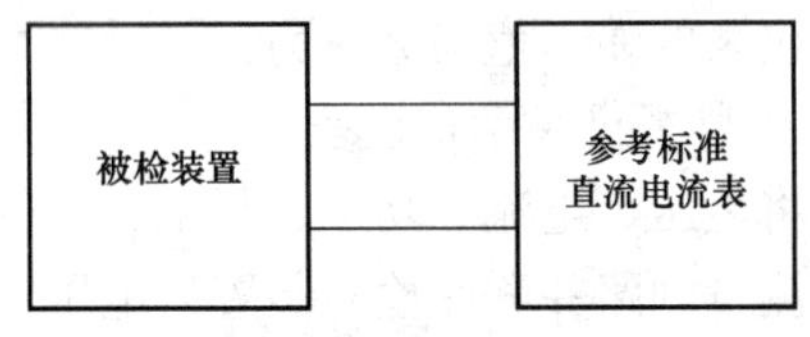

图 TYBZ03908002-2 直接比较法检定直流电流基本误差示意图

2）调节检验装置输出至设定值，读取工作标准表（表源一体式装置为监视仪表）与参考标准电流表的读数值，检验装置的误差按式（TYBZ03908002-2）计算，即

$$\gamma_{I\text{dc}}=\frac{I_{\text{dcX}}-I_{\text{dcN}}}{I_{\text{dcF}}}\times 100\% \qquad \text{(TYBZ03908002-2)}$$

式中 $\gamma_{I\text{dc}}$ ——装置输出直流电流的误差，%；

I_{dcX} ——装置工作标准表的读数值，A；

I_{dcN} ——参考标准直流电流表的的数值，A；

I_{dcF} ——检定点所在量限的上限值，A。

（2）电流电压转换法。

1）如图 TYBZ03908002-3 将直流标准电阻（纯阻性）的电流端连接至被检装置的直流电流输出端，电压端连接至参考标准直流电压表。

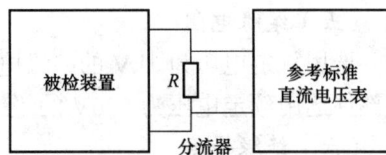

被检装置　R　分流器　参考标准直流电压表

图 TYBZ03908002-3 电压电流转换法检定直流电流基本误差示意图

2）调节装置输出至设定值，读取工作标准表（表源一体式装置为监视仪表）与参考标准电压表的读数值，装置的误差按式（TYBZ03908002-3）计算，即

$$\gamma_{I\text{dc}}=\frac{I_{\text{dcX}}-\dfrac{U_{\text{dcN}}}{R}}{I_{\text{dcF}}}\times 100\% \qquad \text{(TYBZ03908002-3)}$$

式中　$\gamma_{I\mathrm{dc}}$——装置输出直流电流的误差，%；

I_{dcX}——装置工作标准表的读数值，A；

U_{dcN}——参考标准直流电压表的读数值，V；

I_{dcF}——检定点所在量限的上限值，A。

R——标准分流器的电阻值，Ω。

3）由分流电阻引起的误差应不超过被检装置允许误差的 1/3。

4）由参考标准直流电压表产生的附加误差应不超过装置允许误差限的 1/5。

4. 交流电压基本误差的检定

（1）直接比较法。

1）按图 TYBZ03908002-4（a）或图 TYBZ03908002-4（b）连接设备。

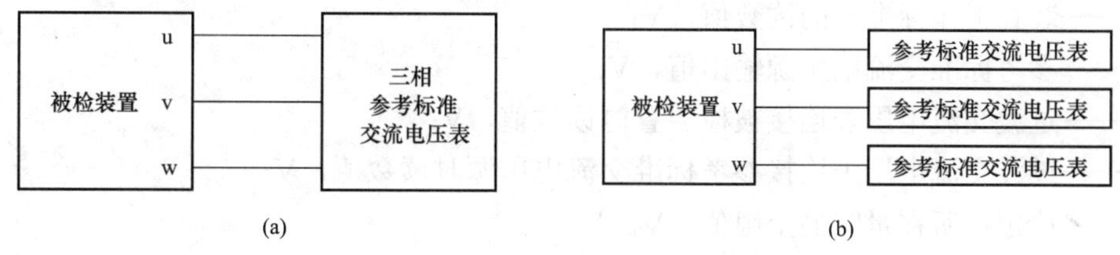

图 TYBZ03908002-4　直接比较法检定交流电压示意图

2）调节检验装置输出至设定值，观察工作标准表（表源一体式装置为监视仪表）的读数，同时由交流电压参考标准得到标准电压值。

3）检验装置输出交流电压的误差按式（TYBZ03908002-4）计算，即

$$\gamma_{U\mathrm{ac}}=\frac{U_{\mathrm{acX}}-U_{\mathrm{acN}}}{U_{\mathrm{acF}}}\times 100\% \qquad \text{（TYBZ03908002-4）}$$

式中　$\gamma_{U\mathrm{ac}}$——装置输出交流电压的误差，%；

U_{acX}——装置工作标准表的读数值，V；

U_{acN}——参考标准交流电压表的的数值，V；

U_{acF}——检定点所在量限的上限值，V。

（2）交、直流转换法。

1）按图 TYBZ03908002-5 连接仪器。

2）调节被检装置和标准直流电压源至设定值，观察并读取交直流转换标准器的交直流转换差值（非直接显示的交直流转换标准器可通过输出信号计算出交、直流转换差值）。

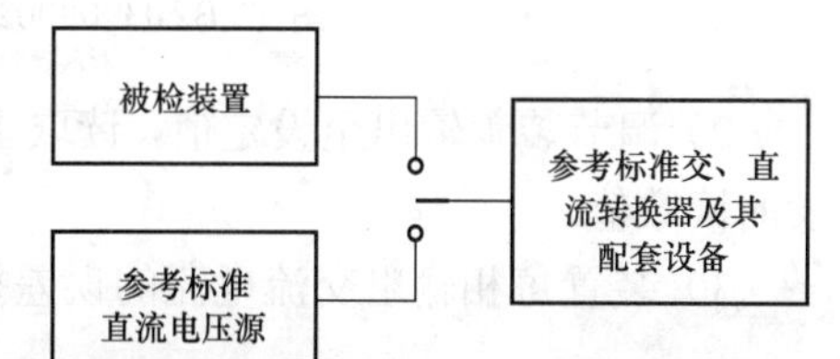

图 TYBZ03908002-5　交、直流转换法检定单相交流电压误差示意图

3）读取工作标准表（表源一体式装置为监视仪表）的读数值；装置输出交流电压的误差按式（TYBZ03908002-5）计算，即

$$\gamma_{U\mathrm{ac}}=\frac{U_{\mathrm{acX}}-U_{0}(1-\delta)}{U_{\mathrm{acF}}}\times 100\% \qquad \text{（TYBZ03908002-5）}$$

式中　$\gamma_{U\mathrm{ac}}$——装置输出交流电压的误差，%；

U_{acX}——装置输出交流电压读数值，V；

U_0——直流标准电压源输出值，V；

δ——交直流转换器的交直流转换差，无量纲；

U_{acF}——检定点所在量限的上限值，V。

4）用交直流转换器检定装置电压时，所使用的参考直流标准电压源和交直流转换标准器及其配套设备引起的误差应不超过被检装置允许误差的 1/3。

5）三相检验装置每相均应进行检定。

（3）过渡比较法。

1）如图 TYBZ03908002-6 所示，首先连接被检装置和过渡电压表，调节检验装置输出至设定值，

由工作标准表（表源一体式装置为监视仪表）得到U_{acX}，同时读取过渡电压表的读数值U_1。

2）再将参考标准交流电压源连接至过渡电压表，调节参考标准交流电压源输出至接近1）中U_{acX}的电压U_{acN}，同时读取过渡电压表的读数值U_2，装置每相输出交流电压的误差按式（TYBZ03908002-6）计算，即

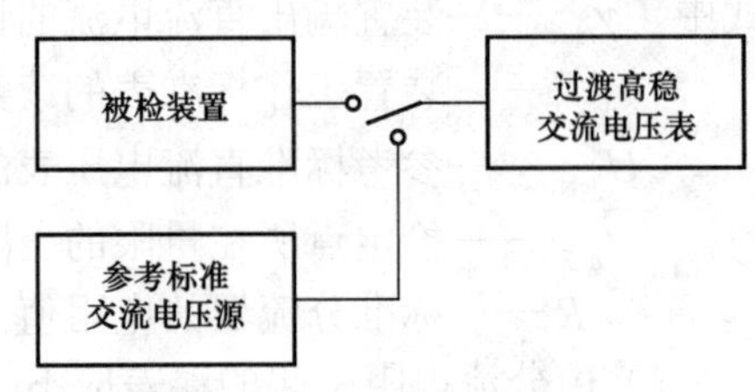

图 TYBZ03908002-6 过渡比较法检定单相交流电压示意图

$$\gamma_{Uac}=\frac{U_{acX}-\dfrac{U_{acN}U_1}{U_2}}{U_{acF}}\times100\% \qquad \text{（TYBZ03908002-6）}$$

式中 γ_{Uac}——装置输出交流电压的误差，%；

U_{acX}——装置工作标准表的读数值，V；

U_{acN}——参考标准交流电压源输出值，V；

U_1——过渡交流电压表连接被检装置时读数值，V；

U_2——过渡交流电压表连接参考标准交流电压源时读数值，V；

U_{acF}——检定点所在量限的上限值，V。

3）三相装置每相均按此方法检定。

5. 交流电流基本误差的检定

（1）直接比较法。

1）按图 TYBZ03908002-7 连接设备。

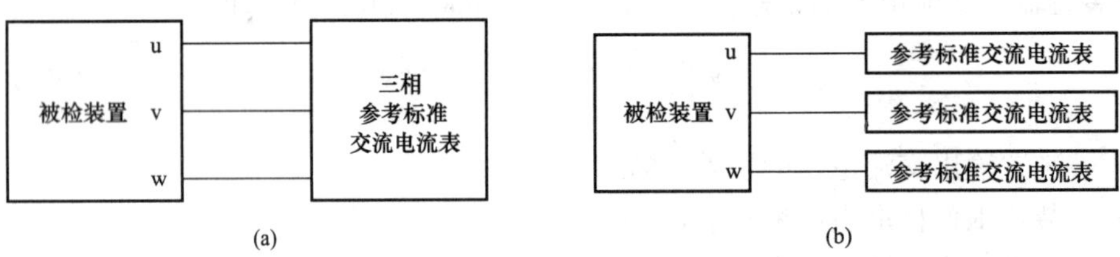

图 TYBZ03908002-7 直接比较法检定交流电流基本误差示意图

2）调节装置输出至设定值，读取工作标准表（表源一体式装置为监视仪表）和参考标准交流电流表的读数值。

3）装置每相输出交流电流的误差按式（TYBZ03908002-7）计算，即

$$\gamma_{Iac}=\frac{I_{acX}-I_{acN}}{I_{acF}}\times100\% \qquad \text{（TYBZ03908002-7）}$$

式中 γ_{Iac}——装置输出交流电流的误差，%；

I_{acX}——装置输出交流电流读数值，A；

I_{acN}——交流电流标准值，A；

I_{acF}——检定点所在量限的上限值，A。

（2）互感器法。

1）按图 TYBZ03908002-8 连接设备。

2）被检装置的交流电流输出端接入参考标准互感器初级，互感器的次级如图 TYBZ03908002-8（a）所示连接参考标准交流电流表或如图 TYBZ03908002-8（b）所示经交流电阻连接参考标准交流电压表；

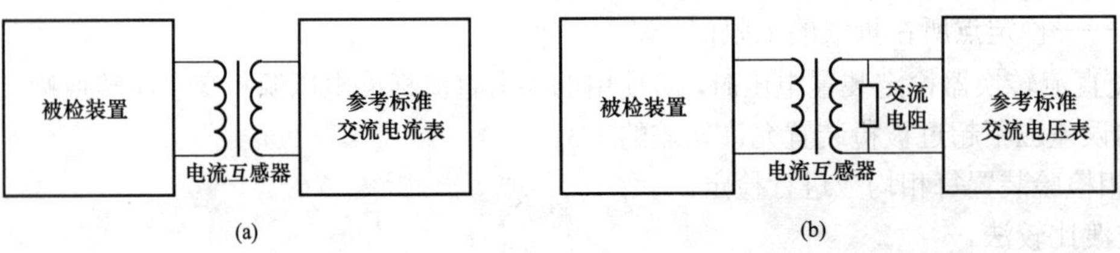

图 TYBZ03908002-8 互感器法检定单相交流电流基本误差示意图

3）按图 TYBZ03908002-8（a）连接的被检装置输出交流电流的误差按式（TYBZ03908002-8）计算，即

$$\gamma_{Iac}=\frac{I_{acX}-k_I I_{acN}}{I_{acF}}\times 100\% \qquad \text{（TYBZ03908002-8）}$$

式中　γ_{Iac}——装置输出交流电流的误差，%；

I_{acX}——装置工作标准表的读数值，A；

k_I——参考标准电流互感器的变比，无量纲；

I_{acN}——参考标准电流表的读数值，A；

I_{acF}——检定点所在量限的上限值，A。

4）按图 TYBZ03908002-8（b）连接的被检装置输出交流电流的误差按式（TYBZ03908002-9）计算，即

$$\gamma_{Iac}=\frac{I_{acX}-k_I\dfrac{U_{acN}}{R_S}}{I_{acF}}\times 100\% \qquad \text{（TYBZ03908002-9）}$$

式中　γ_{Iac}——装置输出交流电流的误差，%；

I_{acX}——装置工作标准电流表的读数值，A；

k_I——参考标准电流互感器的变比，无量纲；

U_{acN}——参考标准交流电压表的读数值，V；

R_S——交流电阻的阻值，Ω；

I_{acF}——检定点所在量限的上限值，A。

6. 交流有功功率基本误差的检定

（1）按图 TYBZ03908002-9 连接仪器。

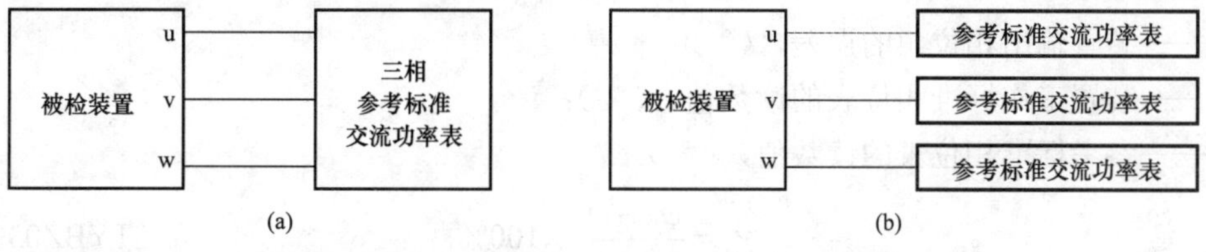

图 TYBZ03908002-9　比较法检定交流有功功率示意图

（2）调节装置输出有功功率至设定值，读取工作标准表（表源一体式装置为监视仪表）和三相参考标准功率表的读数值。

（3）装置各相输出交流有功功率的误差按式（TYBZ03908002-10）计算，即

$$\gamma_P=\frac{P_X-P_N}{F_P}\times 100\% \qquad \text{（TYBZ03908002-10）}$$

式中　γ_P——装置输出交流功率的误差，%；

P_X——装置工作标准表读数值，W；

P_N——参考标准功率表标读数值，W；

F_P——检定点所在量限额定功率值，W。

（4）按图 TYBZ03908002-9（a）连接仪器法测量三相四线、三相三线有功功率时，误差按式（TYBZ03908002-10）计算。

（5）按图 TYBZ03908002-9（b）连接仪器法测量三相四线、三相三线有功功率时，误差按式（TYBZ03908002-11）计算，即

$$\gamma_P=\frac{P_X-\sum P_N}{F_P}\times 100\% \qquad \text{（TYBZ03908002-11）}$$

式中　γ_P——装置输出交流功率的误差，%；

P_X——装置工作标准表读数值，W；

$\sum P_N$——各相参考标准功率表读数值之和，W；

F_P——检定点所在量限额定功率值，W。

7. 频率基本误差的检定

（1）按图 TYBZ03908002-10 连接仪器。

（2）调节检验装置输出交流电压、频率至设定值，读取工作标准频率表和参考标准频率表的读数值。

（3）检验装置输出频率的误差按式（TYBZ03908002-12）计算，即

$$\Delta f = f_X - f_N \qquad \text{(TYBZ03908002-12)}$$

式中　Δf——装置输出频率的绝对误差，Hz；

f_X——装置工作标准频率表的读数值，Hz；

f_N——参考标准频率表的读数值，Hz。

8. 相位角基本误差的检定

（1）按图 TYBZ03908002-11 连接仪器。

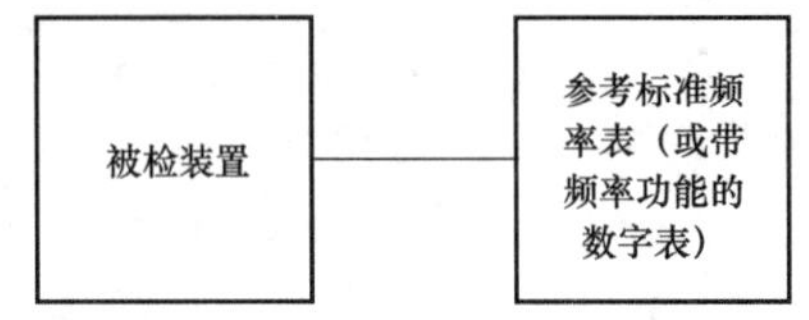

图 TYBZ03908002-10　检定频率基本误差示意图

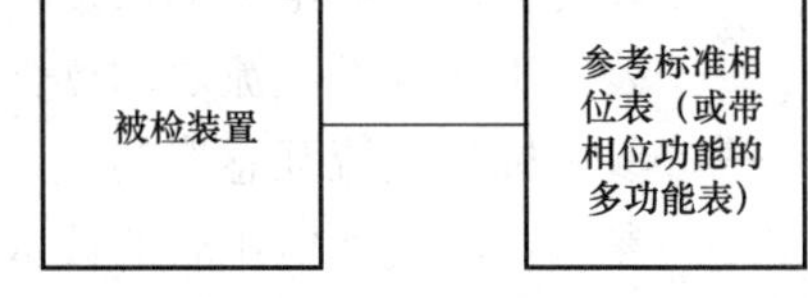

图 TYBZ03908002-11　检定相位角基本误差示意图

（2）调节检验装置输出功率、相位角至设定值，读取工作标准相位表和参考标准相位表的读数值。

（3）检验装置输出相位角的误差按式（TYBZ03908002-13）、式（TYBZ03908002-14）计算，即

$$\Delta\varphi = \varphi_X - \varphi_N \qquad \text{(TYBZ03908002-13)}$$

式中　$\Delta\varphi$——装置输出相位角的误差，（°）；

φ_X——装置工作标准相位表的读数值，（°）；

φ_N——参考标准相位表的读数值，（°）。

$$\gamma_\varphi = \frac{\varphi_X - \varphi_N}{\varphi_F} \times 100\% \qquad \text{(TYBZ03908002-14)}$$

式中　γ_φ——装置输出相位角的误差，用百分数表示；

φ_X——装置工作标准相位表的读数值，（°）；

φ_N——参考标准相位表的读数值，（°）；

φ_F——相位角误差计算的基准值，90°。

9. 功率因数基本误差的检定

（1）按图 TYBZ03908002-12 连接仪器。

（2）调节装置输出功率、功率因数至设定值，读取工作标准功率因数表和参考标准功率因数表的读数值。

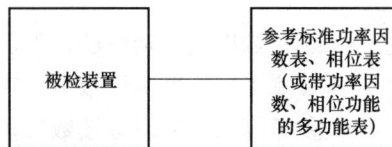

被检装置　参考标准功率因数表、相位表（或带功率因数、相位功能的多功能表）

图 TYBZ03908002-12　检定功率因数基本误差示意图

（3）选用参考标准功率因数表检定装置输出功率因数时，误差按式（TYBZ03908002-15）计算，即

$$\Delta\cos\varphi = \frac{\cos\varphi_X - \cos\varphi_N}{\cos\varphi_0} \qquad \text{(TYBZ03908002-15)}$$

式中　$\Delta\cos\varphi$——装置输出功率因数的误差，无量纲；

$\cos\varphi_X$——装置工作标准功率因数表的读数值，无量纲；

$\cos\varphi_N$——参考标准功率因数表的读数值，无量纲；

$\cos\varphi_0$ ——功率因数误差计算的基准值，$\cos\varphi_0=1$。

（4）选用参考标准相位表检定装置输出功率因数时，误差按式（TYBZ03908002-16）计算，即

$$\Delta\cos\varphi=\frac{\cos\varphi_X-\cos\varphi_N}{\cos\varphi_F} \tag{TYBZ03908002-16}$$

式中　$\Delta\cos\varphi$ ——装置输出功率因数的误差，无量纲；

$\cos\varphi_X$ ——装置工作标准相位表的读数值，无量纲；

$\cos\varphi_N$ ——参考标准相位表的读数值，无量纲。

$\cos\varphi_F$ ——功率因数误差计算的基准值，$\cos\varphi_F=1$。

10. 直流电阻基本误差的检定

（1）按图 TYBZ03908002-13 连接仪器。

（2）调节检验装置输出直流电阻设置值，读取参考标准直流电阻表的读数值。

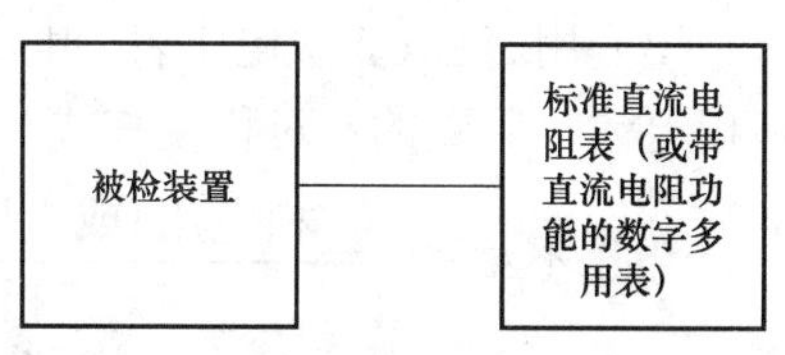

图 TYBZ03908002-13　检定直流电阻基本误差示意图

（3）检验装置输出直流电阻的误差按式（TYBZ03908002-17）计算，即

$$\gamma_R=\frac{R_X-R_N}{R_N}\times100\% \tag{TYBZ03908002-17}$$

式中　γ_R ——检验装置输出直流电阻的误差，%；

R_X ——检验装置直流电阻的标称值，Ω；

R_N ——参考标准直流电阻表读数值，Ω。

（4）检定 100Ω及以下阻值电阻和 0.05 级及以上装置的直流电阻应采用四端接线法。

（八）输出调节范围

依次调节检验装置的每一电量输出（此时其他量保持在额定输出），观察该电量是否输出平稳，调节范围应符合本标准对输出调节范围的有关规定。

（九）输出调节细度

接入电压、电流、频率和相位等参考标准，在允许的调节范围内平缓地调节最小调节量，观察并读取被调节量的不连续量。

（十）输出设定准确度

选择检验装置控制量限，分别测量电压、电流和相位在各设定点的设定值与实际输出值的差值。

（十一）相间影响

将检验装置所有交流量调至额定值的 100%后，在调节范围内缓慢地反复调节某一量，同时观察其他输出量的变化。

（十二）相序

选择三相装置的控制量限，在装置指示（或默认）对称状态，采用相序表、向量图或测量相位等方法检查装置实际输出的相序，应与指示一致。

（十三）输出稳定度

（1）在常用输出负载范围内和控制量限下，选择相应的测量方法，连续测量时间为 1min，采样值不少于 20 个。

（2）测量分别在以下测试点进行：

1）交直流电压和交直流电流为额定输出的 100%和 50%。

2）测量交流有功功率时，电压电流为额定输出的 100%，功率因数为 1.0 和 0.5（感性、容性），分相功率与和相（三相四线和三相三线）功率均需测量。

3）频率为 50Hz。

4）相位角为 0°、60°和 300°。

（3）按式（TYBZ03908002-18）计算装置的 1min 输出稳定度，即

$$1\min输出稳定度=\frac{输出电压(电流、功率)最大-输出电压(电流、功率)最小值}{输出电压(电流、功率)上限值}\times100\%$$

（TYBZ03908002-18）

（十四）三相不对称度

（1）选择检验装置的常用电压、电流量限。

（2）在额定负载下，调节装置输出额定三相电压和电流，同时观察监视仪表，直至三相电压和电流调节到最佳状态。

（3）用三台 0.1 级电压表、电流表或一台 0.1 级三相多功能表测量装置输出的三相相电压（线电压）和相电流。装置的不对称度按式（TYBZ03908002-19）、（TYBZ03908002-20）计算，即

$$电压不对称度=\frac{相电压(或电压)-三相相电压(或线电压)平均值}{三相相电压(或线电压)平均值}\times100\% \qquad (TYBZ03908002\text{-}19)$$

$$电流不对称度=\frac{相电流-三相相电流平均值}{三相相电流平均值}\times100\% \qquad (TYBZ03908002\text{-}20)$$

（4）在检验装置输出端同时测量三相相电压和相应电流间的相位角，取相位角之间最大差值作为相间相位不对称度；测量任一相电压（电流）与另一相电压（电流）间的相位角，取其与 120° 的最大差值作为线间相位不对称度。测量分别在功率因数角 0°、60°（感性、容性）和 90°（感性、容性）进行。改变相位角后，不允许分别调节相位。

（十五）波形失真度

（1）选择检验装置控制量限，在常用输出负载范围内，用失真度测试仪或谐波分析仪进行测量。

（2）当需要将电流转换成电压或高电压转换成低电压测量时，选用的转换器应为纯阻性负载。

（十六）负载调整率

（1）选择检验装置控制量限，在装置电压和电流输出端分别接入可调负载。

（2）使检验装置输出额定交直流电压和交直流电流，分别调节电压回路和电流回路的负载从最小至最大，负载调整率按式（TYBZ03908002-21）计算，即

$$负载调整率=\frac{空载测量值-满载测量值}{额定值}\times100\% \qquad (TYBZ03908002\text{-}21)$$

（3）三相装置每相均应进行测量。

（十七）装置的重复性

（1）重复性试验在装置控制量限的额定值进行。

（2）在常用负载下，分别测量装置输出的交、直流电压、电流，交流有功功率及频率和相位的重复性。

（3）0.05 级及以下装置进行不少于 5 次测量，0.02 级及以上装置进行不少于 10 次测量。

（4）每次测量必须从开机初始状态调整至测量状态。

（5）按式（TYBZ03908002-22）计算实验标准差，即

$$s=\frac{1}{\gamma}\sqrt{\frac{\sum_{i=1}^{n}(\gamma_i-\overline{\gamma})^2}{n-1}}\times100\% \qquad (TYBZ03908002\text{-}22)$$

式中　s——测量装置的重复性，用百分数表示；

γ_i——第 i 次测量结果，量值单位对应各参量；

$\overline{\gamma}$——各次测量结果 γ_i 的平均值，与 γ_i 相同的量值单位；

n——重复测量的次数。

（十八）直流电压、电流纹波含量

（1）选择检验装置控制量限，使检验装置输出额定值的 100%，用真有效值交流数字电压表直接测量装置输出的电压。

模块 2　TYBZ03908002

（2）检定装置输出交流电流纹波含量时，在电流端接入负载电阻，用真有效值交流数字电压表测量负载电阻的端电压。

（3）纹波含量按式（TYBZ03908002-23）计算。

$$纹波含量=\frac{交流电压(电流)分量}{直流电压(电流)}\times 100\% \qquad (TYBZ03908002\text{-}23)$$

二、检定结果的处理

（1）检定结果应给出误差值或直接给出输出标准值；

（2）判断检验装置是否合格以修约后的数据为准；

（3）基本误差的修约间距按表 TYBZ03908002-1 和表 TYBZ03908002-2 进行，其他项目检定结果以相应误差限的 1/10 做为修约间距；

表 TYBZ03908002-1　交直流电压、交直流电流、交流功率和直流电阻的修约间隔

检验装置准确度等级	0.01 级	0.02 级	0.05 级	0.1 级	0.2 级
修约间距	0.001%	0.002%	0.005%	0.01%	0.02%

表 TYBZ03908002-2　频率的修约间隔

检验装置准确度	0.01Hz	0.02Hz	0.05Hz	0.1Hz
修约间距	0.001Hz	0.002Hz	0.005Hz	0.01Hz

（4）全部项目符合要求判定为合格，否则判定为不合格。合格的装置发给检定证书，不合格的装置发给检定结果通知书，并注明不合格项目。

（5）三相检验装置检定不合格的，也可根据用户使用情况降级使用，并发给降级后的检定证书；或能符合单相装置要求的发给单相装置的检定证书，并予以注明。

（6）检验装置首次检定后 1 年进行第一次后续检定，此后后续检定的周期为 2 年。

（7）检验装置检定不合格或检定有效期内出现影响计量性能的故障修理后重新检定的，按首次检定对待，修理后检定合格方可投入使用。

（8）表源分离式检验装置所配置的标准器的检定周期应依据相应的检定规程或标准。

（9）检定证书宜使用标准 A4 型纸。

（10）检定证书内页数据格式宜参照 DL/T 1112—2009《交、直流仪表检验装置检定规程》附录 A。

【思考与练习】

1. 交、直流检验装置的输出稳定度如何测量？
2. 如何进行交、直流检验装置的重复性测量？

附录A 《电测仪表》培训模块教材各等级引用关系表

部分名称	章	模块名称（模块编码）	模块描述	等级 I	等级 II	等级 III
电气识、绘图	电测仪表专业图读识	电气一次、二次图读识（TYBZ00508001）	本模块包含电气图的基本知识。通过对电气图的基本知识、特点、类型及实例介绍，能看懂电气一次、二次图		√	
		电气一次、二次图绘制（TYBZ00508002）	本模块包含电气图绘制步骤、说明及注意事项等基础知识。通过绘制步骤介绍和图形举例，了解绘制一般电气一次、二次图的基本步骤			√
		磁电系仪表电路图读识（TYBZ00508003）	本模块包含磁电系仪表电路原理及线路图。通过文字介绍和图形举例，掌握磁电系仪表的原理和线路结构	√		
		电磁系仪表电路图读识（TYBZ00508004）	本模块包含电磁系仪表电路原理及线路图。通过文字介绍和图形举例，掌握电磁系仪表的原理和线路结构	√		
		电动系仪表电路图读识（TYBZ00508005）	本模块包含电动系仪表电路原理及线路图。通过文字介绍和图形举例，掌握电动系仪表的原理和线路结构	√		
		整流系仪表及整步表电路图读识（TYBZ00508006）	本模块包含整流系仪表及整步表电路原理及线路图。通过文字介绍和图形举例，掌握整流系仪表及整步表的原理和线路结构	√		
		万用表电路图读识（TYBZ00508007）	本模块包含万用表表头、测量线路、转换开关的相关知识。通过对不同测量线路图举例，能准确读识万用表电路图	√		
		绝缘电阻表及接地电阻表电路图读识（TYBZ00508008）	本模块包含绝缘电阻表及接地电阻表的原理与结构图。通过文字介绍和图形举例，掌握绝缘电阻表及接地电阻表的原理和线路结构	√		
		直流仪器电路图读识（TYBZ00508009）	本模块包含单电桥及双电桥的原理与结构图。通过文字介绍和图形举例，掌握单电桥及双电桥的原理和线路结构		√	
		数字多用表电路图读识（TYBZ00508010）	本模块包含数字式电路的相关基础知识。通过图形举例，了解数字多用表的原理和线路图		√	
		电测量变送器、交流采样测量装置电路图读识（TYBZ00508011）	本模块包含电测量变送器、交流采样测量装置的原理与结构图。通过图形举例，熟悉电测量变送器、交流采样测量装置的原理和电路图			√
		电测标准装置电路图读识（TYBZ00508012）	本模块包含电测标准装置的原理结构图、整流电路、采样电路、功率放大电路的相关知识。通过文字介绍和图形举例，了解电测标准装置的工作原理和电路图			√
电测仪表与测量	直流仪器	直流电阻箱的结构与原理（ZY2100101001）	本模块介绍直流电阻箱。通过结构介绍、原理讲解和要点归纳，掌握十进盘式电阻箱、插头式电阻箱和端钮式电阻箱的结构和原理，熟悉电阻箱的主要技术要求及使用注意事项		√	
	交流采样测量装置	交流采样测量装置的结构与原理（ZY2100102001）	本模块介绍交流采样测量装置。通过结构介绍、原理讲解和要点归纳，掌握交流采样测量装置的结构和原理，熟悉交流采样测量装置的技术特性及应用			√
	电压监测仪	电压监测仪的结构与原理（ZY2100103001）	本模块介绍电压监测仪。通过结构介绍、原理讲解和概念解释，掌握电压监测仪的结构和原理，熟悉电压监测仪的功能及其相关术语		√	
	交直流仪表检定装置	直流仪表检定装置的结构与原理（ZY2100104001）	本模块介绍直流仪表检定装置。通过结构介绍、原理讲解和要点归纳，掌握补偿法检定装置和比较法检定装置的结构和原理，熟悉直流仪表检定装置的主要技术要求			√
		交流仪表检定装置的结构与原理（ZY2100104002）	本模块介绍交流仪表检定装置。通过结构介绍、原理讲解和要点归纳，掌握电子型交流仪表检定装置的结构和原理，熟悉交流仪表检定装置的主要技术要求			√
计量基础知识	误差理论	相关的专用术语（ZY2100301001）	本模块包含计量基础知识中常用的专业术语。通过概念解释，掌握计量常用的专业术语	√		
		误差的合成与分解（ZY2100301002）	本模块包含误差的表示、误差的合成与分解。通过概念讲解、举例说明和方法介绍，掌握误差的表示、运算及其消除方法		√	
	测量不确定度	测量不确定度的评定与表示（ZY2100302001）	本模块包含测量不确定度的评定与表示。通过概念介绍、要点归纳和案例分析，掌握测量不确定度的基本概念、分类及来源，熟悉测量不确定度的评定步骤			√

续表

部分名称	章	模块名称（模块编码）	模块描述	等级		
				Ⅰ	Ⅱ	Ⅲ
常用电测仪表、工器具的使用、维护	常用电测仪表	常用电测仪表的使用（ZY2100401001）	本模块介绍有关电测仪表使用的基本知识。通过要点归纳、结构介绍、原理讲解和举例说明，熟悉各类电测仪表的性能，掌握各类电测仪表的用途、基本结构、工作原理、使用方法及其使用注意事项	√		
		常用电测仪表的维护（ZY2100401002）	本模块介绍常用电测仪表的维护知识。通过要点归纳，掌握各类常用电测仪表的维护要领和方法	√		
		常用电测仪表的常见故障及处理（ZY2100401003）	本模块介绍常用电测仪表的常见故障及处理方法。通过故障分析和举例介绍，熟悉常用电测仪表常见故障现象及其原因，掌握常用电测仪表常见故障的处理方法		√	
	常用工器具	常用工器具、设备的功能及使用方法（ZY2100402001）	本模块介绍常用工器具、设备的功能和使用方法。通过方法介绍和要点归纳，掌握常用工器具、设备的用途、使用方法及其注意事项	√		
		常用工器具、设备的维护（ZY2100402002）	本模块介绍常用工器具、设备的维护知识。通过方法介绍和要点归纳，掌握常用工器具、设备的日常保养及维护的要领和方法	√		
		常用工器具、设备的常见故障及处理（ZY2100402003）	本模块介绍常用工器具、设备的常见故障及处理方法。通过故障分析和方法介绍，熟悉常用工器具、设备的常见故障现象，掌握常用工器具、设备常见故障的处理方法		√	
电测仪器仪表的检定、校准、检测	交、直流仪表的检定、校准、检测	电流表的检定、校准、检测（ZY2100701001）	本模块介绍电流表检定、校准、检测方法。通过流程介绍和要点归纳，掌握电流表的检定、校准、检测的内容、危险点控制措施及准备工作、步骤、结果处理和注意事项	√		
		电压表的检定、校准、检测（ZY2100701002）	本模块介绍电压表检定、校准、检测方法。通过流程介绍和要点归纳，掌握电压表的检定、校准、检测的内容、危险点控制措施及准备工作、步骤、结果处理和注意事项	√		
		功率表的检定、校准、检测（ZY2100701003）	本模块介绍功率表检定、校准、检测方法。通过流程介绍和要点归纳，掌握功率表的检定、校准、检测的内容、危险点控制措施及准备工作、步骤、结果处理和注意事项	√		
		电阻表的检定、校准、检测（ZY2100701004）	本模块介绍电阻表检定、校准、检测方法。通过流程介绍和要点归纳，掌握电阻表的检定、校准、检测的内容及准备工作、步骤、结果处理和注意事项	√		
		频率表的检定、校准、检测（ZY2100701005）	本模块介绍频率表检定、校准、检测方法。通过流程介绍和要点归纳，掌握频率表的检定、校准、检测的内容、危险点控制措施及准备工作、步骤、结果处理和注意事项		√	
		相位表的检定、校准、检测（ZY2100701006）	本模块介绍相位表检定、校准、检测方法。通过流程介绍和要点归纳，掌握相位表的检定、校准、检测的内容、危险点控制措施及准备工作、步骤、结果处理和注意事项		√	
		整步表的检定、校准、检测（ZY2100701007）	本模块介绍整步表检定、校准、检测方法。通过流程介绍和要点归纳，掌握整步表的检定、校准、检测的内容、危险点控制措施及准备工作、步骤、结果处理和注意事项		√	
		万用表的检定、校准、检测（ZY2100701008）	本模块介绍万用表检定、校准、检测方法。通过流程介绍和要点归纳，掌握万用表的检定、校准、检测的内容、危险点控制措施及准备工作、步骤、结果处理和注意事项	√		
		钳形表的检定、校准、检测（ZY2100701009）	本模块介绍钳形表检定、校准、检测方法。通过流程介绍和要点归纳，掌握钳形表的检定、校准、检测的内容、危险点控制措施及准备工作、步骤、结果处理和注意事项	√		
	电压监测仪的校准、检测	电压监测仪的校准、检测（ZY2100702001）	本模块介绍电压监测仪校准、检测方法。通过流程介绍和要点归纳，掌握电压监测仪的校准、检测的内容、危险点控制措施及准备工作、步骤、结果处理和注意事项		√	

续表

部分名称	章	模块名称（模块编码）	模块描述	等级		
				I	II	III
电测仪器仪表的检定、校准、检测	电测量变送器、交流采样测量装置的检定、校准、检测	电测量变送器的检定、校准、检测（ZY2100703001）	本模块介绍电测量变送器检定、校准、检测方法。通过流程介绍和要点归纳，掌握电测量变送器的检定、校准、检测的内容、危险点控制措施及准备工作、步骤、结果处理和注意事项		√	
		交流采样测量装置的校准、检测（ZY2100703002）	本模块介绍交流采样测量装置校准、检测方法。通过流程介绍和要点归纳，掌握交流采样测量装置的校准、检测的内容、危险点控制措施及准备工作、步骤、结果处理和注意事项		√	
	绝缘电阻表、接地电阻表的检定、校准、检测	绝缘电阻表的检定、校准、检测（ZY2100704001）	本模块介绍绝缘电阻表检定、校准、检测方法。通过流程介绍和要点归纳，掌握绝缘电阻表的检定、校准、检测的目的、内容及准备工作、步骤、结果处理和注意事项	√		
		接地电阻表的检定、校准、检测（ZY2100704002）	本模块介绍接地电阻表检定、校准、检测方法。通过流程介绍和要点归纳，掌握接地电阻表的检定、校准、检测的目的、内容及准备工作、步骤、结果处理和注意事项	√		
	数字仪表的检定、校准、检测	直流数字表的检定、校准、检测（ZY2100705001）	本模块介绍直流数字表检定、校准、检测方法。通过流程介绍和要点归纳，掌握直流数字表的检定、校准、检测的内容、危险点控制措施及准备工作、步骤、结果处理和注意事项		√	
		交流数字表的检定、校准、检测（ZY2100705002）	本模块介绍交流数字表检定、校准、检测方法。通过流程介绍和要点归纳，掌握交流数字表的检定、校准、检测的内容、危险点控制措施及准备工作、步骤、结果处理和注意事项		√	
		数字功率表的检定、校准、检测（ZY2100705003）	本模块介绍数字功率表检定、校准、检测方法。通过流程介绍和要点归纳，掌握数字功率表的检定、校准、检测的内容、危险点控制措施及准备工作、步骤、结果处理和注意事项		√	
	直流仪器的检定、校准、检测	直流电阻箱的检定、校准、检测（ZY2100706001）	本模块介绍直流电阻箱检定、校准、检测方法。通过流程介绍和要点归纳，掌握直流电阻箱的检定、校准、检测的目的、内容及准备工作、步骤、结果处理和注意事项		√	
		直流电桥的检定、校准、检测（ZY2100706002）	本模块介绍直流电桥检定、校准、检测方法。通过流程介绍和要点归纳，掌握直流电桥的检定、校准、检测的目的、内容及准备工作、步骤、结果处理和注意事项		√	
	测量用互感器的检定、校准、检测	电压互感器的检定、校准、检测（ZY2100707001）	本模块介绍电压互感器检定、校准、检测方法。通过流程介绍和要点归纳，掌握电压互感器的检定、校准、检测的内容、危险点控制措施及准备工作、步骤、结果处理和注意事项		√	
		电流互感器的检定、校准、检测（ZY2100707002）	本模块介绍电流互感器检定、校准、检测方法。通过流程介绍和要点归纳，掌握电流互感器的检定、校准、检测的内容、危险点控制措施及准备工作、步骤、结果处理和注意事项		√	
电测仪器仪表的调修	电工仪表的调修	磁电系仪表的调修（ZY2100801001）	本模块介绍磁电系仪表的调修方法。通过故障分析、要点归纳和方法介绍，熟悉磁电系仪表的主要特性及发生故障的检查和修复方法，掌握磁电系仪表常见的故障现象、产生原因及处理方法，掌握磁电系仪表常用的维修方法及其误差的调整方法		√	
		电磁系仪表的调修（ZY2100801002）	本模块介绍电磁系仪表的调修方法。通过故障分析、要点归纳和方法介绍，熟悉电磁系仪表的主要特性，掌握电磁系仪表常见的故障现象、产生原因及处理方法，掌握电磁系仪表误差的调整方法		√	
		电动系仪表的调修（ZY2100801003）	本模块介绍电动系仪表的调修方法。通过故障分析、要点归纳和方法介绍，熟悉电动系仪表的主要特性，掌握电动系仪表常见的故障现象、产生原因及处理方法，掌握电动系仪表误差的调整方法		√	

续表

部分名称	章	模块名称 （模块编码）	模 块 描 述	等级		
				Ⅰ	Ⅱ	Ⅲ
电测仪器仪表的调修	绝缘电阻表、接地电阻表的调修	绝缘电阻表的调修 （ZY2100802001）	本模块介绍绝缘电阻表的调修方法。通过故障分析、要点归纳和方法介绍，掌握绝缘电阻表高压直流源、测量机构常见的故障现象、产生原因及处理方法，掌握绝缘电阻表测量回路误差的调整方法		√	
		接地电阻表的调修 （ZY2100802002）	本模块介绍接地电阻表整流器的调修方法。通过故障分析、要点归纳和方法介绍，掌握接地电阻表机械整流器和晶体管相敏整流器故障现象、产生原因及处理方法		√	
	直流仪器的调修	电阻箱的调修 （ZY2100803001）	本模块介绍电阻箱的调修方法。通过故障分析、要点归纳、方法介绍和举例说明，掌握电阻箱常见的故障现象、产生原因及处理方法，掌握直流电阻箱示值误差大的调整方法		√	
		直流电桥的调修 （ZY2100803002）	本模块介绍直流电桥的调修方法。通过故障分析、要点归纳、方法介绍和举例说明，掌握直流电桥常见的故障现象、产生原因及处理方法，掌握直流电桥示值误差大的调整方法			√
	数字仪表的调修	数字仪表的调修 （ZY2100804001）	本模块介绍数字仪表的调修方法。通过要点归纳、方法介绍，熟悉修理数字仪表常用仪器、数字仪表调修的规则与方法，掌握数字万用表的检修程序、故障检查方法、常见故障及处理方法以及数字万用表误差的调整原则			√
仪表的现场安装、测试、更换与故障处理	电测量变送器、交流采样测量装置的安装、测试、更换与故障处理	电测量变送器的安装、更换 （ZY2100901001）	本模块介绍电测量变送器安装与更换的操作。通过流程讲解和方法介绍，熟悉电测量变送器安装更换前的准备工作，掌握电测量变送器停电和带电时安装与更换的工作程序		√	
		电测量变送器的测试 （ZY2100901002）	本模块介绍电测量变送器的测试方法。通过流程介绍和要点归纳，掌握电测量变送器测试的内容、危险点控制措施及准备工作、停电与带电时的测试工作程序以及测试结果的分析与判断方法		√	
		电测量变送器的故障处理 （ZY2100901003）	本模块介绍电测量变送器的故障处理。通过故障分析、流程介绍和要点归纳，熟悉电测量变送器常见故障的类型和现象及其故障处理前的准备工作，掌握电测量变送器故障处理的工作程序及注意事项			√
		交流采样测量装置的测试 （ZY2100901004）	本模块介绍交流采样测量装置的测试方法。通过流程介绍和要点归纳，掌握交流采样测量装置测试的内容、危险点控制措施及准备工作、停电与带电时的测试工作程序以及测试结果的分析与判断方法		√	
		交流采样测量装置的故障处理 （ZY2100901005）	本模块介绍交流采样测量装置的故障处理。通过故障分析、流程介绍和要点归纳，熟悉交流采样测量装置常见故障的类型和现象及其故障处理前的准备工作，掌握交流采样测量装置故障处理的工作程序及注意事项			√
	电测仪表的安装、测试、更换及故障处理	电测仪表的安装、更换 （ZY2100902001）	本模块介绍电测仪表安装与更换的操作。通过流程讲解和方法介绍，熟悉电测仪表安装更换前的准备工作，掌握电测仪表停电和带电时安装与更换的工作程序		√	
		电测仪表的测试 （ZY2100902002）	本模块介绍电测仪表的测试方法。通过流程介绍和要点归纳，掌握电测仪表测试的内容、危险点控制措施及准备工作、停电与带电时的测试工作程序以及测试结果的分析与判断方法		√	
		电测仪表的故障处理 （ZY2100902003）	本模块介绍电测仪表的故障处理。通过故障分析、流程介绍和要点归纳，熟悉电测仪表常见故障的类型和现象及其故障处理前的准备工作，掌握电测仪表故障处理的工作程序及注意事项			√
	电压监测仪的安装、测试、更换及故障处理	电压监测仪的安装、更换 （ZY2100903001）	本模块介绍电压监测仪安装与更换的操作。通过流程讲解和方法介绍，熟悉电压监测仪安装更换前的准备工作，掌握电压监测仪停电和带电时安装与更换的工作程序		√	

续表

部分名称	章	模块名称（模块编码）	模 块 描 述	等级 I	等级 II	等级 III
仪表的现场安装、测试、更换与故障处理	电压监测仪的安装、测试、更换及故障处理	电压监测仪的测试（ZY2100903002）	本模块介绍电压监测仪的测试方法。通过流程介绍和要点归纳，掌握电压监测仪测试的内容、危险点控制措施及准备工作、测试工作程序以及测试结果的分析与判断方法		√	
		电压监测仪的故障处理（ZY2100903003）	本模块介绍电压监测仪的故障处理。通过故障分析、流程介绍和要点归纳，熟悉电压监测仪常见故障的类型和现象及其故障处理前的准备工作，掌握电压监测仪故障处理的工作程序及注意事项			√
电测计量标准装置的检测与建标	交、直流仪表检定装置的检定、校准、检测	直流仪表检定装置的检定、校准、检测（ZY2101001001）	本模块介绍直流仪表检定装置的检定、校准、检测。通过流程介绍和要点归纳，掌握直流仪表检定装置的检定、校准、检测的内容及准备工作、步骤方法、结果处理和注意事项			√
		交流仪表检定装置的检定、校准、检测（ZY2101001002）	本模块介绍交流仪表检定装置的检定、校准、检测。通过流程介绍和要点归纳，掌握交流仪表检定装置的检定、校准、检测的内容及准备工作、步骤方法、结果处理和注意事项			√
	电测量变送器检定装置、交流采样测量装置检定装置的检定、校准、检测	电测量变送器检定装置的检定、校准、检测（ZY2101002001）	本模块介绍电测量变送器检定装置的检定、校准、检测。通过流程介绍和要点归纳，掌握电测量变送器检定装置的检定、校准、检测的内容及准备工作、步骤方法、结果处理和注意事项			√
		交流采样测量装置检定装置的检定、校准、检测（ZY2101002002）	本模块介绍交流采样测量装置检定装置的检定、校准、检测。通过流程介绍和要点归纳，掌握交流采样测量装置检定装置的检定、校准、检测的内容及准备工作、步骤方法、结果处理和注意事项			√
	直流仪器检定装置的检定、校准、检测	直流电阻箱检定装置的检定、校准、检测（ZY2101003001）	本模块介绍直流电阻箱检定装置的检定、校准、检测。通过流程介绍和要点归纳，掌握直流电阻箱检定装置的检定、校准、检测的内容及准备工作、步骤方法、结果处理和注意事项			√
		直流电桥检定装置的检定、校准、检测（ZY2101003002）	本模块介绍直流电桥检定装置的检定、校准、检测。通过流程介绍和要点归纳，掌握直流电桥检定装置的检定、校准、检测的内容及准备工作、步骤方法、结果处理和注意事项			√
	电测计量标准的建标	计量标准的重复性、稳定性考核（ZY2101004001）	本模块介绍计量标准的重复性、稳定性及其考核方法。通过概念解释、方法介绍和举例说明，掌握计量标准的重复性、稳定性的概念及其试验、记录编写、考核的方法与相关要求			√
		测量不确定度的评定与验证（ZY2101004002）	本模块介绍测量不确定度的评定与验证的方法。通过概念解释、方法介绍和举例说明，掌握测量不确定度的基本概念及其评定与验证的方法和步骤			√
		建标技术报告的编写（ZY2101004003）	本模块介绍建标时所需《计量标准技术报告》的式样及编（填）写要求等内容。通过要点介绍、举例说明，掌握《计量标准技术报告》编（填）写的要点和方法。			√
		其他建标相关资料的编写（ZY2101004004）	本模块介绍建标相关资料的式样及编（填）写说明等内容。通过要点介绍、举例说明，熟悉计量标准的技术档案文件集的内容，掌握《计量标准考核（复查）申请书》、《计量标准履历书》编（填）写的要点和方法			√
计量标准考核	计量标准考核规范	计量标准的建立及相关基本概念（ZY2100201001）	本模块介绍计量标准的建立及相关基本概念。通过概念解释、要点归纳和流程介绍，了解建立计量标准的目的和相关基本概念，掌握计量标准考核的基本原则和内容，熟悉计量标准建立的程序		√	
		计量标准考核所需要的基本资料（ZY2100201002）	本模块介绍计量标准考核所需要的基本资料。通过要点归纳，熟悉计量标准考核所需的基本资料及其相关要素的编写方法和要求		√	
质量管理	测量设备与过程控制	质量管理的基本要求（ZY2100501001）	本模块介绍质量管理的基本知识。通过掌握质量管理的基本概念和要求、相关术语和定义，熟悉现代管理理论的八项质量管理原则；通过对管理职责和管理程序的了解，掌握质量管理系统活动		√	

续表

部分名称	章	模块名称（模块编码）	模块描述	等级 Ⅰ	等级 Ⅱ	等级 Ⅲ
质量管理	测量设备与过程控制	测量设备的日常维护和管理（ZY2100501002）	本模块介绍测量设备的日常维护和管理，通过概念解释、流程介绍和要点归纳，熟悉测量设备及其计量要求，掌握测量设备计量确认的概念、过程方法和编写过程记录的要求，掌握测量设备的日常维护和管理要求		√	
		测量过程的控制（ZY2100501003）	本模块介绍测量过程的控制。通过概念介绍、流程讲解和要点归纳，掌握测量过程的概念、策划、识别、设计以及确定测量过程的规范、测定测量过程不确定度、测量过程的有效确认、测量过程的实施和控制、测量过程的记录等内容		√	
		质量管理相关文件的编制（ZY2100501004）	本模块介绍质量管理体系文件的基本要求、总体结构、编制原则、编写格式以及对编写人员的要求等内容。通过要点归纳、实例说明，掌握编制质量管理相关文件的方法			√
		质量管理相关文件、记录的管理（ZY2100501005）	本模块介绍质量管理相关文件、记录的管理。通过要点归纳，掌握质量管理文件的修改与完善、批准与发布以及管理文件和记录的控制、质量管理活动记录的管理要求			√
		质量体系相关要素的内审工作（ZY2100501006）	本模块介绍质量体系相关要素的内审工作。通过步骤介绍、要点归纳和举例说明，掌握质量管理体系相关要素内部审核的要求、步骤及方法			√
新知识、新工艺、新技术的推广应用	新知识、新工艺、新技术	电测仪表技术的发展前景（ZY2100601001）	本模块介绍电测仪表技术的发展前景。通过分类介绍和要点归纳，了解电测仪表从模拟式向数字式仪表发展，单一测量功能向多功能、智能化发展的情况以及国内外最新产品和研究成果			√
		电测仪表新工艺、新技术的应用（ZY2100601002）	本模块介绍电测仪表新工艺、新技术的应用。通过原理介绍，熟悉数字仪表和智能化仪表的工作原理以及功能、特点			√
电测仪表规程、规范	电测量指示仪表检定规程	电测量指示仪表的技术要求、检定条件、检定项目（TYBZ03901001）	本模块包含电测量指示仪表检定的技术要求、检定条件、检定项目。通过相关规程要点归纳、介绍，熟悉电测量指示仪表检定的相关要求			
		电测量指示仪表检定方法、检定结果的处理（TYBZ03901002）	本模块包含电测量指示仪表检定的方法、检定结果的处理。通过相关规程要点归纳、介绍，熟悉电测量指示仪表检定的方法和步骤			
	电流表、电压表、功率表和电阻表检定规程	电流表、电压表、功率表和电阻表的技术要求、检定条件、检定项目（TYBZ03902001）	本模块包含电流表、电压表、功率表和电阻表检定的技术要求、检定条件、检定项目。通过相关规程要点归纳、介绍，熟悉检定的相关要求	√		
		电流表、电压表、功率表和电阻表检定方法、检定结果的处理（TYBZ03902002）	本模块包含电流表、电压表、功率表和电阻表检定的方法、检定结果的处理。通过相关规程要点归纳、介绍，熟悉相关仪表检定的方法和步骤	√		
	直流电桥检定规程	直流电桥技术要求、检定条件、检定项目（TYBZ03903001）	本模块包含直流电桥检定的技术要求、检定条件、检定项目。通过相关规程要点归纳、介绍，熟悉直流电桥检定的相关要求		√	
		直流电桥检定方法、检定结果的处理（TYBZ03903002）	本模块包含直流电桥检定的方法、检定结果的处理。通过相关规程要点归纳、介绍，熟悉直流电桥检定的方法和步骤		√	
	直流电阻箱检定规程	直流电阻箱技术要求、检定条件、检定项目（TYBZ03904001）	本模块包含直流电阻箱检定的技术要求、检定条件、检定项目。通过相关规程要点归纳、介绍，熟悉直流电阻箱检定的相关要求		√	
		直流电阻箱检定方法、检定结果的处理（TYBZ03904002）	本模块包含直流电阻箱检定的方法、检定结果的处理。通过相关规程要点归纳、介绍，熟悉直流电阻箱检定的方法和步骤		√	
	绝缘电阻表检定规程	绝缘电阻表的技术要求、检定条件、检定项目（TYBZ03905001）	本模块包含绝缘电阻表检定的技术要求、检定条件、检定项目。通过相关规程要点归纳、介绍，熟悉绝缘电阻表检定的相关要求	√		
		绝缘电阻表检定方法、检定结果的处理（TYBZ03905002）	本模块包含绝缘电阻表检定的方法、检定结果的处理。通过相关规程要点归纳、介绍，熟悉绝缘电阻表检定的方法和步骤	√		

续表

部分名称	章	模块名称（模块编码）	模块描述	等级		
				I	II	III
电测仪表规程、规范	接地电阻表检定规程	接地电阻表的技术要求、检定条件、检定项目（TYBZ03906001）	本模块包含接地电阻表检定的技术要求、检定条件、检定项目。通过相关规程要点归纳、介绍，熟悉接地电阻表检定的相关要求	√		
		接地电阻表检定方法、检定结果的处理（TYBZ03906002）	本模块包含接地电阻表检定的方法、检定结果的处理。通过相关规程要点归纳、介绍，熟悉接地电阻表检定的方法和步骤	√		
	电测量变送器、交流采样测量装置检定规程	电测量变送器的技术要求、检定条件、检定项目（TYBZ03907001）	本模块包含电测量变送器检定的技术要求、检定条件、检定项目。通过相关规程要点归纳、介绍，熟悉电测量变送器检定的相关要求		√	
		电测量变送器检定方法、检定结果的处理（TYBZ03907002）	本模块包含电测量变送器检定方法、检定结果的处理。通过相关规程要点归纳、介绍，熟悉电测量变送器检定的方法和步骤		√	
		交流采样测量装置的技术要求、校验条件、校验项目（TYBZ03907003）	本模块包含交流采样测量装置校验的技术要求、校验条件、校验项目。通过相关规程要点归纳、介绍，熟悉交流采样测量装置校验的相关要求		√	
		交流采样测量装置校验方法、校验结果的处理（TYBZ03907004）	本模块包含交流采样测量装置的校验方法、校验结果的处理。通过相关规程要点归纳、介绍，熟悉交流采样测量装置校验的方法和步骤		√	
	交、直流仪表检验装置检定规程	交、直流仪表检验装置的技术要求、检定条件、检定项目（TYBZ03908001）	本模块包括交、直流仪表检验装置检定的技术要求、检定条件、检定项目。通过相关规程要点归纳、介绍，熟悉交、直流仪表检验装置检定的相关要求			√
		交、直流仪表检验装置检定方法、检定结果的处理（TYBZ03908002）	本模块包括交、直流仪表检验装置的检定方法、检定结果的处理。通过相关规程要点归纳、介绍，熟悉交、直流仪表检验装置的检定方法和步骤			√

参 考 文 献

[1] 黄奇峰. 电测仪表技术问答. 北京：中国电力出版社，2003
[2] 范巧成. 计量基础知识. 北京：中国计量出版社，2006
[3] 刘青松. 电工测试基础. 北京：中国电力出版社，2004
[4] 中国电力企业家协会供电分会编. 电测仪表（初/中/高级工）. 北京：中国电力出版社，1999
[5] 任致程. 画说电工工具操作技能. 北京：机械工业出版社，2007
[6] 劳动和社会保障部教材办公室编. 电工测量与仪表. 北京：中国劳动社会保障出版社，2007
[7] 刘常满. 电工测量仪表的使用·维护·保养400问. 北京：国防工业出版社，2008
[8] 钱国柱著. 电工仪器仪表技术问答. 北京：水利电力出版社，1987
[9] 潘必卿，刘玉俊编. 精密电工仪器修理. 北京：机械工业出版社，1988
[10] 冯占岭编著. 数字电压表及数字多用表检测技术. 北京：中国计量出版社，2003
[11] 陈忠主编. 仪器仪表检修技巧. 北京：机械工业出版社，2007
[12] 梁东源主编. 电测仪表. 北京：中国电力出版社，2004
[13] 肖建华，李仁良主编. 2000版质量管理体系国家标准理解与实施. 北京：中国标准出版社，2001
[14] 赵若江，黄耀文主编. 现代企业计量工作指导手册. 北京：中国标准出版社，1999
[15] 韩启纲主编. 智能化仪表原理与使用维修. 北京：中国计量出版社，2002
[16] 芮新花，赵珏斐主编. 电力工程. 北京：中国水利水电出版社，2008
[17] 张希泰，陈康龙主编. 二次回路识图及故障查找与处理指南. 北京：中国水利水电出版社，2005
[18] 杨学新编. 电测仪表. 北京：中国电力出版社，2004
[19] 温步瀛主编. 电力工程基础. 北京：中国电力出版社，2006